工业和信息产业科技与教育专著出版资金资助出版

5G 技术丛书

5G 绿色移动通信网络

葛晓虎　赖槿峰　张武雄　编著

电子工业出版社·

Publishing House of Electronics Industry

北京·BEIJING

内 容 简 介

近年来，移动通信产业发展迅速，移动用户数量激增，移动网络设备大规模布设，随之而来的移动通信的能耗问题日益突出。同时，随着有限频谱资源的日益饱和，移动通信的频谱效率问题日益成为其发展瓶颈。怎样有效突破能效与频谱效率的枷锁，是未来 5G 移动通信网络发展的关键。本书将着重系统介绍面向 5G 移动通信网络的能量与频谱优化技术，结合国际学术界与工业界的最新研究成果，对提高网络及通信系统能效与频谱效率的优化技术进行最前沿的系统分析。内容主要包括绿色通信网络概念及应用需求、用户需求与资源管理、网络能效模型及评估、基于服务质量的 5G 通信系统能效优化、异构多网协同机制、基于用户体验质量和能效的 5G 通信系统应用等。

图书在版编目（CIP）数据

5G 绿色移动通信网络 / 葛晓虎，赖槿峰，张武雄编著. —北京：电子工业出版社，2017.1

ISBN 978-7-121-29955-1

I. ①5⋯　II. ①葛⋯　②赖⋯　③张⋯　III. ①无线电通信－移动网　IV. ①TN929.5

中国版本图书馆 CIP 数据核字（2016）第 229076 号

策划编辑：窦　昊
责任编辑：窦　昊
印　　刷：三河市鑫金马印装有限公司
装　　订：三河市鑫金马印装有限公司
出版发行：电子工业出版社
　　　　　北京市海淀区万寿路 173 信箱　　邮编：100036
开　　本：787×1092　1/16　印张：19　字数：486.4 千字
版　　次：2017 年 1 月第 1 版
印　　次：2017 年 1 月第 1 次印刷
定　　价：69.00 元

凡所购买电子工业出版社图书有缺损问题，请向购买书店调换。若书店售缺，请与本社发行部联系，联系及邮购电话：(010)88254888，88258888。

质量投诉请发邮件至 zlts@phei.com.cn，盗版侵权举报请发邮件至 dbqq@phei.com.cn。

本书咨询联系方式：(010)88254466，douhao@phei.com.cn。

5G技术丛书专家委员会

专家委员会主任

邬贺铨：中国工程院院士，IMT-2020（5G）推进组顾问

专家委员会副主任

刘韵洁：中国工程院院士，中国联合网络通信集团有限公司

丛书特别顾问

张乃通：中国工程院院士，哈尔滨工业大学

专家委员会委员

曹淑敏：IMT-2020（5G）推进组组长，中国信息通信研究院原院长

张新生：中国通信学会副理事长，未来移动通信论坛常务副理事长

侯自强（中国科学院声学研究所）

王晓云（中国移动通信集团公司）

毕　奇（中国电信股份有限公司）

赵先明（中兴通讯有限公司）

佟　文（华为技术有限公司）

陈山枝（大唐电信科技产业集团）

张　平（北京邮电大学）

尤肖虎（东南大学）

李少谦（电子科技大学）

王　京（清华大学）

李建东（西安电子科技大学）

邬贺铨院士之序
Introduction

　　电子工业出版社从我国大力推动第五代移动通信系统（IMT-2020，又称 5G）研究的背景出发，通过充分调研和认真组织，策划出版"5G 技术"丛书，以期及时总结、深入分析和充分反映我国在新的无线通信国际标准制定过程中的最新进展。丛书将按照 5G 关键技术和 5G 系统设计与应用两个层面分成两卷，"关键技术卷"各分册主要从理论和技术层面对 5G 关键候选技术进行具体详实的分析和介绍，"系统设计与应用卷"各分册主要从系统和应用层面对 5G 总体架构以及关键方法的评估和应用进行深入分析和描述，各分册的作者都是国内活跃在相关研究领域的优秀中青年科研工作者，具有较强的理论研究积累和实践经验，目前又都承担了与 5G 有关的国家重大专项和"863 计划"等项目。很高兴看到这批优秀的中青年科研工作者在参与科研工作的同时，积极参加编写这套高新技术丛书。

　　从出版社和著作者提供的样书看出，丛书以及每本书的结构都是经过仔细斟酌的，逻辑清晰、内容全面、观点鲜明、创新性强，内容充分反映了我国在新一代移动通信国际标准探索和技术开发中的最新成果，可供国内外的同行参考，将促进我国对国际 5G 标准制定的贡献。相信本套丛书的出版发行，将会推动我国移动通信技术的自主创新和产业发展。

邬贺铨

2016 年 8 月

刘韵洁院士之序
Introduction

面向 2020 年及未来，移动通信技术和产业将迈入第五代移动通信（5G）的发展阶段。5G 将满足人们的超高业务吞吐量、超高连接数密度、超高移动速度和超可靠低时延的广泛应用需求，大幅改善提升通信网络频谱效率、能量效率与成本效率，拓展移动通信产业的发展空间。更为重要的是，5G 将渗透到物联网和传统产业领域，与工业设施、医疗仪器、交通工具等深度融合，全面实现"万物互联"，有效满足工业、医疗、交通等垂直行业的信息化服务需要。

在 2016 年 7 月 15 日，美国政府宣布推出 4 亿美元的先进无线研究计划（Advanced Wireless Research Initiative），由美国国家科学基金会牵头实施，将部署四个城市规模的 5G 实验测试平台，推动面向未来无线通信的基础理论和关键技术研究。我国工信部、发改委、科技部联合成立了"IMT-2020 推进组"，汇聚产、学、研、用各方力量，引领规划和重点推动 5G 关键技术研发，充分支持我国优势电信企业和研究院所在新一代移动通信国际标准制定过程中掌控影响力和话语权。

随着 5G 研发和标准化工作的快速深入展开，急需一套全面论述 5G 基础理论、关键技术和应用架构的系列书籍，电子工业出版社提前预见这一技术发展趋势和重要产业需求，有效组织国家 IMT-2020 推进组、国家 03 科技重大专项和国家"863 计划"5G 前期研发项目等的主要承担单位和优秀科技工作者，成功策划了这套 5G 技术丛书，及时总结和深入分析了最新 5G 技术的理论基础、体系架构、系统设计、测试评估、应用实现等多个方面的最新进展和研发挑战，相信这套丛书的丰富理论成果和实践经验能够帮助和培养新一代移动通信科技工作者，有效推进和巩固我国在 5G 国际标准化进程中的领导地位。

刘韵洁
2016 年 9 月

张乃通院士之序
Introduction

  移动通信的发展不仅深刻改变了人们的生活方式，且已成为推动国民经济发展、提升社会信息化水平的重要引擎。移动互联网关键技术和基础设施的发展是"中国制造 2025"、"互联网+"战略的基础和保障。当前，面向 2020 年及未来的第五代移动通信（5G）已成为全球研发热点。为占领信息领域国际领先地位、掌握产业发展话语权，国家工信部、发改委、科技部成立"IMT-2020 推进组"，组织我国产、学、研、用各方力量，推动 5G 技术研究，以期在新的无线通信国际标准制定中掌握话语权和主导权，推动技术创新发展战略，为自主可控的信息网络提供基础设施保障。目前，我国的 5G 研发工作已走在国际前列。

  电子工业出版社以此为背景，提出 5G 技术丛书的出版计划，组织国家 IMT-2020 推进组的主要参与单位，承担或参与国家"863 计划"5G 系统研究开发先期研究重大项目的单位，选择在国家重大科技专项中承担 5G 相关项目研发工作的中青年科技工作者作为丛书编著团队，编著这套丛书。丛书分为两卷：

  （1）"关键技术卷"，从理论和技术层面对 5G 关键技术进行全面深入的分析，系统总结近年来我国在面向 IMT-2020（5G）研发方面所取得的进展。

  （2）"系统设计与应用卷"，从系统应用层面对 5G 总体架构、传输性能评估和应用等方面进行阐述，具有系统创新特色和理论联系实际的效果，符合当前开展 IMT-2020 研究与工程的需求。

  IMT-2020 推进组当前为了更加广泛与深入的开展研发工作，急需一套从理论技术到应用的丛书，相信本套丛书的丰富内容和先进成果能够有效促进完成 IMT-2020 推进组的既定目标。

张乃通

2016 年 11 月

尤肖虎教授之序
Introduction

从 2009 年开始，全球掀起 4G 建设热潮，截至 2015 年底，全球 4G 用户数已达到 10.5 亿，中国 4G 用户数到达 3.86 亿，4G 在网用户人均月度使用流量突破了 200MB，运营商从原本以语音为主的运营，逐步转向以数据为主的流量运营，同时极大地激活了移动互联网。

2012 年底，欧盟启动了全球首个 5G 研究项目 METIS。2013 年，国际电联正式启动了 5G 标准研究工作，开展 5G 需求、频谱及技术趋势的研究工作，计划 2016 年完成技术评估方法研究，2018 年完成 IMT-2020 标准征集，2020 年最终确定 5G 标准。 3GPP 作为国际移动通信的标准化组织，于 2015 年确定了 5G 研究计划，2016～2017 年完成 5G 技术方案研究阶段，2018～2019 年完成 5G 技术规范制定。我国"863 计划"于 2014 年启动了 5G 技术研究项目，系统研究 5G 领域的关键技术，包括无线网络架构、大规模天线、超密集无线网络、软基站试验平台、无线网络虚拟化、毫米波室内无线接入和评估与测试验证。与"863 计划"5G 相衔接，国家科技重大专项 5G 相关研发课题的目标是面向国际标准，鼓励我国产学研联合开展研发，由企业推动创新成果纳入 IMT-2020 国际标准中。进一步，我国已将"积极推进第五代移动通信（5G）和超宽带关键技术研究，启动 5G 商用"写入 "十三五"规划中。

5G 的主要应用为移动宽带、物联网和工业互联网，旨在成为未来社会的信息基础设施。5G 将引入新型传输技术提高频谱利用率和支持高频段使用；同时以网络功能虚拟化（Network Function Virtualization，NFV）和软件定义网络（Software Defined Network，SDN）为主要手段，构建控制与转发分离和控制集中的网络架构，实现网络资源的灵活编排和部署；通过新型波形、新多址和新帧结构等技术，从而为海量物联网设备提供低功耗与深度覆盖，为工业无线通信等应用提供高可靠低时延的连接。

本套丛书内容涉及 5G 系统的最新理论研究成果和关键技术评估，具体包括 5G 网络架构、无线传输、超密集网络、大规模多天线、能效和频谱优化、仿真与测试等多个方面的研究成果和技术趋势，作者来自于电信运营商、设备研制企业和科研院所，内容和视角全面完整，注重理论分析与实际应用相结合，具有很好的时效性和参考价值。本丛书适合高等院校通信信息、电子工程及相关专业的高年级本科生和研究生，以及无线通信领域的专业工程技术人员。

尤肖虎

2016 年 9 月

前　言
Preface

　　移动通信网络在过去几十年中，取得了飞速的发展，从最初的模拟制式到数字制式，从 2G GSM 网络到 3G 的 WCDMA、CDMA2000、TD-SCDMA，再到现在的 4G LTE 网络，改变了人们的生活方式，并促进了社会进步。随着应用需求的增加，人们对速率和通信方式的不断追求，未来 5G 移动通信网络技术将继续改变并影响人们对信息的需求。

　　移动通信技术的发展在给人们带来巨大便利和利益的同时，也使得整个信息通信技术产业的能耗以及运营成本急剧增加。为了提高信息通信技术产业的经济效益，降低运营成本，顺应全球绿色可持续发展的趋势，绿色通信这个概念近年来得到了国内外产业界和学术界的广泛认可，并成为 5G 移动通信技术发展的核心目标之一。在全球气候变暖的情况下，各行各业应该开展节能减排工作，以保护并改善我们赖以生存的自然环境，信息通信产业也不例外。5G 绿色移动通信网络旨在满足人们对日益增长的信息需求的同时，不断提升通信网络能量效率，减少通信产业的能耗，以降低信息通信产业总体碳排放量。

　　本书共分为 7 章，涵盖绿色通信网络的概念、基础及应用。其中第 1 章为绪论篇，第 2 章至第 5 章为基础篇，第 6 章和第 7 章为应用篇。第 1 章"5G 绿色通信网络概念及应用需求"，主要介绍绿色通信研究背景与研究现状，给出未来 5G 绿色通信网络所面临的挑战和需求。第 2 章"面向绿色通信的无线资源管理"，分析异构多网络能量利用率，并给出一种绿色的异构多网资源分配方法。第 3 章"蜂窝网络能量效率"，提出随机蜂窝网能效模型，并依此模型对流量特性、无线信道效应以及干扰对随机蜂窝网能效的影响进行分析和优化。第 4 章"基于服务质量的移动通信系统能效优化"，介绍在多媒体业务服务质量约束条件下的无线通信系统能效，并通过多媒体业务能效模型实现 MIMO-OFDM 无线通信系统中多媒体业务传输能效优化。第 5 章"5G 异构无线多网的能效系统优化"，针对无线通信网络制式和结构的多样化，分析未来 5G 异构网络的能效问题并给出优化方案。第 6 章"基于用户体验质量的客户端设计"，分析未来 5G 中多媒体的应用趋势，并结合未来5G 网络的需求，提出基于用户体验质量的机制和缓冲带宽预测串流方法。第 7 章"基于能效增益的安卓平台设计"，分析 5G 网络中视频播放机制的变化，并在安卓平台下给出一种新的影音同步机制和串流机制实现方案。

　　本书由葛晓虎主持编著。华中科技大学葛晓虎负责第 1 章、第 3 章和第 4 章的内容编撰，中国科学院上海微系统与信息技术研究所张武雄负责第 2 章、第 5 章的编撰，台湾成功大学赖槿峰负责第 6 章、第 7 章的编撰。程慧参与了第 1 章的编撰，陈嘉琦参与了第 3、4 章的编撰，杨靖、黄美栋、杨斌、訾然、贾皓明等人负责全书内容的校验工作。在此，对所有为本书出版提供帮助的人士表示诚挚的谢意！

本书的内容是结合作者的一些科研成果编写的，会有种种不足之处；书中存在的错误和疏漏，恳请读者批评指正。

作　者

2016 年 10 月于武汉华中科技大学

目　录
Contents

第 5 章 | **Chapter 5**
　　　　5G 异构无线多网的能效协同优化 ································· **159**

应　用　篇

第 6 章 | **Chapter 6**
　　　　基于用户体验质量的客户端设计 ································· **191**

第 7 章 | Chapter 7
基于能效增益的安卓平台设计 **247**

第 1 章
Chapter 1

5G 绿色通信网络概念及应用需求

　　过去的几十年里，无线通信，尤其是移动通信，不论是在技术研发还是在市场业务方面都得到了快速的发展。不断增加的用户和业务流量需求，在带来巨大经济效益的同时，也导致信息通信技术（Information and Communication Technology，ICT）产业能耗的急剧增加。目前网络运营商的电费开支已占据其运营成本（Operational Expenses，OPEX）的 18%（欧盟）到 32%（印度）的比例。为此，ICT产业为提高自身的经济效益，有必要通过节能措施来降低运营成本——在满足不断增长的流量需求的同时，缓解网络设备的能耗，提升网络能效，实现未来移动通信网络的绿色可持续发展。

▌ 1.1　绪论

随着 21 世纪信息化时代的到来，通信产业迅速发展和壮大，传输速率（Transmission rate）不断提高，无线通信系统所能承载的业务容量"每 30 个月即可翻一番（库珀定律[1]）"；各种无线新产品和新业务不断涌现，接入用户的数量呈指数增长。而据预测，蜂窝网络的数据流量至少在今后五年内还将持续呈现指数增长[2]。不断增加的用户和业务流量需求，极大地带动了中国经济的发展，成为我国国民经济的基础及支柱。近几十年来，随着通信技术的快速发展，各种新技术、新产品以及针对不同人群的新兴业务层出不穷，通信信息化特征越来越向高智能、大带宽、业务多样化及个人化方向集中。一方面在各种新型产品及多样化功能需求的刺激下，通信产品及业务已经成为人们日常生活及工作中不可缺少的一部分，渗透到国民生活的衣、食、住、行等方面；另一方面随着通信信息化的普及，人们对通信质量的需求越来越高。在这两方面因素刺激下，ICT 产业不得不逐步扩大通信网络的规模，同时增加各种通信设备数量，以应对不断增长的用户高通信质量需求。通信设施规模的不断壮大及通信质量的不断提高，所需的能耗也相应剧增，这使得 ICT 产业所承受的能耗负担越来越重。

由于通信网络的能源消耗主要集中在电力方面的消耗上（高达 87%左右[3]），各大运营商的耗电量不得不急剧增加，据统计，到 2009 年为止，中国三大通信运营企业每年的耗电量已经超过 20 TWh（billion kWh），其中在 2007 年，中国电信耗电量约为 6 TWh，中国移动耗电量为 8 TWh 左右。而到了 2012 年，中国移动耗电量则高达 41.9 TWh，可见其增长趋势是多么迅猛。近期，在由中国通信企业协会举办的"第四届通信行业节能减排大会"上，工信部通信发展司副司长祝军发言说，2012 年通信行业耗电同比增长 8.87%，这个数据相比较其他行业耗电量增长速率来讲，也许并不突出，但对于自身来讲，在很大程度上带来了经济成本的增加。近年来各大通信公司为了降低经济成本，纷纷致力于节能业务，使得单位业务耗电量有所降低，但从总体上来看，总耗电量仍是逐年增长的。据目前分析，ICT 产业的能耗主要集中在大型数据中心、通信设备以及有线和无线网络中，特别是随着 2013 年大数据时代的到来，大型的数据中心迅猛增加，各大运营商竞相进行 4G 网络规模建设，ICT 产业整体的能耗依然保持继续增长的趋势。通过进一步分析移动设备的运行能耗发现，用户终端设备的能耗仅占总能耗约百分之十的比例，而网络构件的能耗占了剩余的 90%[4]，这其中三分之二的能耗又集中在基站设备中（见图 1-1），且无线蜂窝网络（基站和核心网络）的能耗"每隔 4~5 年便翻倍"。随着能耗的增加，明显可见的是，电信运营商的电费账单支出占运营成本的比例越来越高。目前网络运营商的电费开支已占据其运营成本的 18%（欧盟）到 32%（印度）比例。为此，ICT 产业为提高自身的经济效益，有必要通过节能措施来降低运营成本——在满足不断增长的流量需求的同时，缓解网络设备的能耗、提升网络能效[5][6]。基于上述发展需求，绿色移动通信网络正成为当前和未来移动通信网络的重要方向。

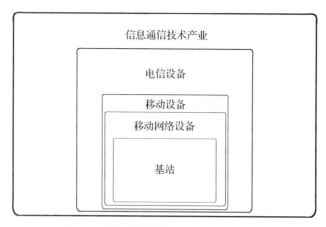

图 1-1　信息通信领域的能耗组成比例

由于在电力消耗中，电力设备耗电量占总耗电量的一半左右[7]，经过进一步的研究分析可以发现，在电信设备的运行耗能中，基站设备的耗电量远大于终端用户的耗电量，例如，在中国移动 2012 年能耗中，基站能耗占 64%。2013 年各大运营商纷纷将重点放在 LTE（Long Term Evolution，长期演进）蜂窝网规模建设上来。LTE 基站数量的增加，使得总体能耗骤增，LTE 基站再度成为节能的焦点。

另外，电力能耗的主要来源是将矿物原料进行燃烧来发电的，在矿物原料燃烧的过程中，不可避免的将产生大量的温室气体，包括一些碳氧化合物等，特别是 CO_2，由于电力能耗逐年增加，CO_2 排放量也随之增加，对全球气候问题造成的影响已不容忽视。据贝尔实验室的研究表明，信息通信技术行业中碳排放量占全球各行业中总碳排放量的 2%，大约为 2 亿 5000 万吨，相当于 5000 万辆轿车行驶 1 年的碳排放量。尽管目前从数字上来看，信息通信技术行业在碳排放污染源中所占的比例并不突出。不过未来伴随着大量视频（如在线视频、HD 视频和 3D）的广泛应用以及中国市场应用网店用户的增加，这个比例必然会迅猛提升。因此，从保护环境、应对全球气候变暖问题的角度出发，ICT 行业的节能减排已刻不容缓。减少 ICT 行业的碳排放已不仅仅停留为了帮助国家实现对世界的节碳承诺，节能减排更应该成为企业的一种发展思路，渗透入产业发展和新产品的研发设计等环节中。早在几年前，中国三大运营商就纷纷制定了节能减排的目标，例如，中国移动在 2007年启动了以节能减排为核心的"绿色行动计划"，这个计划包括了整个业务流程，例如产品包装、产品应用以及通信设备的研发、物流、维护及回收再利用等。特别是在通信设备的研发、物流、维护及回收再利用方面，中国移动积极寻求技术方面的创新，努力将节能减排新模式付诸在技术实践中。2012 年全行业共同致力于通信业的节能减排，使得通信业的单位业务能耗同比下降 2.81%。节能减排技术的不断革新及广泛应用对全社会也有积极的影响，有效地带动了整个行业的节能发展。

在节能减排的背景下，新一代的通信理念——"绿色通信"的概念诞生了。无线通信由于其便捷性和有效性而得到广泛的使用，因此成为目前各种通信中的主要方式，绿色无线通信更是成为人们关注的焦点。与传统无线通信中不管能耗增加以及气候问题而一味追求更高、更快的数据传输能力不同，绿色无线通信不止要提高数据传输率，还需要解决降低能耗和保护环境两个方面共有的问题，其具体体现主要包括设备制造商研发低能耗、低辐射的绿色产品以及制定绿色解决方案，通信运营企业建设绿色通信网络，降低网络建设及维护成本等。另外，随着 5G 全球化时代的到来，当前国内的通信企业纷纷把绿色通信作为 5G 时代通信技术应用的指向。

绿色通信的目标是在降低 ICT 产业的运营成本、减少碳排放量的基础上，进一步提高用户服务质量（Quality of Service，QoS），优化系统的容量。换句话说，绿色通信不同于传统的无线通信中按照用户流量峰值分配所需能耗的方式，而是从用户的流量需求出发，根据用户的流量变化来动态调整其所需的能耗，以尽可能降低能耗中没有必要的浪费，从而达到提高通信系统能效的目的。

随着对蜂窝网络能耗研究的深入，研究人员发现蜂窝网络中大部分的能耗消耗在基站（高达 80%[8]），如何降低基站的能耗（"绿色基站"）一时成为研究的集中点。目前基站节能的措施主要分为以下两方面：一是提高基站无线信号发射效率，这主要致力于物理层的局部部件改进，如采用先进的射频技术、线性功放以及高功效的信号处理方法；二是在网络层对基站以及蜂窝网络进行有效的全局规划、设计和管理，比如优化基站的覆盖范围以及布设位置，关闭闲置基站（或者基站休眠模式）等来达到节能；此外还有采用新能源以及新型冷却技术。而流量的变化特性，是从网络层研究基站节能的前提。由于实际蜂窝网络中流量随时间和空间呈现不均匀分布，而传统的基站资源分配多基于流量峰值水平，从而会导致各个小区能效的异质性。正是这是这种异质性提供了节能的空间。

对于一个单一的、完整的通信基站来说，其能耗组成主要包括以下四个方面[9][10]：

（1）基站主设备，即无线设备部分，包括天馈系统、基站收发信台（Base Transceiver Station，BTS）以及基站控制器（Base Station Controller，BSC）等；

（2）机房环境设备，主要包括空调制冷机送风回风系统，热交换机系统等温湿度调控设备；

（3）电源系统，包括开关电源、蓄电池以及发电机等；

（4）其他一些辅助性设备及机房初期建设和后期维护能耗，这一部分主要包括数据发射、传输及接收，机房监控，照明设备及新建基站的机房建设能耗等。其中机房建设能耗只在初期建设阶段才考虑，属于一次性能耗，在基站投入运行时无须再考虑。

根据文献[11]对通信基站能耗分布现状的统计分析，可得基站各部分能耗的分布比例如图 1-2 所示。

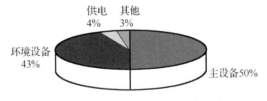

图 1-2　我国通信基站能耗分布比例

由图 1-2 可知，通信基站主设备是基站耗能最大的部分，约占基站设备总能耗的一半左右，其次是环境设备，约占总能耗的 43%。由于无线设备全天候不间断地运转，同时空调系统需要将无线电设备运作过程中产生的热能进行消除。所以将重点放在通信基站无线设备和空调系统节能这两方面，是开展基站节能、实现绿色通信的关键。

1.2　绿色通信在国内外的研究现状与趋势

无线设备耗能主要取决于射频部分功耗、无线设备数目以及加载业务负荷的变化。其中射频部分功耗在无线设备耗能中占有最大的比例，而功放部分又在射频部分中耗能占有最大的比例，所以基站输出功率主要取决于射频部分中的功放部分效率。其次，无线设备数的增加主要是由基站的不合理分布造成的。在基站建设中，由于一些环境及人为的因素，使得一些基站的分布不够合理，因此为了增加基站的覆盖范围，不得不增加更多的基站以保证通信质量。另外，业务模型主要包括语音业务和分组数据业务，这两种业务由于在话务模型上的差异，各自的 QoS 要求是不同的。而且业务负荷量在不同时段也是不同的，比如，白天所加载的业务负荷比较重，而夜里则相对较轻，这种变化也为基站的节能提供了一些空间。

因此，目前关于基站能耗研究主要包括以下两方面：基站节能措施和基站能耗建模。同时，由于 5G 通信系统的研究中热点（hot spot）问题的深入，无线异构网络的能效模型问题也被提出。

1.2.1　基站节能措施

从上面对无线设备能耗构成的分析中，我们可以得知，降低能耗应该主要从以下两个方面进行着手：

（1）降低单个基站设备中的功耗，尤其是发射功耗；

（2）减少基站设备的数量。

目前关于降低单个基站的功耗的节能措施主要集中在以下几个方面：

（1）采用多载波和功放高效率技术来提高基站设备的功放效率；

（2）选用容量大和集成度很高的低能耗设备，节省所占用的机房空间，以降低设备所用的功耗成本；

（3）为了避免远程交换中传输带宽占用的增加，利用基站本地化交换来降低占用带宽，从而减少传输冗余等。

基站节能措施具体主要有以下两方面。

1. 局部节能措施

包括改进底层发射技术，以减小发射功耗，比如编码和调制模式的切换[12]、正交频分多址接入（Orthogonal Frequency Division Multiple Access，OFDMA）节能设计[13]、多输入多输出（Multiple-Input Multiple-Output，MIMO）系统中 MIMO 与单输入多输出（Single-Input

Multiple-Output，SIMO）发射模式的切换——在流量大的时候采用 MIMO 模式发送，而在流量小的时候采用 SIMO 模式发射，以降低发射能耗[14]；改进物理器件的能效，比如提高功放的效率，等等。

在当前 MIMO 及 Massive MIMO 的应用需求下，更多的 MIMO 特性用于局部的基站节能或能效提高[15~17]。文献[15]在 MIMO 下行链路中提出了一种公平的高效节能的调度策略，既考虑了电路功耗还考虑了传输功耗，平衡了小区边缘能效和小区平均能效，并在确定的公平度量定义和最优功率分配最大化的性能指标下，评估得到这一调度策略可以提升多用户多输入多输出（Multiple-User MIMO，MU-MIMO）系统能效。文献[16]研究了多天线基站和单天线用户的实际 MIMO 系统下采用压缩转发协作技术时能效和频谱效率的关系，并且得出了能效函数的上界。文献[17]提出了 MIMO 波束成形系统下的一种能效自适应传输方案，采用了基于发送端非理想信道状态信息的正交空时块编码技术，得到满足实时的比特误码率的最大能效。局部节能措施在降低部分网络或网络部件的能耗方面是有效的，但作用范围较小，而且这些措施的推广还取决于投入与收益的市场博弈结果。要综合全面地减少能耗，必须考虑全局措施。

2．全局节能措施

主要在网络层，一方面在网络体系结构的设计与网络规划上，另一方面在网络管理过程中考虑能耗问题。

（1）网络规划与布设：包括节能型网络拓扑[18]、体系结构与协议设计[19]以及基站数量——容量优化[7][20][21]。基站能耗取决于基站数量以及单基站能耗的乘积，要降低能耗则应对基站覆盖范围、基站容量以及基站布设位置进行折中优化。文献[21]认为应尽可能减少基站数量，并建议可以考虑通过减少基站馈线、大容量电池、增加低频使用率、六扇区基站等功能来进行优化。进一步地，文献[7]指出通过网络优化能够减少40%的基站数量。文献[20]考虑了基站覆盖范围大小对能效以及节能效果的影响，指出使用大量小覆盖范围的基站以及结合基站休眠技术可以大大节省网络运行能耗。而前面的研究忽略了基站制造过程中所消耗的物化能耗，因而有必要同时考虑基站运行能耗以及物化能耗[22]，再对基站数量——容量优化问题进行研究。

另外，新兴的网络布设技术考虑将不同类型的基站，比如 Macro 基站与服务热区的 Micro/Pico 基站、家用型 Femto 基站，层叠布设，以减小用户和基站之间的发送距离，节省能耗。此外，当网络流量小的时候，可以结合关断技术来节能，文献[23]在这方面做了初步研究。

（2）基站管理：蜂窝网络以及无线局域网等基础架构网络中基站（或者接入点）的设计大多是提供足够的覆盖范围与重叠覆盖，以获得足够的容量，从而满足大量用户的接入以及流量需求，因而这种设计是基于小区处于大流量或者峰值流量水平来进行的，其代价不仅是设备的投入还有大量的能耗。而实际的网络环境里，蜂窝网络的流量水平会随时间变化，不同的小区有不同的变化方式，呈现出高低起伏的时空分布，这与用户的行为模式紧密相关。例如，白天与夜晚，网络流量一般会呈现"昼高夜低"的特点；而居民区和工作区在工作日时会呈现"此消彼长"的特性——白天用户涌向工作区，一般居民区的网络流量水平比较低，而工作区的流量水平高；反之夜晚用户涌向居民区，居民区的网络流量水平高[21]。当网络流量水平比较低时，基站有足够的容量冗余，会导致无用的能耗。因而有必要优化基站的能耗管理，在用户流量较小的时候，通过网络优化，使用较少的基站进行覆盖，而关掉冗余基站，同时调整活跃基站的发射功率以确保对用户的覆盖范围以及足够的容量，达到既保障用户 QoS 又降低能耗的目标。文献[24～27]针对网络流量的特性研究了基站关断技术。文献[24]采用确定性网络流量变化模式对节能水平进行理论推导，并对正六边形（分别采用全向天线和扇区天线）、十字路口型、曼哈顿网格型四种实际蜂窝网络拓扑评估了其节能效果，发现关断技术可节约 25%～30%的能耗。然而其未考虑实际流量变化的随机性以及空间分布。文献[25]提出了基站开关的控制算法，并揭示了节能效果与用户 QoS（中断概率）之间的联系。文献[26]基于数学规划理论提出了关闭基站的选择方法，以降低无线接入网络能耗同时保证用户 QoS。文献[27]对比研究了两种基站状态调整策略——随流量变化的实时调整以及半静态调整，指出前者具有更大的节能空间，而后者易于实现，网络性能也较好。在文献[28]中，作者提出了一种联合传输天线功率，活跃天线数目和天线子集来最优化系统能效的算法，分析了天线部分参数选择对能效的影响情况。

1.2.2　基站能耗模型

从上一节中基站节能措施可以看出，一些改进的节能措施都考虑了用户流量变化对基站能耗的影响。实际上，要想达到基站节能的目的，我们需要从实际的角度出发，建立合理且有效的基站功耗模型。传统上常采用给基站分配流量高峰期时所需的功耗，由于用户流量具有自相似性和突发性，在时间和空间上都有很大的变化，不同的流量负载下，对基站的功耗需求是不同的。因此给基站功耗分配采用最大化的方法实际上是一种浪费。在实际的功耗建模中，我们需要结合用户的流量特性，从用户流量需求的角度出发，来建立有效且合理的基站功耗模型，这是基站节能的基础。

为了评估各种绿色技术对网络的节能效果，有必要准确衡量网络的能效，因而首先要定义具体的能效度量，以恰当地评估不同网络配置下系统或者部件的能效水平。目前关于能效的研究主要分为以下三个方面：

（1）基站能耗的组成以及整体能效评估；

（2）结合流量动态特性的基站能效评估；

（3）结合无线通信过程的基站能效研究。

首先，文献[12]对基站的能耗组成及各部分比例进行了全面分析。里克特等人提出了通过发射功耗来计算不同类型基站总体功耗的线性模型[8][29]。文献[27]结合无线资源分配提出了较全面的功耗与能效模型。然而，这些模型都只是针对基站运行能耗，而忽略了基站制造过程消耗的物化能耗。文献[20] 进一步提出了同时考虑基站运行能耗和物化能耗的整体模型，但由于缺少厂商数据很难对物化能耗进行估计。随着基站物化能耗的考虑，对基站整体能效的分析需要拓展到基站的使用寿命范围内，即进行生命周期评估（Life Cycle Assessment，LCA）[7][30]。而如何合理地估计基站物化能耗，以及评估物化能耗对整体能效优化的影响仍有待解决。上述对基站的能耗组成分析以及整体能效评估为蜂窝网络的能效研究提供了参考依据，但由于基站流量的时间和空间扰动，导致基站能效随之呈现时间和空间变化。因而，还需要结合基站的流量特性来研究和了解基站能效的动态分布特性。

传统的蜂窝网络流量工程集中在网络流量测量、建模与控制等方面的研究，研究目标是通过优化无线资源（如无线信道）的使用，在保障用户 QoS 的同时最大化网络的流量承载能力[31]。能耗作为一种重要的无线资源，其优化问题可以类似地运用上面的工作框架来解决，只是研究目标变为在相关 QoS 约束条件下，达到能效的最大化，或者达到每流量比特的能耗最小化[32]。蜂窝网络中，无线资源通常按照"最坏"原则——根据网络流量高峰期的资源需求原则——来分配[33]。这样会导致在网络流量低谷期无线资源（包括能耗）的浪费[34]。针对这一问题，尤恩申等提出了基站关断技术来提升基站能效，即在流量负载较低时期关掉未使用或使用率较低的基站以降低能耗[35]。魏等人则提出使用覆盖范围较小的微基站或者家用型基站与宏基站层叠布设，以应对流量负载高峰期[36]。进一步地，阿什拉夫和博卡迪结合这两种技术，在基站层叠布设网络中引入关断模式，以提升节能空间[37]。王和蔡提出了自适应流量聚合（Adaptive Traffic Coalescing，ATC）方案，通过对移动平台的流量包进行监测、自适应聚合以及引入休眠机制，可降低移动平台主要部件的能耗。实验表明，在实际 Internet 流量负载环境下，该方案能获得 20% 的节能水平且不影响网络吞吐量以及用户体验（User experience）[38]。然而，以上这些基于流量的能效研究中通常忽略了复杂的物理传输过程，尤其是底层信道和干扰的影响，因而无法扩展到多小区网络或者大型无线自组织网络。

近来，对于多用户 MIMO 和 Massive MIMO 系统下的能效研究取得了较为不同的结果。文献[39]不同于其他研究者，提出了针对分布式天线系统的功率控制技术研究。在最优功率控制较难实现的前提下，基于联合迫零预编码提出了满足单用户速率约束和单天线发射功耗约束的次优功率控制方案，提升了整个分布式天线系统的能效。文献[40]提出了一种在保证服务质量前提下的提升 MIMO-OFDM 系统能效的方案，这篇文章中将 MIMO 系统中复杂的多信道问题简化成一个简单的多目标单信道优化问题，推导出了 MIMO-OFDM 移动通信系统能效优化的闭式解，并提升了在保证服务质量前提下 MIMO-OFDM 系统的能效。文献[41][42]在 MIMO 系统中，将预编码技术和功率控制技术结合分析，提出一种对各个用户公平的自主无线资源配置，最优发射功耗选择及预编码码本选择方式，以提升整个系统的频谱效率和能量效率。文献[43]中 MIMO 系统模型更加完善，不仅考虑了高斯白噪声，还考虑了来自小区外的干扰，更加完善地分析了在完全已知信道状态信息下天线相关和天线非相关时，功率控制技术的能效性能。文献[44]全面分析了无线通信系统中的能效问题，提出了新类型功率放大器、节能传输模式、链路速率适配、流量自适应蜂窝小区、基站休眠等多种可实行的方法来提升系统能效。文献[45]从 OFDMA 无线蜂窝网络入手，考察了蜂窝小区半径和传输特性对系统频谱效率和能量效率的影响。最终结果表明，存在着某一个发射功率可能会使得整个系统的能效翻倍。

同时，能效的研究也拓展到无线通信领域[14][46~48]。通过使用最大吞吐量作为有效容量，居索伊等分析了一定 QoS 统计约束条件下衰减信道的能效性能[46]。文献[47]提出了 OFDMA 系统中频率选择信道的发射功耗自适应分配方案，通过匹配信道状态以及基站电路功耗水平来优化系统能效。金等运用凸优化工具研究了链路自适应问题，并推导了给定 QoS 约束条件下使能效达最大化的链路参数最优解[48]。动态流量负载下的仿真表明该方案能节约多达 50%的发射能耗，有效实现了传输延迟和节能之间的折中。然而，目前这些研究都停留在蜂窝网络链路层的能效评估。为了分析网络层能效，还需要结合考虑蜂窝网络的结构特性[54~59]。由于用户的移动造成其位置的不确定性，通常使用统计模型，如泊松点过程（Poisson point process）[49]，来进行系统建模和评估。安德鲁斯等人分析了节点的空间分布对无线网络性能的影响，例如节点服从泊松点过程分布下的收发节点间的距离分布以及对网络层设计的影响[50]。进一步地，从大尺度网络来看，例如区域性或者全国性的蜂窝网络，其拓扑结构的突出特点在于其形状的"不规则性"[51][52]。传统的正六边形小区假设因为不足以刻画这种宏观拓扑特性，而需要假定基站和用户都随机分布于无限平面上[53][54]。在这种随机网络结构下，结合考虑复杂的信道条件，可以评估蜂窝网络的网络层能效[55][56]。

在能效评估中，常用到的基站能效衡量指标有单位面积频谱效率（单位：$bits/s/Hz/m^2$）与单位面积能耗[57]、bits/TENU 能效（TENU 是指接与收端记录的加性高斯白噪声复采样信号方差相同的信号能量）[58]以及最常用的 bits/J 能效。另外，制造厂商根据 LCA 分析提出了测量电信网络设备的框架以及 ECR（Energy Consumption Rating）能耗指标——平均功耗与全双工有效流量之比[59]。

1.2.3　无线异构网络能效研究

为了提高频谱效率，异构网络的概念在 LTE-A 的框架下提出，随之这种宏基站和本地分组切换式网络（Local Packet switched Network，LPN）搭配组网的模式的能效问题也日益突出，针对其进行的能效研究也广泛开展起来。其主要是集中在：减少基站功率消耗（如使用高功效的硬件或更加先进的软件调节功率适应于流量的状态）；智能网络部署策略（使用 LPN 及相关策略）；基站的管理（如基站休眠）。这些研究可以归纳为以下两个方面的研究。

（1）基础能效模型的研究

在能效的基础模型研究方面有大量的相关文献，文献[60]使我们了解到在无线蜂窝中主要的能耗是数据服务，基站和回程路由。在这些能耗中，基站的部分占了近 80%。在基站的能效模型研究过程中，针对无线异构网络能效问题的研究也是多方面的，如异构网络同频部署时干扰协调问题，文献[61]首先综合讨论了异构网络的基本框架与核心技术，紧接着详细介绍了多载波场景下的载波聚合技术及同频部署场景下的空白子帧技术，最后了解到现在对于异构网络同频部署场景下干扰的解决主流还是基于时域的空白子帧干扰协调技术。对于具体的干扰建模及能效建模部分的研究文献层出不穷，文献[62]则对异构网络中 Pico 的部署对整个系统容量和能效的影响，文中给出了容量和能效的基本建模过程，并采用注水功率算法进行宏小区和 LPN 小区自适应功率控制。

（2）能效策略研究

由于异构网络能减少碳排量，增加系统容量，减少运营开支和基建开支，异构网络的概念应用到下一代移动无线系统，尤其应用在 LTE 上。进一步的应用便在 LTE-Advanced Release 10，异构网络的部署被延伸到精心部署的宏小区模式中，以便进一步增加系统容量[63]。正如诸多文献指出的那样，宏小区基站是蜂窝网能量密集部分，其消耗了在移动网络大概 80%的功率。鉴于这个原因，大部分的研究集结于此，并得出减少功率消耗有助于提升能效的结论。

最近的文献针对异构网络的研究广泛集中在分析其性能和能效优化上，如文献[64]就仔细考虑了不同部署策略（Macro-Micro，Macro-Pico，Macro-Femto，Macro-Relay）下的 ECR，最后通过仿真还证明了异构网络能效性的实现可以通过设置适当的指标。尽管一些研究者已经研究了 LTE 和 LTE-A 网络的能效问题，但均没有对比分析 LTE 和 LTE-A 的能效性或 LTE-A 在能效方面的主要功能，此时文献[65]就此给出了明确的答复。研究表明移动通信网络能耗 50%～80%在无线接入部分，因此通过提升接入网络的能效将会提升整个网络的能效。在这种考虑下，异构网络的结构设计将是一个提升整个网络能效很有前景的方法，所以异构网络中对 small cell 的引入，具有发射功率低，基本不需要冷却系统，能很大提升全网能效。

当然针对 5G 异构网络的能效策略的研究也有另一个方向，尽管部署 LPN 是一种能够提升流量需求很有前景的方法，LPN 部署的密度、随机部署和不协调的操作也将会在这样一个多层网络引发一些能效问题，除了引入 LPN 到现存的 Macrocell 网络中，另一种有效的技术就是在宏基站中加入休眠模式，此种方法基于研究蜂窝网流量在空间和时间上的高波动性，如城市和乡村对于流量的需求在白天和夜晚有很大的区别。但是对于稀疏部署宏小区的地区，当执行休眠模式时，我们必须维持其覆盖范围，那么可能通过功率控制或打开 small cell，由于两种技术都需要消耗功率，我们并不知道哪种更具能效性以及能效和 small cell 与接入策略的关系如何，文献[65]对此进行了基础建模分析研究，对比随机休眠、策略休眠、不休眠的能效情况及 small cell 密度与能效的关系。

▌ 1.3 蜂窝网物化能耗与整体能效评估

尽管目前已提出了许多基站节能的相关措施，但在移动通信领域，往往会忽略物化能耗，而优先考虑运行能耗的优化。因为除环境问题外，运营商的主要考虑问题就是减少运行费用。运行能耗对运行费用来说有着直接的影响，相比之下，物化能耗对运行费用的影响则间接取决于制造商的产品价格。而优先考虑优化运行能耗还有一个重要原因，即防止运行能耗过高而导致能源供应短缺问题。尽管最近有许多关于运行能耗优化方向的文章发表，在这里只回顾那些涉及系统级架构和蜂窝网络特性的部分。

文献[69]研究了蜂窝接入网络的节能优化问题，并提出在流量较低情况下，通过关闭一些未充分利用的基站以节能。在减少基站数量的同时，应增加运行基站的发射功率，以保证覆盖范围。而作者忽略了增加的能耗，从而未能讨论运行能耗关于基站数量及其覆盖范围的折中优化问题。通过采用梯形流量模型以及实际测量流量数据验证，该方案能达到 25%～30%的节能水平。

类似地，文献[20]提出了蜂窝小区的优化覆盖布设方案，即在保证系统容量的前提下，关闭一些无活跃用户的基站，并不断地对基站数量与覆盖面积进行优化。其仿真结果显示，减小蜂窝的大小将改善运行能耗比——传输每比特信息所需的能耗。

文献[8]提出了另外一种节能方案——通过使用双层蜂窝接入网来提高能效。其核心思想是使用覆盖范围为几米到几百米的微型基站来扩展传统的宏基站覆盖范围。该方案不仅能为宏基站内的盲区提供更好的覆盖，而且也能在保持网络容量不变的同时降低发射功率以及减小室内基站由于穿墙损耗导致的附加能量。

以上方案都是考虑优化运行能耗，即在保障覆盖范围以及系统容量的条件下，通过增加布设基站数量而降低传输功率来实现。然而，这些方案存在以下两个明显的缺点。首先，目前大多数运行基站并不能立即提供关断策略；其次，即使不谈关断策略的实现问题，这里仍要考虑制造商在生产基站这样的高技术产品过程中消耗的物化能耗问题。以往的分析和讨论都没有考虑到物化能耗的可能影响，而只是宣称没有这方面的公开信息以获取相关数据[20]，或简单地直接忽略。

据我们所知，目前尚没有考虑物化能的蜂窝网络能效研究文献。然而，许多研究者已经指出其为一个重要的研究方向。文献[20]中，作者在引言部分建议"将运行能耗和物化能耗结合起来考虑"，但其后续分析中却略去了这一点。文献[67]在讨论引入家用型基站以增强现有蜂窝网络结构时，也提出了相同的观点。通过评估这种方案对环境的影响，其指出"应考虑设备生产过程对环境的影响"。近来，关于物化能耗的研究已吸引了许多研究小组（例如 Mobile VCE 的"Green Radio"项目组，Celtic Eureka 的"OPERA-Net"项目组，Cool Silicon 项目组，欧盟的"FP7 IP Energy Aware Radio, and Network Technologies"工作组等）、标准化机构（例如国际电信联盟组织的"气候变化标准化蓝图"以及欧洲电信标准委员会的"环境工程活动"）以及一些蜂窝网络设备制造商的研究部门，这些研究部门已经致力于分析其设备及设备的配送对环境的影响，旨在提出环境友好型的通信产品和解决方案。

本节主要研究在以前讨论中忽略的物化能耗成分，并评估分析蜂窝网络中"不可见"的物化能耗水平。在前一节对蜂窝网络运行能效研究的基础上，本节进一步建立基站在其有限使用寿命内的蜂窝网络整体能效模型。

1.3.1　基站的能耗组成与评估

尽管网络设备所需的大量运行能耗容易引起注意，而在制造这些网络设备过程中所消耗的能量却往往被忽视。以下各节综合分析蜂窝基站的能耗，并揭示考虑物化能耗的必要性。

1.3.1.1　物化能耗

物化能耗，标记为 E_{EM}，是指在设备制造的各相关过程中消耗的能量。初始物化能耗

E_{EMinit} 为从原材料到设备初始安装过程的能耗，包含原材料获取和处理、运输、构件制造、产品组装以及安装这一系列活动的能耗。维护物化能耗 $E_{EMmaint}$ 则包括设备使用寿命内系统维护、修理以及材料和构件替换过程中所消耗的能量。

在回顾以往的研究时，我们已指出，目前还没有考虑物化能耗来对蜂窝网络进行能耗评估的相关研究。而在其他领域却早有这样的传统，例如建筑[68]、汽车[69]、光伏电池板[70]乃至一些与通信相关的领域，如计算机[71]、网络交换机[72]、移动电话[73]。图 1-3 给出了城市、工业、信息三个领域中一些典型产品（房屋[68]、汽车[69]、基站）在其使用寿命内物化能耗与运行能耗之间的关系曲线（其中基站的结果是基于本文的研究，这将在下一节进行解释。这些结果在这里提出是为了强调在基站中考虑物化能耗的重要性）。尽管图中所用数据只是一些扰动较大变量的平均估计值（如建筑的物化能耗取决于各个国家不同的传统建筑材料，而且它们的运行能耗也依赖于气候状况[68]），但由它们之间的明显区别可得下面的结论。

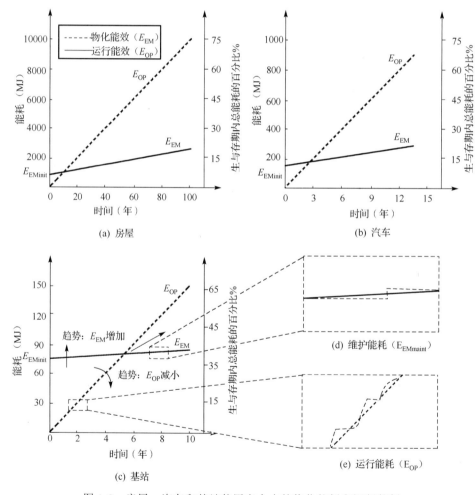

图 1-3　房屋、汽车和基站使用寿命内的物化能耗和运行能耗

图 1-3 中物化能耗与运行能耗曲线交点的移动情况表明，现代电子设备（如基站）在其使用寿命内，物化能耗与运行能耗的比值远比住房和汽车中的比值要大。这要归因于半

导体生产涉及的复杂以及能耗密集型工艺、被降低的运行能耗以及由于技术发展和设备频繁更新而导致的较短使用寿命等因素。

图 1-3 中右边的刻度显示了在产品使用寿命内初始物化能耗占总能耗的比例。与电子设备如基站（30%～40%）相比，房屋（7%～10%）和汽车（10%～15%）中的物化能耗只占较小的比例。所以，物化能耗在汽车、房屋等领域得到研究而在蜂窝网络中却被忽略的事实实在令人惊讶。

维护物化能耗

维护物化能耗与产品使用寿命内的维护、修理、材料以及元件替换活动有关。在图 1-3(d)中，虚线表示在各时间点不断进行的维护行为，它可被表示为关于时间的线性函数，如图中的实线所示。维护物化能耗的估计是基于移动运营商提供的数据。尽管这些数据随着基站的位置不同而不同[24]，但总体上，它可以被认为占年均总初始物化能耗的 1%[74]。

使用寿命的重要性

为了能够比较基站使用寿命内制造和运营两个阶段的能耗，在建模时必须考虑所研究产品的使用寿命。这里估计基站的平均使用寿命为 $T_{\text{lifetime}} = 10$ 年[7]。这种估计与商业活动预期寿命相对应，而后者在许多情况下比其技术上的使用寿命要短。由于新技术的发展迅速，设备往往在它的生存期结束前就被替换掉，这样进一步增加了基站使用寿命内物化能耗所占的比例。如此耗能的制造工艺，加之短的设备换代时间，这迫使我们反思以往提出的能效模型。

1.3.1.2　一般基站的物化能耗评估

目前有几套不同的方法论能用来评估设备的初始物化能耗，如著名的生命周期评估（Life Cycle Assessment，LCA）、生态足迹分析（Ecological Footprint Analysis，EFA）以及关键环境性能指示法（Key Environmental Performance Indication，KEPI）。其中，LCA 是一种浩繁的研究，需要一些不易获取的数据且耗时较长，而 KEPI 则易于使用，其需要较少的数据且耗时短。尽管一些制造商[69]已经开展了 LCA 中的部分工作，但它们收集的数据常常会保密或者在很长时间后才公布出来。另一种情况是，只提供整体数据[6]，如移动网络中总体设备的评估数据，这也导致我们很难对单个基站进行能耗评估。再者，大部分数据都是出于商业目的才被公开，其可靠性与准确性值得商榷，因而也不适合作进一步的研究。因此，必须使用一种新的方法[75]，来让我们这些外部研究者（区别于制造商）可以评估一般基站的初始物化能耗。

（1）方法论

我们的研究采用与最近发表的论文[72]相似的方法：分拆一个基站，列出关键构件、材料以及各种必要过程的生命周期清单（Lifecycle inventory）（总结在表 1-1 中）。基于数据库以及研究文献（如 Ecoinvent database，Energy using Products studies，[71][75]及其中的相关参考文献）中给出的不同材料和制造过程的能耗数据，来评估各条目的单位质量的物化能耗。再将表 1-1 中的数据求和，则得到一般基站的总初始物化能耗的估计值。

表 1-1　　一般基站的生产材料和制造过程的初始物化能耗组成

材料/过程	能耗需求	数值	能耗	数据来源
	MJ/kg		GJ	
材料				
半导体器件（硅片，集成电路）	60000～120000	0.31	37.2	分析/文献
金属（铝，铜，铁，铅，锌）	100～400	20.0	7.0	分析/文献
基体材料（塑料，玻璃，橡胶）	20～400	14.0	5.8	分析/文献
印制电路板（包含制造和组装）	300～500	8.6	4.3	分析/文献
通信电缆，安装	50		2.3	估计
制造过程，运输				
构件制造及节点组装			8.1	估计
供应链			5.3	估计
运输，安装			3.5	估计
传统制造（切割、焊接、机械修整、注射成型）		1.5	估计	
基站的总物化能			75.0	

尽管基站的构件数以千计，其构成材料也种类各异，而基站的核心部分则是一组含有源电子元件，如集成电路（主要由半导体材料构成）的印制电路板以及一些无源电子元件如电阻、电容、电感与导线。无源电子元件一般在总初始物化能耗中只占有 1%的比重[73]。从表 1-1 中关于基站的初始物化能耗组成中可以明显看出，目前电子设备的大部分物化能耗被用于半导体的制造加工，这是因为硅片（Wafer，又称晶圆）的加工须要集合数百道不同工序。文献[75]指出，在计算机工业中几乎 95%的生产能耗被用于硅片加工和芯片封装，与这里关于半导体工艺设备的能耗比重估计结果是吻合的。由于基站站点不仅包括基站设备，还包括天线塔、传输设备、供电设备、气候（冷却）设备以及建筑物。所以，半导体占基站物化能耗的比例预计没有计算机工业中那么高。其余条目材料分为以下几组：块材料、金属材料和通信电缆，并基于实际宏基站组成材料的分解和前面给出的数据源来评估其物化能耗。

根据与制造商的讨论，我们对以下过程的能耗进行了评估：构件制造与节点装配、传统制造、供应链、交通运输以及基站组建和安装。

为了验证我们的结论，我们用基站的能耗数据与当前的一台高性能服务器计算机作了比较。正如所预期的，基站的物化能耗超过了服务器，但这些结果的数量级相同。将基站的物化能耗与网络交换机[72]比较也可得到相似的结论。另外，文献[20]估计在移动设备的使用寿命内，近 20%的能耗用于原材料处理，与我们的结果也相符。

（2）误差与说明

以上对物化能耗的估计含有以下两种误差：

● 分析有关材料或过程中所参考数据的误差。

● 对材料数量以及过程的估计误差，这些数据因不同的基站设备制造商而不同。

文献[71]关于误差的详细讨论，其指出：块材料和半导体产品的数据相对误差（Fractional Error）可以被假设为±30%，此外印制电路板±21%、组装过程±79%。由于半导体占据总物化能耗估计值的主导，该相对误差值可以供此处参考。另外，不同制造商生产的宏基站产品使用的材料和构件不同，以及基站设备的质量各异，这些都会造成物化能耗的扰动，其误差容限（Error Tolerance）估计为 ±40%。假定这些误差不相关，因而总误差容限在 ±50% 以内。

此外，不同构造类型基站所含的物化能耗也大不相同。目前，设备制造商能提供各种不同功率、尺寸以及物化能耗的 Femto/Pico/Microcell 基站，但后面我们的研究仅限于宏蜂窝基站。然而具有较低发射功率的基站并不一定含有较小的物化能耗。正好相反，当前小型蜂窝基站的高集成度、高复杂度以及短使用寿命，导致其物化能耗占总能耗的比例要高出宏蜂窝基站。

应该指出，本文的研究仅评估了材料及产品的制造过程，而诸如研究和工程活动、软件开发以及产品废弃等影响参数均被忽略，因为其很难与特定的制造过程或产品联系起来。这也是产品全生命周期评估（Total Life Cycle Assessment）的一个有趣方向，在与设备制造商合作研究时需要单独考虑。

1.3.1.3　运行能耗

全世界蜂窝基站的年均耗电量约为 60 TWh/年。文献[76]进一步分析其能耗由以下部分组成：功率放大器、空闲的收发机、供电设备、冷却风扇（它所占的比例随不同地区的气候条件而变化）、收发功率转换、合并/转接、中心设备、发射功率以及电缆。

对于一个典型配置的宏小区［为简单起见，这里仅评估宏小区架构；关于多层小区架构中小型基站（Femto/Pico/Micro）的使用则留作日后研究方向］，基站的总功率在 0.4 kW～3.0 kW 范围内变化。文献[4]估计 2000 年以前基站设备的平均功耗为 1.1 kW；之后的基站功耗据称已经减小到 500 W 以内。因此，后面的建模中我们将该数字作为目前基站的平均功耗。由于蜂窝网络中的无线接入部分近乎是连续工作的，其年均运行能耗粗略估算为 15 GJ，即在使用寿命内设备的运行将消耗 150 GJ 能量。

此外，单个基站的能耗依赖其流量负载而呈现一定的统计分布。如图 1-3 中虚线所示，功耗是关于时间的非线性函数，它由一些高消耗的繁忙区间以及一些无消耗的空心区间组成，其中这些无功耗区间可能表示低流量负载下基站处于关闭状态。而平均功耗可表示为关于时间的线性函数，如图中实线所示。

基站运行能耗 E_{OP} 可进一步划分为两部分：E_{OPlin}，它随传输功率线性增加，表示功率放大、馈线损失、冷却等过程的能耗[9]以及恒定部分 $E_{OPconst}$，它表示信号处理、电池备份等活动的固定功率。易有 $E_{OP} = E_{OPlin} + E_{OPconst}$，而基站运行功耗（$P_{OP}$）与其传输功率（$P_{TX}$）的线性关系可以表示为：$P_{OP} = a \cdot P_{TX} + b$。

图 1-4 给出了基站使用寿命内物化能耗与运行能耗之间的比例关系。类似地，文献[4]发现蜂窝网络中物化能耗与总能耗中的比例在 2005 年时接近 25% 而在 2006 年则增长到 43%，这证实了我们的估算结果，同时也支持了我们关于运行能耗相对于物化能耗的比例在减小的结论。

文献[8][20][24]提出，休眠模式或关闭策略会进一步减少运行能耗的相对比重。

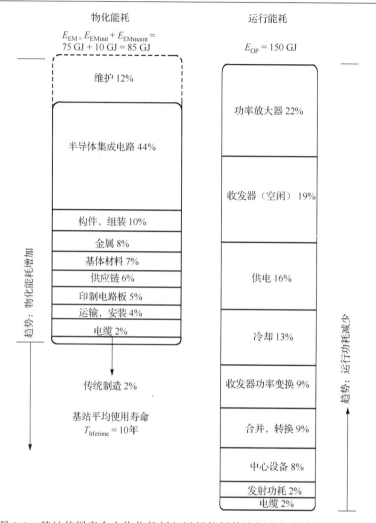

图 1-4 基站使用寿命内物化能耗与运行能耗的比例分解与变化趋势分析

1.3.1.4 基站总能耗

根据前几节的结论，单个基站的总能耗模型包括物化能耗以及运行能耗，即

$$E = E_{EM} + E_{OP} = (E_{EMinit} + E_{EMmaint}) + (E_{OPlin} + E_{OPconst})$$

初始物化能耗（E_{EMinit}）为基站初始生产过程中的一次性消耗，而维护物化能耗（$E_{EMmaint}$）和运行能耗随着基站的有效寿命而积累，可以表达为 $E_{EMmaint} = P_{EMmaint} \cdot T_{lifttime}$，$E_{OP} = P_{OP} \cdot T_{lifetime}$（表 1-2 提供了相关符号变量的说明）。

表 1-2 变量命名法

缩写	说明
E_{EM}	物化能耗
E_{Eminit}	初始物化能耗
$E_{Emmaint}$	维护物化能耗

续表

缩　写	说　　明
E_{OP}	运行能耗
E_{OPlin}	EOP 中随传输能耗线性增加部分
$E_{OPconst}$	EOP 中不随传输能耗变化部分
E, E_{system}	总能耗
P_{min}	保障性能的最小接收功率
P_{OP}	运行功率
P_{TX}	传输功率
C_{system}	系统容量
$T_{lifetime}$	基站（商业）使用寿命
T_{active}	（商业）使用寿命内的活跃时间

1.3.2　蜂窝网络整体能效建模及优化

1.3.2.1　能效定义

这里，能效用能耗比例（ECR）[59] 来评估，定义为系统能耗与容量之间的比值（Joules per bit）。很明显，ECR 与能效之间的关系是互为倒数的，当 ECR 数值较高时能效较低，反之亦有类似结论。在考虑物化能耗后，我们的能效模型拓展为 $ECR = E_{system} / C_{system}$，其中 E_{system} 代表系统总能耗，C_{system} 代表系统的容量。

1.3.2.2　无关断策略的基站能效

基站天线的发射能量扩散到空中，传播信号受无线信道中路径损耗、阴影效应以及多径衰落等效应而衰减。平均接收功率随着接收端和发射端之间的距离 d 近似按 $1/d^{\beta}$ 变化，这里主要考虑了路径损耗；β 为路径损耗因子，一般在 2～5 之间变化，取值依赖于具体的信道环境。移动终端需要达到一定等级的接收信噪比（SNR）以满足性能需求，这里假定需满足最小接收功率 P_{min}。从而基站的传输功率 P_{TX} 与 $P_{min} \cdot r^{\beta}$ 成正比，其中 r 代表小区半径。考虑噪声、阴影效应以及其他损失（或增益）效应的边际影响，实际传输功率还需要进一步修订。为简单起见，假设覆盖半径为 $r_0 = 1 km$ 的基站传输功率为 $P_0 = 40 W$；则具有不同覆盖半径的基站传输功率为 $P_{TX} = P_0 \cdot (r / r_0)^{\beta}$。根据前面章节，基站运行功耗则为 $P_{OP} = a \cdot P_0 \cdot (r / r_0)^{\beta} + b$；进一步地，对不考虑关断策略的 n 个基站场景，系统总能耗模型 E_{system} 可以表述为

$$E_{system} = n \cdot (E_{EM} + E_{OP}) = n \cdot (E_{EMinit} + E_{EMmaint} + P_{OP} \cdot T_{lifetime}), \qquad (1\text{-}1)$$

其中，运行功耗 P_{OP} 如上所述为蜂窝半径的函数。

使用大量小覆盖面积的基站（如 Femto、Pico、Micro 基站）能降低基站的发射功率，从而降低运行功耗和减少电磁辐射。而系统总能耗是基站数量和单个基站能耗的乘积。考虑基站物化能耗后，当基站的数量变大时，系统的能耗也可能增加，这取决于基站数量和覆盖面积之间的折中，或者说是物化能耗与运行能耗之间的折中。实际部署时

还要考虑基站的位置、系统容量以及流量负载需求。为了在简单场景下探索基站数量和覆盖面积的折中优化，这里假设总覆盖面积为活动基站数目与单个基站覆盖面积的乘积。在这个覆盖限制条件下，下文通过仿真研究了运行能耗与物化能耗之间的折中优化问题。

1.3.2.3 含关断策略的基站能效

关断策略是根据流量负载变化调整基站活动的重要节能技术。当基站流量负载保持在较低水平时，该基站可暂时关闭以节省运行能耗。其余的活动基站则应增加发射功率来增加覆盖面积，从而保证对整个区域的覆盖。而当基站的流量负载增加时，关闭的基站会被重新激活。所以，应用关断策略时，系统的运行功耗与活动的基站数目有关。实际的日均或年均流量负载呈现峰值的周期性变化，一般可被描述为梯形或正弦型的流量变化模式[24]。假设网络中用户均匀分布且用户使用终端得时间是随机的；这样不同基站间的流量负载模式几乎相同，而流量峰值在一个周期中呈均匀分布。基站关闭的概率为 p，它与低流量负载期间的时间比例呈正比。假设某一时刻有 M 个基站被关闭，则 M 是服从伯努利分布的随机变量，其分布函数为： $\mathrm{Prob}(M=m)=C_n^m p^m (1-p)^{n-m} / (1-p^n)$， $0 \leqslant m \leqslant n-1$，其中 n 是整个区域内的基站总数。含关断策略场景下的系统能耗 E_{system} 建模如下：

$$E_{\mathrm{system}} = n \cdot (E_{\mathrm{EMinit}} + E_{\mathrm{EMmaint}}) + \sum_{m=0}^{n-1} (n-m) \cdot \mathrm{Prob}(M=m) \cdot P_{\mathrm{OP}}(n-m) \cdot T_{\mathrm{active}} \tag{1-2}$$

式（1-2）中运行能耗是对随机变量 M 进行统计平均的结果，且活跃时间 T_{active} 可近似为 $(1-p) \cdot T_{\mathrm{liftime}}$。

当考虑关断策略时，基站的运行能耗可减少约 25%[73][24]。这种节能效果很重要，特别是布设基站数量较大时。然而，本文的研究发现，基站关断策略会导致物化能耗占总能耗的比重增加。让我们重新考虑基站数量与覆盖面积的问题，如果布设大量的小型基站，总能耗中物化能耗的增长将会占主导地位。如果基站长期处于关闭状态，这意味着相比较而言基站的制造会需要更大的能耗代价。因此，应用关断策略时，有必要考虑基站数量与覆盖面积的折中优化问题。

1.3.2.4 基站数量与覆盖范围之间的折中优化

本节在简单场景下仿真了上述能耗模型，并研究了物化能耗与运行能耗之间的折中优化。如图 1-5 所示，半径 $R=5\,\mathrm{km}$ 的典型城市区域有 n 个半径同为 r 的小区覆盖。图中有覆盖半径分别为 r_1［如图 1-5(a)］和 r_2［如图 1-5(b)］两种情况，其中 $r_1 > r_2$。在此典型城市环境中，路径衰减因子取为 $\beta = 3.2$；在能耗模型中，基站的关闭概率为 $p = 1/4$；根据文献[8]设置运行功耗模型的系数为 $a = 7.84,\ b = 71.50\,\mathrm{W}$，而前面提供的数据则用于物化能耗的计算中。

在这种仿真场景下，利用 MATLAB 软件对不同数目以及大小的系统能耗进行计算。仿真分为考虑和不考虑关断策略两种情况，都研究了最优的基站数目和覆盖范围，结果如图 1-6 所示。图中明显存在最优基站数目值（或者说是最优覆盖范围值），在最优化时系统能耗最小。当使用较少而覆盖半径很大的基站来布设系统时，系统的功耗很高。这是因为覆盖半径增大将会导致运行能耗的增长。而当使用数量很多而覆盖半径很小的基站来布设系统时，占主导地位的物化能耗将会导致总能耗增加。通过权衡运行能耗与物化能耗，则可以获得最优解。文献[77]中的最优覆盖半径（或者说最优基站数目）只受运行能耗影响。而这里，物化能耗在蜂窝覆盖范围减小时影响更强。该发现避免了以下结论：我们能通过布设大量发射功率较小的基站来获得节能效果。此外，应用关断策略节省的运行能耗只会导致最优点向蜂窝数量增加的方向稍微移动（因为运行能耗减小）。然而，在实际的布设中，关断策略只可能在基站数量较大时进行。这就更突出了物化能耗的问题，也导致在应用关闭策略后物化能耗占总能耗的比例进一步增加。

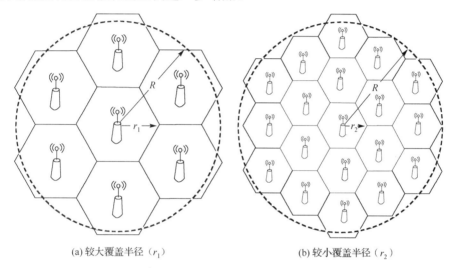

(a) 较大覆盖半径（r_1）　　　　　　　　(b) 较小覆盖半径（r_2）

图 1-5　仿真场景的拓扑结构

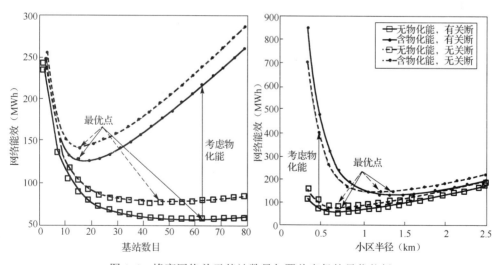

图 1-6　蜂窝网络关于基站数量与覆盖半径的最优能耗

图 1-7 给出了能效与基站数目的关系。由于系统容量随着活跃基站数目线性增长，ECR则会随基站数目的增加而减小。不考虑物化能耗时的仿真结果与文献[20]的结果吻合。当小区数目很小时，不论是否考虑物化能耗，其能效几乎相同；而考虑物化能耗后，当小区

数目很大时，在取得同样的容量时将会付出数倍的能耗（如图1-7右边子图所示）。这一点再次要求我们注意重新考虑以前的节能方案。

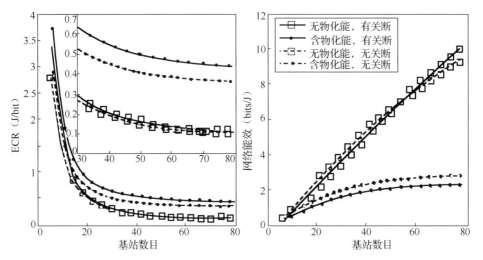

图1-7 对同一地区使用不同数量的基站进行覆盖的蜂窝网络 ECR 及能效分析

1.3.3 蜂窝网物化能耗后续研究

以上的结果和发现有助于深入了解基站能耗模型，以及研究同时考虑物化能耗与运行能耗时基站数目和覆盖面积的优化。但同时仍有许多问题，留待制造商、运营商以及研究者们在今后的工作中探讨。

设备制造商们应推进产品全生命周期评估，并考虑研究、工程、软件开发以及产品废弃等活动的能耗。设备生产商应该与构件供应商紧密合作，至少完成对其无线网络配套产品从"摇篮到坟墓"全过程的物化能耗评估。这将激发从事网络优化和分析领域的运营商和研究者们的极大兴趣。更进一步，最新的物化能耗评估数据应及时公开，且数据要易于理解和使用，以便于非 LCA 领域的专家参考。

此外，制造商们应该加强对物化能耗的认识，同时不仅要注重手机终端[73]，而且也要关注像基站这样数量不大的设备对环境的影响等问题。制造商不仅要告知消费者产品在运行能耗方面的性能提升情况，也应该提供设备的物化能耗信息。为了达到这种结果，监管机构应规范和施行物化能耗的测量与估计标准。

运营商在建立新的基站站点时，应当基于能耗、支出以及环境影响进行综合的成本分析。考虑到 Macro、Micro、Pico 以及 Femto 基站的不同特征，在双层蜂窝网络中考虑物化能耗和运行能耗来的优化仍然是一个开放的问题。此外，也要注意不同应用环境，如在线电影，互动游戏，阅读在线新闻等对蜂窝网络能效的影响。

尽管目前在获取公开、可信的物化能耗数据上有障碍，但我们不能借口而忽视它在能耗建模以及优化工作中的影响。虽然现在仍有许多开放的研究问题，如双层网络的设计与布设、基站位置优化以及实际网络条件下的分析，我们希望本工作在这一方向上能提供更深远的动力。基于本文提出的能耗模型，可以进一步研究无线网络流量、传输速率、信干比等因素对能效的影响。

已有一些证据证明运行能耗相对于增加的物化能耗正在不断减小。探索物化能耗与运行能耗之间的关系将是未来研究中一个有趣的问题。

尽管本文主要讨论的是关注较多的蜂窝网络，但这些研究结果仍具有一般性，且易于应用到电信的其他领域。比如，本文提出的模型可直接应用于无线局域网。这种考虑物化能耗的思路也可延伸至一些需要布设新硬件的节能方案的能效概念上，如网络连接代理方案[78]，它通过一些外部网络代理来保持网络计算机的虚拟连接，但是当计算机闲置时可以关闭计算机以节能。这种方案要求添加额外的硬件，在进一步的计算中应考虑物化能耗的影响。

▍1.4　5G 绿色通信网络的挑战

随着过去几年数据无线业务的指数性增长，目前的蜂窝网络结构已经无法经济而生态的满足这样的大数据流量要求。需要探索新的 5G 无线网络技术来达到未来吉比特的无线吞吐量要求。而 Massive MIMO（大规模天线）和毫米波技术的运用无疑会使小区覆盖面积显著减少。因此，small cell 网络成为 5G 网络的新兴技术。然而，随着基站的密集部署，小区面积减小，如何用高能效的方式转发相关的回程流量成为了一个不容忽视的挑战。解决这个问题，需要我们从系统和结构的层面来思考如何在保证用户服务质量（QoS）的情况下提供数据服务[79]。

1.4.1　5G 回程网络

1.4.1.1　集中式回程结构

如图 1-8 所示，宏基站位于 Macrocell 的中心，假设 small cell 基站均匀分布在 Macrocell 内，所有的 small cell 基站有相同的覆盖面积并配置相同的传输功率。small cell 的回程流量通过毫米波方式传输，然后在 Macrocell 基站聚合并通过光纤链路回传到核心网络。在回传过程中，涉及到两个逻辑接口，S1 和 X2 接口。S1 接口反馈宏基站网关的用户数据，X2 接口主要用于小区基站间的信息交换。

1.4.2　5G 回程网络能效

1.4.2.1　回程网络流量模型

5G 网络回程流量由不同部分组成，用户平面数据占总流量的绝大部分。还有传输协议冗余和进行切换时转发到其他基站的流量，以及网络信令、管理和同步信息，这些占回程流量的小部分，通常可以忽略。

基于两种场景，所有的回程流量聚合到 Macrocell 或者特定的 small cell。考虑到 small cell

与 Macrocell 或者 small cell 与特定 small cell 基站之间的回程链路，设定用户数据流量只与每个小区的带宽和平均频谱效率相关。不失一般性，假设所有的 small cell 有相同的带宽和平均频谱效率。在这种情况下，small cell 的回程吞吐量即为带宽与平均频谱效率的乘积[80,81]。

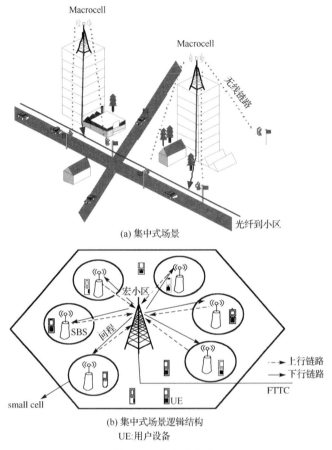

(a) 集中式场景

(b) 集中式场景逻辑结构
UE:用户设备

图 1-8   集中式方案

根据文献[82,83]，我们假设隧道协议产生的冗余（S1 链路）占用户数据的 10%，而切换产生的冗余（X2 链路）占用户数据的 4%，忽略 CSI 流量。

1. 集中式回程流量模型

集中式回程场景中的回程流量包括上行流量以及下行流量。其中一个 small cell 上行吞吐量为 $\mathrm{TH}_{\mathrm{small\text{-}up}}^{\mathrm{centra}} = 0.04 \cdot B_{\mathrm{sc}}^{\mathrm{centra}} S_{\mathrm{sc}}^{\mathrm{centra}}$，$B_{\mathrm{sc}}^{\mathrm{centra}}$ 为 small cell 带宽，$S_{\mathrm{sc}}^{\mathrm{centra}}$ 为 small cell 小区的平均频谱效率[80]。一个 small cell 下行链路的吞吐量通过 S1 接口传输可以表示为 $\mathrm{TH}_{\mathrm{small\text{-}down}}^{\mathrm{centra}} = (1+0.1+0.04) \cdot B_{\mathrm{sc}}^{\mathrm{centra}} S_{\mathrm{sc}}^{\mathrm{centra}}$。同样，一个 Macrocell 小区的上行链路吞吐量 $\mathrm{TH}_{\mathrm{macro\text{-}up}}^{\mathrm{centra}} = 0.04 \cdot B_{\mathrm{mc}}^{\mathrm{centra}} S_{\mathrm{mc}}^{\mathrm{centra}}$，$B_{\mathrm{mc}}^{\mathrm{centra}}$ 为 Macrocell 带宽，$S_{\mathrm{mc}}^{\mathrm{centra}}$ 为一个 Macrocell 小区的平均频谱效率[80]。其下行吞吐量也是通过 S1 接口传输 $\mathrm{TH}_{\mathrm{macro\text{-}down}}^{\mathrm{centra}} = (1+0.1+0.04) \cdot B_{\mathrm{mc}}^{\mathrm{centra}} S_{\mathrm{mc}}^{\mathrm{centra}}$。设定每个 small cell 小区的回程流量是平衡的，每个 Macrocell 内包含 N 个 small cell。因此，对于集中式回程，总的上行链路吞吐量为 $\mathrm{TH}_{\mathrm{sum\text{-}up}}^{\mathrm{centra}} = N \cdot \mathrm{TH}_{\mathrm{small\text{-}up}}^{\mathrm{centra}} + \mathrm{TH}_{\mathrm{macro\text{-}up}}^{\mathrm{centra}}$，总的下行链路

吞吐量为 $\mathrm{TH}_{\text{sum-down}}^{\text{centra}} = N \cdot \mathrm{TH}_{\text{small-down}}^{\text{centra}} + \mathrm{TH}_{\text{macro-down}}^{\text{centra}}$。最后，总的回程吞吐量为上行加上下行，可计算为 $\mathrm{TH}_{\text{sum}}^{\text{centra}} = \mathrm{TH}_{\text{sum-up}}^{\text{centra}} + \mathrm{TH}_{\text{sum-down}}^{\text{centra}}$。

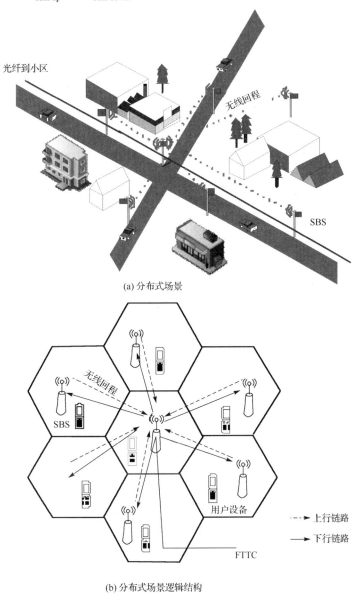

(a) 分布式场景

(b) 分布式场景逻辑结构

图 1-9　分布式方案

2. 分布式回程流量模型

在分布式回程方案中，邻近的 small cell 协作转发回程流量到特定的 small cell 基站。因此，协作基站间不仅仅交换信道状态信息还需要共享用户数据信息。不失一般性，邻近的协作小区形成一个协作簇，簇里 small cell 的个数为 K。不包括特定小区时，协作簇的频谱效率为 $S_{\text{sc}}^{\text{Comp}} = (K-1)S_{\text{sc}}^{\text{dist}}$，$S_{\text{sc}}^{\text{dist}}$ 为协作簇内一个 small cell 的频谱效率，考虑到协作冗余，一个协作 small cell 的上行链路回程吞吐量为 $\mathrm{TH}_{\text{small-up}}^{\text{dist}} = 1.14 \cdot B_{\text{sc}}^{\text{dist}} \cdot S_{\text{sc}}^{\text{dist}}$，$B_{\text{sc}}^{\text{dist}}$ 为 small cell

的带宽[83]。其下行回程吞吐量为 $TH_{small\text{-}down}^{dist} = 1.14 \cdot B_{sc}^{dist} \cdot (S_{sc}^{dist} + S_{sc}^{Comp})$。因此，分布式回程方案中，协作簇的回程吞吐量为 $TH_{sum}^{dist} = K \cdot (TH_{small\text{-}up}^{dist} + TH_{small\text{-}down}^{dist})$。

1.4.2.2 回程网络能效建模

根据 1.3.2.2 节提到的能耗模型，我们分别建立集中式回程和分布式回程两种场景下回程网络能效模型。

对于集中式回程场景，一个 Macrocell 内部署 N 个 small cell。因此，系统能耗为

$$
\begin{aligned}
E_{system}^{centra} &= E_{EM}^{macro} + E_{OP}^{macro} + N(E_{EM}^{small} + E_{OP}^{small}) \\
&= E_{EMinit}^{macro} + E_{EMmaint}^{macro} + P_{OP}^{macro} \cdot T_{lifetime}^{macro} + N(E_{EMinit}^{small} + E_{EMmaint}^{small} + P_{OP}^{small} \cdot T_{lifetime}^{small})
\end{aligned}
\tag{1-3}
$$

考虑到无线回程吞吐量，集中式回程方案的能效为 $\eta_{centra} = TH_{sum}^{centra} / E_{system}^{centra}$。

对于分布式回程场景，一个协作簇包含 K 个 small cell 基站，系统能耗为

$$
E_{system}^{dist} = K(E_{EM}^{small} + E_{OP}^{small}) = K(E_{EMinit}^{small} + E_{EMmaint}^{small} + P_{OP}^{small} \cdot T_{lifetime}^{small})
\tag{1-4}
$$

考虑到无线回程吞吐量，集中式回程方案的能效为 $\eta_{dist} = TH_{sum}^{dist} / E_{system}^{dist}$。

1.4.2.3 回程网络能效分析

为了分析两种回程方案的能效，一些默认参数选择如下：small cell 的半径为 50 m，Macrocell 的半径为 500 m，Macrocell 和 small cell 的带宽均为 100 Mbps，Macrocell 的平均频谱效率是 5 bit/s/Hz[82]，对于城市环境路径损耗因子指数 β 是 3.2[84]。在 Macrocell 中，宏基站的运行功耗参数为 $a = 21.45$，$b = 354.44$，而 small cell 的运行功耗参数为 $a = 7.84$，$b = 71.50$[85]。small cell 的生命周期为 5 年[86]。其他参数如表 1-3 所示。

表 1-3　无线回程网络参数表

无线回程频率	5.8 GHz	28 GHz	60 GHz
a_{macro}	21.45	21.45	21.45
b_{macro}	354.44 W	354.44 W	354.44 W
P_{TX}^{macro} （覆盖半径 500 m）	4.35 W	101.42 W	465.74 W
P_{OP}^{macro} （覆盖半径 500 m）	447.80 W	2529.99 W	10344.66 W
E_{EMinit}^{macro}	75 GJ	75 GJ	75 GJ
$E_{EMmaint}^{macro}$	10 GJ	10 GJ	10 GJ
$T_{lifetime}^{macro}$	10 years	10 years	10 years
a_{small}	7.84	7.84	7.84
b_{small}	71.50 W	71.50 W	71.50 W
P_{TX}^{small} （覆盖半径 50 m）	2.75 mW	63.99 mW	293.86 mW
P_{OP}^{small} （覆盖半径 50 m）	71.52 W	72.00 W	73.80 W
$E_{EMinit}^{small} + E_{EMmaint}^{small}$ （占总能耗比例）	20%	20%	20%
$T_{lifetime}^{small}$	5 years	5 years	5 years

图 1-10 反映了无线回程的吞吐量在考虑不同频效时随 small cell 基站数目变化的规律。

图 1-10(a)中可以看到在集中式场景中，回程吞吐量是随小区数目呈线性增长的。而在分布式场景中，如图 1-10(b)所示，回程吞吐量随着 small cell 数目的增加呈指数性增长。指数性增长的特性是由于在分布式回程方案中，small cell 基站之间共享用户数据。当小区数一定时，回程吞吐量随着频效的增加而增加。

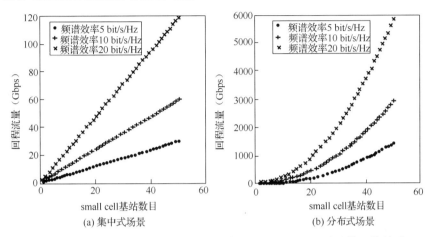

图 1-10　无线回程网络流量在不同频谱效率与 small cell 基站数目的关系

图 1-11 给出了两种场景下无线回程网络能效考虑不同传输频带时随小区数目变化的关系。从图中可以看出，图 1-11(a)集中式回程场景中，回程能效随着小区数目的增加呈对数性增长。图 1-11(b)分布式回程场景中，回程能效随着 small cell 数目的增加呈线性增长。当 small cell 数目一定时，回程能效随着频带增加而降低。且在集中式回程中，对于 5.8 GHz，2.8 GHz，60 GHz 不同频带之间能效存在较大差异。

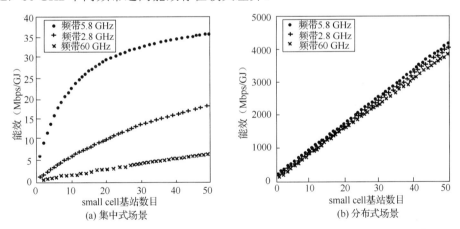

图 1-11　无线回程网络能效在不同传输频带下与 small cell 基站数目的关系

图 1-12 给出了回程能效在不同路径损耗因子下与 small cell 半径之间的关系。可以看出，当 small cell 的半径小于或等于 50 m 时，无线回程能效随着路径损耗因子增大而提升，而当半径大于 50 m 时，无线回程能效随着路径损耗因子增大而降低。基于香农理论，当 small cell 半径小于或等于 50 m 时，路径损耗因子的增大会对无线容量有很小衰减影响。相反，当 small cell 半径大于 50 m 时，增大路径损耗因子，对于无线容量将会有很大的衰减影响。

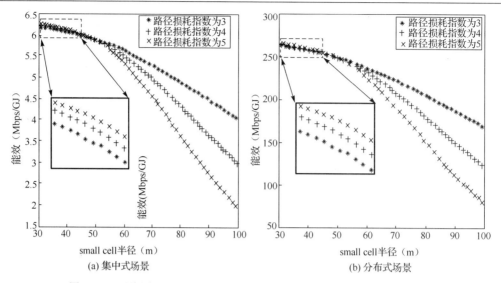

图 1-12   无线回程能效在不同路径损耗因子下与 small cell 半径的关系

1.4.2.4 未来的挑战

由于 massive MIMO 和毫米波通信技术在 5G 移动通信系统中的应用，5G 网络中小区覆盖范围越来越小。随着小区部署致密化，满足用户容量需求的同时，也给回程网络和流量带来了一系列挑战。首先就是对于致密部署的场景如何设计一个新的回程网络结构和协议。小区的致密部署产生大量的回程流量，不仅带来网络拥塞也可能使回程网络崩溃。分布式网络控制模型将是一种可能的解决方案，然而，随之而来的问题是，现存的网络协议是否支持分布式无线链路的大量回程流量。

对于高速用户，如何克服由于小区致密化带来的频繁切换是一个问题。小区协作貌似是个不错的选择。但是对于如何组织动态协作小区组，以及由于协作小区基站之间的数据共享带来的冗余也有待研究。

即使大量的无线回程可以在满足特定 QoS 的前提下回传到核心网络，如何高能效地实现也是我们需要考虑的。一些文献指出致密部署低功率基站可以减少能耗，然而，在我们的分析结果中，不同结构的回程网络有不同的能效模型。如在集中式场景中，当小区部署密度达到一定阈值时，回程网络能效趋向饱和。一些可能的解决方案就是光纤和无线混合回程。以及 small cell 基站关断模式，small cell 基站自适应功率控制等都是一些节省能耗的可行方案。

▌ 1.5 本章小结

截至目前，主要的节能研究工作都集中在降低蜂窝网络的运行能耗方面，而忽视了对物化能耗的考虑。而本章的研究表明，物化能耗在基站的使用寿命内占有显著的比例。随着大规模天线和毫米波传输技术应用到 5G 蜂窝网，与本领域中的传统研究相比，本章的结果显示，电信产业内所有人员都面临着对 5G 蜂窝网络能效和解决方案进行全面重新思考的挑战。

　　另外，正如本章所揭示的，对蜂窝网络能效进一步的优化研究应考虑物化能耗和运行能耗的折中优化。而为了全面地估计和提高蜂窝网络的能效，研究者、制造商、运营商以及监管机构应共同努力来建立覆盖电信领域所有过程的能耗框架，它包括概念定义，生命周期评估、标准制定、费用估计等要素。这项工作如果能够完成，将迎来下一轮通信革命的真正挑战。

　　最后，我们考虑物化能耗，分析了运用毫米波技术和 small cell 技术的无线回程网络中的能效。运用了两种不同的场景来进行比较分析。数字结果显示在集中式场景中无线回程网络的能效随着 small cell 基站数目的增加呈对数性增长，而在分布式场景中，无线回程网络能效随着 small cell 基站数目增加呈线性增长。对于 5G 网络，为了满足用户容量需求，还有许多新的技术如 Massive MIMO 等引进，这些技术都会给无线回程网络带来新的挑战。其对回程网络能效的影响如何也有待进一步研究。

▌1.6　参考文献

[1]　Chandrasekhar V., Andrews J. G., and Gatherer A. Femtocell networks: a survey. IEEE Comm. Mag., 2008, 46 (9): 59-67.

[2]　Cisco Visual Networking Index: Global Mobile Data Traffic Forecast Update, 2010--2015. White Paper, Feb. 2011.

[3]　蒋青泉. 通信网络能耗分析与节能技术应用. 中南大学学报(自然科学版), 2009, 40(2)：464-470.

[4]　Schaefer C., Weber C., and Voss A. Energy usage of mobile telephone services in Germany, Energy, Apr. 2003, 28 (5): 411-420.

[5]　Mahadevan P., Banerjee S., Sharma P., Shah A. and Ranganathan P. On energy efficiency for enterprise and data center networks. IEEE Commun. Mag., 2011, 49 (8): 94-100.

[6]　Mancuso V. and Alouf S. Reducing costs and pollution in cellular networks. IEEE Commun. Mag., 2011, 49 (8): 63-71.

[7]　Ericsson, Sustainable energy use in mobile communications. White paper, Aug. 2007.

[8]　F. Richter, A.J. Fehske, and G.P. Fettweis. Energy efficiency aspects of base station deployment strategies for cellular networks. In Proc. IEEE VTC 2009-Fall, Sept. 2009, pp.1-5.

[9]　秦延奎, 樊耀东, 黄锋等. 电信行业节能减排技术、方法与案例. 北京：人民邮电出版社, 2010: 5-7.

[10]　编委会. 绿色行动计划—系统科学与中国移动节能减排实践. 北京：机械工业出版社, 2010.

[11]　秦婷. 通信基站能耗分析. 西安邮电学院学报, 2011, 16(2): 76-78.

[12]　Deruyck M., Vereecken W., Tanghe E., et al. Power consumption in wireless access network. In Proc. 2010 European Wireless Conference (EW), Apr. 2010, pp.924-931.

[13]　Miao G., Himayat N., Li Y., and Bormann D. Energy efficient design in wireless OFDMA. In Proc. IEEE ICC 2008, May 2008, pp. 3307-3312.

[14]　Kim H.S., Chae C.-B., Veciana G. de, et al. A cross-layer approach to energy efficiency for adaptive MIMO systems exploiting spare capacity. IEEE Trans. Wireless Commun. 2009, 8 (8): 4264-4275.

[15] Liu L., Miao G., and Zhang J. Energy-Efficient Scheduling for Downlink Multi-User MIMO, in Proc. IEEE ICC, Ottawa, ON, Jun. 2012 , pp. 4390-4394.

[16] Jing J., Dianati M., Imran M.A., Tafazolli R., Zhang S. Energy-Efficiency Analysis and Optimization for Virtual-MIMO Systems, Vehicular Technology, IEEE Transactions on, 2014,63 (5): 2272-2283.

[17] Li C., Yang Y., Chen X., Wei G. Energy-Efficient Link Adaptation on Rayleigh Fading Channel for OSTBC MIMO System With Imperfect CSIT, Vehicular Technology, IEEE Transactions on, 2013,62(4): 1577-1585.

[18] Shirali M., Daneshvar H., and Meybodi M. R. Sleeping based topology control for mobile networks. In Proc. NISS 2010, May 2010, pp.319-322.

[19] Jones C. E., Sivalingam K. M., Agrawal P., and Chen J. C. A survey of energy efficient network protocols for wireless networks. Wireless Networks, Aug. 2001, 7 (4): 343-358.

[20] Badic B., Farrrell T.O., Loskot P., and He J. Energy efficient radio access architectures for green radio: Large versus small cell size deployment. In Proc. IEEE VTC 2009-Fall, Sept. 2009, pp.1-5.

[21] Louhi J. T. Energy efficiency of modern cellular base stations. In Proc. INTELEC 2007, Rome, Italy, Sept.-Oct. 2007, pp. 475-476.

[22] Deng L. and Williams E. Measures and trends in energy use of semiconductor manufacturing. In Proc. IEEE ISEE 2008, San Francisco, 2008, pp. 1-6.

[23] Claussen H., Ho L.T.W., and Pivit F. Effects of joint macrocell and residential picocell deployment on the network energy efficiency. In Proc. IEEE PIMRC 2008, Sept. 2008, pp.1-6.

[24] Marsan M.A., Chiaraviglio L., Ciullo D., and Meo M. Optimal energy savings in cellular access networks. In Proc. IEEE ICC 2009, Jun. 2009, pp. 1-5.

[25] Zhou S., Gong,J. Yang Z., et al. Green mobile access network with dynamic base station energy saving. In Proc. ACM MobiCom 2009, Beijing, China, Sept. 2009, pp. 1-3.

[26] Lorincz J., Capone,A. and Bogarelli M. Energy savings in wireless access networks through optimized network management. In Proc. IEEE ISWPC 2010, May 2010, pp. 449-454.

[27] Saker L., Elayoubi S.-E., and Chahed T. Minimizing energy consumption via sleep mode in green base station. In Proc. IEEE WCNC 2010, Apr. 2010, pp.1-6.

[28] Jiang C., Cimini L. J. Antenna Selection for Energy-Efficient MIMO Transmission, IEEE Commun. Lett. , 2012, 1(6) : 577-580.

[29] Richter F., Fehske A. J., Marsch P., et al. Traffic demand and energy efficiency in heterogeneous cellular mobile radio networks. In Proc. IEEE VTC 2010-Spring, May 2010, pp.1-6.

[30] Auer G., Godor I., Hevizi L., et al. Enablers for energy efficient wireless networks. In Proc. IEEE VTC 2010-Fall, Sept. 2010, pp.1-5.

[31] Everitt D. E. Traffic engineering of the radio interface for cellular mobile networks. Proc. IEEE, Sept. 1994, 82 (9): 1371-1382.

[32] Bogucka H. and Conti A. Degrees of freedom for energy savings in practical adaptive wireless systems. IEEE Commun. Mag., 2011, 49 (6): 38-45.

[33] Trimintzios P., Pavlou G., Flegkas P., et al. Service-driven traffic engineering for intradomain quality of service management. IEEE Network, 2003, 13 (3): 29-36.

[34] Hwang E., Kim K-J., Son J-J., et al. The power-saving mechanism with periodic traffic indications in the IEEE 802.16e/m. IEEE Trans. Veh. Technol., 2010, 59 (1): 319-334.

[35] Eunsung O., Krishnamachari B., Liu X., et al. Toward dynamic energy-efficient operation of cellular network infrastructure. IEEE Commu. Mag., 2011, 49 (6): 56-61.

[36] Wei W. and Gang S. Energy efficiency of heterogeneous cellular network. In Proc. VTC 2010-Fall, Sept. 2010, pp. 1-5.

[37] Ashraf I., Boccardi F., and Ho L. Sleep mode techniques for small cell deployments. IEEE Commun. Mag., 2011, 49 (8): 72-79.

[38] Wang R., Tsai J., Maciocco C., et al. Reducing power consumption for mobile platform via adaptive traffic coalescing. IEEE J. Sel. Areas Commun., Sept. 2011, 29 (8): 1618-1629.

[39] Joung J., Sun S. Energy Efficient Power Control for Distributed Transmitters with ZF-Based Multiuser MIMO Precoding, IEEE Commun.Lett, 2013, 17(9):1766-1769.

[40] Ge X., Huang X., Wang Y. , Chen M. , Li Q. Energy-Efficiency Optimization for MIMO-OFDM Mobile Multimedia Communication Systems With QoS Constraints, IEEE Trans.,Vehicular Technology, 2014, 63(5): 2127-2138.

[41] Yellapantula R., Yao Y., Ansari R. Antenna selection and power control in MIMO systems with continuously varying channels, Communications Letters, IEEE, 2009, 13(7): 480 -482.

[42] Alfano G., Chong Z., Jorswieck E. Energy-efficient Power Control for MIMO channels with partial and full CSI, IEEE WSA, Mar. 2012, pp. 332-337.

[43] Davaslioglu K., Ayanoglu E. Quantifying Potential Energy Efficiency Gain in Green　Cellular Wireless Networks, IEEE Communications Surveys & Tutorials,　2014, PP(99): 1-28.

[44] Karray, Mohamed K. Spectral and energy efficiencies of OFDMA wireless cellular networks, IEEE WD, Venice, Oct. 2010, pp.1-5.

[45] Akoum S., Heath R.W. Interference Coordination: Random Clustering and Adaptive Limited Feedback, Signal Processing, IEEE Transactions on, 2013, 61(7): 1822-1834.

[46] Gursoy M. C., Qiao D., and Velipasalar S. Analysis of energy efficiency in fading channels under QoS constraints. IEEE Trans. Wireless Commun., 2009, 8 (8): 4252-4263.

[47] Guowang M., Himayat N., and Li Y.(G.). Energy-efficient link adaptation in frequency-selective channels. IEEE Trans. Commun., 2010, 58 (2): 545-554.

[48] Seok K. H. and Daneshrad B. Energy-constrained link adaptation for MIMO OFDM wireless communication systems. IEEE Trans. Wireless Commun., 2010, 9 (9): 2820-2832.

[49] Chun C. C. and Hanly S. V. Calculating the outage probability in a CDMA network with spatial Poisson traffic. IEEE Trans. Veh. Technol., 2001, 50 (1): 183-204.

[50] Andrews J. G., Ganti R. K., Haenggi M., et al. A primer on spatial modeling and analysis in wireless networks. IEEE Commun. Mag., 2010, 48 (11): 156-163.

[51] Baccelli F., Klein M., Lebourges M., and Zuyev S. Stochastic geometry and architecture of communication networks. Telecommun. Systems, 1997, 7 (1): 209-227.

[52] Andrews J. G., Baccelli F., and Ganti R. K. A new tractable model for cellular coverage. In

Communication, Control, and Computing (Allerton), 2010 48th Annual Allerton Conference on, Sept. 29 2010-Oct. 1 2010, pp.1204-1211.

[53] Foss S.G. and Zuyev S.A. On a Voronoi aggregative process related to a bivariate Poisson process. Advances in Applied Probability, 1996, 28 (4): 965-981.

[54] Kaibin H., Lau V. K. N., and Chen Y. Spectrum sharing between cellular and mobile ad hoc networks: transmission-capacity trade-off. IEEE J. Sel. Areas Commun., 2009, 27 (7): 1256-1267.

[55] Xiang Lin, Ge Xiaohu, Wang Cheng-Xiang, Li Frank Y., Reichert Frank, Energy Efficiency Evaluation of Cellular Networks Based on Spatial Distributions of Traffic Load and Power Consumption, IEEE Transactions on Wireless Communications, 2013, 12(3): 961-973.

[56] Chang Li, Jun Zhang, Letaief, K.B. Throughput and Energy Efficiency Analysis of Small Cell Networks with Multi-Antenna Base Stations. IEEE Transactions on Wireless Communications, 2014, 13(5): 2505-2517.

[57] M. S. Alouini and A. J. Goldsmith. Area spectral efficiency of cellular mobile radio systems. IEEE Trans. Veh. Technol., July 1999, 48 (4): 1047-1066.

[58] Akhtman J. and Hanzo L. Power versus bandwidth efficiency in wireless communications: the economic perspective. In Proc. IEEE VTC 2009-Fall, Anchorage, Alaska, USA, Sept. 2009, pp. 1-5.

[59] ECR Initiative: Network and telecom equipment - Energy and performance assessment, test procedure and measurement methodology. August 2008.

[60] M. Pickavet, W. Vereecken, S. Demeyer, P. Audenaert, B. Vermeulen,C. Develder, D. Colle, B. Dhoedt, and P. Demeester, "Worldwide energy needs for ict: The rise of power-aware networking," in International Symposium on Advanced Networks and Telecommunication Systems (ANTS'08), Bombay, India, December 2008, pp. 1-3.

[61] Damnjanovic A. Montojo J., Wei Y. and et al. A survey on 3GPP heterogeneous networks. IEEE Wireless Commun. Mag.,2011,18(3):10-21.

[62] Nasr Obaid, Andreas Czylwik Chair of Communication Systems University Duisburg-Essen Bismarckstrasse 81, 47057 Duisburg, Germany. "The Impact of Deploying Pico Base Stations on Capacity and Energy Effciency of Heterogeneous Cellular Networks". 2013 IEEE 24th International Symposium on Personal, Indoor and Mobile Radio Communications: MAC and Cross-Layer DesignTrack.

[63] Khandekar A., Bhushan N., Tingfang J., and Vanghi V. LTE-Advanced: Heterogeneous networks, IEEE in 2010 European Wireless Conference (EW), 2010: 978-982.

[64] Meysam Nasimi, Fazirulhisyam Hashim and Chee Kyun Ng. "Characterizing Energy Efficiency for Heterogeneous Cellular Networks ". 2012 IEEE Student Conference on Research and Development.

[65] Yong Sheng Soh，Tony Q. S. Quek, Marios Kountouris, and Hyundong Shin, "Energy Efficient Heterogeneous Cellular Networks " IEEE JOURNAL ON SELECTED AREAS IN COMMUNICATIONS, VOL. 31, NO. 5, MAY 2013.

[66] Boyd S. and Vandenberghe L. Convex Optimization. Cambridge University Press, 2004.

[67] Forster C., Dickie I., Maile G., et al. Understanding the environmental impact of communication systems. Ofcom Final Report. Apr. 2009.

[68] Dixit M. K., Fernández-Solís J. L., Lavy S., et al. Identification of parameters for embodied energy measurement: A literature review. Energy and Buildings, Aug. 2010, 42 (8): 1238-1247.

[69] Yan X. Energy demand and greenhouse gas emissions during the production of a passenger car in China. Energy Conversion and Management, Dec. 2009, 50 (12): 2964-2966.

[70] Nawaza I. and G. N. Tiwarib I. Embodied energy analysis of photovoltaic (PV) system based on macro- and micro-level. Energy Policy, Nov. 2006, 34 (17): 3144-3152.

[71] Williams E. D. Energy intensity of computer manufacturing: hybrid assessment combining process and economic input-output methods. Environmental Science & Technology, Nov. 2004, 38 (22): 6166-6174.

[72] P. Mahadevan, A. Shah, and C. Bash. Reducing lifecycle energy use of network switches. In Proc. IEEE International Symposium on Sustainable Systems and Technology, Arlington, VA, May 2010.

[73] Singhal P. Life Cycle Environmental Issues of Mobile Phones. Stage I Final Report, Integrated Product Policy Pilot Project, Nokia, Espoo, Finland, Apr. 2005.

[74] Larilahti A. Energiatehokkuus ja yritysvastuu kilpailutekijänä, Nokia Siemens Networks, Ilmasto & yritykset -seminaari, Helsinki, 2009 (slides in English).

[75] Duque Ciceri N., Gutowski T. G., and Garetti M. A Tool to estimate materials and manufacturing energy for a product. In Proc. IEEE International Symposium on Sustainable Systems and Technology, Washington D.C., May 16-19, 2010.

[76] H. Karl. An overview of energy-efficiency techniques for mobile communication systems. Technical Report TKN-03-017, Telecommunication Networks Group, Technical University Berlin, Sep. 2003.

[77] Arnold O., Richter F., Fettweis G., and Blume O. Power consumption modeling of different base station types in heterogeneous cellular networks. In Proc. 19th Future Network & Mobile Summit 2010, Florence, Italy, Jun. 2010.

[78] Nordman B. and Christensen K. Proxying: The Next Step in Reducing IT Energy Use. Computer, Jan. 2010, 43 (1): 91-93.

[79] Xiaohu G, Hui C, Guizani, M., Tao Han. 5G wireless backhaul networks: challenges and research advances. IEEE Network, Nov-Dec.2014, 28(6):6-11.

[80] Robson J. Guidelines for LTE Backhaul Traffic Estimation. NGMN White Paper, Jul. 2011, 1-18.

[81] Robson J. Small Cell Backhaul Requirements. NGMN White Paper, Jun. 2012,1-40.

[82] Jungnickel V., Manolakis K., Jaeckel S. et al. Backhaul requirements for inter-site cooperation in heterogeneous LTE Advanced networks. in Proc. IEEE International Conference on Communications Workshops (ICC), Jun.2013.

[83] pp. 905-910, Jungnickel V., Jaeckel S., Borner K. et al. Estimating the mobile backhaul traffic in distributed coordinated multi-point systems. in Proc. IEEE Wireless Communications and Networking Conference (WCNC), Apr. 2012, 3763-3768.

[84] Humar I., Ge X., Xiang L., et al. Rethinking energy efficiency models of cellular networks with embodied energy. IEEE Network, March/Apr. 2011, 25(2): 40-49.

[85] Richter F., Fehske A. J., Fettweis G. P. Energy efficiency aspects of base station deployment strategies for cellular networks. in Proc. IEEE 70th Vehicular Technology Conference Fall (VTC 2009-Fall), Sept. 2009, 1-5.

[86] Khirallah C., Thompson J. S., Rashvand H. Energy and cost impacts of relay and femtocell deployments in long-term evolution advanced. IET communications, Jul. 2011, 5(18):2617-2628.

基 础 篇

第 2 章
Chapter 2

面向绿色通信的无线资源管理

多网络辐射能量 $e(t, f, s)$ 的时频空分布取决于网络的拓扑结构、基站位置、天线发射功率以及无线通信物理环境，而用户的服务需求 $R(t, f, s)$ 取决于用户分布和密度、业务类型和价格、通信终端的能力以及网络的服务覆盖情况。多网能量分布和用户服务需求之间的不匹配现状导致了多网能量利用效率低等问题。本章先分析多网多用户业务流量的基本模型，再结合基站分布对异构网络中的干扰分布进行建模，最后基于 Bregman 非精确过度间距给出一种绿色的多网资源分配方法。

▌ 2.1　绪论

在国际上，针对互联网业务流的研究和建模方面的文献和产品很多，但对于移动通信网络中宽带无线多媒体业务流的研究工作则非常缺乏，这主要是因为各移动运营商将其网络上的无线业务流的分布情况和特征视为商业机密，不愿意发布并进行公开的学术研究和讨论。几乎所有的国际标准化组织在针对下一代移动通信系统制定技术规范时，只能根据当前互联网上的一些典型数据业务模型，对未来移动通信系统中的无线业务流进行主观猜测性的业务类型组合和流量估计。比如，在 IEEE 802.20"移动宽带无线接入"国际标准中，人为规定的未来宽带无线业务流模型为：文件传输和下载（FTP）业务占 30%，互联网接入和在线游戏业务占 30%，视频流媒体业务占 30%，IP 语音（VoIP）业务占 10%。这样主观制定的宽带无线业务流模型，缺乏实测数据和理论研究的充分支持，与现实情况往往相差甚远，无法有效地支撑针对新一代宽带无线移动通信系统的关键技术和算法的研发工作，以及相应的标准化和产业化工作的顺利开展。

在过去的几年里，随着 3G、LTE 等宽带移动通信系统在全球范围内的广泛商用，5G 关键技术的研究，以及数据和娱乐功能强大的移动通信终端的丰富和日益普及，移动通信服务正在迅速地由"以语音服务为核心"向"以数据通信为核心"的业务和商业模式转变。为了在技术和服务两个层面上全面、透彻地理解这一发展趋势对实际宽带无线业务流的分布和特征的影响情况，需要非常仔细、深入和系统地对当前真实网络中实测的宽带业务流数据进行理论研究、建模和验证（演示）。

同时，辐射能量与干扰决定了网络对用户需求的支持能力，因此对蜂窝网络中的小区间干扰研究尤为必要。

而以往人们常根据经验假设其服从对数正态（Log-normal）分布（对应于以 dBm 为单位的对数域，干扰服从高斯分布）。过去的很多研究都以此假设为基础[1][2]，但未曾从理论上论证其合理性。对此，文献[3]通过理论分析表明这一假设的合理性受环境参数的影响：在阴影方差较小的环境中，小区间干扰链路传播损耗的分布与对数正态分布相差较大。

在蜂窝网络中，传统的常用系统模型一般是由圆形小区或六边形小区组成的网格模型（Grid model）。已有研究者基于此类模型展开了统计建模相关的研究。需注意的是，蜂窝网络中，下行链路的干扰源是基站，被干扰节点是随机分布的用户。由于基站的发射功率相对稳定，用户受到的下行干扰受调度影响较小。而上行链路的干扰源是用户，同样的资源块在不同的调度周期极可能被分配给不同的用户。由于不同位置的用户发射功率差别大，到被干扰基站的链路传播损耗也各不相同，故上行干扰受调度策略影响会表现出较大的波动性。因此，蜂窝网络的上行链路和下行链路统计建模需分开进行。

（1）下行链路

在文献[4]中，作者采用理论分析结合数值计算的方式研究了宏蜂窝小区中下行干扰链路传播增益的统计分布，在得出统计直方图后，采用已知表达式的函数进行参数拟合，描述干扰链路传播损耗的统计分布函数。但该文的不足之处在于其将路径损耗的期望代替了此部分对传播增益的贡献，也就意味着由用户位置分布引入的随机性被忽略。文献[5]和[6]分别推导了瑞利衰落信道和莱斯衰落信道下，OFDMA 系统每个子载波上的下行干扰与噪声之和的条件概率（假设阴影衰落和网络负载已知），研究发现理论建模得出的干扰分布结果与高斯分布相差明显。文献[7]通过分析和计算研究了采用蜂窝结构假设的家庭基站网络中下行 SINR 的分布函数，但需要结合具体的场景进行计算，文中并未给出具体的闭合表达式。文献[8]通过仿真得到每个子载波上 SINR 的时间序列值，根据经验列出可能的概率密度函数（Probability Density Function，PDF）形式，然后选择与仿真结果中分布最吻合的形式。这种方法仍然需要大量的仿真工作，且不能确保分析结果的准确性。文献[9]给出了一种计算下行 SINR 的一阶统计量及二阶统计量的方法，推导了 SINR 的自相关函数并用于考察干扰的波动性。

（2）上行链路

文献[10]中考虑了 CDMA 系统中上行功率控制和小区选择/切换的方案，通过分析干扰的一阶矩和二阶矩，利用上行干扰分布服从对数正态分布的假设，进行矩匹配（Moment-matching）得出确定干扰之和分布函数的参数。文献[11]利用大量仿真结果得到上行小区间干扰的统计直方图以研究干扰的分布，但并未从理论上给出具体的表达式。文献[12]分析了 OFDM 系统上行 SINR 的随机分布，但其中关于小区间干扰分布的结果主要是由数值计算得出的，理论分析的贡献很有限。文献[13]通过将小区离散化为多个环形区域，假定这些环形区域内的终端发射功率一样，分析得到了源自单个小区上行干扰的矩生成函数通式。文献[14]考察采用软频率复用（Soft Frequency Reuse，SFR）方案的 OFDMA 网络中，目标基站在不同频段上受到的上行小区间干扰的概率分布模型及统计量，但其传播模型假设较为简单，仅考虑了与传输距离相关路径损耗模型。对此，文献[15]在传播模型中进一步考虑了阴影和瑞利衰落，对不同频段的上行干扰概率分布函数及统计量进行建模，并研究了系统参数的影响。

除网格模型外，还有另一种经典的维纳模型（Wyner model），也常被应用在蜂窝网络的系统建模中。例如，文献[16]基于此模型研究了上行小区间干扰的分布模型，并分析了每个小区可达到的最大上行速率。维纳模型的特点是简单易于分析，然而已有研究表明该模型仅在同时有大量干扰用户存在时（例如 CDMA 系统）对上行干扰建模比较准确，其余情况下准确性较差[17]。考虑到基于网格模型的统计建模很难得出简洁易处理的闭合表达式，近年来，以美国德州大学奥斯汀分校 Jeffrey G. Andrews 教授的研究团队为代表的一些研究者，基于网络节点的 PPP 模型假设，针对蜂窝网络中的统计模型及应用展开了一系列研究。其中包括在单层蜂窝网络中，研究上行链路 SINR 的分布和覆盖率（coverage probability）[18][19]，及不同频率复用方案的下行链路 SINR 分布[20]，然后将相应的研究思路拓展至异构网络中分析多层网络下行链路的 SINR 分布和覆盖率[21][22][23]、各层用户的下行中断概率[24]、下行链路传输速率分布和最大化速率所需的各层小区选择偏移量（bias）[25]，以及各层网络之间的资源分配和负载均衡策略[26]。通过对同类型文献的调研分析，文献[27]总结了基于 PPP 等多种点过程的随机几何（stochastic geometry）在蜂窝网络和认知网络统计建模中的应用，并指出随机几何是当前能提供准确建模分析的唯一数学工具。

值得注意的是，从系统模型的合理性角度而言，网格模型、线性维纳模型和随机点过程模型均不能准确描述多层异构网络的拓扑模型，因此需要针对异构网络的组网特点，研究适合的系统模型，然后在此基础上对上、下行链路的小区间干扰进行统计建模研究。

另外，为了迎合现代通信网络日益增长的用户需求，大量的异构网络多服务资源分配算法应运而生。其中的大多数可以归纳为一个最小化可分离式的目标函数 $\sum_{i=1}^{N} f_i(x_i)$，同时含有可加性的非线性限制条件。现存的基于次梯度算法的解决方案只能达到 $O(1/\sqrt{k})$ 的收敛速度，这个收敛速度在面对现代异构网络中移动用户所产生的大数据显得力不从心。为了进一步发展更有效的多服务资源分配算法，可以考虑正则化的拉格朗日函数，并和光滑加速技术结合起来。具体而言，即是将前人所做的可加线性等式限制条件推广到更具挑战性的非线性限制条件场景。为了解决该问题，提出了基于布雷格曼（Bregman）的投影算法，并且通过严格的数学证明，可以得到一个快速的 $O(1/k)$ 收敛速度。此外，将 BIEG 算法应用到多服务资源分配问题当中，称之为 BIEG-RA 算法，同时还引入了误差控制技术和投影。仿真结果表明在处理异构网络中大数据时，该算法的快速收敛速度是非常令人满意的。

因此，本章节首先对用户业务流量进行建模、其次对辐射能量（干扰）进行研究、最后给出一种基于 Bregman 非精确过度距离的绿色资源分配算法。

▌ 2.2 用户业务流量模型

本节对用户业务流量进行初步建模。通过与运营商合作，对初步获取的基本数据业务（微信、易信）、语音业务类型及主要指标（如表 2-1 所示）进行分析与研究。

表 2-1 业务数据采集表

业 务 类 型	主 要 参 数
语音	通话需求分布（通话接入请求/分钟），通话时长，厄朗（Erlang）动态分布，拥塞率，掉话率
短信（SMS）和彩信（MMS）	数量（条数）/分钟，长度（字节数）的统计分布，丢失率
文件传输和下载（FTP）	下载需求分布（下载请求数量/分钟），文件长度（字节数）的统计分布，下载时间长度（秒/文件）的统计分布，传输中断概率
互联网接入、即时通信（QQ、MSN、Web E-mail）和在线游戏	上网需求分布（上网请求数量/分钟），上网/通信/游戏时间长度（秒/连接）的统计分布，服务中断概率
音频和视频流媒体	流媒体传输需求分布（传输请求数量/分钟），流媒体传输时间长度（秒/文件）的统计分布，传输中断概率
IP 语音（VoIP，主要分析无线局域网中的数据）	通话需求分布（通话接入请求/分钟），通话数据量和时长的统计分布，拥塞率，掉话率

2.2.1 数据业务

根据移动互联网应用及业务使用量化分析平台系统提供的统计数据，以典型的数据业务（微信和易信）的使用情况进行详细统计。

（1）用户数对比

通过对 Android 手机平台的用户进行采样，样本总量为 113150735。其中，微信的预装用户为 4058748，用户数为 75387578，近 30 天活跃用户数为 8655456。易信的预装用户数为 1419821，用户数为 3032161，近 30 天活跃用户数为 592823。如图 2-1 所示。

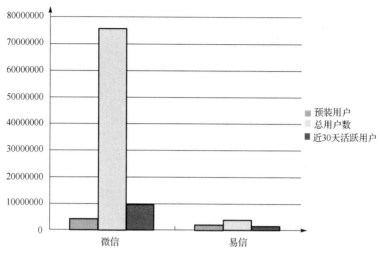

图 2-1　微信与易信用户对比分析

（2）日均启动次数对比

对微信和易信的日均启动次数进行统计，微信日均启动次数为 13.96 次，在各类应用中排在全网第一；易信日均启动次数为 2.39 次。如图 2-2 所示。

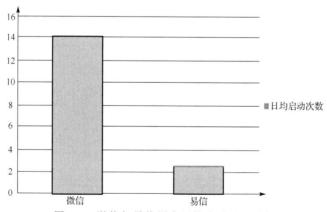

图 2-2　微信与易信用户日均启动对比分析

（3）日均使用时长对比

对微信和易信的日均使用时长进行统计，微信人均使用时长为 135.76 秒，排在全网第一；易信日均使用时长为 46.89 秒。如图 2-3 所示。

（4）日均流量对比

对微信和易信的日均流量进行统计，微信使用的日人均流量为 3.14 MB，易信使用的日人均流量为 1.68 MB。如图 2-4 所示。

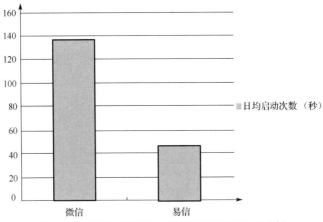

图 2-3　微信与易信用户日均使用时长对比分析

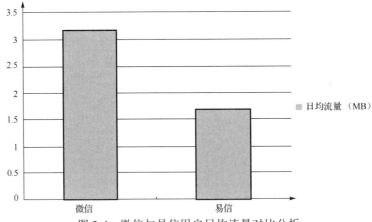

图 2-4　微信与易信用户日均流量对比分析

（5）日均流量对比

对上海市内微信用户终端情况进行的统计如图 2-5 所示，上海电信统计的数据只能从部分预装有统计软件的手机中获得，还不能涵盖所有用户和所有机型，这使研究具有一定的局限性，但是用户数量足够大的话，可以想象数据也具有足够的代表性。

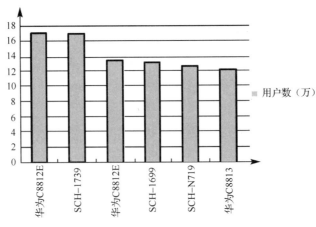

图 2-5　上海市内微信与易信用户用户数对比分析

2.2.2　语音业务

对 2012 年 7 月 25 日部分基站的全天各语音指标统计数据与分析如下。

（1）地铁站情况分析

采集数据中包含了上海地铁 2 号线相邻的三个地铁站，分别是威宁路站、北新泾站和淞虹路站。对三个地铁站所采集到的业务数据进行画图统计，结果如图 2-6 和图 2-7 所示。

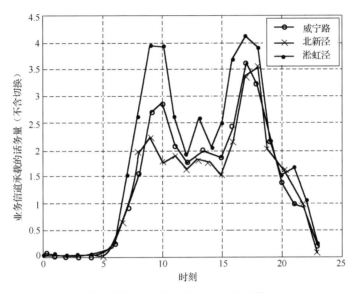

图 2-6　业务信道承载的话务量（不含切换）（Erl）

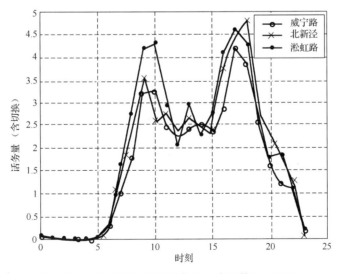

图 2-7　业务信道承载的话务量（含切换）（Erl）

从话务量上看，三个地铁站全天话务量走势有很强的一致性。三者在全天都有两个明显的峰值。早上 6 时话务量开始增加，第一个峰值出现在上午 9 时附近；之后话务量又稍有下降，到中午出现一个小低谷；中午过后话务量又逐步上升，第二个峰值出现在下午 17 时附近；之后话务量开始逐步下降，但是一直到 19 时还是维持在一个较高的水平。该现象和人们的日常出行习惯密切相关。早上 6 时左右地铁开始运行，少数人开始出行；上午 9 时左右是早上集中上班时间，为上班人群出行早高峰；人流早高峰过后出行客流量开始下降，中午午休时间客流量出现小的低谷；午后出行客流量又开始逐步上升，下午 17 时左右是下班时间，为下班人群出行晚高峰。话务量统计规律和人们的工作作息时间规律是相吻合的。

由图 2-7 还可以看出，淞虹路地铁站的话务量全天基本上高于威宁路站和北新泾站，这是因为淞虹路地铁站周围写字楼公司数量要高于北新泾和威宁路，同时淞虹路站是地铁 2 号线小交路终点，有一部分乘客会在此等候去虹桥火车站和虹桥机场的地铁，故而会出现该现象。

呼叫尝试总次数也呈现出上午和下午两个高峰态势。早高峰为上午 9 时左右，晚高峰为下午 17 时左右。淞虹路站呼叫尝试次数明显高于另外两个地铁站。如图 2-8 所示。

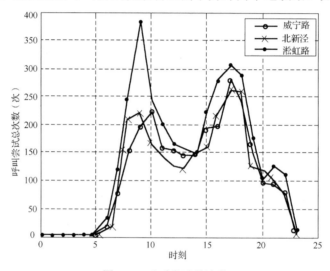

图 2-8 呼叫尝试总次数

短信数和呼叫尝试次数相当类似，如图 2-9 所示。

（2）商务区情况分析

选取上海人民广场商圈的电信世界、国际饭店和新黄浦等几个基站的不含切换的业务承载的话务量数据，对其进行画图统计，如图 2-10 所示。

由图 2-10 可见，位于电信世界的基站的三个扇区的全天话务量变化也呈现出较强的一致性。上午 11 时出现一个高峰，下午 14 时出现全天高峰。虽然上下午也各有高峰，但是与地铁站又有很大的不同。地铁站的话务量高峰和人们的"朝九晚五"工作作息时间密切相关，故而话务量早高峰出现在上午 9 时左右，与上班出行早高峰相吻合；话务量晚高峰出现在下午 17 时左右，与下班出行晚高峰相吻合。而图 2-10 中电信世界三个扇区的话务量第一个高峰出现在上午 11 时左右，第二个高峰出现在下午 14 时，并且一直到 18 时之前三个扇区都保持有很高的话务量。显然，这也和人们的出行习惯有关系。上午 10 时开始，商场的购物者开始增多，而中午很多人会午休或者避开中午的炎热出行。一般来说，下午商场的客流会显著增多，并且会一直持续到傍晚。整个话务量的变化规律和人们的出行规律是相吻合的。

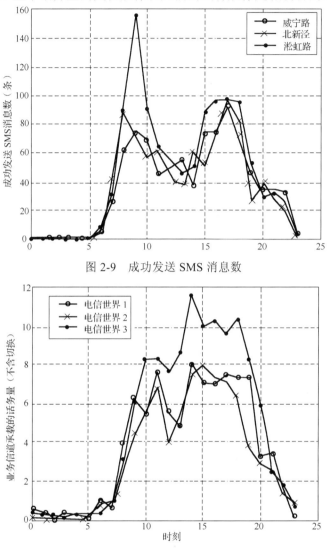

图 2-9　成功发送 SMS 消息数

图 2-10　电信世界业务承载的话务量（不含切换）（Erl）

　　由图 2-11 可见，国际饭店三个扇区的话务量比较均衡。上午高峰出现在 10 时左右，下午高峰从 15 时一直持续到 20 时，并在 18 时达到极值。国际饭店的话务量全天分布和地铁站话务量分布、电信世界话务量的分布均有不同之处。这也是和人们的在外用餐习惯密切相关的。按照常理，下午开始一直到晚上 20 时是人们外出用餐的集中时段，并且外出用晚餐的开始时间一般在下午 17 时到 18 时开始，故而在 18 时会达到一个话务量顶峰。而中午 13 时，大部分人午餐用毕，开始午休，故而会出现暂时的话务量低谷。

　　由图 2-12 可见，新黄浦的三个扇区话务量极不均衡，一个扇区话务量分布正常，而另外两个扇区话务量很小，接近于 0。其原因可能是扇区张角或者方向有问题，这就需要对该基站的三个扇区进行优化。

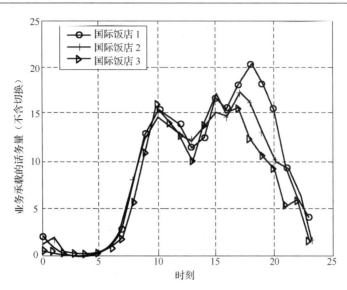

图 2-11　国际饭店业务承载的话务量（不含切换）（Erl）

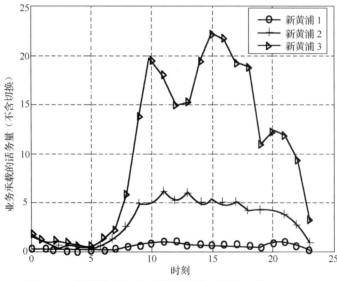

图 2-12　新黄浦业务承载的话务量（不含切换）（Erl）

▌2.3　辐射能量与干扰模型

　　通过对辐射能量进行建模研究，可以推导出干扰的分布，并最终通过 SINR 的分布来找出容量的分布。

　　本节考虑的下行干扰建模场景如下：所考虑的基站及用户周围，有 6 个同频蜂窝基站发送信号，对某个用户而言，基将主要收到 7 个基站发射的下行信号，从而产生一定的干扰（如图 2-13 所示）。

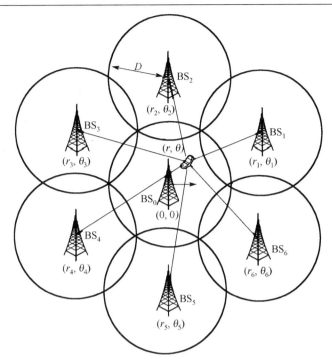

图 2-13　下行干扰建模场景

假定每个基站的覆盖半径为 D，以所考虑的目标基站位置为原点，其服务的目标用户位置为 (r,θ)。周围 6 个其他基站的位置为 (r_i,θ_i)，其中 $i=1,\cdots,6$。基站天线增益为 G_b，发射功率为 P。

基站 BS_i 与目标用户 UE 之间的距离可用 $d_i=\sqrt{r^2+r_i^2-2rr_i\cos(\theta-\theta_i)}$ 来表示，这样从 BS_i 带来的下行小区间干扰可表示为 $Y_i=P_tG_bAd_i^{-n}\exp(\xi X_i)=10^{(\mu_i+X_i)/10}$，其中，$\xi=\ln10/10$，$\mu_i=10\lg(P_tG_bAd_i^{-n})$，由此可见 $Y_i\sim LN(\xi\mu_i,\xi\sigma_i)$ 为对数正态分布，由此可知 Y_i 的概率密度函数（PDF）为：$f_{Y_i}(y_i)=\dfrac{1}{\sqrt{2\pi}(\xi\sigma_i)y_i}\exp\left[-\dfrac{(\ln y_i-\xi\mu_i)^2}{2(\xi\sigma_i)^2}\right]$，考虑 Log-normal Shadow 效应，并参照文献[1]中的对干扰链路相关性的说明，可得 $X_i=\sigma_i\sqrt{1-\zeta}W_i+\sigma_i\sqrt{\zeta}X_0$，其中，$\zeta$ 为相关系数，W_i、W_0 为均值为 0，方差为 1 的独立的高斯变量。考虑 Log-normal Shadow 效应后，链路 i 与链路 j 的相关性表示如下：

$$
\begin{aligned}
\rho_{ij}&=\frac{\mathrm{Cov}(X_i,X_j)}{\sigma_i\sigma_j}\\
&=\frac{\sigma_i\sigma_j\mathrm{Cov}(\sqrt{1-\zeta}W_i+\sqrt{\zeta}X_0,\sqrt{1-\zeta}W_j+\sqrt{\zeta}X_0)}{\sigma_i\sigma_j}\\
&=(1-\zeta)\mathrm{Cov}(W_i,W_j)+\zeta\\
&=\begin{cases}\zeta & i\neq j\\ 1 & i=j\end{cases}
\end{aligned}
\tag{2-1}
$$

因此，阴影衰落相关矩阵可表示为 $C=(\rho_{ij}\sigma_i\sigma_j)_{L\times L}$。

从而可知下行小区间干扰总和为

$$Y = \sum_{i=1}^{L} Y_i = \sum_{i=1}^{L} 10^{(\mu_i + X_i)/10} \tag{2-2}$$

对其取对数，有 $Z = \ln Y = \ln\left[\sum_{i=1}^{L} 10^{(\mu_i + X_i)/10}\right]$。

根据参考文献[28]中的方法，可以用正态逆高斯过程来对下行干扰的总和进行研究。正态逆高斯过程（NIG）的概率分布函数如下：

$$f(x) = \frac{\alpha\delta}{\pi} \cdot \exp(\delta\sqrt{\alpha^2 - \beta^2} - \beta\mu) \cdot \exp(\beta x)\frac{K_1(\alpha\sqrt{\delta^2 + (x-\mu)^2})}{\sqrt{\delta^2 + (x-\mu)^2}} \tag{2-3}$$

NIG 过程的均值、方差、斜度和峰值参数如下。

$$\begin{aligned}
\alpha &= 3\rho^{1/2}(\rho-1)^{-1}\mathcal{V}^{-1/2}|\mathcal{S}|^{-1}, \\
\beta &= 3(\rho-1)^{-1}\mathcal{V}^{-1/2}\mathcal{S}^{-1}, \\
\mu &= \mathcal{M} - 3\rho^{-1}\mathcal{V}^{1/2}\mathcal{S}^{-1}, \\
\delta &= 3\rho^{-1}(\rho-1)^{1/2}\mathcal{V}^{1/2}|\mathcal{S}|^{-1}.
\end{aligned} \tag{2-4}$$

根据参考文献[29]，Z 的前 4 阶统计量为

$$\begin{aligned}
\hat{c}_Z^{(1)} &= \hat{m}_Z^{(1)}, \\
\hat{c}_Z^{(2)} &= \hat{m}_Z^{(2)} - (\hat{m}_Z^{(1)})^2, \\
\hat{c}_Z^{(3)} &= \hat{m}_Z^{(3)} - 3\hat{m}_Z^{(1)}\hat{m}_Z^{(2)} + 2(\hat{m}_Z^{(1)})^3, \\
\hat{c}_Z^{(4)} &= \hat{m}_Z^{(4)} - 4\hat{m}_Z^{(3)}\hat{m}_Z^{(1)} - 3(\hat{m}_Z^{(2)})^2 = 1 + 12\hat{m}_Z^{(2)}(\hat{m}_Z^{(1)})^2 - 6(\hat{m}_Z^{(1)})^4.
\end{aligned} \tag{2-5}$$

因此，Z 的均值、方差、斜度和峰值参数为

$$\begin{aligned}
\widehat{\mathcal{M}} &= \hat{c}_Z^{(1)}, \\
\widehat{\mathcal{V}} &= \hat{c}_Z^{(2)}, \\
\widehat{\mathcal{S}} &= \frac{\hat{c}_Z^{(3)}}{(\hat{c}_Z^{(2)})^{3/2}}, \\
\widehat{\mathcal{K}} &= \frac{\hat{c}_Z^{(4)}}{(\hat{c}_Z^{(2)})^2}.
\end{aligned} \tag{2-6}$$

用 NIG 近似后，可知得到下行小区间干扰总和的概率分布表达式

$$f_Y(y|r,\theta) = \frac{\hat{\alpha}\hat{\delta}}{\pi y}\exp(\hat{\delta}\sqrt{\hat{\alpha}^2 - \hat{\beta}^2} - \hat{\beta}\hat{\mu})\exp(\hat{\beta}\ln y)\frac{K_1(\hat{\alpha}\sqrt{\hat{\delta}^2 + (\ln y - \hat{\mu})^2})}{\sqrt{\hat{\delta}^2 + (\ln y - \hat{\mu})^2}}. \tag{2-7}$$

通过仿真发现，用 NIG 方法对下行小区间干扰总和进行近似，比传统的利用 Log-normal 近似要准确（如图 2-14 所示）。

不同于前人的研究[30-32]采用 Log-normal、叠加的 Log-normal 近似，本节的方法有较强

的适应性。通过获得下行的干扰模型，考虑到基站发射功率为 P，目标用户至目标基站距离为 r，则在各处的 SINR 可以实际计算，从而可以推知网络在各处的容量分布。

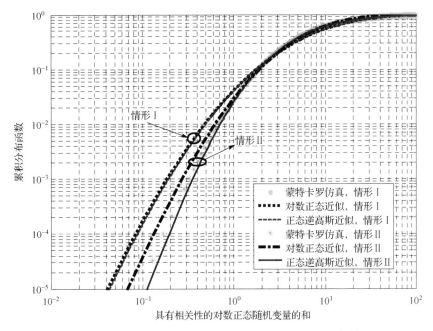

图 2-14　下行小区间干扰的 NIG 近似与 Log-normal 近似的对比

2.4　基于 Bregman 非精确过度间距的资源分配

在过去几年里，为了满足不同用户应用和服务的需求，不同无线接入技术（RAT）被不断推进。在未来无线异构网络当中，高级的移动终端（MT）可以利用多个无线接入接口来同时连接不同网络的基站。由于用户的应用和需求对于不同网络是不同的，因此设计有效的多服务算法来使得不同网络之间进行资源分配是非常重要的[35][36]。具体而言，每个移动终端的服务带宽都是由不同 RAT 的网络所提供的，可以用可加性的不等式来描述。因此，可分解的加速结构是解决异构网络资源分配的关键。

以前的快速架构主要考虑可分离的线性等式约束，然而异构网络的多服务资源优化问题是具有更一般性的复杂非线性不等式约束。具体而言，想要解决这类问题我们需要面对以下挑战：

（1）如何在非线性不等式约束下分析对偶误差（Duality gap）和可行域（Feasibility gap）；

（2）在更一般的条件下，如何给出正则拉格朗日方程的对偶函数中的利普西茨常数（Lipschitz constant）；

（3）如何减小迭代复杂度且同时保证高速的收敛速度。

在本节中，我们将克服上面提出的挑战，提出一种具有高速收敛的多服务资源分配算法。我们将主要的贡献归纳如下：

- 在最优集合里满足斯莱特（Slater）条件下，我们分析了正则拉格朗日方程的 Duality gap 和 Feasibility gap 的上下界。
- 研究了正则拉格朗日方程的对偶问题的利普西茨常数，并在目标函数和约束函数都是一次可微的条件下给出了完整的数学证明。值得注意的是文献[37]中定理 2.1 都是假设这些函数是二次可微的。
- 将 Bregman 投影技术[38]引入到对偶参数的迭代过程中，成功的将复杂投影分解成两个简单的步骤，因此可以大大简化算法的执行。除此之外，我们还将文献[39]的误差控制技术和 Bregman 投影技术相结合，并在给出收敛速度 $O(1/k)$ 的完整数学证明。
- 将上述分析结果和算法应用到异构网络的多服务资源分配问题当中，并和经典的次梯度算法进行了对比（见表 2-2）。

表 2-2　BIEG 算法和 IDFG、Tran-Dinh's 算法的比较

算　　法	BIEG	IDFG [33]	Tran-Dinh's 算法[34]
目标函数	凸	强凸	凸
目标函数可微性	一次可微	两次可微	飞光滑
约束条件	非线性不等式	非线性不等式	线性等式
约束条件可微性	一次可微	两次可微	光滑
技术	Excessive-Gap 结构	Nesterov's 一介加速结构	Excessive-Gap 结构
光滑参数	两个	无	两个

2.4.1　问题描述

基于前人在相关方向所做的工作[40][41]，多服务资源分配问题可以建模成一个更一般的具有非线性不等式的凸优化问题

$$\min \sum_{i=1}^{N} f_i(x_i)$$

$$\text{s.t.} \sum_{i=1}^{N} g_{ij}(x_i) \leqslant 0 \qquad (2\text{-}8)$$

$$x_i \in X_i \quad i = 1, \cdots, N; \ j = 1, \cdots, m, n$$

其中，目标函数 $f_i(\cdot): R^{n_i} \to R$ 是一个连续可微的凸函数，$X_i \subset R^{n_i}$ 是对应的闭合集合。定义 $X : X_1 \times \ldots \times X_i \subset R^n$ 是变量 x 的大集合，其中，$n = n_1 + \ldots + n_N$，$x = (x_1^{\mathrm{T}}, \cdots, x_N^{\mathrm{T}})^{\mathrm{T}}$ 代表了一列大的向量 R^n。我们假定 $f_i(\cdot)$ 和 X_i 是私有信息只能由 i 获取，限制条件 $g_{ij}(\cdot): R^{n_i} \to R$ 是连续可微的凸函数。为了清楚简洁，我们标注 $g_i(x_i) = [g_{i1}(x_i), g_{i2}(x_i), \cdots, g_{im}(x_i)]$。集合 $Y := \left\{ x \in R^n \left| \sum_{i=1}^{N} g_{ij}(x_i) \leqslant 0, j = 1, \cdots, m \right. \right\}$，并且假定可行解非空，即 $X \bigcap Y \neq 0$。因为集合 X 和 Y 都是闭合的，可以推断出 $X \bigcap Y$ 也是闭合的。因此最优值集合 X^* 也是非空的。此外，

相应的对偶函数定义为 $\phi(u) = \min_{x \in X}\left\{\sum_{i=1}^{N} f_i(x_i) + \left\langle u, \sum_{i=1}^{N} g_i(x_i)\right\rangle\right\}$，其中 $u \in R_+^m$ 是相应的拉格

朗日参数。表 2-3 将本章中的参数进行了归纳总结。除此之外，给出两个很一般的假设。

表 2-3　重要参数说明

符　号	定　义	符　号	定　义
$\phi(u)$	对偶函数	$d_i(\cdot)$	近似函数
$\nabla F(\cdot)$	$F(\cdot)$ 的梯度	D_i	$d_i(\cdot)$ 的上界
$[\cdot]^+$	非负投影	σ_i	$d_i(\cdot)$ 的强凸参数
$\|\cdot\|$	2 介范数	ε_i	子问题的精度
$\langle\cdot\rangle$	内积	$V_u(\cdot)$	Bregman 投影
$M_{ij}(g)$	$\|\nabla g_{ij}(\div)\|$ 的上界	$P_U(\cdot)$	U 上的投影
$\hat{x}$	Slater 向量	U^*	对偶参数 u 的最优解集合

假设 1：

函数梯度的范数 $\|\nabla g_{ij}(x_i)\|$ 在集合 X_i 里面是有界的，即存在一个标量 $M_{ij}(g)$ 满足 $\|\nabla g_{ij}(x_i)\| \leqslant M_{ij}(g)$ 对于 $x_i \in X_i, i = 1, \cdots, N; j = 1, \cdots, m$。

假设 2：

Slater 条件[①] 是被满足的，即存在一个向量

$$\hat{x} \in X \text{ such that } \sum_{i=1}^{N} g_{ij}(\widehat{x_i}) < 0 \text{ for all } i = 1, \cdots, N \text{ and } j = 1, \cdots, m.$$

正如公式（2-8）所示，目标函数被定义为一个累加函数 $\sum_{i=1}^{N} f_i(x_i)$，不等式约束条件表示为函数 $g_{ij}(x_i)$ 的和。这两个通用的目标函数都可以根据不同的需求建模成具体的通信网络问题。比如，（1）在总带宽和动态比特率（Variable Bit Rate，VBR）服务带宽约束下的最大化网络频谱效率[40]；（2）在信道功率和服务质量约束条件下的频谱资源（带宽功率之积）[42]；（3）最大化网络下行容量，同时满足次级用户的功率限制和干扰约束[43]；（4）或者在给定的信干噪比（SINR）门限的条件下优化多天线网络的发射功率值[44]。因此我们的研究工作在本章中主要是对更具一般性的凸优化问题设计快速收敛算法，同时可以看到我们的分析结果可以应用到其他异构网络的多服务问题当中。在这里值得注意的是，在特定场景中一些问题是非凸的，但是这并不阻碍算法的应用，因为很多凸近似的算法也被很多研究者所关心和研究[45]。

2.4.2　正则拉格朗日对偶方程和 δ-Excessive Gap 光滑技术

对于交织在一起的约束条件，拉格朗日对偶分解是一个很好的工具。然而，对偶函数

---

① Slater 是对有约束条件的凸规划问题的一般假设。它不仅暗示了凸问题的强对偶特性，同时也暗示了对偶最优是可以得到的。具体的解释详见[46]（p226-p227）。

通常是非光滑的，因此光滑加速技术很难直接应用到里面[47]。为了解决该问题，因为正则化的拉格朗日对偶方程的对偶函数是一个光滑近似，因此被业内广泛研究。但是，这会在原来的拉格朗日方程和正则拉格朗日方程之间出现误差。在本章中，我们会提出一个有效的近似方法来减少误差，同时分析公式（2-8）的 Duality gap 和 Feasibility gap。

2.4.2.1　正则拉格朗日方程

按照文献[48]，式（2-8）的正则拉格朗日方程为

$$L(x,u;\mu_1,\mu_2) = \sum_{i=1}^{N} f_i(x_i) + \left\langle u, \sum_{i=1}^{N} g_i(x_i) \right\rangle + \mu_1 \sum_{i=1}^{N} d_i(x_i) - 12\mu_2 \|u\|^2, \tag{2-9}$$

其中，$\mu_1 > 0$ 和 $\mu_2 > 0$ 是光滑参数。$d_i(x_i)$ 是定义在集合 $X_i \subset R^{n_i}$ 上的近似函数[49]，其强凸参数为 $\sigma_i > 0$。x_i^c 是近似函数的中心，即 $x_i^c = x_i \in X_i \text{ argmin } d_i(x_i)$。近似函数 $d_i(x_i)$ 使得主函数变成了强凸函数，也就导致了对应的对偶函数可微。按照近似函数的定义，可以获得下面的不等式

$$\begin{cases} 0 < d_i^* = \min_{x_i \in X_i} d_i(x_i) \leqslant D_i = \max_{x_i \in X_i} d_i(x_i) < +\infty, \\ \|x_i - x_i^c\| \leqslant \sqrt{2D_i\sigma_i}. \end{cases} \tag{2-10}$$

规整以后的主对偶解定义为 $z_{\mu_1,\mu_2}^* = (x_{\mu_1,\mu_2}^*, u_{\mu_1,\mu_2}^*) \in X \times R_+^m$。因此，解 z_{μ_1,μ_2}^* 会随着 μ_1 和 μ_2 趋近于 0 而逼近原有的最优解。现在考虑一个关于对偶参数最优解集的超集 U，即每个最优解 u^* 在 U 里面。在规整化后的 Slater 条件下，超集 U 是闭合的，可以由下式得到

$$U = \left\{ u \in R_+^m \middle| \|u\| \leqslant \frac{\sum_{i=1}^{N} \left\{ f_i(\widehat{x_i}) + \mu_1 d_i(\widehat{x_i}) \right\} - \varphi(0^m)}{\min_{1 \leqslant j \leqslant m} \left(-\sum_{i=1}^{N} g_{ij}(\widehat{x_i}) \right)} \right\} \tag{2-11}$$

其中，$\widehat{x}$ 是 Slater 向量，并且 $\mu_1 > 0$。相关的证明可以从[48]中的等式 3.6 获得，其中文献[48]提出了一种基于正则拉格朗日方程的没有加速结构的主对偶算法。定义 $\|u\|$ 的上界为 M_u，同时也在公式（2-11）中得出。基于公式（2-9），主函数和对偶函数可以被分开分析。

主函数：

$$f(x;\mu_2) = \sum_{i=1}^{N} f_i(x_i) + \max_{u \in U} \left\{ \left\langle u, \sum_{i=1}^{N} g_i(x_i) \right\rangle - \frac{1}{2}\mu_2 \|u\|^2 \right\} \tag{2-12}$$

其中，式（2-12）中的第二项定义为

$$u^*(x;\mu_2) = \text{argmax}_{u \in U} \left\{ \left\langle u, \sum_{i=1}^{N} g_i(x_i) \right\rangle - \frac{1}{2}\mu_2 \|u\|^2 \right\} \tag{2-13}$$

$u^*(x;\mu_2)$ 可以由 $u^*(x;\mu_2) = P_U\left[\left[\sum_{i=1}^{N} g_i(x_i) \right] \mu_2 \right]$ 计算得来，其中 $P_U(\cdot)$ 表示的是再集合 U 上的投影操作。

对偶函数:

$$\begin{cases} \varphi(u;\mu_1) = \sum_{i=1}^{N} \varphi(u;\mu_1) \\ \varphi_i(u;\mu_1) = \min_{x_i \in X_i} \left\{ f_i(x_i) + \langle u, g_i(x_i) \rangle + \mu_1 d_i(x_i) \right\} \end{cases} \tag{2-14}$$

其中，在 μ_1 下的 x_i 的最优解可以表示为

$$x_i^*(u;\mu_1) = \mathrm{argmin}_{x_i \in X_i} \left\{ f_i(x_i) + \langle u, g_i(x_i) \rangle + \mu_1 d_i(x_i) \right\} \tag{2-15}$$

对偶函数的梯度的利普西茨连续性在设计高速迭代结构算法中扮演了举足轻重的角色。为了证明公式（2-14）具有一个利普西茨连续的梯度，我们给出下面一个定理并同时给出利普西茨常数。

定理 1:

让 $\mu_1 > 0$，那么 $\varphi_i(\cdot;\mu_1)$ 是凹的并且在 R_+^m 上连续可微。此外，$\varphi_i(\cdot;\mu_1)$ 的梯度可以表示为

$$\nabla_u \varphi_i(u;\mu_1) = g_i(x_i^*(u;\mu_1)) \tag{2-16}$$

其对应的利普西茨常数为

$$L_i^d(\mu_1) = \sum_{j=1}^{m} \frac{M_{ij}(g)}{\mu_1 \sigma_i} \sqrt{\sum_{j=1}^{m} M_{ij}^2(g)} \tag{2-17}$$

因此，$\varphi(u;\mu_1)$ 也是凹的并且连续可微。除此之外，它的梯度 $\nabla_u \varphi(u;\mu_1) = \sum_{i=1}^{N} g_i(x_i^*(u;\mu_1))$ 是利普西茨连续的并且其利普西茨常数为 $L^d(\mu_1) = \sum_{i=1}^{N} L_i^d(\mu_1)$。

评论 1:

和文献[50]中的定理 2.1 不同，只要求目标函数和约束条件函数仅仅是一次可微，而文献[50]则要求目标函数是强凸的并且限制条件函数是两次可微的。

2.4.2.2　模糊 Excessive Gap 技术

模糊 Excessive Gap 条件可以用来寻找最优的主对偶对，因此按照文献[49]定义，$(\overline{x},\overline{u}) \in X \times U$ 被称为满足模糊 Excessive Gap（δ-Excessive Gap）条件，如果对于 $\mu_1 > 0$，$\mu_2 > 0$ 和给定的 $\delta > 0$ 有下式成立，

$$\varphi(\overline{u};\mu_1) + \delta \geqslant f(\overline{x};\mu_2) \tag{2-18}$$

对偶误差由式 $\Gamma(\overline{x},\overline{u}) = f(\overline{x}) - \varphi(\overline{u})$ 来定义，当最优解 (x^*,u^*) 找到是对偶误差为 0。下面这个定理给出了公式（2-18）的对偶误差和可行域误差。

定理 2:

假设 $(\overline{x},\overline{u}) \in X \times U$ 满足 δ-Excessive Gap（公式 2-18）条件。那么对于任意的 $u^* \in U^*$，存在以下不等式

$$-\|u^*\| \left\| \left[\sum_{i=1}^{N} g_i(\overline{x}_i) \right]^+ \right\| \leqslant f(\overline{x}) - \varphi(\overline{u}) \leqslant \mu_1 \sum_{i=1}^{N} D_i + \delta \tag{2-19}$$

其中

$$\left\|\left[\sum_{i=1}^{N} g_i(\overline{x}_i)\right]^+\right\| \leqslant \begin{cases} \left(\dfrac{1}{2}\mu_2 M_u^2 + \mu_1\sum_{i=1}^{N} D_i + \delta\right)\Big/(M_u - \|u^*\|), & \left\|\left[\sum_{i=1}^{N} g_i(\overline{x}_i)\right]^+\right\| \geqslant \mu_2 M_u \\ \mu_2\left[\|u^*\| + \sqrt{\|u^*\|^2 + 2\dfrac{\mu_1}{\mu_2}\sum_{i=1}^{N} D_i + \dfrac{2\delta}{\mu_2}}\right], & \left\|\left[\sum_{i=1}^{N} g_i(\overline{x}_i)\right]^+\right\| \leqslant \mu_2 M_u \end{cases}$$

$(2\text{-}20)$

$[\cdot]^+ = \max\{0^m, \cdot\}$ 是在非负区间的投影，U^* 是对偶参数的最优解集。

评论 2：

文献[49]中的定理 3.4 对线性等式的限制条件进行了分析，对应公式（2-8）的最优解 x_i^* 可以被求解在任意可行域里，即 $\sum_{i=1}^{N} g_i(x_i^*) \leqslant 0$。因此，在本节中对可行域超出 0 向量的部分来进行分析是合理的，即对 $\left\|\left[\sum_{i=1}^{N} g_i(\overline{x}_i)\right]^+\right\|$ 而不是 $\left\|\sum_{i=1}^{N} g_i(\overline{x}_i)\right\|$ 来分析是否可以趋于 0。除此之外，也分析了在 Slater 条件下的可行域的误差，因此定理 2 更具一般性。

文献[49]提出了一种精度控制结构对在线性等式限制条件下的公式（2-15）的子问题进行非精确求解。在本节中我们将这种结构移植过来对非线性不等式下的（2-8）来进行求解。

首先让 $u \in R^m$，然后定义在公式（2-14）下的 $\varphi(u; \cdot)$ 在 R_{++} 是可微的不减凹函数。此外，还可以获得以下不等式

$$\varphi(u; \mu_1) \leqslant \varphi(u; \tilde{\mu}_1) + (\mu_1 - \tilde{\mu}_1)\sum_{i=1}^{N} d_i(x_i^*(u; \tilde{\mu}_1)) \qquad (2\text{-}21)$$

其中 $x_i^*(u; \tilde{\mu}_1)$ 由公式（2-15）定义。

通过经典的优化方法来精确的求解公式（2-15）只是理想状态（比如，当达到预先设定的误差区间时牛顿算法会停止迭代[51]），因此近似解才是更实际的。我们定义 $\tilde{x}_i^*(u; \mu_1)$ 为 $x_i^*(u; \mu_1)$ 的近似解，如果 $\tilde{x}_i^*(u; \mu_1) \in X_i$ 满足下面不等式

$$\tilde{x}_i^*(u; \mu_1) \approx \arg\min_{x_i \in X_i}\left\{f_i(x_i) + \langle u, g_i(x_i)\rangle + \mu_1 d_i(x_i)\right\} \qquad (2\text{-}22)$$

并且可以得到下面的关系

$$\left\|h_i(\tilde{x}_i^*(u; \mu_1); u, \mu_1) - h_i(x_i^*(u; \mu_1); u, \mu_1)\right\| \leqslant \mu_1 \sigma_i \varepsilon_i^2/2 \qquad (2\text{-}23)$$

其中，对于所有的 $i = 1, \cdots, N$，$h_i(x_i; u, \mu_1) = f_i(x_i) + \langle u, g_i(x_i)\rangle + \mu_1 d_i(x_i)$。$\varepsilon_i \geqslant 0$ 是给定的对子问题的求解精度。由于 $h_i(\cdot; u, \mu_1)$ 是关于 x_i 强凸的，有

$$\frac{\mu_1 \sigma_i}{2}\left\|\tilde{x}_i^*(u; \mu_1) - x_i^*(u; \mu_1)\right\|^2 \leqslant \left\|h_i(\tilde{x}_i^*(u; \mu_1); u, \mu_1) - h_i(x_i^*(u; \mu_1); u, \mu_1)\right\| \leqslant \frac{\mu_1 \sigma_i}{2}\varepsilon_i^2. \qquad (2\text{-}24)$$

因此，对于所有的 $i = 1, \cdots, N$，可以得到 $\left\|\tilde{x}_i^*(u; \mu_1) - x_i^*(u; \mu_1)\right\| \leqslant \varepsilon_i$。除此之外，还可以得到公式（2-16）的近似梯度 $\tilde{\nabla}_u \varphi_i(u; u_1) = g_i(\tilde{x}_i^*(u; \mu_1))$。

为了便于分析，引入下面的等式

$$\varepsilon_{[\sigma]} = \left[\sum_{i=1}^{N} \sigma_i \varepsilon_i^2\right]^{\frac{1}{2}}$$

$$D_\sigma = \left[2\sum_{i=1}^{N} D_i \sigma_i\right]^{\frac{1}{2}}$$

$$M = \sqrt{\sum_{i=1}^{N}\left(\sum_{j=1}^{m} M_{ij}(g)\right)^2} \tag{2-25}$$

$$C_d = M^2 D_\sigma + M \left\|\sum_{i=1}^{N} g_i(x_i^c)\right\|$$

$$L^d = \sum_{i=1}^{N}\sum_{j=1}^{m} M_{ij}(g)\sigma_i \sqrt{\sum_{j=1}^{m} M_{ij}^2(g)}$$

通过利用上式，在下面一节中提出了一个并行加速算法。

2.4.3　具有 Bregman 投影的快速迭代算法

2.4.3.1　Bregman 投影

$d(\cdot)$ 表示一个非负可微的强凸函数，让 u^c 表示集合 U 的近似中心，即对于任意的 $u \in U$，$\langle \nabla d(u^c), u-u^c \rangle \geqslant 0$。Bregman 距离被定义为[51][52]

$$B(z,u) = d(u) - d(z) - \langle \nabla d(z), u-z \rangle \tag{2-26}$$

其中，u 和 z 都是属于集合 U 的。此外，利用 $d(\cdot)$ 的强凸参数 σ，可以得到

$$B(z,u) \geqslant \frac{1}{2}\sigma\|u-z\|^2 \tag{2-27}$$

将 $g \in R^m$ 进行 Bregman 投影到 U 上，可以表示为

$$V_u(z,g) = \underset{u \in U}{\arg\min}\left\{\langle g, u-z \rangle + B(z,u)\right\} \tag{2-28}$$

具体而言，本节中的近似函数 $d(u) = \frac{1}{2}\|u\|^2$，且具有强凸参数 $\sigma_u = 1$。具体的 Bregman 投影可以简化为 $V_u(z,g) = P_U(z-g)$，其近似中心为 $u^c = 0^m$。

2.4.3.2　起始点和迭代结构

对于设计快速迭代算法而言，起始点非常重要。作为起始点，要满足 δ_0-Excessive Gap 的条件。

定理 3:

对任意的 $\mu_1 > 0$ 和

$$\begin{cases} \overline{x}_i^0 = \tilde{x}_i^*(0^m; \mu_1) \\ \overline{u}^0 = V_u\left[0^m; -\gamma \sum_{i=1}^{N} g_i(\overline{x}_i^0)\right] \end{cases} \tag{2-29}$$

其中，$\gamma = 1/L^d(\mu_1)$。那么由公式（2-29）产生的 $(\overline{x}^0, \overline{u}^0) \in X \times R^m$ 将会满足给定 μ_1 和 μ_2 后的 δ_0-Excessive Gap 条件，如果下式成立

$$\mu_2 \geq L^d(\mu_1) \qquad (2\text{-}30)$$

其中，$\delta_0 = \mu_1 \left[C_d L^d \varepsilon_{[1]} + 12\varepsilon_{[\sigma]}^2 \right]$。相关证明提供在本章附录里。

评论 3：

因为 $0^m \in U$ 是 $d(u) = \dfrac{1}{2}\|u\|^2$ 的最优解，因此按照式（2-22）和式（2-28），采用定理 3 中的初始点来近似中心 $u^c = 0^m$。

从初始点 $(\overline{x}^0, \overline{u}^0) \in X \times R^m$ 开始，定理 4 将会给我们提供一个产生满足 δ_+-Excessive Gap 的新的 $(\overline{x}_i^+, \overline{u}^+)$ 迭代点。

定理 4：

假设前一次迭代点 $(\overline{x}, \overline{u})$ 满足 δ-excessive gap 条件，对于每个 i 下一个迭代点可以由下式产生

$$A^d(\overline{x}_i, \overline{u}; \mu_1, \mu_2, \tau) : \begin{cases} \hat{u} = (1-\tau)\overline{u} + \tau u^*(\overline{x}; \mu_2) \\ \overline{x}_i^+ = (1-\tau)\overline{x}_i + \tau \tilde{x}_i^*(\hat{u}; \mu_1) \\ \tilde{u} = V_u \left\{ u^*(\overline{x}; \mu_2), -\tau(1-\tau)\mu_2 \sum_{i=1}^{N} g_i\left[\tilde{x}_i^*(\hat{u}; \mu_1) \right] \right\} \\ \overline{u}^+ = (1-\tau)\overline{u} + \tau\tilde{u} \end{cases} \qquad (2\text{-}31)$$

对于满足下式的任意 $\tau \in (0,1)$

$$\frac{(1-\tau)}{\tau^2} \geq \frac{L^d(\mu_1)}{\mu_2} \qquad (2\text{-}32)$$

对于 μ_1 和 μ_2 而言给出下面的更新准则

$$\begin{cases} \mu_1^+ = (1-\alpha\tau)\mu_1 \\ \mu_2^+ = (1-\tau)\mu_2 \end{cases} \qquad (2\text{-}33)$$

其中 α 是

$$\alpha = \sum_{i=1}^{N} d_i\left[\tilde{x}_i^*(\hat{u}; \mu_1) \right] \bigg/ \sum_{i=1}^{N} D_i \qquad (2\text{-}34)$$

下一次迭代点 $(\overline{x}_i^+, \overline{u}^+)$ 在更新后的 (μ_1^+, μ_2^+) 下满足 δ_+-Excessive Gap 条件 [公式（2-18）]。其中，δ_+ 被定义为

$$\delta_+ = (1-\tau)\delta + \eta(\tau, \mu_1, \mu_2, \overline{u}, \varepsilon) \qquad (2\text{-}35)$$

其中

$$\eta(\tau, \mu_1, \mu_2, \overline{u}, \varepsilon) = \left[\frac{\mu_1}{L^d} C_d + \tau(1-\tau)\left(\frac{C_d}{\mu_2} + M\|\overline{u}\| \right) \right] \varepsilon_{[1]} + \frac{\mu_1 \tau}{2} \varepsilon_{[\sigma]}^2 \qquad (2\text{-}36)$$

评论 4：

基于定理 3 和定理 4，我们第一次将误差控制技术和 Bregman 投影相结合。在我们提出的算法中，参数 μ_1 和 μ_2 是同时迭代的，而不是采用文献[48]中的交互迭代。

如果 $\tau_k \in (0,1)$ 可以满足下式，那么不等式条件公式（2-30）和公式（2-32）是可以保证的，

$$\frac{(1-\tau_k)}{\tau_k^2} \geq \frac{1}{\mu_1^k \mu_2^k} L^d \tag{2-37}$$

具体的更新法则满足公式（2-37），已经在文献[48]里给出，

$$\tau_{k+1} = \frac{\tau_k \left[\sqrt{\tau_k^2 (1-\alpha_k \tau_k)^2 + 4(1-\alpha_k \tau_k)} - \tau_k (1-\alpha_k \tau_k) \right]}{2} \tag{2-38}$$

根据文献[48]中的定理 4.2，由式（2-33）产生的序列 $\left\{ \mu_1^k \right\}_{k \geq 0}$ 和 $\left\{ \mu_2^k \right\}_{k \geq 0}$ 满足

$$\begin{cases} \dfrac{\gamma}{(\tau_0 k + 1)^{2/(1+\alpha^*)}} \leq \mu_1^{k+1} \leq \dfrac{\mu_1^0}{(\tau_0 k + 1)^{\alpha^*}} \\ 0 \leq \mu_2^{k+1} \leq \dfrac{\mu_2^0 (1-\tau_0)}{\tau_0 k + 1} \end{cases} \tag{2-39}$$

其中，$\alpha^* = \sum_{i=1}^{N} d_i^* \bigg/ \sum_{i=1}^{N} D_i$，$\gamma$ 是固定的正常数。初始值可以由 $\tau_0 = (\sqrt{5} - 1)/2$ 所获得。

为了保证式（2-35）中的参数 δ_+ 不是递增的，有效的精度控制技术是非常重要的。当 $A^d(\overline{x}_i, \overline{u}; \mu_1, \mu_2, \tau)$ 中的精度 ε_i^k 满足 $0 \leq \varepsilon_i^k \leq \mathrm{psilon}^k = \tau_k \delta_k Q_k$（对于所有的 $i = 1, \cdots, N$），那么

$$Q_k = \sqrt{N} \left[\frac{\mu_1^k}{L^d} C_d + \tau_k (1-\tau_k) \left(\frac{C_d}{\mu_2^k} + M \|\overline{u}^k\| \right) \right] + \frac{\mu_1^k \tau_k}{2} \sum_{i=1}^{N} \sigma_i \tag{2-40}$$

可以得出公式（2-35）中的 $\{\delta_k\}_{k \geq 0}$ 是不增加的。

证明可以由 $\delta_{k+1} = \delta_k + (\eta_k - \tau_k \delta_k)$ 得出，其中 $\eta_k = \eta(\tau_k, \mu_1^k, \mu_2^k, \overline{u}^k, \overline{\varepsilon}^k)$ 是由式（2-26）所定义。如果对于所有的 $k \geq 0$，$\eta_k \leq \tau_k \delta_k$ 成立，以 δ_0 作为初始点的 δ_k 是非增长的。如果公式（2-29）中的初始精度为 $\overline{\varepsilon}^{\mathrm{initial}} = \delta_0 / C_0$，那么定理 3 成立，其中 C_0 定义为

$$C_0 = \mu_1^0 \left[\frac{C_d}{L^d} \sqrt{N} + \frac{1}{2} \sum_{i=1}^{N} \sigma_i \right] \tag{2-41}$$

按照定理 3 中的公式（2-29），以 $\overline{\varepsilon}^{\mathrm{initial}}$ 作为初始精度，同时将 $\overline{x}_i^0$ 可以通过解决凸优化问题 $\overline{x}_i^0 \approx \underset{x_i \in X_i}{\mathrm{argmin}} \left\{ f_i(x_i) + \mu_1 d_i(x_i) \right\}$ 来获取。然后，初始的拉格朗日参数 $\overline{u}^0$ 可以由投影操作 $\overline{u}^0 = P_U \left[\frac{\mu_1^0}{L^d} \sum_{i=1}^{N} g_i(\overline{x}_i^0) \right]$ 来获得。

2.4.3.3 算法描述与收敛分析

定理 5：

$(\overline{x}_i^k, \overline{u}^k)$ 是由算法产生的第 k 次迭代后的序列对。如果精度 $\tilde{\varepsilon}$ 被选在区间 $0 \leq \delta_0 \leq c_0 \tau_0 k + 1$，其中 c_0 是正常数，那么对偶误差满足

$$-\|u^*\| \left\| \left[\sum_{i=1}^{N} g_i(\overline{x}_i^{k+1}) \right]^+ \right\| \leq f(\overline{x}^{k+1}) - \varphi(\overline{u}^{k+1}) \leq \frac{\mu^0 \sum_{i=1}^{N} D_i + c_0}{(\tau_0 k + 1)^{\alpha^*}} \tag{2-42}$$

Algorithm 3 BIEG 算法

初始化:

1. 提供初始精度 $\delta_0 \geq 0$。按照(3.23),设置 $\tau_0 = (\sqrt{5}-1)/2$,$\mu_1^0 = \mu^2$ 和 $\mu_2^0 = L^d/\mu^0$。按照(3.4),每个 i 之间通过分享 Slater 信息 $g_{ij}(\hat{x}_i)$ 来计算 M_u。

2. 按照(3.34)计算 C_0,并且设置 $\bar{\varepsilon}^{\text{initial}} = \delta_0/C_0$。每个 i 计算初始点 $(\bar{x}_i^0, \bar{u}^0)$

$$\begin{cases} \bar{x}_i^0 = \bar{x}_i^*(0^m; \mu_1^0) \\ \bar{u}^0 = V_u\left[0^m; -\gamma\sum_{i=1}^{N} g_i(\bar{x}_i^0)\right] \end{cases}$$

到(3.22)定义的精度。

迭代:对于 $k = 0, 1, \cdots$,每个 i 重复下面的步骤

1. 设置 $\bar{\varepsilon}^k = \tau_k \delta_k/Q_k$,并且更新 $\delta_{k+1} = (1-\tau_k)\delta_k + Q_k\bar{\varepsilon}^k$。

2. 按照精度 $\bar{\varepsilon}^k$ 计算 $\mathcal{A}^d(\bar{x}_i^k, \bar{u}^k; \mu_1^k, \mu_2^k, \tau_k)$。

3. 计算 $\alpha_k = \sum_{i=1}^{N} d_i(\bar{x}_i^*(\hat{u}^k; \mu_1^k)) \Big/ \sum_{i=1}^{N} D_i$。

4. 按照 $\mu_1^{k+1} = (1-\alpha_k\tau_k)\mu_1^k$,$\mu_2^{k+1} = (1-\tau_k)\mu_2^k$ 更新 μ_1^{k+1} 和 μ_2^{k+1}。

5. 按照(3.31)更新步长参数 τ_k。

可行域误差满足

$$\left\|\left[\sum_{i=1}^{N} g_i(\bar{x}_i^{k+1})\right]^+\right\| \leq \begin{cases} C_f^1 \Big/ \left\{\left[2\mu^0(\tau_0 k+1)^{\alpha^*}\right]\left[M_u - \|u^*\|\right]\right\}, \left\|\left[\sum_{i=1}^{N} g_i(\bar{x}_i^{k+1})\right]^+\right\| \geq \mu_2^{k+1}M_u \\ C_f^2 \Big/ \left[\mu^0(\tau_0 k+1)^{\alpha^*}\right], \left\|\left[\sum_{i=1}^{N} g_i(\bar{x}_i^{k+1})\right]^+\right\| \leq \mu_2^{k+1}M_u \end{cases} \tag{2-43}$$

其中,常数 C_f^1 和 C_f^2 表示为

$$C_f^1 = L^d(1-\tau_0)M_u^2 + 2(\mu^0)^2\sum_{i=1}^{N} D_i + 2\mu^0 c_0$$

$$C_f^2 = 2L^d(1-\tau_0)\|u^*\| + \sqrt{2c_0 L^d \mu^0(1-\tau_0)} + \mu^0\sqrt{2L^d(1-\tau_0)\sum_{i=1}^{N} D_i}$$

定理 5 提供了本章算法的收敛速度。定理的证明可以直接由定理 2 和公式(2-44)获取,我们在此省略。

定理 5 表明,如果选取一个合适的 δ_0,那么收敛速度可以近似达到 $O(1/k)$。此外,如果 α^* 趋近于 1^-,即 $\alpha^* \to 1^-$,那么 BIEG 算法可以更快地收敛。

2.4.3.4 数值分析

可以通过对下面的凸规划问题来验证我们的理论分析,

$$\min_{x \in X} \sum_{i=1}^{N} \frac{1}{2} x_i^{\mathrm{T}} Q_i x_i + q_i^{\mathrm{T}} x_i$$

$$\mathrm{s.t} \sum_{i=1}^{N} a_{ij} \|x_i\|^2 \le b_j \qquad (2\text{-}44)$$

$$x_i \in X_i; i = 1, \cdots, N; j = 1, \cdots, m,$$

其中，$Q_i \in R^{n_i \times n_i}$ 是对称半正定矩阵，对于任意的 $i = 1, \cdots, N$，$j = 1, \cdots, m$，$q_i \in R^{n_i}$，$b = [b_1, b_2, \cdots, b_m]^{\mathrm{T}} \in R_+^m$ 和 $a_{ij} \in (0,1)$。每个节点 i 的只知道自己的目标函数 $f_i(x_i) = \frac{1}{2} x_i^{\mathrm{T}} Q_i x_i + q_i^{\mathrm{T}} x_i$ 和集合 X_i。

问题生成：将式（2-44）的规模设定为 $N = 10$，非线性限制条件的数量设为 $m = 5$。每个子向量的维度 n_i 在 [5,100] 里随机产生。闭合集合 $X_i \subset R^{n_i \times 2}$ 是一个由 [-5,5] 区间里的元素组成的随机矩阵，第一列和第二列分别表示下界和上界。向量 q_i 随机产生，其中 x_i^0 是一个属于 X_i 的给定的向量。同时对于所有的 $j = 1, \cdots, m$，$b_j = 0.9 \sum_{i=1}^{N} a_{ij} \|x_i^0\|^2$。在仿真中，近似函数我们设定为 $d_i(x_i) = 12\sigma_i \|x_i - x_i^c\|^2 + r_i$，其中 $\sigma_i \in (0,1)$，可以按照公式（2-12）来调整不同的 α^*。算法以 $\mu^0 = 1$ 和 $\delta_0 = 10^{-4}$ 作为初始，并且每个 i 在每次迭代时按照 $\max\{\varepsilon_k, 10^{-10}\}$ 来更新自己的精度。

正如图 2-15 所示，把第 k 次迭代和最优值之间的距离 $|f(\overline{x}^k) - f^*|$ 进行了分析比较。具体而言，我们将 BIEG 算法和 Fukushima 算法进行了对比，值得注意的是 Fukushima 算法是一种 ADMM 算法的变式，但是它在文献[54]中没有给出完整的收敛速度证明。Fukushima 算法的精度我们固定在 $\overline{\varepsilon}_k = 10^{-10}$，BIEG 算法中的 $\alpha^* = 3/4$。如图 2-16 所示 BIEG 算法可以达到 Fukushima 算法最好的性能。同时我们也可以看出 Fukushima 算法是非常依赖于惩罚参数 r 的，当 r 过大或者过小，Fukushima 算法的收敛速度是很慢的。

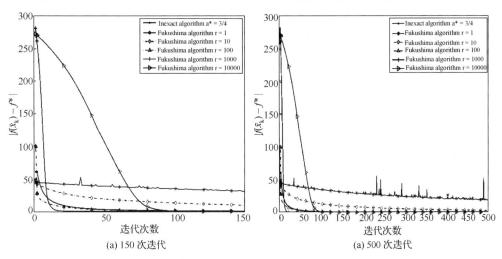

图 2-15　最优距离比较：BIEG 算法和不同惩罚因子 r 下的 Fukushima 算法

在图 2-16 中，我们同样比较了 BIEGthi 算法与 Fukushima 算法在违背约束条件下的性

能 $\sqrt{\sum_{j=1}^{m}\left[\left(\sum_{i=1}^{N}a_{ij}\|x_i\|^2-b_j\right)^+\right]^2}\Big/\|\boldsymbol{b}\|$。在这方面，Fukushima 算法是好于我们的 BIEG 算法的，

即峰值（$r=100,1000,10000$）是低于 BIEG 的峰值的，同时违背约束条件的状态会被很快
地压缩回去。另一方面，Fukushima 算法（$r=1,10$）在前 500 次迭代的时候都处在可行域
内，没有违反约束条件，这其中的原因是不合适的 r 会导致 Fukushima 算法长时间陷在可
行域内并且收敛变慢。

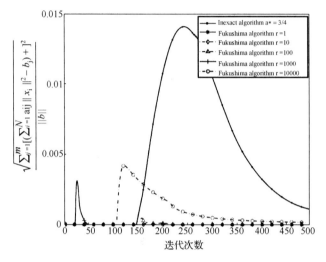

图 2-16　Feasibility violation 前 500 次迭代中的比较：
BIEG 算法和不同惩罚因子 r 下的 Fukushima 算法

同时，我们也研究了不同 α^* 对算法收敛速度的影响。在图 2-17 中，可以看出随着
$\alpha^*\to 1^-$，BIEG 算法收敛速度会越来越快，这也就验证了定理 5 的结论。

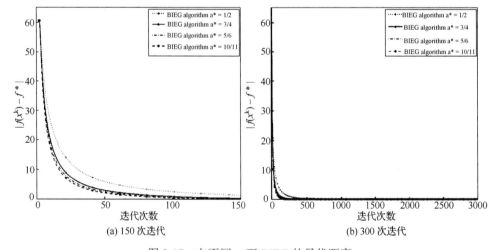

图 2-17　在不同 α 下 BIEG 的最优距离

然而，如图 2-18 所示，大的 α^* 也会同时造成违反约束条件的峰值很大的波动。因此，

可以看出这里有一个收敛速度和求解精度的折中。值得注意的是这个波动不是很大（0.02～0.005），图 2-17 显示不会影响整个收敛趋势。

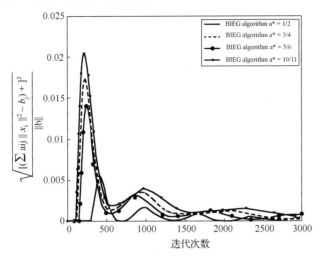

图 2-18 在不同 α 下 BIEG 违背约束条件的度量

2.4.4 异构网络下多服务资源分配问题

在本节中，我们将 BIEG 算法直接应用到异构网络下多服务资源分配问题当中[40]，

$$
\begin{aligned}
&\min_{\{b_{\text{nms}}\}} \sum_{n=1}^{N} \sum_{s=1}^{S_n} \sum_{m=1}^{M_{ns}} -\ln(1+\overline{\eta}_1 b_{\text{nms}}) + (1-p_{\text{nms}})\overline{\eta}_2 b_{\text{nms}} \\
&\text{s.t.} \quad b_{\text{nms}} \in B_{S_n}, \quad \forall s \in S_n, \forall n = 1,\cdots,N \\
&\sum_{n=1}^{N_m} \sum_{s=1}^{S_n} b_{\text{nms}} \leqslant B_m^{\max}, \quad \forall m \in M \\
&\sum_{n=1}^{N_m} \sum_{s=1}^{S_n} b_{\text{nms}} \geqslant B_m^{\min}, \quad \forall m \in M,
\end{aligned}
\tag{2-45}
$$

其中，b_{nms} 表示网络 n 给移动用户 m 通过基站 s 来分配的带宽资源。假定每个移动终端有一个主服务网络，同时可以用自己的其他空中接口接入其他网络。对于 N 个不同的接入网，S_n 表示属于网络 n 的基站集合，即 $S_n = \{1,2,\cdots,S_n\}$。M_{ns} 是由基站服务的用户群。$p_{\text{nms}} \in [0,1]$ 代表了对应于不同带宽 b_{nms} 的优先级，它是由每个网络 n 设定的，即如果移动终端 m 的主服务网络是网络 n，那么 $p_{\text{nms}} = 1$；否则 $p_{\text{nms}} = \beta$，其中 $\beta \in [0,1)$。$\overline{\eta}_1$ 和 $\overline{\eta}_2$ 是 b_{nms} 的固定参数。对于每个基站 $s \in S_n$，$B_{S_n} = \left\{ b_{\text{nms}} \middle| \sum_{m}^{M_{ns}} b_{\text{nms}} \leqslant C_n, s \in S_n \right\}$ 是各个基站的总的带宽限制，其中 C_n 是网络 n 的总的带宽。N_m 是移动终端 m 可以接入的网络集合。$B_m^{\max}$ 和 $B_m^{\min}$ 分别表示移动用户 m 所需求的最大带宽和最小带宽。正如公式（2-45）所示，值得注意的是每个移动终端的最大和最小带宽约束条件包含了不同服务网络，正则拉格朗日方程可

以通过使用可分解的近似函数来直接使用。由于正则拉格朗日方程具有可分解的特点，每个移动终端可以独立更新自己的拉格朗日参数，我们给出式（2-45）的正则拉格朗日方程，

$$
\begin{aligned}
L(\{b_{\mathrm{nms}}\}, \boldsymbol{u}) = & \sum_{i=1}^{N} \sum_{s=1}^{S_n} \sum_{m=1}^{M_{\mathrm{ns}}} -\ln(1 + \overline{\eta}_1 b_{\mathrm{nms}}) + (1 - p_{\mathrm{nms}}) \overline{\eta}_2 b_{\mathrm{nms}} \\
& + \sum_{m=1}^{M} u_{1m} \left(\sum_{i=1}^{N_m} \sum_{s=1}^{S_n} b_{\mathrm{nms}} - B_m^{\max} \right) + \sum_{m=1}^{M} u_{2m} \left(B_m^{\min} - \sum_{i=1}^{N_m} \sum_{s=1}^{S_n} b_{\mathrm{nms}} \right) \\
& + \sum_{i=1}^{N} \left(\sum_{s=1}^{S_n} \sum_{m=1}^{M_{\mathrm{ns}}} \mu_1 2(b_{\mathrm{nms}})^2 + 0.75 D_n \right) - \sum_{m=1}^{M} \mu_2 2[t(u_{1m})^2 + (u_{2m})^2]
\end{aligned}
\tag{2-46}
$$

其中，$\boldsymbol{u} = [\boldsymbol{u}_1^{\mathrm{T}}, \boldsymbol{u}_2^{\mathrm{T}}]^{\mathrm{T}}$，$\boldsymbol{u}_1$，$\boldsymbol{u}_2$ 是对应于公式（2-45）的带宽不等式约束的拉格朗日参数。为了理论的完整性，我们分析了新提出的算法在超集 U 上的性质。然而，当超集的上界 $M_u \to \infty$，超集 U 变成了非负区间，即 $P_U(\cdot) = [\cdot]^+$，同时公式（2-43）的第一个条件不会出现。这个现象对于降低移动终端的计算是非常重要的。按照新提出的算法，我们按照式（2-46）给出下面的等式，

$$
\begin{aligned}
& L^d = \sum_{n=1}^{N} 2M_n \sqrt{2M_n}, \\
& D_n = \left[\sum_{s=1}^{S_n} C_n^2 \right] \Big/ 2, \\
& D_{[\sigma=1]} = \left[2 \sum_{n=1}^{N} D_n \right]^{1/2}, \\
& M = 2 \sqrt{\sum_{n=1}^{N} (M_n)^2}, \\
& C_d = M^2 D_{[\sigma=1]} + M \sqrt{\sum_{m=1}^{M} [(B_m^{\max})^2 + (B_m^{\min})^2]},
\end{aligned}
\tag{2-47}
$$

其中，M_n 表示网络 n 可以服务的移动终端数，即 $M_n = \sum_{s=1}^{S_n} M_{\mathrm{ns}}$。在下一节中，我们将利用核心网络操作实体（OAM）来提出一个新的资源分配算法 BIEG-RA。

2.4.4.1 算法执行

初始过程：

不同网络的 OAM 按照式（2-47）通过分享相关信息来初始化参数。每个 OAM 设置 $\tau_0 = (\sqrt{5} - 1)2$，δ_0，$\mu_1^0 = \sqrt{L^d}$，$\mu_2^0 = 1L^d$，并且按照下式计算 C_0

$$
C_0 = \mu_1^0 \left[\frac{C_d}{L^d} \sqrt{N} + \frac{N}{2} \right]
$$

那么初始精度 $\bar{\varepsilon}^{\text{initial}} = \delta_0 C_0$ 可以获得并且发送给各自的基站。在接收到精度控制信息后，每个基站可以通过解决下面的凸优化问题来找到 $\bar{\varepsilon}^{\text{initial}}$

$$\min_{\{b_{\text{nms}}\}} \sum_m^{M_{\text{ns}}} \left\{ -\ln(1 + \bar{\eta}_1 b_{\text{nms}}) + (1 - p_{\text{nms}})\bar{\eta}_2 b_{\text{nms}} + \frac{\mu_1^0}{2}(b_{\text{nms}})^2, \right.$$

$$\text{s.t.} \sum_m^{M_{\text{ns}}} b_{\text{nms}} \leqslant C_n.$$

紧接着，$\bar{b}_{\text{nms}}^0$ 会被广播到所服务的移动终端。利用不同网络的带宽参数，每个移动终端可以按照下式初始化 $\{u_{1m}^0, u_{2m}^0\}$

$$u_{1m}^0 = \left[\frac{\mu_1^0}{L^d} \left(\sum_n^{N_m} \sum_s^{S_n} \bar{b}_{\text{nms}}^0 - B_m^{\max} \right) \right]^+,$$

$$u_{2m}^0 = \left[\frac{\mu_1^0}{L^d} \left(B_m^{\min} - \sum_n^{N_m} \sum_s^{S_n} \bar{b}_{\text{nms}}^0 \right) \right]^+.$$

初始化过程完毕。

执行过程：

对于 $k = 0, 1, \cdots$，重复以下过程.

通过在 OAM 之间共享不同移动终端的信息 $\bar{u}^k = \{\bar{u}_{1m}^k, \bar{u}_{2m}^k\}_{m=1,\cdots,M}$，每个 OAM 可以计算 Q_k 按照下式

$$Q_k = \sqrt{N} \left[\frac{\mu_1^k}{L^d} C_d + \tau_k(1 - \tau_k)\left(\frac{C_d}{\mu_2^k} + M\|\bar{u}^k\| \right) \right] + \frac{N\mu_1^k \tau_k}{2}$$

每个 OAM 设定 $\bar{\varepsilon}^k = \tau_k \delta_k / Q_k$，并且将它发送到所属的基站中。同时，每个 OAM 更新 $\delta_{k+1} = (1 - \tau_k)\delta_k + Q_k\bar{\varepsilon}^k$。通过利用第 k 次迭代的信息，每个移动终端执行下面操作

$$\begin{cases} u_{1m}^* = \left[\left(\sum_n^{N_m} \sum_s^{S_n} \bar{b}_{\text{nms}}^k - B_m^{\max} \right) \mu_2^k \right]^+ \\ u_{2m}^* = \left[\left(B_m^{\min} - \sum_n^{N_m} \sum_s^{S_n} \bar{b}_{\text{nms}}^k \right) \mu_2^k \right]^+ \end{cases}$$

并且计算

$$\begin{cases} \hat{u}_{1m} = (1 - \tau_k)\bar{u}_{1m}^k + \tau_k u_{1m}^* \\ \hat{u}_{2m} = (1 - \tau_k)\bar{u}_{2m}^k + \tau_k u_{2m}^* \end{cases}$$

然后，$\hat{u}_{1m}$，$\hat{u}_{2m}$ 被返回到服务基站。值得注意的是上述 OAM 和移动终端的操作可以同时进行。

在接收到来自 OAM 和移动终端的信息 $\bar{\varepsilon}^k$ 和 $\hat{u}_{1m}$，$\hat{u}_{2m}$，每个基站按照精度 $\bar{\varepsilon}^k$ 通过解决下面的优化问题来得到 $\{\tilde{b}_{\text{nms}}^*\}_{m \in M_{\text{ns}}}$

$$\min_{\{b_{\text{nms}}\}} \sum_m^{M_{ns}} \{-\ln(1 + \overline{\eta}_1 b_{\text{nms}}) + (1 - p_{\text{nms}})\overline{\eta}_2 b_{\text{nms}} + (\hat{u}_{1m} - \hat{u}_{2m})b_{\text{nms}} + \mu_1^k 2(b_{\text{nms}})^2\}$$

$$\text{s.t.} \sum_m^{M_{ns}} b_{\text{nms}} \le C_n.$$

然后，$\{\tilde{b}_{\text{nms}}^*\}_{m \in M_{ns}}$ 将要发送给相关的 OAM 和移动终端。同时，每个基站更新下一次迭代值 $\overline{b}_{\text{nms}}^{k+1} = (1 - \tau_k)\overline{b}_{\text{nms}}^k + \tau_k \tilde{b}_{\text{nms}}^*$。通过接收来自不同服务网络的基站 $\tilde{b}_{\text{nms}}^*$，移动终端通过下面的步骤来更新 $\overline{u}_{1m}^{k+1}$，$\overline{u}_{2m}^{k+1}$

$$\begin{cases} \tilde{u}_{1m} = \left[u_{1m}^* + \tau_k(1 - \tau_k)\mu_2^k \left(\sum_n^{N_m} \sum_s^{S_n} \overline{b}_{\text{nms}}^k - B_m^{\max} \right) \right]^+ \\ \tilde{u}_{2m} = \left[u_{2m}^* + \tau_k(1 - \tau_k)\mu_2^k \left(B_m^{\min} - \sum_n^{N_m} \sum_s^{S_n} \overline{b}_{\text{nms}}^k \right) \right]^+ \end{cases}$$

和

$$\begin{cases} \overline{u}_{1m}^{k+1} = (1 - \tau_k)\overline{u}_{1m}^k + \tau_k \tilde{u}_{1m} \\ \overline{u}_{2m}^{k+1} = (1 - \tau_k)\overline{u}_{2m}^k + \tau_k \tilde{u}_{2m} \end{cases}$$

从上式可以看出，移动终端只需要进行简单的数值操作，而不是解决复杂的优化问题。在核心网络侧，α_k 是可以通过在 OAM 间分享 $\{\tilde{b}_{\text{nms}}^*\}$ 来得到 $\alpha_k = \left\{ \sum_n^N \sum_s^{S_n} \sum_m^{M_m} [(\tilde{b}_{\text{nms}}^*)^2/2] \right\} \bigg/ \left\{ \sum_n^N D_n \right\}$。然后 OAM 按照式（2-33）与式（2-38）来更新 μ_1^{k+1}，μ_2^{k+1}，τ_{k+1}。

2.4.4.2 算法仿真

在本节中，我们研究一个局部区域由三个网络覆盖，即 3G 网络、4G 网络和 WLAN 网络。50 个具有多接口的移动终端被随机的撒在该区域里面。我们在表 2-4 中提供具体参数。

表 2-4 仿真参数设置

参　数	数　值	参　数	数　值	参　数	数　值
C_1	20	$\mathcal{M}_{12}$	20	$\mathcal{M}_{31}$	9
C_2	10	$\mathcal{M}_{13}$	11	$\mathcal{M}_{32}$	2
C_3	5	$\mathcal{M}_{21}$	3	$\mathcal{M}_{33}$	3
$B_n^{\min}$	0.256	$\mathcal{M}_{22}$	3	$\mathcal{M}_{34}$	6
$B_n^{\max}$	0.512	$\mathcal{M}_{23}$	4	$\mathcal{M}_{35}$	2
P_{1m}	0.6	$\mathcal{M}_{24}$	12	$\mathcal{M}_{36}$	2
P_{2m}	0.5	$\mathcal{M}_{25}$	3	$\mathcal{M}_{37}$	0
P_{3m}	0.8	$\mathcal{M}_{26}$	0	$\mathcal{M}_{38}$	2
$\mathcal{M}_{11}$	19	$\mathcal{M}_{27}$	3	$\mathcal{M}_{39}$	1

图 2-19(a)展示了每个移动终端在执行 BIEG-RA 下的带宽分配过程，同时图 2-19(b)提供了次梯度算法[40]的带宽分配过程。从两个图可以看出，我们的 BIEG-RA 算法比传统的次梯度算法要快很多。在这里值得注意，图 2-19 中一些曲线相互重叠，这是因为一些移动终端在仿真中处于同样的情况，即接入相同的主服务网络和辅助网络，目标函数是相同的。

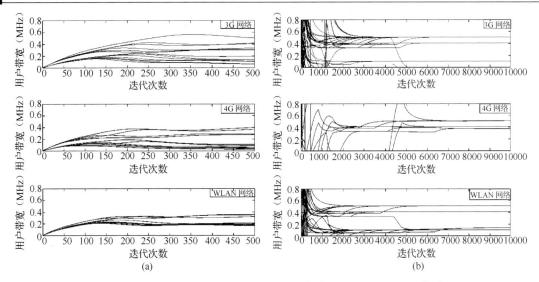

图 2-19　带宽分配过程：(a) BIEG-RA 算法；(b) Subgradient 算法

在图 2-20 中，我们在最优距离和违背约束条件的度量两个方面将 BIEG-RA 算法和次梯度算法[40]进行了比较。从上面这两个图我们可以看出 BIEG-RA 算法在这两个方面都超出了次梯度算法。因此，我们坚信 BIEG-RA 算法更适合解决未来大规模无线网络的优化问题。

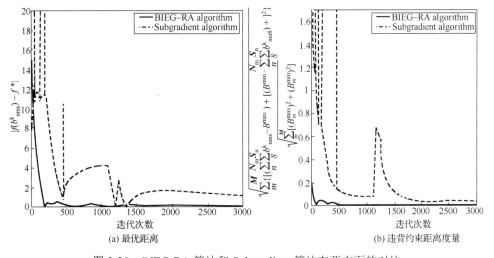

图 2-20　BIEG-RA 算法和 Subgradient 算法在两方面的对比

2.5　本章小结

本章分析了多网能量分布和用户服务需求之间的不匹配现状导致的多网能量利用效率低的问题，先分析多网多用户业务流量的基本模型，再结合基站分布对异构网络中的干扰分布进行建模，最后基于 Bregman Inexact Excessive Gap 给出一种绿色的多网资源分配方法。

2.6　参考文献

[1]　N. Beaulieu and Q. Xie, "An optimal lognormal approximation to log-normal sum distributions," IEEE Transactions on Vehicular Technology, vol.53, no.2, pp.479-489, February 2004.

[2]　C. Fischione, F. Graziosi, and F. Santucc, "Approximation for a sum of on-off lognormal processes with wireless applications," IEEE Transactions on Communications, vol.55, no.10, pp.1984-1993, October 2007.

[3]　朱元萍，徐景，杨旸，王江. 蜂窝系统上行小区间干扰链路统计分析. 电子与信息学报，第 35 卷，第 8 期，1971-1976 页，2013.

[4]　B. Pijcke, M. Zwingelstein-Colin, M. Gazalet, and et al., "An analytical model for the inter-cell interference power in the downlink of wireless cellular networks," EURASIP Journal on Wireless Communications and Networking, vol.2011, pp.1-20, September 2011.

[5]　C. Seol and K. Cheun, "A statistical inter-cell interference model for downlink cellular OFDMA networks under log-normal shadowing and multipath rayleigh fading," IEEE Transactions on Communications, vol.57, no.10, pp.3069-3077, October 2009.

[6]　C. Seol and K. Cheun, "A statistical inter-cell interference model for downlink cellular OFDMA networks under log-normal shadowing and ricean fading," IEEE Communication Letters, vol.14, no.11, pp.1011-1013, November 2010.

[7]　K. W. Sung, H. Haas, and S. McLaughlin, "A semi-analytical PDF of downlink SINR for femtocell networks," EURASIP Journal on Wireless Communications and Networking: Special issue on femtocell networks, vol.2010, pp.1-9, January 2010.

[8]　S. Moiseev, S. Filin, M. Kondakov, and et al, "Analysis of the statistical properties of the SINR in the IEEE 802.16 OFDMA network," in Proceedings of IEEE International Conference on Communications (ICC), vol.12, pp.5595-5599, June 2006.

[9]　K. Hamdi, "On the statistics of signal-to-interference plus noise ratio in wireless communications," IEEE Transactions on Communications, vol.57, no.11, pp.3199-3204, November 2009.

[10]　S. Singh, N. Mehta, A. Molisch, and et al., "Moment-matched log-normal modeling of uplink interference with power control and cell selection," IEEE Transactions on Wireless Communications, vol. 9, no.3, pp. 932-938, March 2010.

[11]　I. Viering, A. Klein, M. Ivrlac, and et al., "On uplink intercell interference in a cellular system," in Proceedings of IEEE International Conference on Communications (ICC), vol.5, pp.2095-2100, June 2006.

[12]　R. Jain, "An analytical model for reverse link outage probability in OFDMA wireless system," in proceedings of 2011 International Conference on Emerging Trends in Networks and Computer Communications (ETNCC), pp.173-177, April 2011.

[13]　H. Tabassum, F.Yilmaz, Z.Dawy, and et al., "A framework for uplink intercell interference modeling with

channel-based scheduling," IEEE Transactions on Wireless Communications , vol.12, no.1, pp.206-217, January 2013.

[14] Y. Zhu, J. Xu ,Y. Yang, and et al., "Inter-cell interference statistics of uplink OFDM systems with soft frequency reuse," in Proceedings of IEEE Global Telecommunications Conference (GLOBECOM), pp. 4764-4769, December 2012.

[15] Y. Zhu, J. Xu, J. Wang, and Y. Yang, "Statistical analysis of inter-cell interference in uplink OFDMA networks with soft frequency reuse," EURASIP Journal on Advances in Signal Processing, vol. 2013, pp.1-12, May 2013.

[16] Z. Jing, X. Ge, Z. Li, and et al., "Analysis of the uplink maximum achievable rate with location-dependent intercell signal interference factors based on linear wyner model," IEEE Transactions on Vehicular Technology, vol.62, no.9, pp. 4615-4628, November 2013.

[17] J. Xu, J. Zhang, and J. Andrews, "On the accuracy of the wyner model in cellular networks," IEEE Transactions on Wireless Communications, vol.10, no.9, pp. 3098-3109, September 2011.

[18] T. Novlan, H. Dhillon, and J. Andrews, "Analytical modeling of uplink cellular networks," IEEE Transactions on Wireless Communications, vol.12, no.6, pp.2669-2679, June 2013.

[19] T. Novlan and J. Andrews, "Analytical evaluation of uplink fractional frequency reuse," IEEE Transactions on Communications, vol. 61, no.5, pp. 2098-2108, May 2013.

[20] T. Novlan, R. Ganti, A. Ghosh, and et al., "Analytical evaluation of fractional frequency reuse for OFDMA cellular networks," IEEE Transactions on Wireless Communications, vol.10, no.12, pp.4294-4305, December 2011.

[21] T. Novlan, R. Ganti, A. Ghosh, and et al., "Analytical evaluation of fractional frequency reuse for heterogeneous cellular networks," IEEE Transactions on Communications, vol.60, no.7, pp.2029-2039, July 2012.

[22] H. Dhillon, R. Ganti, F. Baccelli and J. Andrews "Modeling and analysis of k-tier downlink heterogeneous cellular networks," IEEE Journal on Selected Areas in Communications, vol.30, no.3, pp.550-560, April 2012.

[23] S. Mukherjee, "Distribution of downlink SINR in heterogeneous cellular networks," IEEE Journal on Selected Areas in Communications, vol.30, no.3, pp.575-585, April 2012.

[24] H. Jo, Y. Sang, P. Xia, and J. Andrews, "Heterogeneous cellular networks with flexible cell association: a comprehensive downlink SINR analysis," IEEE Transactions on Wireless Communications , vol.11, no.10, pp.3484-3495, October 2012.

[25] H. Dhillon, J.Andrews, "Downlink rate distribution in heterogeneous cellular networks under generalized cell selection," IEEE Wireless Communications Letters, vol.3, no.1, pp.42-45, February 2014.

[26] S. Singh, J. Andrews, "Joint resource partitioning and offloading in heterogeneous cellular networks," IEEE Transactions on Wireless Communications, vol.13, no.2, pp.888-901, February 2014.

[27] H. Elsawy, E. Hossain, M. Haenggi, "Stochastic geometry for modeling, analysis, and design of multi-tier and cognitive cellular wireless networks: a survey," IEEE Communications Surveys & Tutorials, vol.15, no.3, pp.996-1019, Third Quarter 2013.

[28] N. C. Beaulieu and Q. Xie, "An optimal lognormal approximation to lognormal sum distributions," IEEE Transactions on Vehicular Technology, vol. 53, no. 2, pp. 479-489, Mar. 2004.

[29] C. Lam and T. Le-Ngoc, "Log-shifted gamma approximation to lognormal sum distributions," IEEE Transactions on Vehicular Technology, vol. 56, no. 4, pp. 2121-2129, Jul. 2007.

[30] H. Nie and S. Chen, "Lognormal sum approximation with type IV pearson distribution," IEEE Communications Letters, vol. 11, no. 10, pp. 790-792, Oct. 2007.

[31] Z. Wu, X. Li, R. Husnay, V. Chakravarthy, B. Wang, and Z. Wu, "A novel highly accurate log skew normal approximation method to lognormal sum distributions," in Proceedings of IEEE Wireless Communications and Networking Conference, Apr. 2009, pp. 1-6.

[32] X. Li, Z. Wu, V. Chakravarthy, and Z. Wu, "A low-complexity approximation to lognormal sum distributions via transformed log skew normal distribution," IEEE Transactions on Vehicular Technology, vol. 60, no. 8, pp. 4040-4045, Oct. 2011.

[33] F. Babich, G. Lombardi. Statistical analysis and characterization of the indoor propagation channel. IEEE Transactions on Communications, 2000, 48(3): 455-464.

[34] G. Zheng, K.-K. Wong, and T.-S. Ng, Throughput maximization in linear multiuser MIMO-OFDM downlink systems. IEEE Transactions on Vehicular Technology, 2008, 57(3): 1993-1998.

[35] W. Zhuang and M. Ismail, Cooperation in wireless communication networks, IEEE Wireless Communications, Apr. 2012, 19(2): 10-20.

[36] S. Kim, B. Lee, and D. Park, Energy-per-bit minimized radio resource allocation in heterogeneous networks, IEEE Transactions on Wireless Communications, Feb. 2014, 13(4): 1862-1873.

[37] M. Razaviyayn, M. Hong, and Z. Luo, A unified convergence analysis of block successive minimization methods for nonsmooth optimization, SIAM Journal on Optimization, 2013, 23(2): 1126-1153.

[38] Y. Liu, Y. Dai, and Z. Luo, Coordinated beamforming for MISO interference channel: complexity analysis and efficient algorithms, IEEE Transactions on Signal Processing, 2011, 59(3): 1142-1157.

[39] M. Rossi, A. M. Tulino, O. Simeone, and A. M. Haimovich, Nonconvex utility maximization in Gaussian MISO broadcast and interference channels. In Proceedings of IEEE International Conference on Acoustics, Speech and Signal Processing (ICASSP), 2011: 2960-2963.

[40] M. Ismail and W. Zhuang, A distributed multi-service resource allocation algorithm in heterogeneous wireless access medium, IEEE Journal on Selected Areas in Communications, Feb.2012, 30(2): 425-432.

[41] M. Ismail, A. Abdrabou, andW. Zhuang, Cooperative decentralized resource allocation in heterogeneous wireless access medium, IEEE Transactions on Wireless Communications, Feb. 2013, 12(2): 714-724.

[42] Y. Tachwali, B. F. Lo, I. F. Akyildiz, and R. Agusti, Multiuser resource allocation optimization using bandwidth-power product in cognitive radio networks, IEEE Journal on Selected Areas in Communications, Mar. 2013, 31(3): 451-463.

[43] S. Wang, Z. Zhou, M. Ge, and C. Wang, Resource allocation for heterogeneous cognitive radio networks with imperfect spectrum sensing, IEEE Journal on Selected Areas in Communications, Mar. 2013, 31(3): 464-475.

[44] W. Liao, M. Hong, Y. Liu, and Z. Luo, "Base station activation and linear transceiver design for optimal

resource management in heterogeneous networks," arXiv: 1309.4138 [cs.IT], avilable online: http://arxiv.org/abs/1309.4138, Sept. 2013.

[45] M. Hong and Z. Luo, Signal processing and optimal resource allocation for the interference channel, arXiv:1206.5144v1 [cs.IT],avilable online: http://arxiv.org/abs/1206.5144, Jun. 2012.

[46] J. Yang and D. Kim, Multi-cell uplink-downlink beamforming throughput duality based on lagrangian duality with per-base station power constraints, IEEE Communications Letters, 2008 , 12(4): 277-279.

[47] O. Devolder, F. Glineur, and Y. Nesterov, Double smoothing technique for large-scale linearly constrained convex optimization, SIAM Journal on Optimization, Jun. 2012, 22(2): 702-727.

[48] J. Koshal, A. Nedic, and U. V. Shanbhag, Multiuser optimization: distributed algorithms and error analysis, SIAM Journal on Optimization, Sept. 2011, 21(3): 1046-1081 .

[49] Q. T. Dinh, I. Necoara, and M. Diehl, Fast inexact decomposition algorithms for largescale separable convex optimization, arXiv:1212.4275v2 [math.OC], avilable online: http://arxiv.org/abs/1212.4275, Feb. 2013.

[50] I. Necoara and V. Nedelcu, Rate analysis of inexact dual first-order methods. Application to dual decomposition, IEEE Transactions on Automatic Control, May 2014, 59(5): 1232-1243.

[51] P. Tseng, Approximation accuracy, gradient methods, and error bound for structured convex optimization, Mathematical Programming, Oct. 2010, 125(2): 263-295.

[52] K. Srivastava, A. Nedi'c, and D. Stipanovi'c, Distributed bregmandistance algorithms for min-max optimization, in book Agent-Based Optimization. Springer Studies in Computational Intelligence (SCI), 2013: 143-174.

[53] Y. Nesterov, Excessive gap technique in nonsmooth convex minimization, SIAM Journal on Optimization, Jul.2005, 16(1): 235-249.

[54] M. Fukushima, Application of the alternating direction method of multipliers to separable convex programming problems, Computational Optimization and Applications, Oct. 1992, 1(1): 93-111.

第 3 章
Chapter 3

▶ 蜂窝网络能量效率

　　本章基于流量负载和功耗的空间分布，根据随机几何理论，分别提出了小区覆盖范围符合 Poisson-Voronoi 分割（PVT）的随机蜂窝网络能效模型和 HCPP（Hard-Core Point Process）随机蜂窝网能效模型。依据上述模型评估了流量特性、无线信道效应以及干扰对随机蜂窝网络能效的影响以及运行能效的优化问题。

▌ 3.1 随机几何理论

3.1.1 引言

无线网络收发器的空间配置对其容量等性能具有重要影响，这是因为无线收发器之间的距离决定了接收信号功率以及干扰水平。如何刻画用户的随机分布、基站的不规则布设以及其他如用户的移动等不确定的空间配置因素对无线系统的影响，已成为高性能无线网络设计的重要研究内容。

无线通信中，收发端之间距离的重要性很早就引起了科学家的注意。例如，马科尼时代就已经分析了无线链路通信范围的重要性，这种观点后来演化为包含衰落边际量的链路预算分析，并得出了众所周知的传输速率和传输范围折中优化问题。尽管这种分析方法适合于点对点无线链路，但由于干扰的作用，却不适用于整个网络的分析。在现有关于无线网络设计的文献中，出于易控性的要求，一般的模型都过于简化，比如，假设所有干扰节点产生的干扰相同或者将干扰建模为二元论圆环模型（干扰要么不影响数据包发送，要么会导致整个数据包丢失）。由于平均接收信号的强度随距离呈连续衰减，这些模型都不能正确描述无线传播特性或干扰源几何位置的重要性。

空间建模的挑战性可通过对比空域资源和时/频域资源的使用情况来说明。无线传输需要在时域、频域或空域之间进行分离，以避免产生较大的干扰。以下两个方面的原因是目前为止空域资源有效使用问题中最具有挑战性的因素：

（1）空域上，发射端和接收端不能配置在一起。

（2）在较大的空域范围内会泄漏进来非所需发射端的信号功率。而若使用频分或者时分方式，发射端和接收端在时/频域上可以配置在一起，且泄漏量可以降到最小。例如在时域上，当关掉发射端时，相应的信号功率几乎会立即变成零；在频域上，信号波形被设计为下降 100 dB 或更多；而相对而言，空域上的下降仅为 20～40 dB。所以，时域和频域的干扰容易解决，而空域的干扰由于受麦克斯韦方程的限制，很难采取有效措施降低对相邻接收端的干扰，从而影响接收端的信号强度并导致信干噪比下降。

由于空间配置有极大（通常无限）的变化可能性，我们不能针对某一种具体的配置来设计常用系统；相反地，必须考虑通信节点分布的统计模型。正如人们用衰落或阴影分布来模拟可能的传播变化，我们可以用通信节点分布特性来模拟可能的网络拓扑变化。

通信节点间的距离对网络性能有重要影响，通常用随机点过程（Stochastic point process），又称空间点过程（Spatial point process），来模拟通信节点的空间位置分布。随机点过程是一种具有时间或者较高空间维度（二维平面或者三维空间）的广义点过程。随机几何（Stochastic geometry）理论提供了分析无线网络干扰分布和链路中断等指标的数学工具，能对无线网络的统计性能做出合理评估。同时还能对单个通信接收节点或链路（通过定义"典型节点"或"典型链路")进行精确的数学分析，以便于进行无线网络设计研究。在这类随机点过程中，由于泊松点过程的解析易控性和对随机分布或者移动节点位置建模的合理性等优点，是无线网络研究中使用最广泛的随机点过程。

传统的移动通信系统能效研究主要集中在点对点或多点无线链路领域，而单点或链路能效的优化并不能保证蜂窝网整体能效的优化。同时，实际蜂窝网络的拓扑结构往往是不规则的，如基站覆盖的小区范围并不是如通常所采用的正六边形参考模型所描述的规则结构。另外，基站和用户节点之间的关联关系通常随信道条件动态变化，比如不同于传统硬切换系统中用户通常只关联一个基站，在软切换系统中，多台基站可以同时接收和译码用户数据，并通过交换中心选择其中的最佳基站来接收用户数据。这都会导致实际小区覆盖范围的不确定扰动。如果忽略这些几何结构扰动，将会导致对一些关键系统特性评估出现偏差。而对不规则拓扑结构的建模应考虑基站节点和用户节点之间的作用关系，结合随机几何分割模型和理论来进行，因此分析蜂窝网整体能效的研究需要依托随机几何理论来建模分析。本章主要介绍了广泛使用的泊松点过程以及基于泊松点过程的随机分割（Random tessellation）理论（或称为随机镶嵌理论），并基于泊松点过程理论建模分析了随机蜂窝网的能效，从而为从网络系统级上优化蜂窝网能效提供有价值的参考依据。不失一般性，本文所有讨论的随机模型都是在二维平面 $\mathbb{R}^2$ 上分析。

3.1.2　随机点过程

考虑一个可测空间 E，即无线蜂窝网络的节点位置空间，E 可能是 $\mathbb{R}^2$ 或其连通子集。E 中节点可以表示随机分布的基站收发器或者用户，在讨论随机点过程时先假设为用户的位置分布。

定义 3.1[1]（泊松点过程）：在可测空间 E 上具有密度测度（Intensity measure）Λ 的泊松点过程定义为 E 中一个随机子集 $\prod$，且满足以下条件：

（1）$\prod$ 是可数的点过程；就是说，在 E 的任何子集中，$\prod$ 的点数都是可数的，且在任意位置最多只能有一个点）；

（2）$\prod$ 中位于集合 $A(A \subseteq E)$ 内点的数目，记作 $N_\prod(A)$，为具有密度测度 Λ 的泊松随机变量，即满足：$N_\prod(A) \sim \text{Poisson}(\Lambda(A))$，其中 $\Lambda(A) = E(N_\prod(A))$，$E(\cdot)$ 为数学期望运算符；

（3）对于 E 中任意不相交子集 A 和 B，$N_\prod(A)$ 和 $N_\prod(B)$ 相互独立。

很明显，根据泊松性质，$\prod$ 完全由其密度测度 Λ 给定。如果 $\prod$ 中每个点都对应一个数值，这些数值的总和可以由下面定理中所给定的特征函数来表征。

定理 3.1（坎贝尔定理）：令 $\prod$ 是 E 中具有密度测度 Λ 的泊松点过程，且令 $f: E \to \mathbb{R}$ 是可测的。那么当且仅当 $\int_C \min(|f(x)|, 1)\Lambda(\mathrm{d}x) < \infty$ 时，总和 $\Sigma = \sum_{X \in \prod} f(X)$ 按概率 1 绝对收敛，且下式对任意复数 z 都成立

$$E[\exp(z\Sigma)] = \exp\left\{ \int_C [\exp(zf(x)) - 1]\Lambda(\mathrm{d}x) \right\} \tag{3-1}$$

这种特性很方便检查无线网络中用户集合（位于 $\prod$ 中的点）所产生的干扰。如果 X 是

一随机用户的位置，且 $f(X)$ 是它在蜂窝网络中某一基站所产生的干扰，那么 $\sum$ 就是基站的总干扰。式（3-1）则提供了在基站所观察到的干扰的完整统计特性。但进一步求解还需要通过用户位置确定函数 f。为达到这个目的，我们引入标记定理。

定理 3.2（标记泊松点过程）：令 $\prod$ 是 E 上的泊松点过程，且令 φ 为一标记空间。位置空间中每个点 $x \in E$ 对应于 φ 上的概率分布 $p_x(\mathrm{d}\phi)$，而点过程中每个点 $X \in \prod$ 对应标记 ϕ_X，这里 ϕ_X 是对 $p_X(\mathrm{d}\varphi)$ 进行选择而得。则用于选择的概率分布取决于 $X \in E$ 的空间位置，但每一次选择都和其他选择相互独立。定义 $E \times \phi$ 上的点过程 $\prod^*$ 为

$$\prod\nolimits^* = \{(X, \phi_X) : X \in \prod\} \tag{3-2}$$

那么，$\prod^*$ 是 $E \times \phi$ 上的标记泊松点过程，其密度测度 Λ^* 由下式给出

$$\Lambda^*(C \times D) = \int_C \int_D p_x(\mathrm{d}\phi)\Lambda(\mathrm{d}x) \tag{3-3}$$

这里，$C \subseteq E$ 且 $D \subseteq \phi$。

考虑位于地理状态空间 E 内的用户点过程 $\prod$。在每个位置 $X \in \prod$ 上的用户会对网络中特定的基站产生随机大小的干扰 $\phi_X \in \mathbb{R}_+$。这个基站上测量到的总干扰就是 $\sum_{X \in \prod} \phi_X$。根据定理 3.2 有，$\prod^* = \{(X, \phi_X) : X \in \prod\}$ 是 $E \times \mathbb{R}_+$ 上的标记泊松点过程。令 $f : E \times \mathbb{R}_+ \to \mathbb{R}_+$ 是 $(x, \varphi) \to \varphi$ 的投影映射，那么给定基站上的总干扰 $\sum$ 由 $\sum = \sum_{X^* \in \prod^*} f(X^*)$ 给出。因此根据定理 3.1，$\sum$ 的特征函数 $E[\exp(z\sum)]$ 由下式给出

$$\exp\left\{ \iint_{E \times \varphi} [\exp(zf(x,\phi)) - 1]\Lambda^*(\mathrm{d}x, \mathrm{d}\phi) \right\}$$
$$= \exp\left[\int_E \int_\varphi (\exp(z\phi) - 1) p_x(\mathrm{d}\phi)\Lambda(\mathrm{d}x) \right] \tag{3-4}$$

定理 3.2 的一个应用推广是泊松过程的细化（Thining）。首先，假设 φ 是一离散状态空间且 $\prod^*$ 是 $E \times \varphi$ 上的标记泊松点过程。令 $\phi_1, \phi_2 \in \varphi, \phi_1 \neq \phi_2$，并考虑两个点模式

$$\prod\nolimits^{(\phi_1)} \equiv \{X : (X, \phi_X) \in \prod\nolimits^*, \phi_X = \phi_1\}$$
$$\prod\nolimits^{(\phi_2)} \equiv \{X : (X, \phi_X) \in \prod\nolimits^*, \phi_X = \phi_2\} \tag{3-5}$$

注意，$\prod^{(\phi_1)}$ 和 $\prod^{(\phi_2)}$ 是 E 上的离散点模式。进一步说，对于任何 $A \subseteq E$

$$\prod\nolimits^{(\phi_1)}(A) = \prod\nolimits^*(A \times \{\phi_1\})$$
$$\prod\nolimits^{(\phi_2)}(A) = \prod\nolimits^*(A \times \{\phi_2\}) \tag{3-6}$$

由于 $A \times \{\phi_1\}$ 和 $A \times \{\phi_2\}$ 是不相交集合，且 $\prod^*$ 是 $E \times \varphi$ 上的泊松点过程，那么 $N_{\prod^{(\phi_1)}}(A)$ 和 $N_{\prod^{(\phi_2)}}(A)$ 是相互独立的泊松随机变量。因此，$\prod^{(\phi_1)}$ 和 $\prod^{(\phi_2)}$ 是 E 上相互独立的泊松点过程。注意根据定理 3.2，$\prod^*$ 可能由基本泊松点过程 $\prod$ 得到。在这种情况下，$\prod^{(\phi_1)}$ 和 $\prod^{(\phi_2)}$ 仅仅是通过在随机标记的基础上选择得到的 $\prod$ 的子集。假设各点上的标记是相互独立的，那么选择结果就形成了独立的泊松点过程。

为了弄明白如何使用这个结果，再一次考虑用户位置点过程 $\prod$ 。如果将每个用户用其选择的特定基站来标记，比方说，距离最近的基站或可能是接收信号最好的基站。考虑基站 A 和基站 B 以及分别选择它们的用户集合 $\prod^{(A)}$ 和 $\prod^{(B)}$ 。假设不同用户的基站选择是相互独立的，那么所得点过程 $\prod^{(A)}$ 和 $\prod^{(B)}$ 将会是独立的泊松点过程。

此外，需要介绍一下映射定理。

定理 3.3（映射定理）：假设 $\prod$ 是 E 上具有密度测度 Λ 的泊松点模式，且令 $\chi: E \to F$ 是可测函数，将状态空间 E 中的点映射到可测状态空间 F 中。如果这个映射没有引入新的点到 F 上，那么 $\chi(\prod)$ 是 F 上的泊松点模式，密度测度为 $\Lambda^*(A) \equiv \Lambda(\chi^{-1}(A)), A \subseteq F$ 。

3.1.3 随机分割理论

分割是指将平面划分为各个不相交的多边形或者将空间划分为各个多面体。这种几何结构在很多自然情形中都有应用，比如晶体结构、裂纹模式以及泡沫结构等。这里关于随机分割的讨论只限于划分为凸多边形或者凸多面体的情况。

定义 3.2[2]（随机分割）空间 $\mathbb{R}^d$ 上的分割定义为集合 $m = \{X_i\}$ ，其中 d-维集合元素 $X_i \subset \mathbb{R}^d$ 称作小区（所有小区为 d-维多胞体），其满足

（1）任意不同小区的内部不相交，即 $\overset{\circ}{X_i} \bigcap \overset{\circ}{X_j} = \phi \ (i \neq j)$ ；

（2）所有小区的并集组成整个空间 $\mathbb{R}^d$ ，即 $\bigcup\limits_i X_i = \mathbb{R}^d$ ；

（3）有限闭合集 $B \subset \mathbb{R}^d$ 内小区的数目是有限的，即 $\#\{X_i \in m : X_i \bigcap B \neq \phi\} < \infty$ 。

对一个随机分割进行平移时，如果其分布特性不改变，则称该分割是平稳的，具有平移不变性。类似地，具有旋转不变性的分割是各向同的。

定义 2.3[2]（PVT 随机分割）空间 $\mathbb{R}^d$ 的 Voronoi 分割结构是通过对 $\mathbb{R}^d$ 中可数点集 $\{y_i\}$ 进行定义得到的。$\mathbb{R}^d$ 中所有距离 y_i 最近的点的集合是闭合半空间的非空交集，记作

$$X_i = \left\{ y \in \mathbb{R}^d : \| y - y_i \| \leqslant \| y - y_j \|, j \neq i \right\} \tag{3-7}$$

其中，$\|\cdot\|$ 表示欧几里得距离。定义 3.2 中 $m = \{X_i\}$ 显然满足条件（1）和（2）。假定所有的 X_i 为 d-维凸包，则条件（3）也成立（若点集 $\{y_i\}$ 是空间 $\mathbb{R}^d$ 中泊松点过程的一个实现，则条件（3）几乎处处成立）。则 m 为中心点 $\{y_i\}$ 产生的 Voronoi 随机分割（PVT 随机分割）。

以上分割理论在蜂窝网络中的应用举例如下：若假设基站的位置分布服从泊松点过程 $\prod$ ，用户接入区域内最近的基站，因而每个用户到其关联基站之间信道的路径损耗是最小的。蜂窝网络各小区可定义为 $\mathbb{R}^d$ 平面内所有到 $\prod$ 点（基站）x 的距离最近的点的集合，即每个小区（基站）的覆盖范围可以用随机集合描述为 $C(x) = \{y \in \mathbb{R}^d : \| y - x \| \leqslant \| y - x' \|, x' \in \prod\}, x \in \prod$ ，从而各小区的拓扑结构形成了 PVT 随机分割。

本节简要回顾了空间建模中用到的随机点过程以及随机分割理论，并通过一些简单例子作了介绍。其中，泊松点过程由于其简单实用性，已广泛应用于大型网络中节点的位置分布建模。而 PVT 结构尽管定义形式简单，但基于该模型的解析推导仍较为复杂，例如后

文中提到的 PVT 小区面积分布。本章尝试基于 PVT 随机分割来对蜂窝小区拓扑结构进行建模。

3.2　PVT 随机蜂窝网能效模型

蜂窝网络流量的快速持续增长带来的最大挑战之一是蜂窝网络基础设施不断增加的能耗问题，其不仅导致运营商运营成本增加，而且给环境带来碳排放承受压力，而占蜂窝网络总能耗高达 80%的基站能耗问题则尤为突出。从经济效益和环境保护的角度来说，在满足蜂窝网络不断增长的流量需求的同时，缓解蜂窝网络能耗使用、提升蜂窝系统能效势在必行，即需要降低每比特流量的能耗。

本节基于无线流量负载和功耗的空间分布特征，提出了小区覆盖范围符合 PVT 结构的随机蜂窝网络能效模型。推导了典型小区流量负载和运行功耗的空间分布，根据帕姆（Palm）定理[2][4]，这些结果可直接拓展到整个 PVT 网络。进一步地，评估了流量特征、无线信道效应以及干扰对蜂窝网络能效的影响以及运行能效的优化问题。

3.2.1　系统模型

假设用户和基站随机分布在二维无限平面 $\mathbb{R}^d$ 内。用户的移动具有各向同性且相对缓慢，以至在一个观察期内，用户和基站的相对位置可假定为固定不变。根据[3][4][5]中的工作，用户和基站的位置可用两个相互独立的泊松点过程[2]来模拟，定义如下

$$\Pi_M = \left\{ x_{Mi} : i = 0,1,2,\cdots \right\} \tag{3-8a}$$

$$\Pi_B = \left\{ y_{Bk} : k = 0,1,2,\cdots \right\} \tag{3-8b}$$

这里，x_{Mi} 和 y_{Bk} 分别表示第 i 个用户 MS_i 和第 k 个基站 BS_k 的位置，且两个泊松点过程的密度分别记为 λ_M 和 λ_B。

对于实际的蜂窝网络，假设用户与最近的基站关联，即选择路径损耗最小的基站接入。同时假设每个小区只有一个基站和一些用户。则小区的边界可由"德劳内三角法"所获得，即先绘制每对基站之间连线的垂直平分线，然后将这些直平分线延伸、连接起来[6]，从而二维平面 $\mathbb{R}^d$ 被分割成无数不规则的多边形，其分别对应不同小区的覆盖范围，并用 $\mathcal{C}_k(k = 0,1,2,\cdots)$ 表示各小区。这样形成了一个如图 3-1 所示具有随机且不规则拓扑结构的 PVT 蜂窝网络，其中实线表示小区边界，其内部的多边形对应于小区的覆盖范围；虚线被对应的小区边界垂直平分。

PVT 蜂窝网络结构虽然复杂，但其突出性质在于，根据帕姆定理[2][4]，任意小区 $\mathcal{C}_k$（具有第 k 个 BS 位于其中心位置 y_{Bk}）的几何特性与基站位于固定位置（不妨设为原点）的"典型" PVT 小区 $\mathcal{C}_0$ 相一致。在这种情况下，典型 PVT 小区 $\mathcal{C}_0$ 中的分析结果可以扩展到整个 PVT 蜂窝网络。

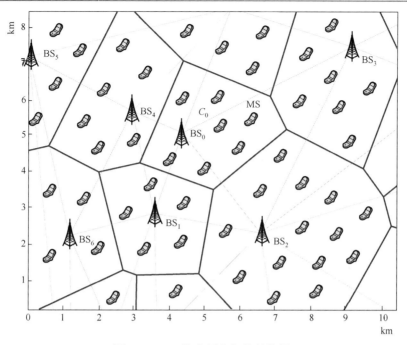

图 3-1   PVT 蜂窝网络拓扑结构图

同时为了推导的方便，我们作以下假设：

（1）用户的移动具有各向同性且相对缓慢，因此在一个观察期内，用户和基站的相对位置可假定为固定不变；

（2）一个 PVT 小区中仅存在一个 BS 和一些用户，系统频率复用因子 $K_f = 1$。基站在任意时隙调用频率资源块只服务一个用户，同一小区内的用户之间不存在干扰，干扰只来自于相邻同频小区的基站。

（3）假设所有的基站均配备有相同数目的发射天线，所有的用户均配备有相同数目的接收天线；

（4）小区之间无协作传输。

无线信道一般是由发射端天线、接收端天线以及发射接收之间的传播路径构成。由于无线环境非常复杂，发射端和接收端之间的传播路径会受到很多因素的影响，例如，路径传播损耗、阴影衰落及多径衰落等。同时由于基站和移动台用户位置的随机移动，传播路径会随着时间和空间的不同而变化，呈现出很强的随机性。在本章中，所考虑的无线信道效应包括路径损耗、伽马阴影效应以及 Nakagami 衰落效应三方面。

在多小区 PVT MIMO 随机蜂窝网络中，假设所有基站均配备有 N_t 根发射天线，所有用户均配备有 N_r 跟接收天线。如果只考虑下行链路传输场景，则在典型小区 C_0 中，用户 MS_0 的接收信号模型可以表示为

$$y_0 = \sqrt{P_0}\,H_{00}x_0 + \sum_{i=1}^{\infty}\sqrt{P_i}\,H_{i0}x_i + n_0 \qquad (3\text{-}9)$$

其中，P_0 和 $P_i(i=1,2,3,\cdots)$ 分别表示基站 BS_0 对 MS_0 的发射信号功率和第 i 个干扰基站

$BS_i(i=1,2,3,\cdots)$ 对 MS_0 的干扰发射信号功率，且假定所有随机变量 P_0 和 $P_i(i=1,2,3,\cdots)$ 均为独立同分布的；n_0 表示 N_r 维的加性高斯白噪声矢量，其功率为 N_0。目标发射信号 x_0 和干扰发射信号 $x_i(i=1,2,3,\cdots)$ 均为 N_t 维的循环对称复高斯矢量，其协方差矩阵分别为 $\boldsymbol{Q}_j = \boldsymbol{E}(\boldsymbol{x}_j \boldsymbol{x}_j^{\mathrm{H}}),(j=0,1,2,\cdots)$（上标 H 表示共轭转置），且满足 $tr\{\boldsymbol{Q}_j\}=1$。$\boldsymbol{H}_{00}$ 和 $\boldsymbol{H}_{i,0}(i=1,2,3,\cdots)$ 分别表示 BS_0 与 MS_0 以及 BS_i 与 MS_0 之间的信道矩阵，其元素 $h_{0,m,n}$ $(m=1,2,\cdots,N_r;n=1,2,\cdots,N_t)$ 和 $h_{i,m,n}(i=1,2,\cdots;m=1,2,\cdots,N_r;n=1,2,\cdots,N_t)$ 分别独立同分布。

在 PVT 蜂窝网络结构下，我们进一步提出了评估 PVT 典型小区 $\mathcal{C}_0$ 内流量负载和功耗空间分布的研究框架。组耶夫（Zuyev）等人[3][4]提出了用于表征 PVT 小区几何结构的加性泛函（Additive functional），其定义为

$$\Omega_w \overset{def}{=} \sum_{x_i \in \Pi_M} w(x_i) \mathbf{1}\{x_i \in \mathcal{C}_0\} \tag{3-10}$$

这里 $w(x):\mathbb{R}^2 \to \mathbb{R}_+$ 是定义在点 $x_i \in \Pi_M$ 上的非负加权函数；$\mathbf{1}\{...\}$ 是一个指示函数（Indicator function），当大括号内的条件满足时其值等于 1，否则为 0；$\mathcal{C}_0$ 是我们所研究的典型 PVT 小区。在式（3-10）基础上，我们可以进一步研究典型 PVT 小区内聚合流量负载和总发射功耗的空间分布：

（1）典型 PVT 小区 $\mathcal{C}_0$ 中的聚合流量负载 $\mathcal{T}_{C0}$

定义位于 x_{Mi} 处用户 MS_i 的流量速率为 $\rho(x_{Mi})$，ρ 为用户的空间流量密度。则聚合流量负载 $\mathcal{T}_{C0}$，即典型 PVT 小区中所有接入用户的空间流量密度的总和，可由加法泛函定义如下

$$\mathcal{T}_{C0} \overset{def}{=} \sum_{x_{Mi} \in \Pi_M} \rho(x_{Mi}) \mathbf{1}\{x_{Mi} \in \mathcal{C}_0\} \tag{3-11}$$

（2）典型 PVT 小区 $\mathcal{C}_0$ 中基站的总发射功耗 $\mathcal{P}_{C0}$

通过对典型 PVT 小区 $\mathcal{C}_0$ 中所有活跃下行链路的发射功耗求和，基站的总发射功耗可定义为

$$\mathcal{P}_{C0} \overset{def}{=} \sum_{x_{Mi} \in \Pi_M} \varepsilon(x_{Mi}) \mathbf{1}\{x_{Mi} \in \mathcal{C}_0\} \tag{3-12}$$

这里 $\varepsilon(x_{Mi})$ 是发射基站与位于 x_{Mi} 处的接收用户之间的每链路发射功耗。在基于 SIR 的功率控制系统中[7]，每链路发射功耗 $\varepsilon(x_{Mi})$ 取决于用户的流量速率、干扰水平及无线信道状况。每链路发射功耗和基站总发射功耗的详细建模将在本章第四部分中展开。

3.2.2 PVT 蜂窝网流量模型与性能分析

根据帕姆定理[2][4]，PVT 蜂窝网络流量负载的空间分布可以简化为典型 PVT 小区 $\mathcal{C}_0$ 中聚合流量负载的空间分布。通过采用帕累托（Pareto）分布来对用户的突发流量负载进行建模，进一步推导了典型 PVT 小区中聚合流量负载空间分布的特征函数。

3.2.2.1 典型 PVT 小区中流量负载的空间分布

在推导流量负载的分布之前，需要知道 PVT 小区的面积分布。在所定义的 PVT 结构

中，小区面积分布的推导是一个非常困难的任务，目前尚没有关于 PVT 小区面积分布的解析甚至近似解析结果。而大量的仿真证明，PVT 小区面积的经验分布服从伽马分布[6]，这一性质在后面的推导将用到。

定义典型 PVT 小区的面积为 A_{C0}，若基站泊松点过程的密度为 λ_B，则 A_{C0} 服从伽马分布且相应的概率密度函数（Probability Density Function，PDF）表达式为

$$f_{A_{C0}}(x) = \frac{(b\lambda_B)^a}{\Gamma(a)} x^{a-1} \exp(-b\lambda_B x) \tag{3-13a}$$

且

$$\Gamma(x) = \int_0^\infty t^{x-1} e^{-t} \mathrm{d}t \tag{3-13b}$$

这里 a 和 $b\lambda_B$ 分别是伽马分布的形状参数和反比例参数。

大量实验测量结果表明有线网络和无线网络（包括蜂窝网络）中的流量负载具有自相似性和突发性，且可由具有无穷方差的帕累托分布来模拟[8][9]。因而，本文假定用户 MS_i 处的空间流量密度 $\rho(x_{M_i})$ 服从具有无穷方差的帕累托分布。此外，假定所有用户的空间流量密度是独立同分布的，空间流量负载的概率密度函数可由下式给出

$$f_\rho(x) = \frac{\theta \rho_{\min}^\theta}{x^{\theta+1}}, \quad x \geq \rho_{\min} > 0 \tag{3-14}$$

这里，指数 $\theta \in (1,2]$ 反映了分布的“重尾”程度。当重尾指数 θ 越接近 1，空间流量密度分布的尾部变得越“重”，即流量分布的概率密度函数曲线尾部衰减越慢，所定义的流量负载也越突发。参数 $\rho_{\min}$ 表示为保证用户服务质量需求的最小流量速率。用户的平均空间流量密度可表示如下

$$E(\rho) = \frac{\theta \rho_{\min}}{\theta - 1} \tag{3-15}$$

这里典型 PVT 小区 C_0 中聚合流量负载 $\mathcal{T}_{C0}$ 可被看成一个定义在用户泊松点过程 $\prod_M$ 上的标记泊松点过程[1][2]，其密度测度为

$$\Lambda(\mathrm{d}x, \mathrm{d}\varphi) = \lambda_M A_{C0} \mathrm{d}x \cdot f_\rho(\varphi) \mathrm{d}\varphi, \tag{3-16}$$

进一步地，聚合流量负载 $\mathcal{T}_{C0}$ 的特征函数可通过基站泊松点过程 $\prod_B$ 的条件分布来得出[3]

$$\phi_{\mathcal{T}_{C0}}(\omega) = E\left\{ \exp\left[-\int_\varphi \lambda_M A_{C0}(1 - \mathrm{e}^{\mathrm{j}\omega\varphi}) f_\rho(\varphi) \mathrm{d}\varphi \right] \right\}$$
$$= E\left\{ \exp\left[-\lambda_M A_{C0}(1 - \phi_\rho(\omega)) \right] \right\} \tag{3-17}$$

这里 $\phi_\rho(\omega)$ 是空间流量密度的特征函数，它可由式（3-7）进行傅里叶变换得到。将式（3-8a）代入式（3-10）中，聚合流量负载 $\mathcal{T}_{C0}$ 的特征函数可化简为

$$\phi_{\mathcal{T}_{C0}}(\omega) = \left[1 + \frac{\lambda_M}{b\lambda_B} - \frac{\lambda_M}{b\lambda_B} \phi_\rho(\omega) \right]^{-a} \tag{3-18}$$

类似地，平均聚合流量负载可得为

$$
\begin{aligned}
\boldsymbol{E}(\mathcal{T}_{C0}) &= \lambda_M \boldsymbol{E}\left\{ \exp\left[\int_\varphi 1\{x_{Mi} \in \mathcal{C}_0\} \varphi F_\rho(\mathrm{d}\varphi) \right] \right\} \\
&= 2\pi\lambda_M \exp\left[\int_\varphi \int_r \exp(-\lambda_B \pi r^2) r \mathrm{d}r \varphi F_\rho(\mathrm{d}\varphi) \right] \\
&= \frac{\lambda_M}{\lambda_B} \boldsymbol{E}(\rho)
\end{aligned} \tag{3-19}
$$

这里 $F_\rho(\cdot)$ 是空间流量密度的累积分布函数（Cumulative Density Function，CDF）。

由于空间流量密度服从帕累托分布，$\mathcal{T}_{C0}$ 的特征函数可进一步得出如下

$$
\phi_{T_{C0}}(\mathrm{j}\omega) = \left[1 + \frac{\lambda_M}{b\lambda_B} - \frac{\lambda_M}{b\lambda_B}\theta(-\mathrm{j}\rho_{\min}\omega)^\theta \Gamma(-\theta, -\mathrm{j}\rho_{\min}\omega) \right]^{-a} \tag{3-20a}
$$

其中

$$
\Gamma(-\theta, -\mathrm{j}\rho_{\min}\omega) = \int_{-\mathrm{j}\rho_{\min}\omega}^{+\infty} t^{-\theta-1}\mathrm{e}^{-t}\mathrm{d}t \tag{3-20b}
$$

并且，平均聚合流量负载 $\boldsymbol{E}(\mathcal{T}_{C0})$ 可化简为

$$
\boldsymbol{E}(\mathcal{T}_{C0}) = \frac{\lambda_M \theta \rho_{\min}}{\lambda_B(\theta-1)} \tag{3-21}
$$

应用帕姆定理[2][4]，式（3-18）中所提出的典型 PVT 小区聚合流量负载模型可直接拓展到整个 PVT 蜂窝网络中。

3.2.2.2 性能分析

在所提出的流量负载空间分布的基础上，我们可对一些性能评估进行详细的数值分析。在下面的仿真中，若无另外说明，流量负载的一些参数默认设置如下：基于文献[6]中最佳拟合结果设定 $a = 3.61$，$b = 3.57$，$\theta = 1.8$，$\rho_{\min} = 10.75\ \mathrm{kbps}$[10]，用户/基站密度比为 $\lambda_M / \lambda_B = 15$[11]。

基于式（3-20a），图 3-2 给出了在不同用户/基站密度比下聚合流量负载概率密度函数的数值结果。由图可得，随着用户/基站密度比的增加，聚合流量负载的概率质量向右移，这意味着平均聚合流量负载随着用户/基站密度比的增加而增加，即平均聚合流量负载会随着典型 PVT 小区中用户数目增加而增加。

图 3-3 分析了重尾指数 θ 和最小流量速率 $\rho_{\min}$ 对典型 PVT 小区中聚合流量负载的影响。当重尾指数 θ 固定时，聚合流量负载的概率质量将随着最小流量速率 $\rho_{\min}$ 的增加而右移。当最小流量速率 $\rho_{\min}$ 固定时，聚合流量负载概率密度函数曲线的尾部将变"重"，即随着重尾指数 θ 的增加，曲线尾部衰减更慢。由此可得，最小流量速率和重尾指数对典型 PVT 小区聚合流量负载的影响趋势相反。

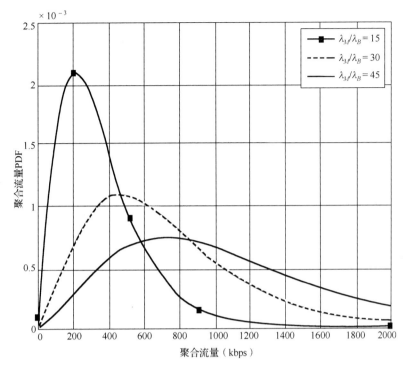

图 3-2 不同用户/基站密度比下的聚合流量负载

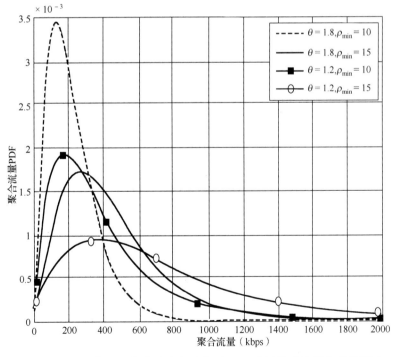

图 3-3 重尾指数和最小流量速率对典型 PVT 小区聚合流量负载的影响

3.2.3 PVT 单天线蜂窝网络能效模型与性能分析

3.2.3.1 无线链路干扰模型

考虑无线信道具有路径损耗、阴影和瑞利衰落传播效应。那么信道增益（即用户的接收功率 P_{rx} 和关联基站的发射功率 P_{tx} 的比值）可定义如下[12]

$$L(r,\xi,\zeta) = P_{rx}/P_{tx} = Kr^{-\sigma} \cdot e^{c\delta\xi} \cdot \zeta^2 \qquad (3\text{-}22)$$

这里 K 为与天线特征有关的常量[13]，$Kr^{-\beta}$ 项模拟发射基站和接收用户之间的路径损耗效应，其中 σ 为路径损耗因子；$e^{c\delta\xi}$ 项模拟了方差为 δ 的对数—正态阴影效应，其中 ξ 是标准正态随机变量，常数 $c = \ln 10/10$；ζ^2 项模拟瑞利衰落环境，其服从均值为 1 的指数分布。这里路径损耗项 $Kr^{-\sigma}$ 不是确定的，而是取决于前面所定义 PVT 蜂窝网络的随机几何性质。不失一般性，这里假设整个 PVT 蜂窝网络的信道参数 σ, δ 是一致的。在下文推导中，BS_k 和 MS_i（$k,i = 0,1,2,\cdots$）之间链路的增益将简记为 L_{ki}。

点对点下行链路的传输过程由基站端进行功率控制，以保证用户的接收信干比（SIR）维持在设定门限值之上。因此，下行链路的发射功耗与来自用户的流量负载需求和来自临近 PVT 小区的干扰有关。

不失一般性，图 3-4 给出了典型 PVT 小区 $\mathcal{C}_0$ 内任意用户（例如 MS_0）和其接入基站（例如 BS_0）之间的下行链路场景。对于 MS_0 而言，假定其每个相邻 PVT 小区内最多只存在一个共信道用户。这些共信道用户的下行链路活动会对 MS_0 的接收过程产生干扰，且干扰信号来自于共信道用户的接入基站。因此，为了区分这些干扰 MS_0 的共信道用户和基站，将 PVT 小区 $\mathcal{C}_k(k = 1,2,3,\cdots)$ 中的共信道干扰用户记为 IMS_k（$k = 1,2,3,\cdots$），其所接入的干扰基站记为 IBS_k（$k = 1,2,3,\cdots$）。在这种情况下，IMS_k 的接收功率定义为 S_k（$k = 1,2,3,\cdots$）；为统一符号，MS_0 的接收功率记为 S_0。此外假定所有随机变量 S_k（$k = 0,1,2,\cdots$）为独立同分布的。根据文献[7][14]中的结果，MS_0 接收到来自于 IBS_k 的干扰信号功率可表示为 $S_k \cdot L_{k0}/L_{kk}$，这里 L_{kk} 是从 IBS_k 到 IMS_k 链路的信道增益，L_{k0} 是从 IBS_k 到 MS_0 链路的信道增益。本文假定用户接收端的噪声水平远远小于来自相邻 PVT 小区的干扰水平，因而噪声的影响可以忽略不计。则 MS_0 的瞬时 SIR 可得如下

$$\text{SIR} = \frac{S_0}{I_{agg}} = \frac{S_0}{\sum\limits_{k \in \varPhi_{BS}} S_k \cdot \dfrac{L(r_{k0},\xi_{k0},\zeta_{k0})}{L(r_{kk},\xi_{kk},\zeta_{kk})} \cdot \mathbf{1}_D(L_{k0}/L_{kk})} \qquad (3\text{-}23a)$$

其中

$$\mathbf{1}_D(L_{k0}/L_{kk}) = \mathbf{1}_D\{r_{kk}/r_{k0} \leqslant 1\} \qquad (3\text{-}23b)$$

这里 I_{agg} 是 MS_0 处的总干扰大小，$\varPhi_{BS}$ 是干扰基站的标示集合，指示函数 $\mathbf{1}_D(L_{k0}/L_{kk})$ 是 PVT 蜂窝网络中最近接入规则对用户距离分布的限制条件，这里假定一个用户在移动到另一个 PVT 小区之前，不能改变它的接入基站。

定义干扰下行链路集合 $\prod_{\text{Inf}}$ 为活跃的共信道下行链路组，它包含从位于 y_{lk} 处的干扰基

站 IBS_k 到位于 x_{Ik} 处的干扰用户 IMS_k 之间的链路对，其数学定义为

$$\Pi_{\mathrm{Inf}} = \left\{ (x_{Ik}, y_{Ik}) : k = 1, 2, 3, \cdots \right\} \tag{3-24}$$

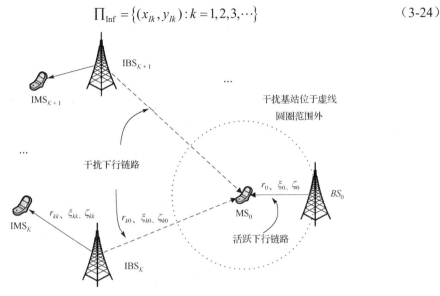

图 3-4　PVT 蜂窝网络的下行链路场景：干扰基站 IBS_k 处给出了信道参数

干扰下行链路集合 Π_{Inf} 可以看作在基站泊松点过程 Π_B 的独立细化过程。因此，Π_{Inf} 仍是一个泊松点过程，密度记为 λ_{Inf}，则通常有 $0 \leqslant \lambda_{\mathrm{Inf}} \leqslant \lambda_B$。事实上，对于全频率复用的蜂窝网络，有 $0 \leqslant \lambda_{\mathrm{Inf}} \leqslant \lambda_B$；而对于频率复用为 N_f（N_f 是大于 1 的整数）的传统蜂窝网络，则有 $0 \leqslant \lambda_{\mathrm{Inf}} \leqslant \lambda_B / N_f$。这里仅着重讨论前一种情况，但是推导结果对后一种情况也适用。

根据随机几何理论，MS_0 处的总干扰 I_{agg} 可进一步表达如下

$$I_{\mathrm{agg}} = \sum_{(x_{Ik}, y_{Ik}) \in \Pi_{\mathrm{Inf}}} S_k \cdot \frac{\| y_{Ik} - x_{Ik} \|^{\sigma}}{\| y_{Ik} - x_{M0} \|^{\sigma}} \cdot Q_k \cdot \mathbf{1}_{D1} \{ x_{M0} \in \mathcal{C}_0 \} \cdot \mathbf{1}_{D2} \{ x_{Ik} \in \mathcal{C}_k \} \tag{3-25a}$$

其中

$$Q_k = \mathrm{e}^{c\delta(\xi_k - \xi_{kp})} \cdot \frac{\zeta_k^2}{\zeta_{kp}^2} \tag{3-25b}$$

这里 $\| y_{Ik} - x_{Ik} \|$ 和 $\| y_{Ik} - x_{M0} \|$ 表示从 IBS_k 分别到 IMS_k 及 MS_0 的欧几里德距离，指示函数 $\mathbf{1}_{D1}$ 和 $\mathbf{1}_{D2}$ 指定了在 PVT 小区用户到其接入基站的距离范围。注意约束条件 $\mathbf{1}_D(L_{k0}/L_{kk}) = \mathbf{1}_D \{ r_{kk}/r_{k0} \leqslant 1 \}$ 仍然满足。

为了简化推导，记式（3-25a）中 $R_1 = \| y_{Ik} - x_{Ik} \|$。假设给定基站泊松点过程 Π_B 的一个分布实现[4]，随机事件：$\{ R_1 > r \,|\, \Pi_B \}$ 等价于随机事件：$\{$ 在以 x_{Ik} 为中心，半径为 r 的圆内不存在基站点（Π_B 点）$\}$，则随机变量 R_1 的条件概率密度由下式给出

$$f_{R_1 | \Pi_B}(r) = -\frac{\mathrm{d}\mathrm{Pr}\{ R_1 > r \}}{\mathrm{d}r} = 2\pi\lambda_B r \mathrm{e}^{-\pi\lambda_B r^2} \tag{3-26}$$

可以看到，在前面所假设的最近关联原则下，R_1 的分布与基站密度 λ_B 有关，而不是与干扰链路密度 λ_{Inf} 有关。

由于泊松点过程具有平稳性，式（3-25a）中随机变量 $R_2 = \| y_{Ik} - x_{M0} \|$ 与随机变量

$\|y_{Ik}-y_{B0}\|(k=1,2,3,\cdots)$ 按概率 1 同分布。进一步地，根据 Slivnyak 定理[2]，$\|y_{Ik}-y_{B0}\|$ 又与 $\|y_{Ik}\|(k=1,2,3,\cdots)$ 的分布相同，即类似于 y_{B0} 固定在原点。设 $G=S_k \cdot Q_k$ 以简化符号，这里 S_k 和 Q_k 相互独立。因此式（3-25a）可简化如下

$$I_{agg} = \sum_{k \in \Phi_{BS}} \frac{R_1^\sigma}{\|y_{Ik}\|^\sigma} \cdot G \cdot \boldsymbol{1}_{D1} \cdot \boldsymbol{1}_{D2} \tag{3-27}$$

I_{agg} 可看作定义在基站泊松点过程 $\prod_B$ 上的一个标记泊松点过程，其密度测度为

$$\Lambda(\mathrm{d}x,\mathrm{d}r,\mathrm{d}g) = \lambda_{\mathrm{Inf}}\mathrm{d}x \cdot f_{R_1|\prod_B}(r)\mathrm{d}r \cdot f_G(g)\mathrm{d}g \tag{3-28}$$

这里 λ_{Inf} 为干扰链路密度。

根据式（3-27）、式（3-28）及标记泊松点过程的坎贝尔定理[2]，可得 I_{agg} 的对数特征函数如下

$$\ln\phi_{I_{agg}}(\omega) = -2\pi\lambda_{\mathrm{Inf}}\iiint_{g,x,y}\left(1-\mathrm{e}^{\mathrm{j}\omega\frac{x^\sigma g}{y^\sigma}}\right) \cdot f_G(g) \cdot \mathrm{e}^{-\pi\lambda_B x^2} f_{R_1|\prod_B}(x) \cdot y\mathrm{d}g\mathrm{d}x\mathrm{d}y$$

$$= -(2\pi)^2 \lambda_{\mathrm{Inf}}\lambda_B \int_0^{+\infty}\underbrace{\int_0^{+\infty}\left[1-\phi_G(\omega x^\sigma/y^\sigma)\right] \cdot y\mathrm{d}y}_{=H(\omega,x)} \cdot x\mathrm{e}^{-2\pi\lambda_B x^2}\mathrm{d}x \tag{3-29}$$

式（3-29）的推导用到 $\boldsymbol{E}(\boldsymbol{1}_{D2}\{x_{Ik} \in C_k\}) = \mathrm{e}^{-\pi\lambda_B\|y_{Ik}-x_{Ik}\|^2}$，该式成立是因为任一用户点 x_{Ik} 位于小区 C_k 内等价于以 x_{Ik} 为中心，以 $\|y_{Ik}-x_{Ik}\|$ 为半径的圆内没有基站点。

令 $t=|\omega|x^\sigma y^{-\sigma}$，则可计算出式（3-29）中的 $H(\omega,x)$ [7]

$$H(\omega,x) = \frac{|\omega|^{2/\sigma}}{\sigma}x^2\int_0^\infty\int_0^{|\omega|}\frac{1-\exp\left(\frac{\mathrm{j}\omega tq}{|\omega|}\right)}{t^{2/\sigma+1}} \cdot \mathrm{d}t \cdot f_G(g)\mathrm{d}g$$

$$= \frac{\Gamma\left(2-\frac{2}{\sigma}\right)\cos\left(\frac{\pi}{\sigma}\right)}{2-\frac{4}{\sigma}}|\omega|^{2/\sigma}x^2\boldsymbol{E}(G^{2/\sigma})\left[1-\mathrm{j}\cdot\mathrm{sign}(\omega)\cdot\tan\left(\frac{\pi}{\sigma}\right)\right] \tag{3-30}$$

由于 S_k 和 Q_k 的独立性，$\boldsymbol{E}(G^{2/\sigma})$ 可表示为

$$\boldsymbol{E}(G^{2/\sigma}) = \boldsymbol{E}(S_k^{2/\sigma})\boldsymbol{E}(Q^{2/\sigma}) \tag{3-31}$$

应用下面的积分式[15]

$$\int_0^\infty x^3\mathrm{e}^{-2\pi\lambda_B x^2}\mathrm{d}y = 1/8(\pi\lambda_B)^2 \tag{3-32}$$

MS_0 处总干扰 I_{agg} 的特征函数可得出如下

$$\phi_{I_{agg}}(\omega) = \exp\left\{-\delta|\omega|^{2/\sigma}\left[1-\mathrm{j}\cdot\mathrm{sign}(\omega)\tan\left(\frac{\pi}{\sigma}\right)\right]\right\} \tag{3-33a}$$

其中，$\mathrm{sign}(\omega)$ 是符号函数，且

$$\delta = \frac{\lambda_{\mathrm{Inf}}}{4\lambda_B}\Gamma\left(1-\frac{2}{\sigma}\right)\cos\left(\frac{\pi}{\sigma}\right)\boldsymbol{E}(S_k^{2/\sigma})\boldsymbol{E}(Q_k^{2/\sigma}), \tag{3-33b}$$

基于信道参数 σ 和 δ 一致的假设，可得 $Q_k(k=1,2,3,\cdots)$ 是独立同分布的随机变量。因

此，且 Q_k 的概率密度函数可表达如下

$$f_{Q_k}(x) = \frac{1}{2\sqrt{\pi}c\delta} \int_0^\infty \frac{\exp\left(-\dfrac{t^2}{4c^2\delta^2}+t\right)}{(e^t+x)^2} dt, \quad x \geqslant 0 \qquad (3\text{-}33c)$$

进一步可得 $\boldsymbol{E}(Q_k^{2/\sigma})$ 如下[15]，

$$
\begin{aligned}
\boldsymbol{E}(Q_k^{2/\sigma}) &= \frac{1}{2\sqrt{\pi}c\delta} \int_0^\infty\int_{-\infty}^\infty \frac{x^{2/\sigma}\exp\left(-\dfrac{t^2}{4c^2\delta^2}+t\right)}{(e^t+x)^2} dt dx \\
&= \frac{B\left(1+\dfrac{2}{\sigma}, 1-\dfrac{2}{\sigma}\right)}{2\sqrt{\pi}c\delta} \int_{-\infty}^\infty \exp\left(-\dfrac{t^2}{4c^2\delta^2}+\dfrac{2}{\sigma}t\right) dt \qquad (3\text{-}33d) \\
&= \frac{2\pi}{\sigma\sin(2\pi/\sigma)} \exp\left(\dfrac{4c^2\delta^2}{\sigma^2}\right)
\end{aligned}
$$

由式（3-33a）可看到，总干扰 I_{agg} 服从偏斜的 Alpha 稳定分布[16]，其特征指数为 $2/\sigma$，偏斜参数为 1，且离差参数为 δ。该结果与文献[12]是一致的，但本文的场景拓展到了用户和基站同时为随机分布的网络。

3.2.3.2 基站功耗模型

当噪声功率与干扰功率相比可忽略时，蜂窝网络中的 SIR 近似为信干噪比（SINR）。若不考虑下行传输过程中由于中断而增加的传输功耗，MS_0 处所需的接收 SIR 和空间流量密度 $\rho(x_{M0})$ 之间的关系如下[17]

$$B_W \cdot \log_2(1 + \text{SIR}/\Delta) = \rho(x_{M0}) \qquad (3\text{-}34)$$

这里 B_W 是分配给 MS_0 的带宽，Δ 定义了信道容量与 MS_0 处根据目标误码率（Bit Error Rate，BER）采用的编码与调制方案实际获得速率之间的 SIR 差距（SIR Gap）。根据式（3-14）中空间流量密度的概率密度函数，接收端 SIR 可进一步推导如下

$$
\begin{aligned}
f_{\text{SIR}}(z) &= \frac{dF_\rho\left(B_W \log_2(1+z/\Delta)\right)}{dz} \\
&= \frac{\theta\rho_{\min}^\theta B_W^{-\theta}}{\ln 2 \cdot (\Delta+z)} \left(\log_2(1+z/\Delta)\right)^{-\theta-1}, \quad z > z_0 = \Delta \cdot (2^{\rho_{\min}/B_W} - 1)
\end{aligned} \qquad (3\text{-}35)
$$

这里 z_0 为要达到用户最小流量速率 $\rho_{\min}$ 所需的信道最小 SIR。

根据所需 SIR 和干扰的推导结果，结合式（3-23a），则可以进一步推导所需的接收功耗。假设所需接收功耗的矩为 $\boldsymbol{E}(S_k^{2/\sigma})$，那么，$S_k (k=0,1,2,\cdots)$ 的特征函数可得为[18]

$$
\begin{aligned}
\phi_{S_k}(\omega) &= \int_x \phi_{I_{\text{agg}}}(\omega \cdot x) \cdot f_{\text{SIR}}(x) dx \\
&= \int_0^\infty \exp\left\{-\delta |\omega|^{2/\sigma} x^{2/\sigma} \cdot \left[1 - j \cdot \text{sign}(\omega) \cdot \tan\frac{\pi}{\sigma}\right]\right\} \cdot f_{\text{SIR}}(x) dx
\end{aligned} \qquad (3\text{-}36)
$$

则从 BS_0 到 MS_0 的下行链路所需发射功耗可得如下

$$\varepsilon(x_{M0}) = \frac{S_0}{L(\|x_{M0} - y_{B0}\|, \xi, \zeta)} = \frac{\|x_{M0} - y_{B0}\|^{\sigma} \cdot e^{-c\delta\xi}}{K\zeta^2} S_0 \tag{3-37}$$

首先考虑理想功率控制的情况。假设所有的活跃链路都分配到合适的发射功率来传输数据，从而实际获得流量速率与所需的流量速率相等。将式（3-37）代入式（3-12），典型 PVT 小区 $\mathcal{C}_0$ 中基站所需的总发射功率由下式给出

$$\mathcal{P}_{\mathcal{C}0\_req} = \sum_{x_{Mj} \in \Pi_M} \frac{\|x_{Mj} - y_{B0}\|^{\sigma}}{K} U \cdot \mathbf{1}\{x_{Mj} \in \mathcal{C}_0\} \tag{3-38a}$$

其中

$$U = S_0 \cdot V \tag{3-38b}$$

$$V = e^{-c\delta\xi}/\zeta^2 \tag{3-38c}$$

这里同样有 $\mathbf{E}(1\{x_{Mj} \in \mathcal{C}_0\}) = e^{-\pi\lambda_B \|x_{Mj}\|^2}$。

类似地，基站所需的总发射功率也可以表示为一个标记泊松点过程，其密度测度为

$$\Lambda(dx, du) = \lambda_M dx \cdot f_U(u) du \tag{3-39}$$

这里 $f_U(u)$ 是 U 的概率密度函数。根据泊松点过程的坎贝尔定理[2]，可得 $\mathcal{P}_{\mathcal{C}0\_req}$ 的特征函数为

$$\phi_{\mathcal{P}_{\mathcal{C}0\_req}}(\omega) = \mathbf{E}\left\{\exp\left[2\pi\lambda_M \iint_{x,u} (e^{\frac{j\omega x^{\sigma} u}{K}} - 1) \cdot f_U(u) du \cdot \mathbf{1}\{x \in \mathcal{C}_0\} \cdot x dx\right]\right\}$$
$$= \exp\left[-2\pi\lambda_M \int_0^{\infty} \left(1 - \phi_U\left(\frac{\omega x^{\sigma}}{K}\right)\right) \cdot e^{-\pi\lambda_B x^2} \cdot x dx\right] \tag{3-40a}$$

其中，$\phi_U(\cdot)$ 是 U 的特征函数[18]，

$$\phi_U(\omega) = \int_x \phi_{S_0}(\omega \cdot x) \cdot f_V(x) dx = \iint_{x,y} \phi_{I_{agg}}(\omega \cdot xy) \cdot f_V(x) \cdot f_{SIR}(y) dxdy$$
$$= \iint_{x,y} \exp\{-G(\omega) |xy|^{2/\sigma}\} \cdot f_V(x) \cdot f_{SIR}(y) dxdy \tag{3-40b}$$

且有

$$G(\omega) = \delta |\omega|^{2/\sigma} \left[1 - j \cdot \text{sign}(\omega) \cdot \tan\frac{\pi}{\sigma}\right] \tag{3-40c}$$

参考 $f_{Q_k}(x)$ 的推导，V 的概率密度函数可得如下

$$f_V(x) = \frac{1}{\sqrt{2\pi} c\delta x^2} \int_{-\infty}^{\infty} \exp\left(-\frac{t^2}{2c^2\delta^2} + t - \frac{e^t}{x}\right) dt$$

这里常数 $c\frac{\ln 10}{10}$，δ 为阴影方差。基站所需总发射功耗 $\mathcal{P}_{\mathcal{C}0\_req}$ 的特征函数得出如下

$$\phi_{\mathcal{P}_{\mathcal{C}0\_req}}(\omega) = \exp\left\{-\lambda_M \iiint_{r,x,y} \left[1 - \exp\left(-G\left(\frac{\omega}{K}\right) r^2 x^{\frac{2}{\sigma}} y^{\frac{2}{\sigma}}\right)\right] 2\pi r e^{-\pi\lambda_B r^2} \cdot f_V(x) f_{SIR}(y) dr dx dy\right\}$$

$$= \exp\left\{-\frac{\lambda_M}{\lambda_B}\left[1 - \iint\limits_{x,y} \frac{\pi\lambda_B}{G\left(\frac{\omega}{K}\right)x^{\frac{2}{\sigma}}y^{\frac{2}{\sigma}} + \pi\lambda_B} \cdot f_V(x)f_{\mathrm{SIR}}(y)\mathrm{d}x\mathrm{d}y\right]\right\}$$

$$\text{(3-40d)}$$

$$= \exp\left\{-\frac{\lambda_M}{\lambda_B}\left[1 - E\left(\frac{\pi\lambda_B}{G\left(\frac{\omega}{K}\right)V^{\frac{2}{\sigma}}\gamma^{\frac{2}{\sigma}} + \pi\lambda_B}\right)\right]\right\}$$

根据标记泊松点过程的帕姆定理[2]，$\mathcal{P}_{C0\_req}$ 的期望可得出如下

$$E(\mathcal{P}_{C0\_req}) = E\left\{\frac{2\pi\lambda_M}{K}\int_x\int_u x^{\sigma}u \cdot f_U(u)\mathrm{d}u \cdot \mathbf{1}\{x \in \mathcal{C}_0\} \cdot x\mathrm{d}x\right\}$$

$$= \frac{2\pi\lambda_M}{K}\int_0^{\infty}\int_0^{\infty} x^{\sigma+1}\mathrm{e}^{-\pi\lambda_B x^2}\mathrm{d}x \cdot uf_U(u)\mathrm{d}u \qquad\text{(3-41)}$$

$$= \frac{\lambda_M E(U)}{\pi^{\frac{\sigma}{2}}\lambda_B^{\frac{\sigma}{2}+1}K}\Gamma\left(\frac{\sigma}{2}+1\right)$$

然而数值仿真结果表明，在理想功率控制情况下，基站所需的平均总发射功率接近无穷大。这是由于平均总干扰接近无穷大，为满足所有的流量速率，基站需发射无穷大的功率以维持用户端的接收信干比。

考虑实际的功率控制过程，基站端存在一个最大发射功耗门限 $P_{\max}$。当基站所需的总发射功率超过最大发射功率门限 $P_{\max}$ 时，未分配到足够发射功率的下行链路的通信过程将会中断。因此，典型 PVT 小区 $\mathcal{C}_0$ 中基站实际的总发射功耗可以由将 $\mathcal{P}_{C0\_req}$ 概率分布在区间 $(0, P_{\max}]$ 内"截断"得到，其 PDF 给出如下

$$f_{\mathcal{P}_{C0\_pra}}(x) = \begin{cases} f_{\mathcal{P}_{C0\_req}}(x)\big/ F_{\mathcal{P}_{C0\_req}}(P_{\max}), & x \leqslant P_{\max}; \\ 0, & x > P_{\max}; \end{cases} \qquad\text{(3-42)}$$

这里 $F_{\mathcal{P}_{C0\_req}}(\cdot)$ 是 $\mathcal{P}_{C0\_req}$ 的 CDF。那么，基站实际的平均总发射功耗可得如下

$$E(\mathcal{P}_{C0\_pra}) = \int_0^{P_{\max}} xf_{\mathcal{P}_{C0\_pra}}(x)\mathrm{d}x = \frac{1}{F_{\mathcal{P}_{C0\_req}}(P_{\max})}\int_0^{P_{\max}} xf_{\mathcal{P}_{C0\_req}}(x)\mathrm{d}x \qquad\text{(3-43)}$$

根据与流量负载空间分布的关系，基站的功耗可以分为固定功耗和动态功耗两部分[19]。固定功耗，又称电路功耗，是基站在信号处理、设备冷却、电源供应及电池备份等活动中的基础功耗。电路功耗通常取决于基站的硬件和软件配置，且与流量负载的空间分布无关。动态功耗与流量负载的空间分布相关，其包括射频（Radio Frequency，RF）发射电路中所消耗的发射功耗以及热损耗。

根据上面对基站功耗的分解情况，基站平均功耗模型可以采用下面的线性功耗模型

$$E(P_{BS}) = E(\mathcal{P}_{C0\_pra})\big/\eta_{\mathrm{RF}} + P_{\mathrm{Circuit}} = \frac{\int_0^{P_{\max}} xf_{\mathcal{P}_{C0\_req}}(x)\mathrm{d}x}{\eta_{\mathrm{RF}} \cdot \int_0^{P_{\max}} f_{\mathcal{P}_{C0\_req}}(x)\mathrm{d}x} + P_{\mathrm{Circuit}} \qquad\text{(3-44)}$$

这里 η_{RF} 是射频电路的平均效率，电路功耗 $P_{Circuit}$ 为固定常数。根据帕姆定理[2][4]，式（3-44）结果可直接拓展到 PVT 蜂窝网络中功耗的空间分布。

基于所提出的基站功耗模型，我们可以对一些性能参数进行详细的数值仿真分析。在下面的分析中，PVT 蜂窝网络的一些参数默认设置如下：接收功率矩 $E(S_k^{2/\beta})=10^{-10}$ W（或 $-70\,\text{dBm}$），其对应于 10^{-15} W（或 $-120\,\text{dBm}$）量级的用户接收功率[10]；基站密度 $\lambda_B = 1/(\pi \times 800^2)\ \text{m}^{-2}$；用户—基站密度比 $\lambda_M / \lambda_B = 30$，干扰链路—基站密度比 $\lambda_{Inf} / \lambda_B = 0.9$；同时设定路径损耗系数 $\beta = 3.5$，阴影效应的方差 $\sigma = 6$，以及 $K = -31.54\,\text{dB}$ 来模拟城市宏小区无线传播环境[20]；对于一个 QAM 系统，设定重尾指数 $\theta = 1.8$ 且 SIR 差距 $\Delta = 8.6\,\text{dB}$ [17]；归一化信道带宽 B_W，则归一化的最小速率 $\rho_{min} = 2\ \text{bits/s/Hz}$，其对应于一个平均频谱效率约为 $4.5\ \text{bits/s/Hz}$ 的一般蜂窝网络[11]。

基于对式（3-32c）的反傅里叶变换，图 3-5 表示了不同重尾指数 θ 下基站所需总发射功率 P_{C0_req} 的概率密度函数。在该仿真结果中，一个宏基站所需的总发射功率值在几瓦到几十瓦之间[19]。随着重尾指数的增加（意味着用户端的流量负载更突发），基站所需总发射功率的概率质量基本保持不变，只是其尾部变得"更重"（衰减更缓慢）。考虑到宏基站的最大发射功率门限值 P_{max}，基站实际的总发射功耗可以由所需总发射功率的曲线在 P_{max} 值处截断得到。

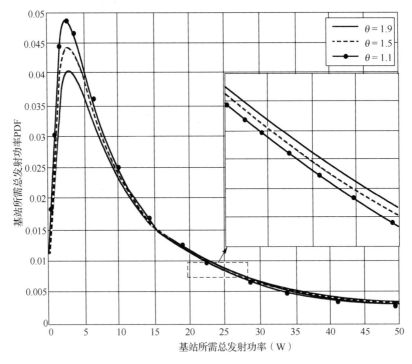

图 3-5　不同重尾指数下基站所需的总发射功率

图 3-6 给出了在不同的用户/基站密度比下基站所需发射功率 P_{C0_req} 的概率密度函数。随着用户/基站密度比的增加，PVT 小区中平均用户数目也随着增加，进而导致了基站所需总发射功率的增加。

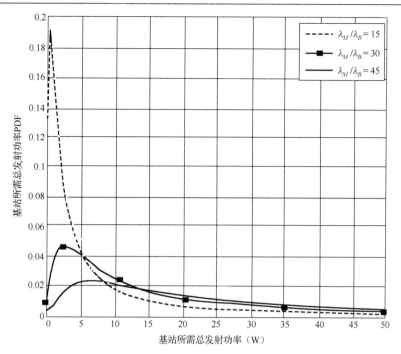

图 3-6　不同的用户/基站密度比下基站所需的总发射功率

　　图 3-7 评估了不同的干扰链路密度 λ_{Inf} 下基站所需总发射功率 P_{C0_req} 的概率密度函数。随着干扰链路密度 λ_{Inf} 的增加，基站所需总发射功率的概率密度将向右移。这是因为来自于相邻 PVT 小区干扰增加，为了保证某一用户的流量速率，基站端需要更多的发射功率来补偿相应的 SIR 衰减。

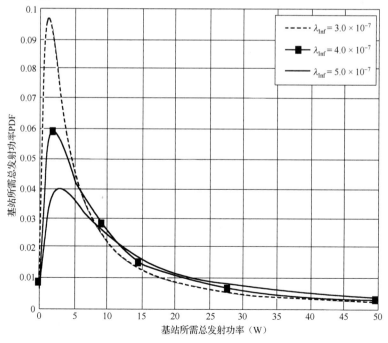

图 3-7　不同的干扰链路密度下基站所需的总发射功率

3.2.3.3 单天线蜂窝网能效模型

根据前面的 PVT 蜂窝网络中流量负载和功耗空间分布模型，我们进一步研究了 PVT 蜂窝网络的能效。根据帕姆定理[2][4]，该能效可由典型 PVT 小区中基站的能效来表示。能效的效用函数 η_{EE} 定义为典型 PVT 小区中基站的平均有效流量负载与平均总功耗的比

$$\eta_{EE} = \frac{E(\mathcal{T}_C) \cdot (1 - p_{out})}{E(P_{BS})} \tag{3-45}$$

该定义与文献[21]中所叙述的能耗速率（ECR）相一致，它是指每秒传输给定数据流量所需要的能耗，单位用 bits/Hz/J 表示。这里"有效"流量负载表示排除中断期间的流量负载后的实际流量负载，需要将基站聚合流量乘以概率 $1 - p_{out}$，且中断概率 p_{out} 由下式给出

$$p_{out} = \Pr\{\mathcal{P}_{C0\_req} > P_{max}\} = 1 - F_{\mathcal{P}_{C0\_req}}(P_{max}) \tag{3-46}$$

基于式（3-20）和式（3-44），能效模型可进一步得出如下

$$\eta_{EE} = \frac{\lambda_M \theta \rho_{min}}{\lambda_B (\theta - 1)} \cdot \frac{\left(\int_0^{P_{max}} f_{\mathcal{P}_{C0\_req}}(x) dx \right)^2}{\frac{1}{\eta_{RF}} \int_0^{P_{max}} x f_{\mathcal{P}_{C0\_req}}(x) dx + P_{Circuit} \cdot \int_0^{P_{max}} f_{\mathcal{P}_{C0\_req}}(x) dx} \tag{3-47}$$

这里基站所需总发射功耗的概率分布函数 $f_{\mathcal{P}_{C0\_req}}(x)$ 可以由式（3-40c）中的特征函数进行数值计算得到。

接收功率矩 $E(S_k^{2/\beta}) = 10^{-10}\,W$（或 $-70\,dBm$）；基站密度 $\lambda_B = 1/(\pi \times 800^2)\,m^{-2}$，干扰链路—基站密度比 $\lambda_{Inf} / \lambda_B = 0.8$；城市宏小区环境下路径损耗因子 $\beta = 3.8$，阴影方差 $\sigma = 6$ 且常数 $K = -31.54\,dB$；对于一个 QAM 系统，重尾指数 $\theta = 1.8$ 且 SIR 差距 $\Delta = 8.6\,dB$；归一化的最小速率 $\rho_{min} = 2\,bits/s/Hz$，其对应于一个平均频谱效率约为 4.5 bits/s/Hz 的一般蜂窝网络；最大发射功率门限 $P_{max} = 40\,W$ [19]；宏基站射频电路的平均效率 $\eta_{RF} = 0.047$ 且固定基站能耗 $P_{Circuit} = 354.4\,W$ [22]。

图 3-8 刻画了不同的重尾指数 θ 和最小流量速率 ρ_{min} 下 PVT 蜂窝网络能效的变化情况。首先将最小流量速率 ρ_{min} 的值分别固定在 2 和 3 bits/s/Hz，来分析重尾指数 θ 对 PVT 蜂窝网络能效的影响。图 3-8 表明，当重尾指数 θ 从 1.8 降到 1.2 时，PVT 蜂窝网络中的能效反而增加。其次将重尾指数 θ 的值分别固定在 1.2 和 1.8，来分析最小流量速率 ρ_{min} 对 PVT 蜂窝网络能效的影响。图 3-8 表明，当最小流量速率从 3 bits/s/Hz 降到 2 bits/s/Hz 时，PVT 蜂窝网络中的能效反而增加。

此外，PVT 蜂窝网络的能效存在一个关于用户/基站密度比的上限值。根据式（3-47），PVT 蜂窝网络这个最大能效值可解释如下：当用户/基站密度比很小时，这意味着典型 PVT 小区中用户较少，这时基站总功耗中固定功耗占主导而动态功耗较小，则用户/基站密度比的增加会导致动态能耗的增加，此时致基站总功耗的稳定上升，PVT 蜂窝网络的能效随之增加；而当用户/基站密度比超过一定门限时，这时基站总功耗中动态功耗占主导而固定功耗较小，来自于大量用户的高聚合流量负载使基站的总功耗显著地增加，PVT 蜂窝网络中的能效随之降低。

在图 3-8 中，4 条不同的曲线中的能量效率上限值分别为 0.55，0.45，0.29 和 0.26 bits/Hz/J，其对应的用户/基站密度比分别为 110，80，130 和 90。这些结果说明能效上限随重尾指数和最小流量速率的减小而增加。

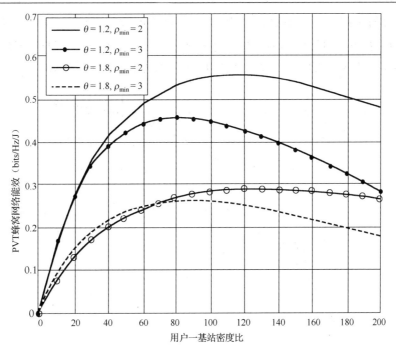

图 3-8　不同重尾指数和最小流量速率下，PVT 蜂窝网络能效与用户/基站密度比的关系

图 3-9 评估了干扰链路密度对 PVT 蜂窝网络能效的影响。基站密度一定，当干扰链路密度 λ_{Inf} 从 $5.0 \times 10^{-7}\,\mathrm{m}^{-2}$ 下降到 $3.0 \times 10^{-7}\,\mathrm{m}^{-2}$ 时，PVT 蜂窝网络的能效逐渐增加。此外，三条曲线中的能效上限值分别为 0.39，0.29 和 0.23 bits/Hz/J，其对应的用户/基站密度比分别为 170，130 和 100。这些结果说明干扰对 PVT 蜂窝网络的能效有显著的影响。

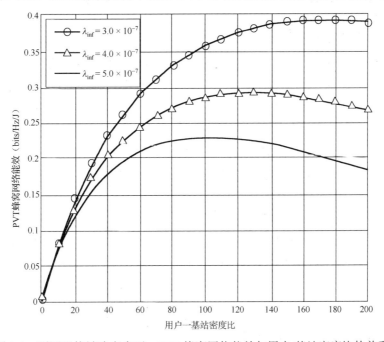

图 3-9　不同干扰链路密度下，PVT 蜂窝网络能效与用户/基站密度比的关系

图 3-10 分析了路径损耗系数 β 对 PVT 蜂窝网络能效的影响。当路径损耗系数从 3.6 增加到 4 时，PVT 蜂窝网络中的能效也随之增加。三条曲线的能效上限值分别为 0.17、0.29 和 0.46 bits/Hz/J，其对应的用户—基站的密度比分别为 80、130 和 190。

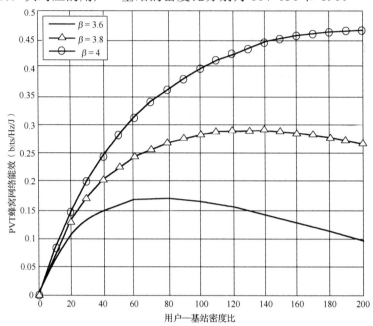

图 3-10　不同路径损耗因子下，PVT 蜂窝网络能效与用户/基站密度比的关系

3.2.4　PVT 多天线蜂窝网络运行功耗模型与性能分析

3.2.4.1　无线链路干扰模型

假设每个基站配备有存在相同位置的 N_t 根多天线，每根天线上所发射的信号均经历独立的频率平坦的无线信道，且所经历的无线信道效应分别为路径损耗，Nakagami 衰落和 w 伽马阴影衰落[23]。在这种情况下，将来自干扰基站 $\mathrm{BS}_i(i=1,2,\cdots)$ 的第 n（$n \in [1,N_t]$）根天线的干扰信号子流到达用户 MS_0 的的第 k（$k \in [1,N_r]$）根接收天线所经历的路径损耗记为 $R_i^{-\sigma}$（其中 R_i 为干扰基站 BS_i 和 MS_0 之间的欧几里德距离，σ 为路径损耗指数），Nakagami 衰落记为 $z_{i,k,n}$，伽马衰落记为 $w_{i,k,n}$。则基站 BS_i 的第 n 根天线和用户 MS_0 的第 k 根天线之间的信道增益可表示为 $\left\| h_{i,k,n} \right\|^2 = \dfrac{1}{R_i^\sigma} w_{i,k,n} \left| z_{i,k,n} \right|^2$。

假定基站在任意时隙调用频率资源块只服务一个用户，只需考虑来自于相邻同频小区的干扰。典型小区 $\mathcal{C}_0$ 中用户 MS_0 接收到来自所有邻小区基站的同频干扰信号，则 MS_0 所接收到的干扰叠加 I_{agg} 为

$$I_{\mathrm{agg}} = \sum_{k=1}^{N_r}\left(\sum_{i=1}^{\infty} \frac{I_{i,k}}{R_i^\sigma} \right) = \sum_{i=1}^{\infty} \frac{\displaystyle\sum_{k=1}^{N_r}(I_{i,k})}{R_i^\sigma} \tag{3-48a}$$

$$I_i = \sum_{k=1}^{N_r} (I_{i,k}) \tag{3-48b}$$

上式中 $I_{i,k}$ 表示用户 MS_0 的第 k 个子信道接收的来自 BS_i 的等效干扰功率（不考虑路径损耗）。在 BS 满足泊松分布的前提下，文献[24][25][12]研究均指出式（3-48a）中 I_{agg} 满足 α 稳定分布。

每个基站由于配备多天线存在 N_t 个相同位置的干扰信号子流，用户由于配备 N_r 根天线，来自基站 BS_i 的第 n 根天线的干扰信号子流到用户 MS_0 的第 k 根天线要经历独立同分布的 Nakagami 衰落 $z_{i,k,n}$ 及伽马衰落 $w_{i,k,n}$，用户 MS_0 的任意天线均接收到泊松分布的干扰基站端发送的多流干扰。则 I_i 在多小区 MIMO 场景中可表示为来自接收端的多天线整体接收到的任意 BS_i 的所有天线产生的干扰功率之和，且进一步根据式（3-48b）可以推导出式（3-49a）、式（3-49b）[26]。

$$I_i = P_{Ti} \left(\sum_{k=1}^{N_r} \sum_{n=1}^{N_t} T_{i,k,n} \right) \tag{3-49a}$$

$$T_{i,k,n} = w_{i,k,n} |z_{i,k,n}|^2 \tag{3-49b}$$

文献[27][28]指出，满足伽马阴影-Nakagami 衰落的分布为 K_G 分布，且其概率密度函数满足式（3-50）：

$$f_T(y) = \frac{2\left(\frac{m\lambda}{\Omega}\right)^{\frac{m+\lambda}{2}}}{\Gamma(m)\Gamma(\lambda)} y^{\frac{m+\lambda-2}{2}} K_{\lambda-m}\left(2\sqrt{\frac{m\lambda y}{\Omega}}\right) \tag{3-50}$$

这里 m 为 Nakagami 衰落的成型阴影因子，$\Omega = \sqrt{(\lambda+1)/\lambda}$ 为信号经历 Nakagami 衰落信道后的的平均接收功率，$\lambda = 1/(e^{(\delta/8.686)^2}-1)^2$ 为常数，δ 为阴影偏差[23]，$\Gamma(\cdot)$ 为伽马函数，$K_{\lambda-m}(\cdot)$ 为二阶修正贝塞尔函数。

我们假定了在接收端接收到的任意一个干扰基站各子信道上的平均功率在统计意义上近似相等[29]，即 $w_{i,k,n}(i=1,2,\cdots; k=1,2,\cdots,N_r; n=1,2,\cdots,N_t) = w_i$，则

$$\begin{aligned} I_i &= P_{Ti} \sum_{n=1}^{N_t} \sum_{k=1}^{N_r} T_{i,k,n} = P_{Ti} \sum_{n=1}^{N_t} \sum_{k=1}^{N_r} w_{i,k,n} |z_{i,k,n}|^2 = P_{Ti} w_i \sum_{n=1}^{N_t} \sum_{k=1}^{N_r} |z_{i,k,n}|^2 \\ &= P_{Ti} H_i \end{aligned} \tag{3-51}$$

由于 $N_t N_r$ 个具有相同参数 m 的伽马随机过程仍是服从伽马分布[15]，其参数 m 变为 $N_t N_r m$，则 $H_i = w_i \sum_{n=1}^{N_t} \sum_{k=1}^{N_r} |z_{i,k,n}|^2$ 同样满足伽马阴影-Nakagami 衰落分布，亦服从参数为 $N_t N_r m$ 的 K_G 分布，则其概率密度函数可表示为

$$f_{H_i}(y) = \frac{2\left(\frac{m\lambda}{\Omega}\right)^{\frac{N_t N_r m+\lambda}{2}}}{\Gamma(N_t N_r m)\Gamma(\lambda)} y^{\frac{N_t N_r m+\lambda-2}{2}} K_{\lambda-N_t N_r m}\left(2\sqrt{\frac{m\lambda y}{\Omega}}\right) (y>0, i=1,2,3,\cdots) \tag{3-52}$$

又假定 $\prod_{\mathrm{Inf}} = \{y_{li},\ i=1,2,3,\cdots\}$ 活跃的干扰基站 BS_i 的集合，y_{li} 表示第 i 个干扰基站 IBS_i 的位置，干扰基站集合 $\prod_{\mathrm{Inf}}$ 可以看作是在在基站泊松点过程 $\prod_B$ 上的一个独立细化过程，因此其仍为泊松点过程，密度记为 λ_{Inf}（对于全频率复用的蜂窝网络，通常有 $0 \leqslant \lambda_{\mathrm{Inf}} \leqslant \lambda_B$）。则式（3-49a）可以表示为

$$I_{\mathrm{agg}} = \sum_{k=1}^{N_r}\left(\sum_{i \in \prod_{\mathrm{Inf}}} \frac{I_{i,k}}{R_i^\sigma}\right) = \sum_{i \in \prod_{\mathrm{inf}}} \frac{\sum_{k=1}^{N_r}(I_{i,k})}{R_i^\sigma} = \sum_{i \in \prod_{\mathrm{Inf}}} \frac{I_i}{R_i^\sigma} \tag{3-53}$$

进一步地，有 $I_i = P_{Ti}H_i$，将 I_i 的概率密度函数和特征函数分别记为 $f_I(y)$ 和 $\phi_I(\omega)$，则根据文献[2]中标记泊松点过程的坎贝尔（Campbell）定理的理论以及文献[12]的结果，I_{agg} 的特征函数可表示为

$$\begin{aligned}\phi_{I_{\mathrm{agg}}} = \boldsymbol{E}\{\mathrm{e}^{j\omega \cdot I_{\mathrm{agg}}}\} &= \exp\left(-2\pi\lambda_{\mathrm{inf}}\iint(1-\mathrm{e}^{j\omega\frac{y}{R^\sigma}})f_I(y)\mathrm{d}y R\mathrm{d}R\right)\\ &= \exp\left(-2\pi\lambda_{\mathrm{inf}}\int_r\left[1-\phi_I\left(\frac{\omega}{R^\sigma}\right)\right]R\mathrm{d}R\right) \tag{3-54a}\\ &= \exp\left\{-\delta_{I_{\mathrm{agg}}}|\omega|^{2/\sigma}\left[1-j\beta\,\mathrm{sign}(\omega)\tan\left(\frac{\pi\alpha}{2}\right)\right]\right\}\end{aligned}$$

并且

$$\delta_{I_{\mathrm{agg}}} = \lambda_{\mathrm{inf}}\frac{\pi\varGamma(2-\alpha)\cos\left(\dfrac{\pi\alpha}{2}\right)}{1-\alpha}\boldsymbol{E}\{P_{Ti}^\alpha\}\boldsymbol{E}\{H_i^\alpha\}\,(\alpha \neq 1, i=1,2,3,\cdots) \tag{3-54b}$$

$$I_{\mathrm{agg}} \sim \mathrm{Stable}(\alpha = 2/\sigma, \beta = 1, \delta_{I_{\mathrm{agg}}}, \mu = 0) \tag{3-55}$$

$$\boldsymbol{E}\{H_i^\alpha\} = \int_0^\infty \frac{2\left(\dfrac{m\lambda}{\Omega}\right)^{\frac{N_tN_rm+\lambda}{2}}}{\varGamma(N_tN_rm)\varGamma(\lambda)} y^{\frac{N_tN_rm+\lambda-2}{2}} K_{\lambda-N_tN_rm}\left(2\sqrt{\frac{m\lambda y}{\Omega}}\right) y^\alpha \mathrm{d}y \tag{3-56}$$

根据文献[15]，式（3-56）可以进一步简化为

$$\boldsymbol{E}\{H_i^\alpha\} = \left(\frac{m\lambda}{\Omega}\right)^{-\alpha}\frac{\varGamma(\lambda+\alpha)\varGamma(N_tN_rm+\alpha)}{\varGamma(N_tN_rm)\varGamma(\lambda)}\,(i=0,1,2,3,\cdots) \tag{3-57}$$

将式（3-57）代入式（3-54b）并进行反傅里叶变换则可得到用户 MS_0 处的累计干扰功率概率密度函数表达式。

$$f_{I_{\mathrm{agg}}}(y) = \frac{1}{2\pi}\int_{-\infty}^{+\infty}\varPhi_{I_{\mathrm{agg}}}(\mathrm{j}w)\exp(-2\pi\mathrm{j}wy)\mathrm{d}w \tag{3-58}$$

3.2.4.2 基站功耗模型

在干扰受限的多小区 PVT MIMO 系统中，假设干扰为 I_{agg}，由于噪声功率相对于干扰功率可忽略不计，则典型小区 $\mathcal{C}_0$ 中用户 MS_0 的接收 SINR 可表示为

$$\mathrm{SINR}_0 = \frac{P_0 \boldsymbol{x}_0^{\mathrm{H}}\boldsymbol{H}_{00}^{\mathrm{H}}\boldsymbol{H}_{00}\boldsymbol{x}_0}{I_{\mathrm{agg}}} \tag{3-59}$$

则用户 MS_0 处的可达速率可表示如下：

$$\mathcal{R}_0 = B_W \log[1 + \mathrm{SINR}_0] = B_W \log\left[1 + \frac{P_0 \boldsymbol{x}_0^{\mathrm{H}} \boldsymbol{H}_{00}^{\mathrm{H}} \boldsymbol{H}_{00} \boldsymbol{x}_0}{I_{\mathrm{agg}}}\right] \tag{3-60}$$

对式（3-59）中的信道矩阵 $\boldsymbol{H}_{00}$ 进行进行奇异值分解如下：

$$\boldsymbol{H}_{00} = \boldsymbol{U}_{00} \boldsymbol{D}_{00} \boldsymbol{V}_{00}^{\mathrm{H}} \tag{3-61}$$

其中，$\boldsymbol{D}_{00} = \mathrm{diag}(\sqrt{\lambda_1}, \sqrt{\lambda_2}, \cdots, \sqrt{\lambda_{\mathrm{rank}(\boldsymbol{H}_{00})}})$，$\lambda_1 \leqslant \lambda_2 \leqslant \cdots \leqslant \lambda_{\mathrm{rank}(\boldsymbol{H}_{00})}$ 分别为矩阵 $\boldsymbol{H}_{00}^{\mathrm{H}} \boldsymbol{H}_{00}$ 的特征值，$\boldsymbol{U}_{00}$ 为 $N_r \times N_r$ 酉矩阵，且满足 $\boldsymbol{V}_{00}$ 为 $N_t \times N_t$ 酉矩阵。则式（3-59）可改写为

$$\mathrm{SINR}_0 = \frac{P_0 \boldsymbol{x}_0^{\mathrm{H}} \boldsymbol{H}_{00}^{\mathrm{H}} \boldsymbol{H}_{00} \boldsymbol{x}_0}{I_{\mathrm{agg}}} = \frac{P_0 \boldsymbol{x}_0^{\mathrm{H}} \boldsymbol{V}_{00} \boldsymbol{D}_{00}^2 \boldsymbol{V}_{00}^{\mathrm{H}} \boldsymbol{x}_0}{I_{\mathrm{agg}}} \tag{3-62}$$

用户处的速率可进一步表示为

$$\mathcal{R}_0 = B_W \log\left[1 + \frac{P_0 \boldsymbol{x}_0^{\mathrm{H}} \boldsymbol{V}_{00} \boldsymbol{D}_{00}^2 \boldsymbol{V}_{00}^{\mathrm{H}} \boldsymbol{x}_0}{I_{\mathrm{agg}}}\right] \tag{3-63}$$

同样，在发射端未知 CSI 的情况下，通过预编码矩阵将发射信号等功率映射到每根发射天线上。如果在用户 MS_0 处采用最大比传输/最大比合并（MRT/MRC）技术[19]，则有

$$
\begin{aligned}
\mathcal{R}_0 &= B_W \log\left[1 + \frac{P_0 x_0^{\mathrm{H}} V_{00} D_{00}^2 V_{00}^{\mathrm{H}} x_0}{I_{\mathrm{agg}}}\right] \\
&\leqslant B_W \log\left[1 + \frac{\dfrac{P_0}{N_t} \lambda_{\max}(H_{00}^{\mathrm{H}} H_{00})}{I_{\mathrm{agg}}}\right] = B_W \log\left[1 + \frac{\dfrac{P_0}{N_t} \lambda_{\mathrm{rank}(H_{00})}}{I_{\mathrm{agg}}}\right] \\
&\leqslant B_W \log\left[1 + \frac{\dfrac{P_0}{N_t} \|H_{00}\|_F^2}{I_{\mathrm{agg}}}\right] = B_W \log\left[1 + \frac{\dfrac{P_0}{N_t} \sum\limits_{k=1}^{N_r} \sum\limits_{n=1}^{N_t} |h_{0,k,n}|^2}{I_{\mathrm{agg}}}\right] \\
&\approx B_W \log\left[1 + \frac{\dfrac{P_0}{N_t} \sum\limits_{k=1}^{N_r} \sum\limits_{n=1}^{N_t} \dfrac{1}{R_0^{\sigma}} w_0 |z_{0,k,n}|^2}{I_{\mathrm{agg}}}\right] = B_W \log\left[1 + \frac{\dfrac{P_0}{N_t} \dfrac{H_0}{R_0^{\sigma}}}{I_{\mathrm{agg}}}\right]
\end{aligned}
\tag{3-64}
$$

其中，$\lambda_{\max}(\boldsymbol{H}_{00}^{\mathrm{H}} \boldsymbol{H}_{00})$ 表示矩阵 $\boldsymbol{H}_{00}^{\mathrm{H}} \boldsymbol{H}_{00}$ 最大的特征值，$\|\cdot\|_F^2$ 表示 2 范数。

为了推到方便令 $\tau = \dfrac{P_0}{N_t} \dfrac{H_0}{R_0^{\sigma}} \Big/ I_{\mathrm{agg}}$，则可达速率 $\mathcal{R}_0$ 与 MS_0 处的空间流量密度 $\rho(\mathrm{MS}_0)$ 的关系可表示为

$$B_W \log_2(1 + \tau) = \rho(x_{M0}) \tag{3-65}$$

根据空间流量密度的概率密度函数式（3-14），可以得到 τ 的概率密度函数如下

$$f_\tau(z) = \frac{\theta \rho_{\min}^\theta B_W^{-\theta}}{\ln 2 \cdot (1+z)} \left(\log_2(1+z)\right)^{-\theta-1}, \quad (z > z_0 = 2^{\rho_{\min}/B_W} - 1) \tag{3-66}$$

接下来，R_0 的 PDF 可得出如下

$$f_{R_0}(R) = \frac{\mathrm{d}\Pr\{R_0 \le R\}}{\mathrm{d}r} = \frac{\mathrm{d}\{1 - \Pr\{R_0 > R\}\}}{\mathrm{d}r} \tag{3-67}$$

$$= -\frac{\mathrm{d}\Pr\{R_0 > R\}}{\mathrm{d}R} = -\frac{\mathrm{d}\left(\dfrac{(\lambda_B \pi R^2)^0 \, \mathrm{e}^{-\lambda_B \pi R^2}}{0!}\right)}{\mathrm{d}R} = 2\pi\lambda_B \, R\mathrm{e}^{-\pi\lambda_B R^2}$$

上式中 $\Pr\{R_0 > R\}$ 等价于随机事件：{在以 x_{M0} 为中心，半径为 R 的圆内不存在基站点（$\prod_B$ 点）}的概率。

进一步地，R_0^σ 的概率密度函数可得出如下

$$f_{R_0^\sigma}(r) = \frac{1}{\sigma} R^{\frac{2}{\sigma}-1} \cdot 2\pi\lambda_B \mathrm{e}^{-\pi\lambda_B R^{2/\sigma}} \tag{3-68}$$

可将基站 BS_0 到用户 MS_0 的下行链路发射功耗 P_0 表示为

$$P_0 = I_{agg} \cdot \frac{N_t \cdot R_0^\sigma \cdot \tau}{H_0} \tag{3-69}$$

则根据式（3-58）、式（3-68）及式（3-69），可得出 P_0 的特征函数表达式为

$$\phi_{P_0}(\omega) = \int_x \phi_{I_{agg}}(\omega x) \cdot f_{\frac{N_t \cdot R_0^\sigma \cdot \tau}{H_0}}(x)\mathrm{d}x$$

$$= \int_x \iint_{y,z} \phi_{I_{agg}}(\omega x) \cdot \frac{y}{zN_t} f_\tau(z) f_{R_0^\sigma}\left(\frac{xy}{zN_t}\right) f_{H_0}(y)\mathrm{d}x\mathrm{d}y\mathrm{d}z \tag{3-70a}$$

$$= \iint_{y,z} \frac{\pi\lambda_B}{G(\omega) z^{2/\sigma} y^{-2/\sigma} + \pi\lambda_B} f_{H_0}(y) f_\tau(z)\mathrm{d}y\mathrm{d}z$$

且

$$G(\omega) = \delta_{I_{agg}} \, |\omega|^{2/\sigma} \left[1 - \mathrm{j} \cdot \mathrm{sign}(\omega) \cdot \tan\frac{\pi}{\sigma}\right] \tag{3-70b}$$

由于信道参数 H_i 是独立同分布，则有 $f_{H_i}(y)(i=1,2,3,\cdots) = f_{H_0}(y)$，同时由式（3-52）可得到，

$$f_{H_0}(y) = \frac{2\left(\dfrac{m\lambda}{\Omega}\right)^{\frac{N_t N_r m + \lambda}{2}}}{\Gamma(N_t N_r m)\Gamma(\lambda)} y^{\frac{N_t N_r m + \lambda - 2}{2}} K_{\lambda - N_t N_r m}\left(2\sqrt{\dfrac{m\lambda y}{\Omega}}\right) (y > 0) \tag{3-70c}$$

假设对于所有的下行链路所需要的流量速率，基站均分配了合适的发射功率以传输数据。则典型 PVT 小区 $\mathcal{C}_0$ 中基站所需的总发射功率可表示为

$$\mathcal{P}_{C0\_req} \overset{def}{=} \sum_{x_{Ms} \in \prod_M} P_s \cdot \boldsymbol{I}\{x_{Ms} \in C_0\} \tag{3-71}$$

这里 P_s 为 BS_0 到用户 MS_i 的下行链路发射功率；$1\{\cdots\}$ 为指示函数，当大括号内的条件为真时其值等于 1，否则为 0。假设 P_s 为一系列独立同分布的随机变量，其概率密度函数和特征函数分别记为 $f_P(p)$ 和 $\phi_P(\omega)$。则根据文献[2]中标记泊松点过程的坎贝尔定理，典型小区中基站的总发射功耗 $\mathcal{P}_{C0\_req}$ 的特征函数可得出如下

$$\phi_{P_{C0\_req}}(\omega) = \mathbb{E}\left\{\exp\left[\iint_{x,p}(e^{j\omega p}-1)\cdot f_P(p)\mathrm{d}p\cdot 1\{x\in\mathcal{C}_0\}\cdot 2\pi\lambda_M x\mathrm{d}x\right]\right\}$$

$$= \exp\left[-2\pi\lambda_M\int_0^\infty(1-\phi_P(\omega))\cdot\mathbb{E}(1\{x\in\mathcal{C}_0\})\cdot x\mathrm{d}x\right]$$

$$= \exp\left[-2\pi\lambda_M\int_0^\infty(1-\phi_P(\omega))\cdot e^{-\pi\lambda_B x^2}\cdot x\mathrm{d}x\right] \quad (3\text{-}72)$$

$$= \exp\left[-\frac{\lambda_M}{\lambda_B}(1-\phi_{P_0}(\omega))\right]$$

然而，在下行链路中，为了满足所有的流量速率的需求，基站的总发射功率理论上是趋于无穷的。在实际的功率控制中，我们需要设定一个最大的发射功功率门限值 $P_{\max}$。在这种情况下，当所需要的总发射功率超过这个门限值后，一些通信链路将被中断。因此，典型 PVT 小区中基站实际的总发射功耗 $\mathcal{P}_{C0\_req}$ 可由将的概率分布在区间 $(0, P_{\max}]$ 内"截断"得到，则截断后的概率密度函数可表示如下

$$f_{\mathcal{P}_{C0\_pra}}(x) = \begin{cases} f_{\mathcal{P}_{C0\_req}}(x) / F_{\mathcal{P}_{C0\_req}}(P_{\max}), & x \leqslant P_{\max} \\ 0, & x > P_{\max} \end{cases} \quad (3\text{-}73\text{a})$$

$$F_{\mathcal{P}_{C0\_req}}(P_{\max}) = \int_0^{P_{\max}} f_{\mathcal{P}_{C0\_req}}(x)\mathrm{d}x \quad (3\text{-}73\text{b})$$

$$f_{\mathcal{P}_{C0\_req}}(x) = \mathcal{F}^{-1}(\phi_{\mathcal{P}_{C0\_req}}(\omega)) \quad (3\text{-}74)$$

$\mathcal{F}^{-1}(\cdot)$ 为反傅里叶变化。

基站实际的总发射功耗的期望表达式为

$$\boldsymbol{E}(\mathcal{P}_{C0\_pra}) = \int_0^{P_{\max}} xf_{\mathcal{P}_{C0\_pra}}(x)\mathrm{d}x = \frac{1}{F_{\mathcal{P}_{C0\_req}}(P_{\max})}\int_0^{P_{\max}} xf_{\mathcal{P}_{C0\_req}}(x)\mathrm{d}x \quad (3\text{-}75)$$

根据文献[24]，$\boldsymbol{E}(\mathcal{T}_{C0}) = \dfrac{\lambda_M\theta\rho_{\min}}{\lambda_B(\theta-1)}$，将式（3-75）和 $\boldsymbol{E}(\mathcal{T}_{C0})$ 代入式（3-44）和式（3-45）可进一步得能效的数学表达式为

$$\eta_{\mathrm{EE}} = \frac{\dfrac{\lambda_M\theta\rho_{\min}}{\lambda_B(\theta-1)}F_{P_{C_0}}(P_{C_0\_\max})}{\dfrac{1}{\eta}\dfrac{1}{F_{P_{C_0}}(P_{C_0\_\max})}\displaystyle\int_0^{P_{C_0\_\max}} xf_{P_{C_0}}(x)\,\mathrm{d}x + N_T P_{\mathrm{dyn}} + P_{\mathrm{sta}}}$$

$$= \frac{\lambda_M\theta\rho_{\min}}{\lambda_B(\theta-1)}\frac{\left(\displaystyle\int_0^{P_{\max}} f_{P_{C_0}}(x)\mathrm{d}x\right)^2}{\dfrac{1}{\eta}\displaystyle\int_0^{P_{C_0\_\max}} xf_{P_{C_0}}(x)\,\mathrm{d}x + (N_T P_{\mathrm{dyn}} + P_{\mathrm{sta}})\cdot\displaystyle\int_0^{P_{\max}} f_{P_{C_0}}(x)\,\mathrm{d}x} \quad (3\text{-}76)$$

在 Nakagami 衰落的成型阴影因子 $m=1$，阴影偏差 $\delta=6$，路径损耗指数 $\sigma=4$ [30] 的无线传输环境下，基站的空间密度设定为 $\lambda_B = 1/(\pi\cdot 800^2)\mathrm{m}^{-2}$；用户和基站空间密度比

$\lambda_M / \lambda_B = 30$；干扰链路密度 $\lambda_{\inf} = 0.9\lambda_B$。当基站发射天线数目设定为 U_{00}，基站最大的总发射功耗门限 $P_{\max} = 40$ W [19]，且接收功耗矩 $E(P_i^{2/\sigma}) = 10^{-2}$ W [10]；用户接收端天线数目设定为 $N_t \times N_t$，用户处空间流量密度重尾指数 $\theta = 1.8$，且归一化信道带宽 B_W 后的最小流量速率为 $\rho_{\min} = 2.5$ bits/s/Hz [11]。

根据式（3-73），我们分别仿真得出了 MIMO 系统中发射天线和接收天线数目对基站实际的总平均发射功率的影响，如图 3-11 和图 3-12 所示。从图 3-11 和图 3-12 中可看出，在 SINR 要求相同的情况下，随着发射天线和接收天线数目的增加，基站所需的实际的总平均发射功率反而降低（虽然相差不是很大）。这是因为相对于 SISO 系统和 MIMO 系统而言，在 MIMO 系统中，由于在发射端和接收端分别采用了多根发射天线和接收天线，使得发射与接收之间的传输路径增多，提高了分集增益，从而使得基站所需的实际的总平均发射功率降低。

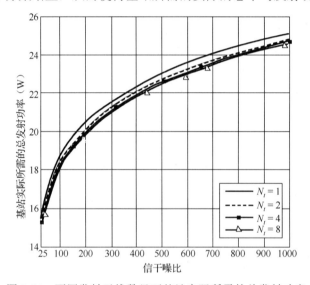

图 3-11　不同发射天线数目下基站实际所需的总发射功率

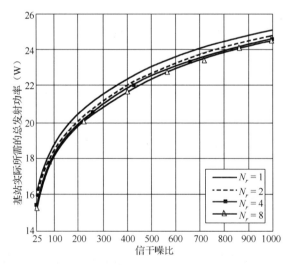

图 3-12　不同接收天线数目下基站实际所需的总发射功率

基于式（3-74）的反傅里叶变换，我们得出了不同参数下基站所需总发射功率的 CDF 及概率密度函数特性曲线，并进而分析了各参数对基站所需的总发射功率的影响。

图 3-13 和图 3-14 分别给出了不同发射天线和接收天线数目下基站所需总发射功率的概率密度函数特性曲线。从图中可看出，随着发射天线和接收天线数目的增加，概率最大值对应下的基站所需总发射功率向左移动（虽然没有明显的偏移），说明随着发射天线和接收天线数目的增加，基站所需的总发射功率降低。

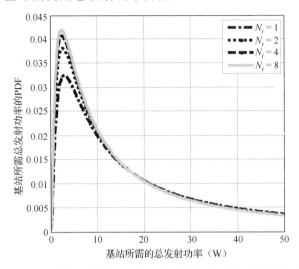

图 3-13　不同发射天线数目下基站所需总发射功率的概率密度函数

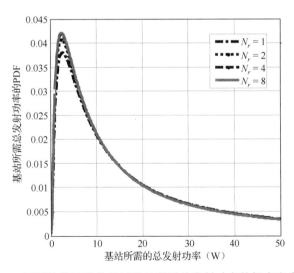

图 3-14　不同接收天线数目下基站所需总发射功率的概率密度函数

图 3-15(a)和图 3-15(b)、图 3-16(a)和图 3-16(b)、图 3-17(a)和图 3-17(b)分别得出了不同用户与基站密度比、不同干扰链路密度、不同路径损耗系数下基站所需总发射功率的 CDF 及概率密度函数特性曲线。从图 3-15(a)和图 3-15(b)中可看出，随着用户—基站密度比的增大，概率最大值对应下的基站所需总发射功率明显向右移，这是因为随着用户与基站密度比的增

加，PVT 小区中平均用户数目也随着增加，为了满足用户流量速率的增加，基站需增加所需总发射功率来满足其 QoS 需求。同样当发射功率大于一定值时，概率密度函数曲线尾部衰减更缓慢。

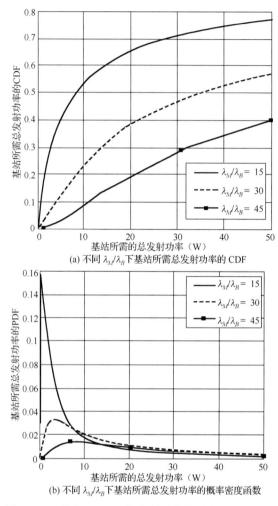

(a) 不同 λ_M/λ_B 下基站所需总发射功率的 CDF

(b) 不同 λ_M/λ_B 下基站所需总发射功率的概率密度函数

图 3-15　不同 λ_M/λ_B 下基站所需发射功率的统计特性

图 3-16(a)和图 3-16(b)分别得出了不同干扰链路密度下基站所需总发射功率的 CDF 及概率密度函数特性曲线。从图中可看出，随着干扰链路密度的增加，概率最大值对应下的基站所需总发射功率随着向右移动，这是因为干扰链路密度的增加，使得来自于相邻 PVT 小区的干扰增加，为了保证用户的 QoS 需求，基站端需要更多的发射功率来补偿相应的 SINR 衰减。同样当发射功率大于一定值时，概率密度函数曲线尾部衰减更缓慢。

图 3-17(a)和图 3-17(b)分别得出了不同路径损耗系数下基站所需总发射功率的 CDF 及概率密度函数特性曲线。从图中可看出，随着路径损耗系数降低，概率最大值对应下的基站所需总发射功率反而向右移，这是由于干扰小区的干扰发射功率受路径损耗的影响比目标小区发射功率所受的影响要大，随着路径损耗系数的降低，干扰发射功率在传播过程中所受到的路径损耗减少，从而使得用户接收到的干扰功率增大，为了保证用户的 QoS 需求，

基站端需要更多的发射功率来补偿相应的 SINR 衰减。同样当发射功率大于一定值时，概率密度函数曲线尾部衰减更缓慢。

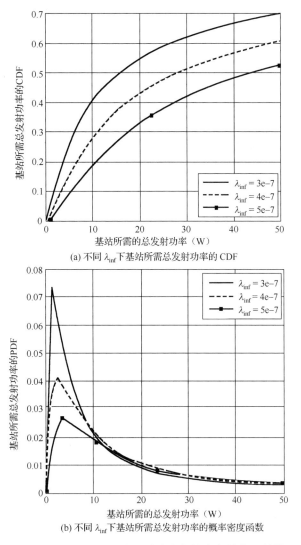

(a) 不同 λ_{inf} 下基站所需总发射功率的 CDF

(b) 不同 λ_{inf} 下基站所需总发射功率的概率密度函数

图 3-16 不同 λ_{inf} 下基站所需总发射功率的统计特性

3.2.4.3 多天线蜂窝网能效模型

在一般的无线通信网络中，能效的衡量需考虑三方面的因素：基站的总功率、用户的流量特性以及传输过程中的信道场景。

由于主要的功耗在于基站，基站功率由哪些部分组成进行分析是能效评估的前提。基站一般是分扇区（常见为 3 个定向扇区，即每个基站采用三副 120 度扇形辐射的定向天线，分别覆盖各三分之一的区域，每副天线覆盖的区域就是一个基站扇区）覆盖。基站设备分为在扇区之间公共使用的设备（例如空调系统，包络制冷系统和送风回风系统等，以及馈线）以及在扇区内独立使用的设备。每个扇区内的独立使用设备大致一样，包括负责对基

站收发台系统中发射信号和接收信号进行处理以及对收发信号进行编码和解码的数字信号
处理器、功率放大器（其中功率放大器的个数是和发射天线数目一致的，即功率放大器数
目等于发射天线数目）、负责对基站和移动站进行信号发射与接收的收发器、信号发生器（负
责信号产生及调制）、交流—直流转换器等。对于多天线系统，每个扇区至少有两根天线。
如果计算出扇区间公共设备和扇区内独立设备中各个部件的功率，则将这些部件的功率加
起来便可建立基站的总功率模型。

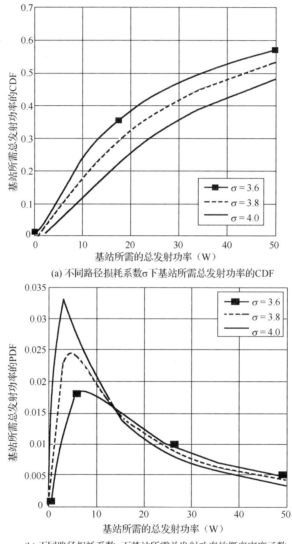

(a) 不同路径损耗系数σ下基站所需总发射功率的CDF

(b) 不同路径损耗系数σ下基站所需总发射功率的概率密度函数

图 3-17   不同路径损耗 σ 下基站所需总发射功率的统计特性

另外，在实际的蜂窝网络中，流量随时间和空间呈现不均匀分布，具有自相似性和突
发性，这种流量特性，也导致能效在时间和空间上也呈现出不均匀分布的特征。在一般的
蜂窝网络中，无线资源（包括能量）通常按照所谓的"最差"原则，即根据流量负载在高
峰期的所需的能量来进行分配的方法[31]，这样会导致在流量负载低的时候，过量的能量将

会被浪费掉。为了减少不必要的能量浪费，我们需要建立切合实际的流量负载分布模型，文献[25]研究发现，帕累托分布可以很好的模拟用户的突发流量负载，因此采用帕累托分布来对流量负载进行建模，通过仿真分析，此蜂窝网络流量呈现重尾特征，与基站与用户的分布比、最小流量速率及重尾指数等因素有关，另外，小区中总的流量负载还与小区的形状特征及面积有关。

　　另外，由于基站所需的总发射功率还受到复杂的无线传播信道及小区间总干扰的影响，则基站的总运行能效也受到这两方面因素的影响。根据所得出的运行能效模型，我们将对影响能效的参数，如用户与基站密度比，干扰链路密度，路径损耗系数及发射接收天线数目等，进行数值仿真。

　　默认的仿真参数设定如下：其中一些参数，如 SINR 最小门限值 $Z_{\min}$，$\rho_{\min}, \theta, \lambda_B, \lambda_M / \lambda_B, \lambda_{\inf}, m, \sigma, P_{\max}, N_t, N_r$，和前面几节中设定的一样，在此不一一列出。功率放大器效率 $\eta = 0.38$，$P_{\mathrm{dyn}} = 83\,\mathrm{W}$，$P_{\mathrm{T\_RF}} = 45.5\,\mathrm{W}$ [30][32]。

　　图 3-18 刻画了不同的干扰链路密度和用户—基站密度比下，PVT MIMO 蜂窝网络能效的变化情况。从横轴上来看，随着用户—基站密度比的变化，能效存在一个最大值，这是因为在用户数目较小的时候，随着用户数目的增多，主要导致基站功率中固定功率的增长，动态功率的增长幅度很小，使得基站总功率的增加速度小于流量负载的增加速度，从而导致能效的增大，而当用户—基站密度比超过一定门限值时，随着用户流量负载的激增，会导致动态功率的大幅度增长，从而使得基站能效随之而降低。从纵轴上来看，在用户—基站密度比一定的情况下，能效随着干扰链路密度的增大而降低，这是因为干扰链路密度增大意味着干扰的增加，为了保证 SINR 需求，基站发射功率也随之增加，所以基站能效会随之降低。

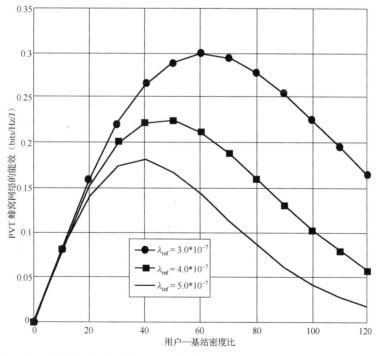

图 3-18　不同的干扰链路密度和用户—基站密度比下，PVT MIMO 蜂窝网络能效的变化情况

　　图 3-19 刻画了不同的路径损耗系数和用户—基站密度比下，PVT MIMO 蜂窝网络能效的变化情况。从图中可看出，在用户—基站密度比一定的情况下，能效随着路径损耗系数的增大而增大，这是因为路径损耗系数的增大主要会导致干扰的减小，从而使得基站所需的发射功率降低，进而表现为能效的增加。另外，随着用户—基站密度比的增加，能效同样存在一个上限，即达到饱和的状态。

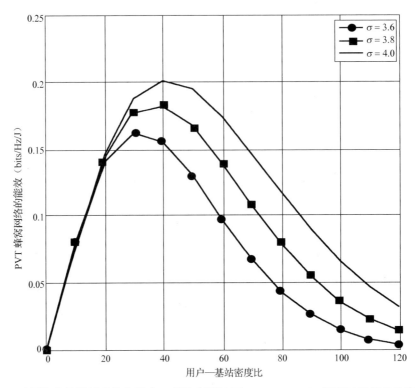

图 3-19　不同的路径损耗系数和用户—基站密度比下，PVT MIMO 蜂窝网络能效的变化情况

　　图 3-20 刻画了不同的发射天线数目和用户—基站密度比下，PVT MIMO 蜂窝网络能效的变化情况。从图中可看出，在用户—基站密度比一定的情况下，能效随着发射天线数目的减小而增大，这从式（3-76）中可以进行解释，发射天线数目主要影响公式中分母的第二项，发射天线数目越小，y_0 越小，则运行能效越大。另外，随着用户—基站密度比的增加，能效同样存在一个上限，即达到饱和的状态。

　　图 3-21 刻画了不同的接收天线数目和用户—基站密度比下，PVT MIMO 蜂窝网络能效的变化情况。从图中可看出，当用户与基站密度比较小 x_0 时，用户接收天线数目对能效的影响甚微，而当用户与基站密度比增大时，能效随接收天线数目的增多而增大，但是不同接收天线数目间的差别不太明显，这同样可从公式（3-76）中可以进行解释，接收天线数目主要影响公式中分母的第一项，接收天线数目越大，$E(\mathcal{P}_{C0\_pra})$ 越小，则运行能效越大。同样，随着用户—基站密度比的增加，能效也存在一个上限，即达到饱和的状态。

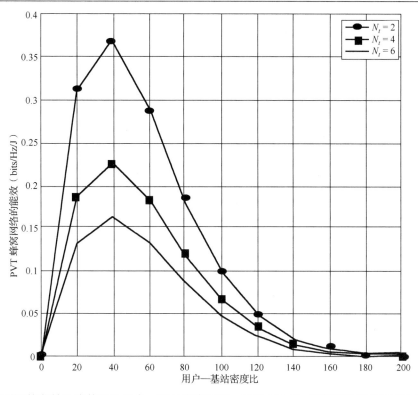

图 3-20 不同的发射天线数目和用户—基站密度比下，PVT MIMO 蜂窝网络能效的变化情况

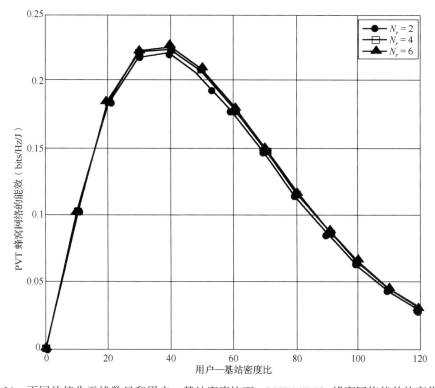

图 3-21 不同的接收天线数目和用户—基站密度比下，PVT MIMO 蜂窝网络能效的变化情况

▌ 3.3 多天线随机蜂窝网功率优化

在信道状态信息仅在接收端已知的情况下，假设各发射天线上的信号是独立同分布的，对每根发射天线上的功率进行平均分配，可以使系统达到最高的信道遍历容量。这种功率分配方案在通常情况下并不是最优的，但由于其算法的简单性，在许多文献中都有应用。在发射端和接收端均已知信道状态信息（CSI）的情况下，传统上常考虑利用注水原则来进行功率分配[33]。

3.3.1 系统模型

根据 3.2.1 节和 3.2.4 节中对系统信号模型的分析，我们对式（3-9）左乘 U_{00}^{H} 得，

$$U_{00}^{\mathrm{H}}y_0 = \sqrt{P_{T0}}U_{00}^{\mathrm{H}}H_{00}x_0 + \sum_{i=1}^{\infty}U_{00}^{\mathrm{H}}\sqrt{P_{Ti}}\sigma H_{i0}x_i + U_{00}^{\mathrm{H}}n_0 \qquad (3\text{-}77)$$

令 $\hat{y}_0 = U_{00}^{\mathrm{H}}y_0$，$\hat{x}_0 = V_{00}^{\mathrm{H}}x_0$，$\hat{n}_0 = U_{00}^{\mathrm{H}}n_0$，干扰信号 $\hat{I}_0 = U_{00}^{\mathrm{H}}\sqrt{P_{Ti}}H_{i0}x_i$，则有

$$\hat{y}_0 = \sqrt{P_{T0}}D_{00}\hat{x}_0 + \sum_{i=1}^{\infty}\hat{I}_i + \hat{n}_0 \qquad (3\text{-}78)$$

上式中 $\hat{y}_0$、$\hat{x}_0$、$\hat{I}_i$、$\hat{n}_0$ 的协方差矩阵的迹与 y_0、x_0、$I_i = \sqrt{P_{Ti}}H_{i0}x_i$、$n_0$ 的相同，例如 $\mathrm{tr}(Q_{\hat{x}}) = \mathrm{tr}(Q_x)$，$Q_{\hat{x}}$、$Q_x$ 分别是 $\hat{x}_0$ x_0 的协方差矩阵。因此，在发射端已知信道状态信息时，发射端经过波束成形滤波器 V_{00} 和接收端经过合并滤波器 U_{00}^{H}，MIMO 信道可以等效为 $L = \min\{N_t, N_r\}$ 个并行 SISO 信道，

$$\hat{y}_{00l} = \sqrt{\lambda_j P_{T0}}x_{00,l} + \sum_{i=1}^{\infty}\hat{I}_{i,l} + \hat{n}_{00,l}\ l = 1,2,\cdots,L \qquad (3\text{-}79)$$

$I_{i,l}$ 为第 i 个干扰基站对第 l 个子信道的干扰。则用户 MS_0 处的可达速率可给出如下：

$$\mathcal{R}_0 = \frac{B_W}{L}\sum_{l=1}^{L}\log\left(1 + \frac{\lambda_l P_{T0}\left|x_{00,l}\right|^2}{\sum_{i\in\Pi_{\inf}}\left|I_{i,l}\right|^2}\right) = \frac{B_W}{L}\sum_{l=1}^{L}\log\left(1 + \frac{\lambda_l P_{T0}\left|x_{00,l}\right|^2}{\sum_{i\in\Pi_{\inf}}P_{Ti}w_i\sum_{n=1}^{N_t}\left|z_{i,l,n}\right|^2}\right) \qquad (3\text{-}80)$$

3.3.2 多天线蜂窝网能效模型

根据式（3-78）和式（3-79），系统信道容量可以表示为

$$C = \sum_{l=1}^{L}\log\left(1 + \frac{\lambda_l P_{T0l}}{N_0}\right) \qquad (3\text{-}81)$$

其中，N_0 为发射端噪声功率。根据注水算法思想，对各子信道的发射功率进行注水分配时的系统容量达到最大，即

$$C_{\max} = \sum_{l=1}^{L} \log\left(1 + \frac{\lambda_l P_{T0l}}{N_0}\right)$$

$$\text{满足} \quad \sum_{l=1}^{L} P_{T0l} = P_{T0} \tag{3-82}$$

利用拉格朗日算法，文献[34]中得到了最优的发射信号功率分配方案为：第 l 个子信道上分配功率为

$$P_{T0l} = \left(\mu - \frac{N_0}{\lambda_l}\right)_{+} = \frac{P_T}{L} + \frac{1}{L}\sum_{l=1}^{L}\frac{N_0}{\lambda_l} - \frac{N_0}{\lambda_l} \tag{3-83}$$

其中，μ 为注水限。将式（3-83）代入可达速率表达式（3-80），则有

$$\mathcal{R}_0 = \frac{B_W}{L}\sum_{l=1}^{L}\log\left(1 + \frac{\left(\frac{P_{T0}}{L} + \frac{N_0}{L}\sum_{a=1}^{L}\frac{1}{\lambda_a} - \frac{N_0}{\lambda_l}\right)\lambda_l}{P_{Il}}\right) \tag{3-84a}$$

$$= \frac{B_W}{L}\sum_{l=1}^{L}\log\left(1 + \frac{\frac{P_{T0}\lambda_l}{L} + \frac{N_0\lambda_l}{L}\sum_{a=1}^{L}\frac{1}{\lambda_a} - N_0}{P_{Il}}\right)$$

第 l 个子信道上干扰功率为

$$P_{Il} = \sum_{i\in\Pi_{\inf}} P_{Ti}w_i\sum_{n=1}^{N_t}\left|z_{i,l,n}\right|^2 \tag{3-84b}$$

其概率密度函数函数满足公式（3-58）。

当我们考虑到要满足用户对流量速度的要求时，则用户 MS_0 处的空间流量密度与所需的链路发射功耗之间的关系可表示为

$$\frac{Bw}{L}\sum_{l=1}^{L}\log\left(1 + \frac{\frac{P_{T0}\lambda_l}{L} + \frac{N_0\lambda_l}{L}\sum_{a=1}^{L}\frac{1}{\lambda_a} - N_0}{P_{Il}}\right) = \rho(MS_0) \tag{3-85}$$

这里 B_W 是分配给 MS_0 的带宽，$\rho(MS_0)$ 为 PVT 小区 C_0 内用户 MS_0 处的空间流量密度。上式表示了满足用户对实际流量的需要时所需发射功率的动态分配过程，以用户为主要的参考标准，对基站进行一定的调节。我们通过上式求出基站的发射功率，通过蒙特卡罗仿真可以得到基站的平均发射功率 $E(\mathcal{P}_{C0\_pra})$，则基站的运行能效模型可进一步表示为

$$\eta_{EE} = \frac{\dfrac{\lambda_M\theta\rho_{\min}}{\lambda_B(\theta-1)}}{\dfrac{1}{\eta}E(\mathcal{P}_{C0\_pra}) + N_T P_{dyn} + P_{sta}} \tag{3-86}$$

在上一节中的信道环境和基站用户布置的情况下，根据式（3-86）通过蒙特卡洛仿真的到基站发射功率的经验概率密度曲线图。图 3-22 给出了不同路径损耗系数下基站所需总发射功耗的 CDF 特性曲线，不同路径损耗之间差别较小，但是还是可以看出随着系数增加，

概率最大值也增加，其结果和平均功率分配趋势相同。图 3-23 得出了不同用户与基站密度比下基站所需总发射功耗的概率密度函数特性曲线。

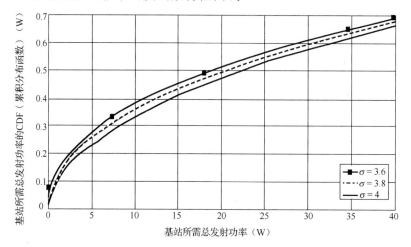

图 3-22　不同路径损耗系数下基站所需总发射功率的 CDF

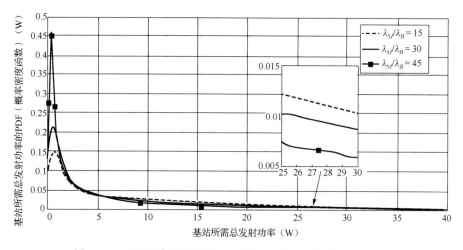

图 3-23　不同用户基站密度比下基站所需总发射功率的 CDF

　　根据前面所提出的基站发射功耗模型，本节将对一些影响 PVT 蜂窝网络基站运行能效的参数进行数值仿真。默认的仿真参数设定如下：$\rho_{\min} = 2.5$ bit/s/Hz，$\theta = 1.8$，$\lambda_B = 1/(\pi \cdot 800^2) \mathrm{m}^{-2}$，$\lambda_M / \lambda_B = 30$，$\lambda_{\inf} = 0.9\lambda_B$，$m=1, \sigma=4$，$P_{\max} = 40$ W，$N_t = 8$，$N_r = 4$；功率放大器效率 $\eta = 0.38$，$P_{\mathrm{dyn}} = 83$ W，$P_{\mathrm{sta}} = 45.5$ W [35][36]。根据式（3-85）和式（3-86），通过蒙特拉罗仿真形式可以得到用户基站密度比、收发天线数、路径损耗、流量条件及活跃干扰基站密度等参数对基站运行能效的影响。

　　图 3-24 刻画了不同发射天线数目和用户—基站密度比下，PVT MIMO 蜂窝网络能效的变化情况，并且比较了平均功率分配和注水功率分配的差别。从图中可看出，在用户—基站密度比一定的情况下，能效随着发射天线数目的减小而增大。另外，随着用户—基站密度比的增加，能效同样存在一个最大值，即达到饱和的状态。在图中虽然注水功控和均等功

控的能效可以看出差别，注水功控的能效些微优于均等功控的能效，但差别十分细微。在仿真过程中分析其原因在于注水功控对信道容量的提升效果主要集中在低 SIR 情况下，有文献指出随着 SIR 的增加注水法的得到的信道容量和均等分配得到的信道容量越来越接近，以致几乎相同。而在我们的仿真过程中是对信道矩阵的随机采样，对信道状态的好坏没有进行区别，在求均值的过程中将注水与均等的差异平均的很小了。

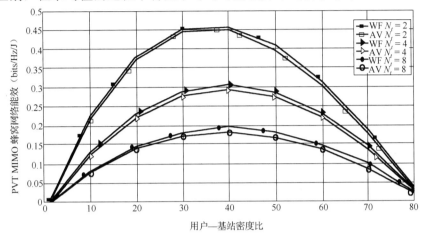

图 3-24   不同的发射天线数目和用户—基站密度比下，PVT MIMO 蜂窝网络能效

图 3-25 刻画了不同的路径损耗系数和用户—基站密度比下，PVT MIMO 蜂窝网络注水功控和均等功控的能效的变化情况。从图中可看出，在用户—基站密度比一定的情况下，能效随着路径损耗系数的增大而增大，这是因为路径损耗系数的增大会导致基站所需的动态功耗的减小，从而表现为能效的增加。另外，随着用户—基站密度比的增加，能效同样存在一个最大值，即达到饱和的状态。

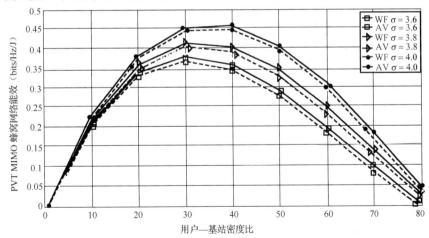

图 3-25   不同的路径损耗系数和用户—基站密度比下，PVT MIMO 蜂窝网络能效

图 3-26 刻画了不同重尾指数和最小流量速率下基站能效随着用户—基站密度比变化的变化趋势，可以看出，基站能效最大值随着重尾指数的减小而增大，随着最小流量速率的增大而减小。

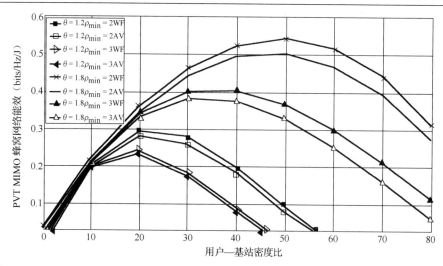

图 3-26　不同重尾指数/最小流量速率和用户—基站密度比下，PVT MIMO 蜂窝网络能效

　　图 3-27 刻画了不同的干扰链路密度和用户—基站密度比下，PVT MIMO 蜂窝网络能效的变化情况。从图中可看出，在用户—基站密度比一定的情况下，能效随着干扰链路密度的减小而增大。另外，随着用户—基站密度比的变化，能效存在一个最大值，而当用户—基站密度比超过一定门限值时，基站能效随之而降低。

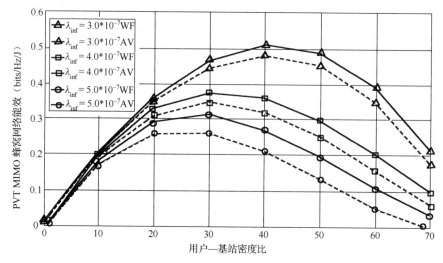

图 3-27　不同的干扰基站密度和用户—基站密度比下，PVT MIMO 蜂窝网络能效

3.4　HCPP 随机蜂窝网能效模型

　　出于环境、能源与经济方面的考虑，能量效率成为评价诸多工业系统的重要指标。商业蜂窝网络被证实占有整个电子信息产业中能耗的重要组成部分，本节拟对 MIMO 蜂窝网络的性能及其能效表现进行建模评估。

近来，越来越多的蜂窝网络建模中不再使用传统的网格式基站分布如正六边形模型，而使用随机点过程来模拟基站和用户的位置。这主要是因为随机点过程模型能更好地反映实际网络布设中的不规则性。其中最为常用的随机点过程模型是泊松点过程模型[37]，这主要归结于它能产生良好的随机性并且在数学上易于处理网络中干扰的分布特性。本文使用的 Hard-Core 点过程模型[38~40]是对泊松点过程模型进行一定处理而产生的，它保留了泊松点过程中随机性的特点而避免了泊松点过程中出现的极端情况（如在下行链路中，由于在泊松点过程模型中，概率上存在干扰基站与被干扰用户之间距离过近以及干扰基站在某一区域过于密集这类情形，在泊松点过程模型中描述干扰的分布情况所得出的 alpha 稳态模型的均值是无限大的）。HCPP（Hard-Core Point Process）模型曾被用于 CSMA 网络中的干扰建模，它用于保证其中任意两个发射节点之间保持一个最小距离 δ [41]。HCPP 一般通过删除某个随机点过程中的一些节点来达到保持最小距离 δ 这一目标。HCPP 模型的一种常见形式 Matérn hard-corepoint process of type II[42]描述如下：首先产生一个强度为 λ_p 的泊松点过程作为母过程，对其中所有点作独立的标记，标记值均匀分布于区间[0,1]中。然后检查所有点，只要当一个点满足其标记值小于所有以其为中心，半径为 δ 的圆之内的点的标记值时，该点才保留下来，否则删除该点。这样删除之后剩余点组成的点过程被称作 Matérn hard-corepoint process of type II，它可以保证其中任意两点间的最小距离为 δ。本节用这种 HCPP 模型对蜂窝网络中基站的位置进行建模

3.4.1　系统模型

蜂窝网络几何模型、MIMO 信号处理方法以及用户流量模型是构成本文蜂窝网络模型的核心要素，本文对蜂窝网络进行建模，并作如下假设：

（1）基站的位置集合记作 $\prod_{BS} = \{\boldsymbol{x}_{BS_i} : i = 0,1,2\cdots\}$，$\boldsymbol{x}_{BS_i}$ 是基站 BS_i 在平面区域 $\mathbb{R}^2$ 上的位置矢量，$\mathbb{R}^2$ 在数学上处理为无限大的二维平面。该集合使用 Matérn hard-corepoint process of type II 模型产生，其母泊松点过程的强度为 λ_p，删除使用的最小距离参数为 δ_r。

（2）用户的位置集合记作 $\prod_{MS} = \{\boldsymbol{y}_{MS_j} : j = 0,1,2\cdots\}$，$\boldsymbol{y}_{MS_j}$ 是用户端 MS_j 在平面区域 $\mathbb{R}$ 上的位置矢量。该集合被视作为平面上的一个强度为 λ_M 的泊松点过程。假设用户均接入离其最近的基站。

（3）MIMO 天线配置如下：每个基站有 N_t 个发射天线，它在同一时频段上与 N_r 个接收天线配合工作。

（4）单个接收和单个发射天线之间的无线信道增益表示为 $z\sqrt{\dfrac{K}{\Re^\sigma}}w$。$\dfrac{K}{\Re^\sigma}$ 表示距离为 $\Re$ 的两点间产生的衰减系数为 σ 的功率衰减，K 是依赖于天线增益的常数。w 描述信号功率受到的大尺度 Log-normal 阴影效应的影响，$w = 10^{s/10}$，$s \sim N(0, \sigma_s^2)$，即变量 s 服从均值为 0，方差为 σ_s^2 的高斯分布。z 描述信号受到小尺度多径效应的影响，$z \sim CN(0,1)$，即变量 z 服从均值为 0，方差为 1 的复高斯分布。MIMO 阵列之间将大尺度效应视作等同，而假设小尺度效应独立同分布。则 MIMO 发射信号 $\boldsymbol{X}$ 与接收信号 $\boldsymbol{Y}$ 在无噪声无干扰的情况下关系如下：

$$Y = HX = \sqrt{\frac{K}{\Re^\sigma}} w h x = \sqrt{\frac{K}{\Re^\sigma}} w \begin{bmatrix} z_{11} & \cdots & \cdots & z_{1,N_T} \\ \cdots & z_{lm} & \cdots & \cdots \\ \cdots & \cdots & \cdots & \cdots \\ z_{N_R,1} & \cdots & \cdots & z_{N_R N_T} \end{bmatrix} X \tag{3-87}$$

$z_{lm}, l \in \{1,2\cdots N_R\}, m \in \{1,2\cdots N_T\}$ 为变量 z 的独立实现，H 表示信道矩阵，而 h 表示信道中的小尺度衰落部分。

5）使用帕累托分布描述用户流量：每个用户的流量 ρ 独立随机分布，其概率密度函数为

$$f_\rho(\chi) = \frac{\theta \rho_{\min}^\theta}{\chi^{\theta+1}}, \chi \geqslant \rho_{\min} > 0, \theta \in (1,2] \tag{3-88}$$

θ 为帕累托分布的重尾系数，它越接近 1，该分布的尾效应越强。$\rho_{\min}$ 是为满足信道质量需求的最小流量界限。帕累托分布的平均值为

$$\mathbf{E}(\rho) = \frac{\theta \rho_{\min}}{\theta - 1} \tag{3-89}$$

3.4.2　基于 HCPP 的蜂窝网络干扰模型

图 3-28 和图 3-29 分别为使用 PPP 模型和 HCPP 模型生成的点过程实例，后者是通过删减前者中的点构成的。产生点过程用到的参数为 $\lambda_P = \frac{1}{\pi * (800\,\text{m})^2}$，$\delta_r = 500\,\text{m}$。可以明显看出，在 HCPP 模型中，不再出现如泊松点过程模型中那样两个点很近的情况，而使得所有的点之间至少保留了一定距离且保持了点的随机性特征。

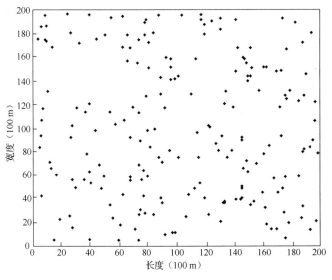

图 3-28　泊松点过程

描述 Matérn hard-corepoint process of type II 过程的参数为母过程的强度 λ_P 以及最小距离参数 δ。此外，也是用下列重要指标来描述这种 HCPP 过程：

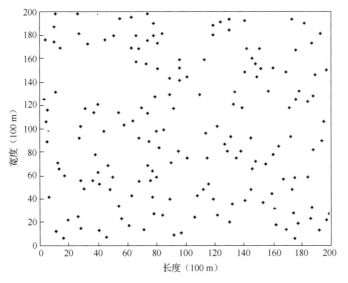

图 3-29　Hard-core 点过程

对于一个标记值为 t 的点，它被保留下来当且仅当它半径为 δ 的圆之内的点的标记值均大于 t。在半径为 δ 的圆内产生的 PPP 点个数均值为 $\lambda_P \pi \delta_r^2$，其个数分布为

$$P(\text{在}\pi\delta_r^2\text{区域内有}\kappa\text{个泊松点}) = \frac{(\lambda_P \pi \delta_r^2)^\kappa \, e^{-\lambda_P \pi \delta_r^2}}{\kappa!} \tag{3-90}$$

由于标记值过程是独立的，故该标记值为 t 的点被保存下来的概率为

$$\sum_{\kappa=0}^{\infty} \frac{(\lambda_P \pi \delta_r^2)^\kappa \, e^{-\lambda_P \pi \delta_r^2}}{\kappa!}(1-t)^\kappa = \sum_{\kappa=0}^{\infty} \frac{[\lambda_P \pi \delta_r^2 (1-t)]^\kappa \, e^{-\lambda_P \pi \delta_r^2}}{\kappa!} = e^{-\lambda_P \pi \delta_r^2 t} \tag{3-91}$$

将式（3-91）对标记值 t 积分可得 HCPP 过程的一阶点密度：

$$\zeta^{(1)} = \lambda_P \int_0^1 e^{-\lambda_P \pi \delta_r^2 t} \mathrm{d}t = \frac{1 - e^{-\lambda_P \pi \delta_r^2}}{\pi \delta_r^2} \tag{3-92}$$

它表示在位置 x 处的微面积元 $\mathrm{d}x$ 中，有一个点的概率为 $\zeta^{(1)} \mathrm{d}x$

对于两微小面积元上 $\mathrm{d}x_1, \mathrm{d}x_2$ 上标记值为 t_1，t_2 两点，其被保留概率与两点之间距离 r 有关，以 $V_{\delta_r}(r)$ 记以此两点处为圆心的半径为 δ_r 的圆之并集的面积

$$V_{\delta_r}(r) = \begin{cases} 2\pi \delta_r^2 - 2\delta_r^2 \arccos\left(\dfrac{r}{2\delta_r}\right) + r\sqrt{\delta_r^2 - \dfrac{r^2}{4}}, & 2\delta_r > r > 0 \\ 2\pi \delta_r^2, & r \geqslant 2\delta_r \end{cases} \tag{3-93}$$

类似地利用式（3-91）和式（3-92）中方式推导两点被保存下来的概率为

$$\varphi(r) = \int_0^1 e^{-\lambda_P t_1 \pi \delta_r^2} \int_0^{t_1} e^{-\lambda_P t_2 [V_{\delta_r}(r) - \pi \delta_r^2]} \mathrm{d}t_2 \mathrm{d}t_1 + \int_0^1 e^{-\lambda_P t_2 \pi \delta_r^2} \int_0^{t_2} e^{-\lambda_P t_1 [V_{\delta_r}(r) - \pi \delta_r^2]} \mathrm{d}t_1 \mathrm{d}t_2$$

$$= \begin{cases} \dfrac{2V_{\delta_r}(r)(1 - e^{-\lambda_P \pi \delta_r^2}) - 2\pi \delta_r^2 (1 - e^{-\lambda_P V_{\delta_r}(r)})}{\lambda_P^2 \pi \delta_r^2 V_{\delta_r}(r)[V_{\delta_r}(r) - \pi \delta_r^2]}, & r > \delta_r \\ 0, & r \leqslant \delta_r \end{cases} \tag{3-94}$$

式（3-94）是分 t_1，t_2 之间大小关系的两种情况推导相加得到的。

故 HCPP 过程的二阶点密度为

$$\zeta^{(2)}(r) = \lambda_p^2 \varphi(r) \qquad (3\text{-}95)$$

它表示在相距为 r 的两微小面积元上 $\mathrm{d}x_1, \mathrm{d}x_2$ 上，均存在一点的概率为 $\zeta^{(2)}(r)\mathrm{d}x_1\mathrm{d}x_2$。

如将点由基站 BS_i 服务的位置在 $x_{BS_i} + x_{off}$ 处的用户受到的干扰写作

$$I_i(\| x_{\text{off}} \|) = \sum_{u \neq i} g(\| x_{BS_u} - x_{BS_i} - x_{\text{off}} \|, \psi_{iu}) \qquad (3\text{-}96)$$

x_{off} 为该用户与其接入基站 BS_i 之间位置的矢量差。g 为两点间距离的函数，$\|\cdot\|$ 为矢量的取模算子，在此处即取距离，ψ_{iu} 在本文中用来表示与距离无关的随机衰落因子，它包括基站 BS_u 与基站 BS_i 服务的用户之间的阴影衰落因子 w_{iu}，小尺度衰落因子矩阵 h_{iu} 以及基站 BS_u 发射功率 p_u 带来的影响，即 $\psi_{iu} = \{w_{iu}, h_{iu}, p_u\}$。式（3-96）中的累加号即表示除了基站 BS_i 之外的所有干扰基站干扰的累加。

对每个基站都如式（3-96）表示，然后遍历 i 求和得

$$\sum_i I_i(\| x_{\text{off}} \|) = \sum_i \sum_{u \neq i} g(\| x_{BS_u} - x_{BS_i} - x_{\text{off}} \|, \psi_{iu}) \qquad (3\text{-}97)$$

由点过程的二阶点密度以及其性质[43]可得

$$E_{\Pi_{BS}, \psi_{iu}} \left[\sum_i I_i(x_{\text{off}}) \right] = \iint_{\mathbb{R}\,\mathbb{R}} E_\psi[g(\| x_1 - x_2 \|, \psi)]\zeta^{(2)}(\| x_1 - x_2 \|)\mathrm{d}x_1\mathrm{d}x_2 \qquad (3\text{-}98)$$

上式中的 $E_{\Pi_{BS}, \psi_{iu}}$ 表示对 Π_{BS}, ψ_{iu} 两类变量求期望，Π_{BS} 是 HCPP 过程的一个实现，对其求期望表示对所有可能实现的期望，ψ_{iu} 表示信道衰落以及功率的随机性，文中类似此形式的期望算子也作同样意义，ψ 为一随机变量，与所有的 ψ_{iu} 具有同样的统计性质。基站的平均个数为 $\int_{\mathbb{R}} \zeta^{(1)}\mathrm{d}x$。式（3-97）和式（3-98）相除得到偏移任意一个基站 x_{off} 处用户受到的平均干扰为

$$I(x_{\text{off}}) = \frac{1}{\zeta^{(1)}} \int_{\mathbb{R}} E_\psi[g(\| x + x_{\text{off}} \|, \psi)]\zeta^{(2)}(\| x \|)\mathrm{d}x \qquad (3\text{-}99)$$

这里以式（3-99）的计算结果衡量平面上各处用户受到的干扰水平。如果式（3-96）干扰的数学形式为

$$g(\| x + x_{\text{off}} \|, \psi) = \frac{(\beta w |z|^2)p}{\| x + x_{\text{off}} \|^\sigma}$$

则

$$I(x_{\text{off}}) = \frac{K E(w) E(|z|^2) E(p)}{\zeta^{(1)}} \int_{\mathbb{R}} \frac{1}{\| x + x_{\text{off}} \|^\sigma} \zeta^{(2)}(\| x \|)\mathrm{d}x$$

设置参数为 $\lambda_p = \dfrac{1}{\pi \times (800\,\mathrm{m})^2}$，$\delta_r = 500\,\mathrm{m}$，$K = -31.54\,\mathrm{dB}$，$\sigma = 3.5$，$\sigma_s = 6$，$E(p) = 40\,\mathrm{W}$。

图 3-30 为式（3-99）的仿真结果，反映干扰强度随着用户与基站距离的变化，可以从

图中看出，离基站较近的用户受到的邻居小区干扰较小，而越靠近小区边缘，即与基站相距越远，用户受到的干扰越大。

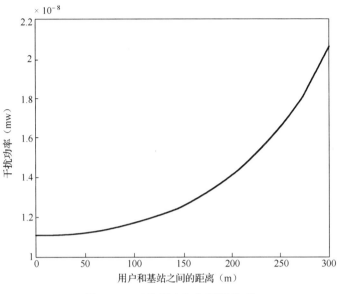

图 3-30 干扰强度与位置的关系

图 3-31 反映距离基站 100 m 处的用户受到的平均干扰强度与最小基站距离的关系。当其参数不变时，最小基站距离增加意味着出现更多干扰基站距离本基站更远的情况，使得平均干扰强度随着最小基站距离的增加而减小。

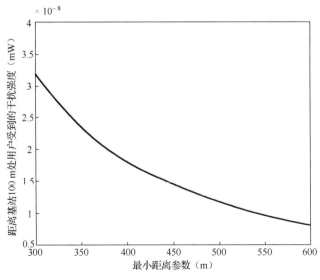

图 3-31 干扰强度与最小距离参数的关系

图 3-32 反映距离基站 100 m 处用处受到的平均干扰强度与泊松点过程密度的关系。显然地，平均强度随着泊松点过程密度增加而增加。

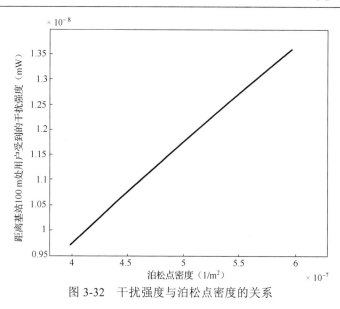

图 3-32　干扰强度与泊松点密度的关系

3.4.3　基于 HCPP 的 MIMO 蜂窝网容量模型

本节使用 MIMO 系统中常见的下行迫零预编码方式来实现 MIMO 信道空间自由度的利用从而提高系统容量。对于有 N_t 发射天线的基站而言，它可以选择任意 N_r（$N_r \leqslant N_t$）个接收天线作为一组在同频段和时隙上进行服务。此处假设每个用户有 1 根接收天线，N_r 个接收天线是由 N_r 个用户构成的一个用户组。我们假设选取的这一组用户距离相距不远，以至于他们与基站之间的大尺度衰落因子可以认为几乎相同。由 MIMO 系统中使用的下行迫零预编码方式描述如下：

在某个时隙和频段内，$\boldsymbol{X}_i$ 为基站 BS_i 发射的 $N_t \times 1$ 信号向量；$\boldsymbol{H}_{iu}$ 为基站 BS_u 与基站 BS_i 的服务用户组之间的 $N_r \times N_t$ 信道矩阵；$\boldsymbol{h}_{iu}$ 为基站 BS_u 与基站 BS_i 的服务用户组之间的小尺度衰落的 $N_r \times N_t$ 信道矩阵，其中每一个元素为独立同分布的复高斯变量 $z \sim CN(0,1)$；$\boldsymbol{L}_{iu}$ 为基站 BS_u 与基站 BS_i 的服务用户组之间的位置差矢量；$\boldsymbol{s}_i$ 为基站 BS_i 上未进行预编码处理的 $N_r \times 1$ 路原始信息；$\boldsymbol{Y}_i$ 为基站 BS_i 的服务用户组接收到的 $N_r \times 1$ 接收信号；$\boldsymbol{F}_i$ 为基站 BS_i 使用的 $N_t \times N_r$ 的预编码矩阵；$\boldsymbol{n}$ 为 $N_r \times 1$ 的噪声信号，σ_n^2 为单个接收天线上的噪声功率。

对于基站 BS_i 服务的用户组，其接收信号由信号、小区间干扰以及噪声组成，其表达式如下：

$$Y_i = H_{ii}X_i + \sum_{u^i i} H_{iu}X_u + n \qquad （3\text{-}100）$$

$$X_i = F_i s_i \qquad （3\text{-}101）$$

对于迫零预编码，预编码矩阵 $\boldsymbol{F}_i$ 选取如下：

$$F_i = H_{ii}^{\mathrm{H}}(H_{ii}H_{ii}^{\mathrm{H}})^{-1} \qquad （3\text{-}102）$$

$(\cdot)^+$，$(\cdot)^{-1}$ 分别为矩阵的共轭转置算子与逆算子。

这样一来，接收端信号可写作

$$Y_i = s_i + \sum_{u \neq i} H_{iu} F_u s_u + n \qquad （3-103）$$

可以看出各路信道得到了分离，从 Y_i 可直接提取信号 s_i 的每个分量。

任意一个基站 BS_i 的发射功率为

$$
\begin{aligned}
E(X_i^H X_i) &= E(s_i^H F_i^H F_i s_i) \\
&= E\{s_i^H [(H_{ii} H_{ii}^H)^{-1}]^H s_i\} \\
&= \sum_{k=1}^{N_t} q_{i(k)} (H_{ii} H_{ii}^H)^{-1}_{(kk)}
\end{aligned}
\qquad （3-104）
$$

也将结果记作

$$E(X_i^H X_i) = \sum_{k=1}^{N_t} p_{i(k)} \qquad （3-105）$$

$q_{i(k)} = E(|s_{i(k,1)}|^2)$ 表示基站 BS_i 发送的第 k 路信号在用户处的接收功率。 $p_{i(k)}$ 表示加载在基站 BS_i 上第 k 路信号上的功率，$(H_{ii} H_{ii}^H)^{-1}_{(kk)}$ 表示矩阵 $(H_{ii} H_{ii}^H)^{-1}$ 的第 k 行、第 k 列的元素。

$$q_{i(k)} = \frac{p_{i(k)}}{(H_{ii} H_{ii}^H)^{-1}_{(kk)}} \qquad （3-106）$$

而此时基站 BS_i 服务的用户组上的干扰噪声项为 $\sum_{u \neq i} H_{iu} F_u s_u + n$，任意选取该用户组中第 k 个用户上的干扰噪声项，记 $H_{iu}^{(k)}$ 为矩阵 H_{iu} 的第 k 行，$n^{(k)}$ 为 n 向量的第 k 行，该用户其接收天线上的功率为

$$
\begin{aligned}
&E\left[\left(\sum_{u \neq i} H_{iu}^{(k)} F_u s_u + n^{(k)}\right)^H \left(\sum_{u \neq i} H_{iu}^{(k)} F_u s_u + n^{(k)}\right)\right] \\
&= \sum_{u \neq i} \sum_{k=1}^{N_r} \frac{p_{u(k)}}{(H_{uu} H_{uu}^H)^{-1}_{(kk)}} (F_u^H H_{iu}^{(k)H} H_{iu}^{(k)} F_u)_{kk} + \sigma_n^2 \\
&= \sum_{u \neq i} \sum_{k=1}^{N_r} \frac{p_{u(k)}}{(H_{uu} H_{uu}^H)^{-1}_{(kk)}} \frac{K w_{iu}}{\|L_{iu}\|^\sigma} (F_u^H h_{iu}^{(k)H} h_{iu}^{(k)} F_u)_{kk} + \sigma_n^2
\end{aligned}
\qquad （3-107）
$$

考虑到干扰公式（3-98）中的平均方法，我们也将式（3-107）中的小尺度随机因子 h_{iu} 和大尺度随机因子 w_{iu} 进行平均，由于矩阵运算的线性性质并结合式（3-96）将矩阵展开，可以得出下式

$$
\begin{aligned}
&E_{h_{iu}, w_{iu}}\left[\sum_{u \neq i} \sum_{k=1}^{N_r} \frac{p_{u(k)}}{(H_{uu} H_{uu}^H)^{-1}_{(kk)}} \frac{K w_{iu}}{\|L_{iu}\|^\sigma} (F_u^H h_{iu}^{(k)H} h_{iu}^{(k)} F_u)_{kk}\right] \\
&= \sum_{u \neq i} \sum_{k=1}^{N_R} \frac{p_{u(k)}}{(H_{uu} H_{uu}^H)^{-1}_{(kk)}} \frac{K E(w_{iu})}{\|L_{iu}\|^\sigma} [F_u^H h_{iu}^{(k)H} h_{iu}^{(k)} F_u]_{kk}
\end{aligned}
\qquad （3-108）
$$

考虑到[44]

$$E_{h_{iu}}(h_{iu}^{(k)+} h_{iu}^{(k)}) = I_{N_r \times N_r} \tag{3-109}$$

$I_{N_r \times N_r}$ 即为 $N_r \times N_r$ 的单位矩阵。

上式简化为

$$
\begin{aligned}
&\sum_{u \neq i} \sum_{k=1}^{N_r} \frac{p_{u(k)}}{(H_{uu} H_{uu}^H)^{-1}_{(kk)}} \frac{Kw_{iu}}{\| L_{iu} \|^\sigma} (F_u^H h_{iu}^{(k)H} h_{iu}^{(k)} F_u)_{kk} \\
&= \sum_{u \neq i} \sum_{k=1}^{N_r} \frac{p_{u(k)}}{(H_{uu} H_{uu}^H)^{-1}_{(kk)}} \frac{K E(w)_{iu}}{\| L_{iu} \|^\sigma} (F_u^H F_u)_{kk} \\
&= \sum_{u \neq i} \sum_{k=1}^{N_r} p_{u(k)} \frac{K E(w_{iu})}{\| L_{iu} \|^\sigma} \\
&= \sum_{u \neq i} p_u \frac{K E(w_{iu})}{\| L_{iu} \|^\sigma}
\end{aligned}
\tag{3-110}
$$

其中，$p_u = \sum_{k=1}^{N_r} p_{u(k)}$ 为干扰基站 BS_u 上的发射总功率。即 i 号基站下的用户组上第 k 个用户上的干扰为

$$I_{i(k)} = \sum_{u \neq i} \frac{K E(w)}{\| L_{iu} \|^\sigma} p_u \tag{3-111}$$

由式（3-99）再补充对干扰功率的平均，求得出其位置偏离基站 x_{off} 处的用户单天线的平均干扰为

$$I(x_{\text{off}}) = \frac{K E(w) E(p_u)}{\zeta^{(1)}} \int_{\mathbb{R}} \frac{1}{\| x + x_{\text{off}} \|^\sigma} \zeta^{(2)}(\| x \|) \mathrm{d}x \tag{3-112}$$

由 Log-normal 分布的性质知

$$E(w) = \mathrm{e}^{\frac{\left(\frac{\sigma_s}{10} \ln 10\right)^2}{2}} \tag{3-113}$$

此时对于基站 i，第 k 路信号取得的容量为：当主要考虑干扰而忽略噪声时

$$C_{i(k)} = N_r B_W \log_2 \left[1 + \frac{p_{i(k)} \frac{Kw_{ii}}{\| L_{ii} \|^\sigma} [(h_{ii} h_{ii}^H)^{-1}_{(kk)}]^{-1}}{I(L_{ii})} \right] \tag{3-114}$$

B_W 为单天线模式下分给单个用户的带宽。对于多天线模式，由于空间自由度的开发，对于同样数量的用户，可以将更多的频谱分配给一个用户，故分配的频谱为 $N_r B_W$。由于频谱为 $N_r B_W$，为了对抗白噪声，应有 $I(L_{ii})$ 正比于 N_r。

$[(h_{ii} h_{ii}^H)^{-1}_{(kk)}]^{-1}$ 是满足卡方分布的随机变量，其分布的概率密度可以给出为[45]

$$\gamma_{[(h_{ii} h_{ii}^H)^{-1}_{(kk)}]^{-1}}(d) = \frac{d^{N_t - N_r} \mathrm{e}^{-d}}{(N_t - N_r)!}, \quad d \geq 0 \tag{3-115}$$

我们对式（3-114）的类似形态 $N_r \log_2 \left[1 + \dfrac{\xi}{N_r} [(\boldsymbol{h}_{ii} \boldsymbol{h}_{ii}^{\mathrm{H}})^{-1}{}_{(kk)}]^{-1} \right]$ 进行仿真，ξ 代表着大尺度衰落以及干扰对最终 SINR 水平的影响因子。通过我们仿真可以看出，不同 ξ 情形下，迫零波束成型方式对于系统容量的提升水平是不一样的。如图 3-33，提高发射天线数对于频谱效率总是有益的。如图 3-34，提高接收天线数目，即提高空间复用数据流的数目，可以看出在低信噪比环境下可能降低频谱效率，在高信噪比环境下仍会提高频谱效率。

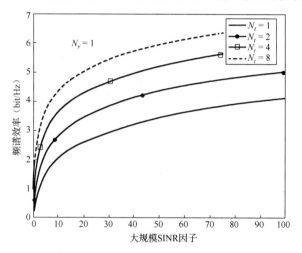

图 3-33　不同发射天线数下的频谱效率

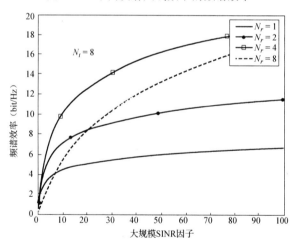

图 3-34　不同接收天线数下的频谱效率

　　实际的系统将会处在各种不同的 ξ 情形下，最终的系统性能的提升仍需要结合流量模型综合评价。如果链路使用自适应功率调节已满足流量需求[46]，即使得

$$C_{i(k)} = \rho \tag{3-116}$$

B_W 为单个用户信道上的带宽。对于特定的容量 ρ，所需发射功率为

$$p_{i(k)} = \frac{\| \boldsymbol{L}_{ii} \|^{\sigma} \, I(\boldsymbol{L}_{ii})(2^{\frac{\rho}{N_r B_W}} - 1)}{K w_{ii} [(\boldsymbol{h}_{ii} \boldsymbol{h}_{ii}^{\mathrm{H}})^{-1}{}_{(kk)}]^{-1}} \tag{3-117}$$

假设用户均接入距离最近的基站，此时假设 HCPP 是其母过程的独立细化，即将其视作强度为 $\zeta^{(1)}$ 的另一个泊松过程。可以知道

$$P(\| \boldsymbol{L}_{ii} \| > \upsilon) = P(在\pi\upsilon^2面积上没有点) = \mathrm{e}^{-\zeta^{(1)}\pi\upsilon^2} \qquad （3-118）$$

则基站与用户间距离的 $\| \boldsymbol{L}_{ii} \|$ 的分布如下式给出

$$\phi_{\|L_{ii}\|}(\upsilon) = -\frac{\mathrm{d}}{\mathrm{d}\upsilon}P(\| \boldsymbol{L}_{ii} \| > \upsilon) = 2\pi\zeta^{(1)}\upsilon\mathrm{e}^{-\zeta^{(1)}\pi\upsilon^2} \qquad （3-119）$$

3.4.4 HCPP 蜂窝网络能效模型

对于区域 $\mathbb{R}^2$ 上，平均有 $N_{BS} = \int_{\mathbb{R}}\zeta^{(1)}\mathrm{d}\boldsymbol{x}$ 个基站以及 $N_{MS} = \int_{\mathbb{R}}\lambda_M\mathrm{d}\boldsymbol{x}$ 个用户。P_{BS} 为基站实际的总运行功耗，包括电路功耗，信号处理功耗，冷却损耗等，主要取决于总的发射功耗 P_{C_real} 及发射端活跃的天线数目 N_t。其模型一般可近似表示如下[47]

$$P_{BS} = \frac{P_{C\_real}}{\eta} + N_T P_{\mathrm{dyn}} + P_s \qquad （3-120）$$

这里 η 为射频电路功率放大器的效率；$N_T P_{\mathrm{dyn}}$ 表示活跃的 RF 链的电路功率，正比于 N_t；P_{sta} 表示固定的功耗，包括基站信号处理、设备冷却、电源供应及电池备份等活动中的功耗。所有基站的平均发射功耗为 $\dfrac{N_{MS}\boldsymbol{E}(p_{i(k)})}{\eta}$，基站的其他能耗为 $N_{BS}(N_T P_{\mathrm{dyn}} + P_{\mathrm{sta}})$，系统的总能耗为

$$P_{\mathrm{total}} = \frac{N_{MS}\boldsymbol{E}(p_{i(k)})}{\eta} + N_{BS}(N_T P_{\mathrm{dyn}} + P_{\mathrm{sta}}) \qquad （3-121）$$

其中，$p_{i(k)}$ 即为单个用户提供的发射功率由式（3-117）给出，其数学形式较为复杂，其分布以及平均值均将由仿真给出。

而系统的总平均流量为所有用户流量之和，其平均值由下式给出

$$\rho_{\mathrm{total}} = N_{MS} \cdot \boldsymbol{E}(\rho) = \frac{N_{MS}\theta\rho_{\min}}{\theta - 1} \qquad （3-122）$$

系统的能效为

$$\eta_{\mathrm{EE}} = \frac{\rho_{\mathrm{total}}}{P_{\mathrm{total}}} = \frac{\dfrac{\boldsymbol{E}[p_i(k)]}{\eta} + \dfrac{\zeta^{(1)}}{\lambda_M}(N_T P_{\mathrm{dyn}} + P_s)}{\dfrac{\theta\rho_{\min}}{\theta - 1}} \qquad （3-123）$$

3.4.5 性能仿真及讨论

根据式（3-117），可以求出单个链路上为了满足流量需求加载的功率的分布情况。在该模型下，可能求出单个天线上功率很大的情况，为了符合实际，在求取实际平均功率评估能效时将功率大于 40 W 的情况均删去。

根据式（3-118），可求出最终系统的能效，仿真场景参数设置加入：$\lambda_P = \dfrac{1}{\pi \times (800\,\text{m})^2}$，

$\delta_r = 500\,\text{m}$，$K = -31.54\,\text{dB}$，$\sigma = 3.5$，$\sigma_s = 6$，$E[p_i(k)] = 40\,\text{W}$，$\dfrac{\rho_{\min}}{B_W} = 2\,\text{bit/s/Hz}$，$\theta = 1.8$，

$\eta = 0.38$，$P_{\text{dyn}} = 50\,\text{mW}$，$P_{\text{sta}} = 45.5\,\text{W}$，$\dfrac{\zeta^{(1)}}{\lambda_M} = \dfrac{1}{30}$。

由图 3-35 可见，由于多天线带来的系统容量增益，在同样的流量模型中，多天线系统的能量效率更高。由图 3-36 可以看出系统能效与天线配置的关系，那些能效为 0 的点是 $N_r > N_t$ 时迫零波束成形方式无法工作的点。当接收天线数一定时，增加发射天线数能够提高系统的能效，但是天线数过高时，随着附加能量需求的增长，基本上能效不会进一步提升。当发射天线数一定时，可以看出各种接收天线数获取的收益相差不大，但一般有一个最优的点，它对应着当前蜂窝小区总体 SINR 环境下最优的模式。

在 $\dfrac{\rho_{\min}}{B_W} = 2\,\text{bit/s/Hz}$ 相同时，对于不同的流量重尾系数 θ，可以得出系统能效如图 3-37 所示。

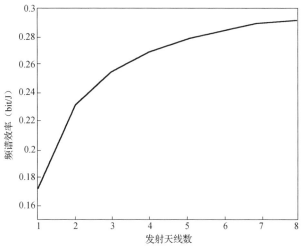

图 3-35　系统能效与天线数的关系（取 $N_r = N_t$ 的情形）

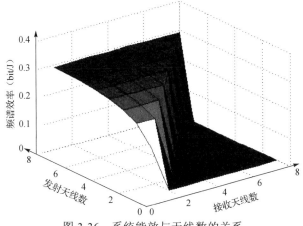

图 3-36　系统能效与天线数的关系

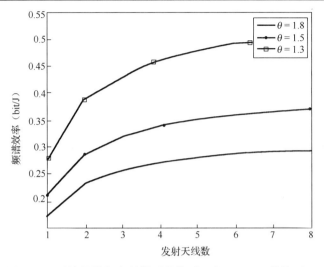

图 3-37　系统能效与流量模型的关系（取 $N_T = N_R$ 的情形）

如图 3-38 保持最小流量不变，随着流量模型中重尾系数的增加，流量的概率密度分布的尾部越小，突发性减弱，概率密度整体向中间移动，这导致模型中需要满足 SINR 有所提高，能效降低。由于最小距离变大，导致基站间距离变大，总体传输距离会增大，导致能量损耗较高，能效降低。

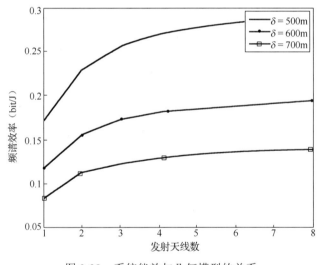

图 3-38　系统能效与几何模型的关系

▌ 3.5　本章小结

本章的研究场景拓展到了 PVT MIMO 随机蜂窝网络。首先结合用户流量特性及干扰模型，并考虑到无线信道中路径损耗，Nakagami 衰落和伽马阴影衰落传播效应的影响，建立了在基站发射端已知信道状态和未知信道状态两种情况下典型小区中基站所需的总发射功耗模型，并仿真分析了流量特性、干扰以及无线信道效应等相关参数对随机蜂窝小区总发射功耗的影响。然后，进一步由用户的空间流量特征，以及所提出的小区功耗模型，对两种情况下的 PVT MIMO 蜂窝网络典型小区中基站的运行功耗进行了数学表征，并对用户与基站的密度比、干扰链路密度、路径损耗系数、发射天线数目以及接收天线数目等主要参数对运行功耗的影响进行了仿真分析。结果表明，PVT MIMO 蜂窝网络能效存在一个最大上限，且该上限取决于流量负载与基站功耗之间的权衡优化，并且用户与基站的密度比、干扰链路密度、路径损耗系数、发射天线数目等主要参数对能效存在很大的影响。同时，通过结果可以看出注水功率分配机制可以有效的提高随机蜂窝网基站运行能效。上述研究成果对于提高蜂窝网能效提供了有价值的设计原则和理论基础。

▌ 3.6　参考文献

[1]　C. C. Chun and S. V. Hanly. Calculating the outage probability in a CDMA network with spatial Poisson traffic. IEEE Trans. Veh. Technol., 2001, 50 (1): 183-204.

[2]　D. Stoyan, W.S. Kendall, and J. Mecke. Stochastic Geometry and Its Applications. 2nd ed. Hoboken, NJ: Wiley, 1996.

[3]　F. Baccelli, M. Klein, M. Lebourges, and S. Zuyev. Stochastic geometry and architecture of communication networks. Telecommun. Systems, 1997, 7 (1): 209-227.

[4]　S.G. Foss and S.A. Zuyev. On a Voronoi aggregative process related to a bivariate Poisson process. Advances in Applied Probability, 1996, 28 (4): 965-981.

[5]　H. Kaibin, V. K. N. Lau, and Y. Chen. Spectrum sharing between cellular and mobile ad hoc networks: transmission-capacity trade-off. IEEE J. Sel. Areas Commun., 2009, 27 (7): 1256-1267.

[6]　J. S. Ferenc and Z. Neda. On the size distribution of Poisson Voronoi cells. Physica A, 2007, 385 (2): 518-526.

[7]　M. M. Taheri, K. Navaie, and M.H. Bastani. On the outage probability of SIR-based power-controlled DS-CDMA networks with spatial Poisson traffic. IEEE Trans. Veh. Technol., 2010, 59 (1): 499-506.

[8]　K. Park, G. Kim, and M. Crovella. On the relationship between file sizes, transport protocols, and self-similar network traffic. In Proc. Int. Conf. Network Protocols, Columbus, OH, USA, Oct. 1996, pp. 171–180.

[9]　V. Paxson and S. Floyd. Wide-area traffic: the failure of poisson modeling. IEEE/ACM Trans. Netw., 1995, 3 (3): 226–244.

[10]　3GPP. User Equipment (UE) radio transmission and reception (FDD). TS 25.101 V10.2.0, Jun. 2011.

[11]　D. Tse and P. Viswanath. Fundamentals of wireless communications. Cambridge, U.K.: Cambridge Univ. Press, 2005.

[12]　M. Z. Win, P. C. Pinto, and L. A. Shepp. A mathematical theory of network interference and its

applications. Proc. IEEE, 2009, 97 (2): 205-230.

[13] A. Goldsmith. Wireless Communications. Cambridge, U.K.: Cambridge Univ. Press, 2005.

[14] K. S. Gilhousen, I. M. Jacobs, R. Padovani, et al. On the capacity of a cellular CDMA system. IEEE Trans. Veh. Technol., 1991, 40 (2): 303-312.

[15] I. S. Gradshteyn and I. M. Ryzhik. Table of Integrals, Series, and Products. 7th ed. New York: Academic Press, 2007.

[16] G. Samoradnitsky and M. Taqqu. Stable Non-Gaussian Random Processes. London, U.K.: Chapman and Hall, 1994.

[17] J.M. Cioffi. A Multicarrier Primer. ANSI T1E1, 1999.

[18] W. Feller. An Introduction to Probability Theory and Its Applications, vol. 2. New York: Wiley, 1971.

[19] O. Arnold, F. Richter, G. Fettweis, and O. Blume. Power consumption modeling of different base station types in heterogeneous cellular networks. In Proc. 19th Future Network & Mobile Summit 2010, Florence, Italy, Jun. 2010.

[20] 3GPP. Spatial channel model for Multiple Input Multiple Output (MIMO) simulations. TR 25.996 V8.0.0, Dec. 2008.

[21] ECR Initiative: Network and telecom equipment - Energy and performance assessment, test procedure and measurement methodology. August 2008.

[22] F. Richter, A.J. Fehske, and G.P. Fettweis. Energy efficiency aspects of base station deployment strategies for cellular networks. In Proc. IEEE VTC 2009-Fall, Sept. 2009, pp.1-5.

[23] I. M. Kostic. Analytical approach to performance analysis for channel subject to shadowing and fading. IEE Proc. Commun., 2005, 152 (3): 821 ~827.

[24] X. Yang and A. P. Pertropulu. Co-channel interference modeling and analysis in a Poisson field of interferers in wireless communications. IEEE Trans. Signal Processing, 2003, 51 (1): 63 ~76.

[25] X. Hong, C.-X. Wang, and J. S. Thompson. Interference modeling of cognitive radio networks. in Proc. IEEE VTC'08-Spring. Singapore : 2008. 1851 ~1855.

[26] Xiaohu Ge, Kun Huang, Cheng-Xiang Wang, Xuemin Hong, Xi Yang. Capacity Analysis of a Multi-Cell Multi-Antenna Cooperative Cellular Network with Co-Channel Interference. IEEE Transactions on Wireless Communications, 2011, 10 (10): 3298 – 3309.

[27] A. Abdi and M. Kaveh. K distribution: An appropriate substitute for Rayleigh-lognormal distribution in fading-shadowing wireless channels. Electron. Lett., 1998, 34(9): 851 ~852.

[28] P. S. Bithas, N. C. Sagias, P. T. Mathiopoulos, et al. On the performance analysis of digital communications over generalized-K fading channels. IEEE Communications Letters, 2006, 10(5): 353 ~355.

[29] M. S. Alouini and A. J. Goldsmith. Area spectral efficiency of cellular mobile radio systems. IEEE Trans. Veh. Technol., 1999, 48 (4): 1047–1066.

[30] M. K. Simon and M. S. Alouini. Digital Communication over Fading Channels: A Unified Approach to Performance Analysis. Mobile & Wireless Communications, Jan. 2012, pp. 15-30.

[31] Z. Chong and E. Jorswieck, Analytical foundation for energy efficiency optimisation in cellular networks with elastic traffic, in Mobile Lightweight WirelessSystems:3rd Internationnal ICST Conference

(MobiLight 2011).

[32] P. A. Dighe, R. K. Mallik, and S. S. Jamuar. Analysis of transmit–receive diversity in Rayleigh fading. IEEE Trans. on Commun., 2003, 51 (4): 694-703.

[33] M. Khoshnevisan, J.N. Laneman. Power Allocation in Multi-Antenna Wireless Systems Subject to Simultaneous Power Constraints. IEEE Transactions on Communications, 2012, 60 (12): 3855 – 3864.

[34] Y. Lu and W. Zhang, Water-filling capacity analysis in large MIMO systems, in Prof. Computing, Communications and IT Applications Conference (ComComAp), April 2013, pp. 1-4.

[35] J. Xu, L. Qiu. Energy efficiency optimization for MIMO broadcasting channels. IEEE Trans. on Commun., 2013, 12 (2): 690-701.

[36] J. Xu, L. Qiu, and C. Yu. Improving energy efficiency through multimode transmission in the downlink MIMO systems. EURASIP J. Wireless Commun. And Networking 2011, Dec. 2011, pp.1-12.

[37] Win, Moe Z., Pedro C. Pinto, and Lawrence A. Shepp. A mathematical theory of network interference and its applications. Proceedings of the IEEE, 2009, 97 (2): 205-230.

[38] Haenggi, Martin. Mean interference in hard-core wireless networks. IEEE Communications Letters, 2011, 15 (8): 792-794.

[39] B. Mat´ern. Spatial variation, Springer Lecture Notes in Statistics. 2nd edition, 1986.

[40] Stoyan, Dietrich, et al. Stochastic geometry and its applications. Chichester: Wiley, 1995.

[41] ElSawy, Hesham, and Ekram Hossain. Modeling random CSMA wireless networks in general fading environments. IEEE International Conference on Communications (ICC), 2012.

[42] Cho, Byungjin, Konstantinos Koufos, and R. Jantti. Bounding the Mean Interference in Matérn Type II Hard-Core Wireless Networks. IEEE Wireless Communications Letters, 2013, 2 (5): 563-566.

[43] B. D. Ripley. The second-order analysis of stationary point processes. J. Applied Probability, 1976, 13: 255–266.

[44] Telatar, Emre. Capacity of Multi‐antenna Gaussian Channels. European transactions on telecommunications, 1999,10 (6): 585-595.

[45] Wang L C, Yeh C J. Scheduling for multiuser MIMO broadcast systems: transmit or receive beamforming. IEEE Transactions on Wireless Communications, 2010, 9(9): 2779-2791.

[46] J. M. Cioffi, A Multicarrier Primer. ANSI T1E1, 1999.

[47] Yu, Hang, Lin Zhong, and Ashutosh Sabharwal. Power management of MIMO network interfaces on mobile systems. IEEE Transactions on Very Large Scale Integration (VLSI) Systems, 2012, 20 (7): 1175-1186.

第 4 章
Chapter 4

▶ 基于服务质量的移动通信系统
能效优化

本章通过对 MIMO-OFDM 无线通信系统的数据传输特性进行研究，建立 QoS（服务质量）约束条件下的移动通信系统能量效率模型，在此模型的基础上，根据系统的数据传输特性以及子信道的统计特性设计相应的功率优化分配方案，以在保障系统 QoS 的前提下，实现 MIMO-OFDM 无线通信系统的能效优化。

■ 4.1 绪论

在提高通信系统能效的这一需求的驱使下，各种以系统能效优化为目标的通信资源分配问题已成为目前无线通信的主流研究方向。其中，系统级的无线通信资源优化分配中的一个关键技术是功率控制。在早期的模拟无线通信系统中，发送功率分配方案的主要目标是提高用户的信噪比（Signal-to-Noise Ratio，SNR）。因此，多数功率优化分配方案是基于终端用户话务质量的[1][2][3]，其中使用比较多的方法之一有功率注水算法[4]，发送端根据所收到的反馈信道条件信息，对发送功率进行自适应优化分配，以提高终端的信噪比。在之后的数字无线通信系统中，传统的功率分配方案旨在提高系统容量或频谱效率[5][6]。目前，由于提高网络能效的需求，人们致力于寻求以提高通信系统能效为目标的功率优化分配方案。

由于系统的能效与系统中其他的性能指标之间存在着一定的折中关系，所以我们在提高系统能效的同时，要注重数据通信对其他性能指标的需求，如频谱效率、网络时延、中断概率等。在无线网络的诸多性能指标中，QoS 保障由于直接涉及到用户体验而显得最为重要。由于无线通信的移动性及环境变化导致数据率随时间随机变化，故无线网络中的 QoS 保障问题十分复杂。但在不稳定的无线通信环境中，使用确定的 QoS 约束条件存在着很多缺陷，它会导致网络利用率低及各种网络资源的浪费，因此，我们需要寻求一种科学的 QoS 模型来衡量系统的服务指标，在保障系统 QoS 的前提下，对系统能效进行优化。

在无线通信系统中，用户数量及服务类型的迅速增长使得人们对提高系统容量和频谱效率以及降低信号干扰提出了更高的要求。目前，MIMO-OFDM[7]技术广泛应用于无线通信系统中，它结合了多输入多输出（Multi-Input and Multi-Output，MIMO）智能天线技术和正交频分复用技术（Orthogonal Frequency Division Multiplexing，OFDM）的优势，在不增加系统总带宽的前提下，大幅度地提高了系统容量和频谱效率，同时通过将信道在频域内转化为平坦衰落信道，降低了信号间干扰，提高了传输的可靠性。因此，在保障 QoS 的前提下，针对 MIMO-OFDM 场景进行系统能效优化研究具有重要意义。

由于系统的能效与系统中其他的性能指标之间存在着一定的折中关系，所以在提高系统能效的同时，要注重数据通信对系统其他性能指标的影响。文献[8]使用最小比特能量及宽带斜率的表达式，基于所提出的有效容量及 QoS 约束条件，对低功率发射条件下和宽频带条件下数据传输的能量水平进行了定量分析，并与使用香农容量的情况进行了比较，综合展现了能量—带宽—延迟之间的折中关系，并提出了一种 QoS 约束条件下的有效容量表达式来衡量统计约束条件下无线信道的最大到达速率。文献[9]对 QoS 约束条件下无线衰落信道的数据传输进行研究，基于只有接收端拥有信道条件信息（CSI），发射端进行固定数据率传输的假设，采用一种 two-state 传输模型（ON-OFF 模型，使得发射机在 ON 状态下进行固定数据率的可靠传输，而在 OFF 状态下不进行数据传输），对系统 QoS 与能效优化之间的折中关系展开了分析，在此基础上，文献[9]还进一步分析了多径效应对能效的影响，并在 variable-rate/fixed-power 和 variable-rate/variable-power 情况下对其进行了比较分析。

文献[10]对码分多址（Code Division Multiple Access，CDMA）网络中的能量效率与延迟之间的折中关系建立了一种博弈论模型进行分析，确定了严格延迟约束条件下用户通信对用户能效和网络容量的影响。针对 CDMA 网络的上行链路，使用非协作策略，即每个用户在满足其延迟要求的前提下，独立地选择发送功率，使其使用率最大化。同时，此文献针对无线通信网络，提出通信策略的纳什均衡，并且对其存在性和唯一性进行了证明，并使用延迟中断概率的上界来对用户的延迟时间进行约束。从仿真结果可以看出，延迟敏感用户的出现将会导致其他用户能效及网络容量的大幅度降低。

针对无线通信网络中 QoS 保障和系统能效优化问题，目前大多数研究都是针对特定 QoS 约束条件下的系统能效优化策略展开研究的。文献[11][12]将系统的能耗作为优化目标，分析了系统在不同场景下能效与频谱效率之间的折中关系，文献[13]考虑到系统能效与误比特率、中断概率等链路级的 QoS 指标间的折中关系，提出了一种高能效的绿色通信系统设计方案，并分析了在信道估计不理想的情况下系统设计的自由度问题。在 4G 无线通信系统中，WiMAX、LTE 等技术旨在提高多种网络服务的用户体验，如多媒体服务、智能导航等。随着无线通信服务类型日趋多样化以及传统服务要求的不断提高，QoS 保障问题的复杂度越来越大，如何在满足实时多媒体服务 QoS 的同时，避免非实时服务的饥饿是目前研究面临的一个主要挑战[14]。文献[15]针对 MIMO 系统中不同流量级别服务的 QoS 需求，设计出一种高效的天线分配方案和接入控制方案，充分发掘了 MIMO 链路的分集增益。目前，针对无线通信系统中的 QoS 评估问题已展开了大量研究，文献[16]针对 OFDMA 无线蜂窝网络，从用户角度出发，提出了一种下行链路的 QoS 评估方法。但在不稳定的无线通信环境中，终端的移动性及环境的变化会导致数据率随时间随机变化，故使用确定的 QoS 约束条件存在着很多缺陷，它会降低网络利用率，造成各种网络资源的浪费，例如对瑞利衰落信道而言，唯一可以定量保证的下限容量为零，这显然是即保守又无实际意义的。因此，文献[17]建立了一种基于统计特性的 QoS 约束模型来对无线网络中数据传输的排队特性进行分析，并在此模型的基础上推导出以统计约束参数 为参数的有效容量模型，来衡量一定 QoS 约束条件下的系统容量。并以此有效容量模型为基础，对低发送功率和宽带这两种情况下的频谱效率与比特能量之间的折中关系进行了研究，得出了在不同 QoS 统计约束参数 下的系统能耗水平。文献[18][19]中分别对单链路和多链路场景下系统有效容量的功率分配优化解进行了推导。但在文献[19]中，由于多链路场景的功率分配的优化解涉及到多信道的联合优化，无法得出有效容量优化的闭式解。

随着 MIMO-OFDM 通信技术的普及，无线通信场景绝大多数是多链路的，故需要对多链路场景中的子信道统计特征进行研究，实现 MIMO 无线通信系统中的能效优化。目前已有大量研究基于对 MIMO 系统中的统计特性以及信号传输特性进行分析，实现了 MIMO 无线通信系统中各层面的性能优化。文献[20]根据 MIMO 系统中子信道的统计特性，通过子信道分组策略来实现 MIMO 系统性能的多目标优化。文献[21]提出一种联合 MIMO 协作技术和数据融合技术，结合簇面积与每个节点的平均能耗分析，以及距离对数据相关性的影响，大幅度提高无线传感网络的能量效率。文献[22][23]对 MIMO 系统信道 Wishart 矩阵[24-28]的联合概率密度函数（Joint Probability Density Function，JPDF）进行了分析，通过其统计特征精确地衡量了 MIMO 系统中的误比特率性能（Bit Error Rate，BER）。文献[29]基于 MIMO-MRC（Maximal Ratio

Combining）系统[30][31]中信道 Wishart 矩阵的最大特征值分布特性，对接收端的瞬时信噪比性能进行了分析。进一步地，MIMO 无线通信系统中信道 Wishart 矩阵的累积概率密度函数（Cumulative Density Function，CDF）的统计特性还可被用于分析 MIMO-MRC 系统中的其他相关性能指标：信道 Wishart 矩阵最小特征值的概率密度函数（Probability Density Function，PDF）的统计特性被应用于多天线的选择技术中[32][33]。另外，除了考虑无线通信中的 QoS 保障问题外，链路层的资源分配优化技术旨在提高无线网络的服务质量及资源利用率，在低移动环境中，需要着重考虑公平性，特别在信道动态变化微小的情况下，这种考虑显得尤为重要。文献[34]提出了两种链路适应性技术，联合功率控制（PC）和自适应编码调制（ACM）来对信道吞吐率或公平性进行优化。联合功率控制方案（PC）通过调整发射功率使得分布位置及信道条件不同的所有用户获得相同的信噪比，以实现吞吐率的公平性。这种技术基于不同用户的信道条件来为其分配不同的吞吐率水平，使得优势用户能够获取更高的吞吐率水平，于此同时，此方案不会阻断弱势用户。自适应编码调制技术（ACM）技术首先通过更新每帧的吞吐率及发射功率，使得平均吞吐率最大化（无公平性约束），然后根据更新的发射功率获得信干噪比（Signal to Interference plus Noise Ratio，SINR）值，从而确定自适应编码和调制技术中的编码及调制方式。两种方案均通过忽略弱势用户，分配其低功率（接近于零）来使得干扰最小化，以大幅度提高优势用户的吞吐率从而使得平均吞吐率最大化。

综上所述，目前的研究内容主要集中于定量 QoS 约束条件下的无线通信系统能效优化，研究场景主要是 MIMO 无线通信系统中的多链路通信。在信道 Wishart 矩阵特征值的联合概率密度函数的特性分析上，优化目标多为实现 MIMO 无线通信系统宏观性能的优化。对于 MIMO-OFDM 无线通信系统，如何在保证 QoS 的前提下，利用 MIMO-OFDM 无线通信系统自身数据传输和信道矩阵的分布特性，实现系统能效优化仍是目前面临一大挑战。

▌ 4.2　误比特率约束条件下的 MIMO-OFDM 通信系统能效优化

在无线通信系统中，一方面需考虑对系统的能量效率进行优化，另一方面要保障系统的 QoS。QoS 保障涉及到无线通信服务中的各项指标，如延迟、中断概率、误比特率等。如何在保障 QoS 的前提下，使得系统能效最大化是目前无线通信研究工作的主流方向。本节针对 MIMO-OFDM 系统，首先对误比特率约束条件下的系统能效优化问题进行建模，然后对系统能效优化功率分配门限值进行了推导，最后在门限值的基础上，设计了一种双门限的功率优化分配算法，在误比特率约束条件下，对 MIMO-OFDM 的系统进行能效优化。

4.2.1　MIMO-OFDM 通信系统能效模型

本节的研究场景是单小区 MIMO-OFDM 无线通信系统，如图 4-1 所示，一个拥有 N_t 根发送天线的基站位于小区中心，小区半径为 R，并为此基站设置一个保护距离 d。假设每根发送天线的发送功率相同，有 M 个用户均匀分布于 $R-d$ 的圆盘面积内，每个用户拥有 N_r 根接收天线。

为了降低系统模型的复杂度，假设在 OFDM 策略中，K 个正交子载波被归为 K 个子信道。不失一般性地，假设这 K 个子信道均用于数据传输，信号在每个子信道中独立经历路径损耗、多径衰落和阴影衰落，并且忽略来自小区中其他用户的干扰。

根据以上假设，子信道 k 接收端的接收信号 S_k 为

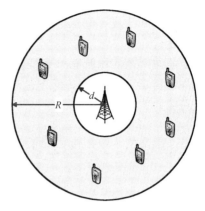

图 4-1 MIMO-OFDM 无线通信系统的系统模型

$$S_k = \frac{\omega z_k^2}{R_k^{\sigma_r}} P_k \tag{4-1}$$

其中，R_k 为用户 k 距离基站的距离，P_k 为子信道 k 上的发送功率，ω 为对数-正态阴影因子，z_k^2 为子信道 k 的瑞利衰落因子，σ_r 为路径损耗因子。

本节中，MIMO-OFDM 无线通信系统的能量效率定义为系统总容量与系统总发送功率之比，以此来衡量系统的输出与投入之间的关系。假设每个子信道的最大信道容量为香农容量，则 MIMO-OFDM 无线通信系统的能量效率如下：

$$\eta_{EE} = \frac{\sum_{k=1}^{K} \log_2\left(1 + \frac{S_k}{n_0}\right)}{P_{total}} \tag{4-2}$$

其中，η_{EE} 为 MIMO-OFDM 无线通信系统的能量效率，n_0 为无线子信道的加性高斯白噪声（AWGN），P_{total} 为系统的总发送功率。

在无线通信中，误比特率与系统所应用的调制方法有关。在本节中，采用 BDPSK 调制方法来研究各子信道的误比特率性能。BDPSK 下的误比特率 P_{BER} 表示如下：

$$P_{BER} = \frac{1}{2} e^{-\frac{\varepsilon_b}{N_0}} \tag{4-3}$$

其中，ε_b 为比特能量，N_0 为噪声功率谱密度。

为了评估 MIMO-OFDM 无线通信系统的误比特率性能，定义系统的平均误比特率如下：

$$P_{aver\_BER} = \frac{\sum_{k=1}^{K} P_{BERk}}{K} \tag{4-4}$$

其中，P_{aver_BER} 为 MIMO-OFDM 无线通信系统平均误比特率，P_{BERk} 为子信道 k 的接收信号误比特率。

4.2.2　误比特率约束条件下的通信系统能效优化

基于前面所述的系统能效模型及误比特率模型，我们对子信道的功率优化分配策略进行研究，在给定特定 QoS 条件下，对系统的能效进行优化。

4.2.2.1　问题构建

首先，定义用于数据传输的子信道集 C 如下：

$$\mathrm{CH}_k \in \boldsymbol{C}, \boldsymbol{C} = \{CH_k \mid 1 \leqslant k \leqslant K\} \tag{4-5}$$

其中，CH_k 为子信道 k。

将子信道集 C 分为两个子信道集合：一个采用大发送功率的子信道集合 $\boldsymbol{C}_{p\max}^N$ 和一个采用小发送功率的子信道集合 $\boldsymbol{C}_{p\min}^{K-N}$。假设大功率子信道集合中各子信道所采用的发送功率为 $P_{t\max}$，小功率子信道集合中各子信道所采用的发送功率为 $P_{t\min}$（$P_{t\max} > P_{t\min}$），且 $\boldsymbol{C}_{p\max}^N$ 中的子信道数为 N，则 $\boldsymbol{C}_{p\min}^{K-N}$ 中的子信道数为 $K-N$。另外，假设 $\boldsymbol{C}_{p\max}^N$ 中的总发送功率为 $P_{t\max\_total}$，$\boldsymbol{C}_{p\min}^{K-N}$ 中的总发送功率为 $P_{t\min\_total}$，系统的总发送功率为 P_{total}。则各发送功率之间的关系满足下列等式：

$$\begin{cases} P_{total} = P_{t\max\_total} + P_{t\min\_total} \\ P_{t\max\_total} = N \times P_{t\max} \\ P_{t\min\_total} = (K-N) \times P_{t\min} \end{cases} \tag{4-6}$$

为了对系统级的能效优化问题进行研究，设定一个总功率约束条件 P_{total}，并且设定大功率子信道集合中的总发送功率 $P_{t\max\_total}$ 为一个定值。

在实际的无线通信系统中，系统的 QoS 与系统的误比特率性能直接相关。为了保障系统的 QoS，我们设定误比特率约束条件和总功率约束条件，对双约束条件下的系统能效优化解进行推导，在此基础上设计相应的双门限功率优化分配算法，实现 MIMO-OFDM 无线通信系统的能效优化。系统的能效优化问题如下，其中，系统的误比特率上限为 $\hat{b}$：

$$\max \eta_{\mathrm{EE}} = \frac{\sum_{k=1}^{K} \log_2\left(1 + \dfrac{S_k}{n_0}\right)}{P_{t\max\_total}} \tag{4-7}$$

约束条件 1：P_{total} 和 $P_{t\max\_total}$ 为定值。

约束条件 2：$P_{aver\_BER} \leqslant \hat{b}$.

4.2.2.2　通信系统能效优化求解

系统能效优化解推导的核心思想是在满足误比特率约束条件和总功率约束条件的前提下，使得系统能量效率最大化。根据这一核心思想可以得出：将试探子信道 CH_k 分配至大

功率子信道集合 $\boldsymbol{C}_{p\max}^{N}$ 的唯一依据为 $\boldsymbol{C}_{p\max}^{N}$ 包含子信道 CH_{k} 时的系统能效大于或等于 $\boldsymbol{C}_{p\max}^{N}$ 不包含子信道 CH_{k}，即能效不降低原则。否则，将子信道 CH_{k} 分配至小功率信道集合 $\boldsymbol{C}_{p\min}^{K-N}$。

根据约束条件 1，当试探子信道 CH_{k} 被分至大功率子信道集合 $\boldsymbol{C}_{p\max}^{N}$ 中时，$\boldsymbol{C}_{p\max}^{N}$ 中各子信道的发送功率为

$$P_{t\max\_1} = \frac{P_{t\max\_total}}{N} \tag{4-8}$$

同样地，当试探子信道被分至小功率子信道集合 $\boldsymbol{C}_{p\min}^{K-N}$ 中时，$\boldsymbol{C}_{p\max}^{N}$ 中各子信道的发送功率为

$$P_{t\max\_2} = \frac{P_{t\max\_total}}{N-1} \tag{4-9}$$

基于 MIMO-OFDM 无线通信系统能效模型，当试探子信道 CH_{k} 加入大功率子信道集合 $\boldsymbol{C}_{p\max}^{N}$ 中时，系统的能量效率 $\eta_{\mathrm{EE}i\in N}^{a}$ 为

$$\eta_{\mathrm{EE}i\in K}^{a} = \frac{\sum\limits_{i=1}^{N}\log_2\left(1+\dfrac{\dfrac{\omega z_i^2}{R_i^{\sigma_r}}P_{t\max\_1}}{n_0}\right)}{P_{t\max\_total}} \tag{4-10}$$

当试探子信道 CH_{k} 加入小功率子信道集合 $\boldsymbol{C}_{p\min}^{K-N}$ 中时，系统的能量效率 $\eta_{\mathrm{EE}i\in N,i\neq k}^{b}$ 为

$$\eta_{\mathrm{EE}i\in K,i\neq k}^{b} = \frac{\sum\limits_{i=1,i\neq k}^{N-1}\log_2\left(1+\dfrac{\dfrac{\omega z_i^2}{R_i^{\sigma_r}}P_{t\max\_2}}{n_0}\right)}{P_{t\max\_total}} \tag{4-11}$$

根据系统能效优化的核心思想，即能效不降低原则，当且仅当满足 $\eta_{\mathrm{EE}i\in K}^{a} \geqslant \eta_{\mathrm{EE}i\in K,i\neq k}^{b}$ 时，试探子信道 CH_{k} 被分配至大功率子信道集合 $\boldsymbol{C}_{p\max}^{N}$。此条件具体表述如下：

$$\frac{\sum\limits_{i=1}^{N}\log_2\left(1+\dfrac{\dfrac{\omega z_i^2}{R_i^{\sigma_r}}P_{t\max\_1}}{n_0}\right)}{P_{t\max\_total}} \geqslant \frac{\sum\limits_{i=1,i\neq k}^{N-1}\log_2\left(1+\dfrac{\dfrac{\omega z_i^2}{R_i^{\sigma_r}}P_{t\max\_2}}{n_0}\right)}{P_{t\max\_total}} \tag{4-12}$$

$$\Downarrow$$

$$\prod\limits_{i=1}^{K}\left(1+\dfrac{\dfrac{\omega z_i^2}{R_i^{\sigma_r}}P_{t\max\_1}}{n_0}\right) \geqslant \prod\limits_{i=1,i\neq k}^{K-1}\left(1+\dfrac{\dfrac{\omega z_i^2}{R_i^{\sigma_r}}P_{t\max\_2}}{n_0}\right) \tag{4-13}$$

考虑式（4-8）和式（4-9），可得如下不等式：

$$P_{t\max\_1} \leqslant P_{t\max\_2} \tag{4-14}$$

基于式（4-13）和式（4-14），进一步可得

$$\left(1+\frac{\frac{\omega z_i^2}{R_i^{\sigma_r}}P_{t\max\_2}}{n_0}\right)\prod_{i=1,i\neq k}^{N-1}\left(1+\frac{\frac{\omega z_i^2}{R_i^{\sigma_r}}P_{t\max\_1}}{n_0}\right)\geqslant\prod_{i=1}^{N}\left(1+\frac{\frac{\omega z_i^2}{R_i^{\sigma_r}}P_{t\max\_1}}{n_0}\right)\geqslant\prod_{i=1,i\neq k}^{N-1}\left(1+\frac{\frac{\omega z_i^2}{R_i^{\sigma_r}}P_{t\max\_2}}{n_0}\right) \qquad (4\text{-}15)$$

$$\Downarrow$$

$$1+\frac{\frac{\omega z_i^2}{R_i^{\sigma_r}}P_{t\max\_2}}{n_0}\geqslant\frac{\prod_{i=1,i\neq k}^{N-1}\left(1+\frac{\frac{\omega z_i^2}{R_i^{\sigma_r}}P_{t\max\_2}}{n_0}\right)}{\prod_{i=1,i\neq k}^{N-1}\left(1+\frac{\frac{\omega z_i^2}{R_i^{\sigma_r}}P_{t\max\_1}}{n_0}\right)} \qquad (4\text{-}16)$$

$$\Downarrow$$

$$1+\frac{\frac{\omega z_i^2}{R_i^{\sigma_r}}P_{t\max\_2}}{n_0}\geqslant\frac{\prod_{i=1,i\neq k}^{N-1}\left(n_0+\frac{\omega z_i^2}{R_i^{\sigma_r}}P_{t\max\_2}\right)}{\prod_{i=1,i\neq k}^{N-1}\left(n_0+\frac{\omega z_i^2}{R_i^{\sigma_r}}P_{t\max\_1}\right)} \qquad (4\text{-}17)$$

由于加性高斯白噪声（AWGN）n_0 远小于子信道 i 的接收信号，可进一步近似得到

$$1+\frac{\frac{\omega z_i^2}{R_i^{\sigma_r}}P_{t\max\_2}}{n_0}\geqslant\frac{\prod_{i=1,i\neq k}^{N-1}\frac{\omega z_i^2}{R_i^{\sigma_r}}P_{t\max\_2}}{\prod_{i=1,i\neq k}^{N-1}\frac{\omega z_i^2}{R_i^{\sigma_r}}P_{t\max\_1}} \qquad (4\text{-}18)$$

$$\Downarrow$$

$$1+\frac{\frac{\omega z_i^2}{R_i^{\sigma_r}}P_{t\max\_2}}{n_0}\geqslant\frac{\prod_{i=1,i\neq k}^{N-1}P_{t\max\_2}}{\prod_{i=1,i\neq k}^{N-1}P_{t\max\_1}} \qquad (4\text{-}19)$$

$$\Downarrow$$

$$\frac{\frac{\omega z_k^2}{R_k^{\sigma_r}}P_{t\max\_2}}{n_0}\geqslant\left(\frac{N}{N-1}\right)^{N-1}-1 \qquad (4\text{-}20)$$

为了简化不等式（4-20），令

$$\mathrm{SNR}_k\geqslant\gamma_T \qquad (4\text{-}21)$$

其中，不等式（4-21）左边为试探子信道 CH_k 的信噪比，表示为 SNR_k；不等式（4-21）右边为功率分配门限值，表示为 γ_T。

　　基于不等式（4-21），系统能效优化问题可简化为试探子信道 CH_k 的信噪比 SNR_k 与功率分配门限值 γ_T 之间的比较：当试探子信道 CH_k 的信噪比 SNR_k 满足不等式（4-21）时，将其加入大功率子信道集合 $C_{p\max}^{N}$。否则，将 CH_k 加入小功率子信道集合 $C_{p\min}^{K-N}$。

4.2.2.3　基站功率优化分配算法设计

　　基于约束条件 1 和约束条件 2，设计了一个误比特率约束条件下的双门限功率优化算法 EBPCB（Energy-efficient Binary Power Control with BER Constraint），在保障系统平均误比特率的前提下，实现了 MIMO-OFDM 无线通信系统的能效优化：首先，将子信道集合 C 中的所有子信道按信道条件降序排列。然后开始执行误比特率约束条件下的功率优化分配算法，其核心思想为将试探子信道 CH_k 加入大功率子信道集合 $C_{p\max}^{N}$，计算此时的系统平均误比特率以及子信道 CH_k 的信噪比 SNR_k。若计算结果同时满足约束条件 2 和功率分配门限值，则试探子信道 CH_k 被分配至大功率子信道集合 $C_{p\max}^{N}$。否则，将 CH_k 分配至小功率子信道集合 $C_{p\min}^{K-N}$。EBPCB 算法的具体细节如下：

ALGORITHM 1: Energy-efficient binary power control with BER constraint

---

Input: $P_{\text{total}}, P_{t\max\_\text{total}}, \gamma_T$

Output: $P_{t\max}, \quad P_{t\min}, \quad C_{p\max}^{N}, \quad C_{p\min}^{K-N}$

Initialization: Create a wireless sub-channel set C with K subchannels, the maximum power transmission subchannel subset $C_{p\max}^{N}$ and the minimum power transmission subchannel subset $C_{p\min}^{K-N}$.

$$C = \{CH_k \mid 1 \leqslant k \leqslant K\},$$
$$C_{p\max}^{N} = \phi,$$
$$C_{p\min}^{K-N} = \phi.$$

Begin:

1) Create a new set $\tilde{C}$ from the set C by a descending order of $\dfrac{\omega z_i^2}{R_i^{\sigma_r}}$,

$$\tilde{C} = \left\{ CH_i \mid \forall (1 \leqslant i \leqslant k \leqslant K), \ \frac{\omega z_i^2}{R_i^{\sigma_r}} \geqslant \frac{\omega z_k^2}{R_k^{\sigma_r}} \right\}$$

2) **for** $i = 1:K$ **do**

$$P_{t\max} = \frac{P_{t\max\_\text{total}}}{i-1}$$

$$SNR_i = \frac{\dfrac{\omega z_i^2}{R_i^{\sigma_r}} P_{t\max}}{n_0}$$

$$P_{\text{BERi}} = \frac{1}{2} e^{-\frac{\varepsilon_{bi}}{N_0}}$$

$$P_{\text{aver\_BER}} = \frac{\text{sum}(P_{\text{BER1}} : P_{\text{BERi}})}{i}$$

$$\textbf{if}\quad P_{\text{aver\_BER}} > \hat{b}$$

$$M = i - 1$$

$$\text{break}$$

$$\textbf{else if}\quad \text{SNR}_i < \gamma_T$$

$$N = i - 1$$

$$\text{break}$$

$$\textbf{end if}$$

$$\textbf{end if}$$

end for

3) add $\text{CH}_j (1 \leqslant j \leqslant N)$ into $\boldsymbol{C}_{p\max}^N$,

add $\text{CH}_j (N+1 \leqslant j \leqslant K)$ into $\boldsymbol{C}_{p\min}^{K-N}$.

$$P_{t\max} = \frac{P_{t\max\_\text{total}}}{N}, \quad P_{t\min} = \frac{P_{\text{total}} - P_{t\max\_\text{total}}}{K - N}$$

end Begin

4.2.3　仿真与性能分析

下面通过蒙特卡洛仿真对 EBPCB 算法的 MIMO-OFDM 能效优化性能进行评估，并将其与另外两种功率分配算法进行对比：无能效优化的二元功率分配算法 BPC 和无 QoS 约束条件的二元功率能效优化算法 EBPC。

在仿真中，由于我们为中心基站设定了一个保护距离，假设用户在一个的圆环内均匀分布，小区半径的范围为 300 m 到 500 m，保护距离的值设定为 50 m。更多具体的参数配置如下：系统带宽为 1 MHz；所有子信道的比特率均为 10 kb/s；误比特率上限值为 10e-13；基站的总发送功率的范围为 0.6～1.4 W；路径损耗因子为 3.8～4.1；考虑 MIMO 无线通信系统中的 OFDM 技术，子信道数范围为 8～128；高斯白噪声（AWGN）为 0.1 W。

图 4-2 对不同子信道数下 EBPCB，BPC 和 EBPC 算法的系统能效性能进行了仿真。从图 4-2 中可以看出，EBPCB 和 EBPC 算法的能效优化性能要明显优于 BPC 算法。这一结果验证了功率优化分配算法的系统能效优化性能。对于 EBPCB 和 EBPC 算法，当子信道数小于 32 时，这两种算法下的系统能效几乎相同。而随着子信道数的增加，EBPCB 算法的能效优化性能略劣于 EBPC。更多地，三种算法下的系统能效均随着子信道数的增加而升高。

图 4-3 对不同总发送功率下 EBPCB，BPC 和 EBPC 算法的系统能效性能进行了仿真。从图 4-3 中可以看出，EBPCB 和 EBPC 算法的能效优化性能优于 BPC 算法。这一结果验证了功率优化分配算法的系统能效优化性能。对于 EBPCB 和 EBPC 算法，当总发送功率小于 0.8 W 时，这两种算法下的系统能效几乎相同。而随着总发送功率的增加，EBPCB 算法的能效优化性能略劣于 EBPC。更多地，三种算法下的系统能效均随着总发送功率的增加而降低。

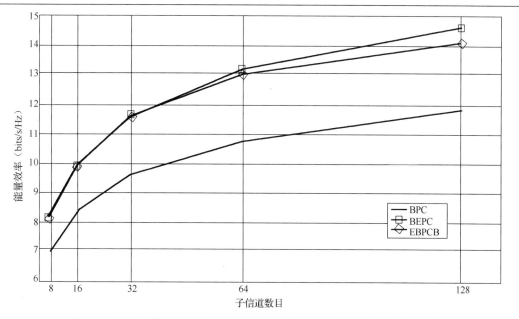

图 4-2　不同子信道数下的 EBPCB，BPC 和 EBPC 算法的能效优化性能

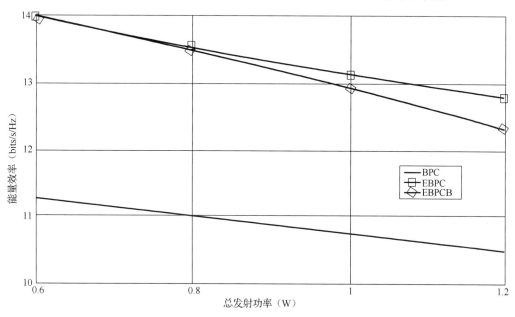

图 4-3　不同总发送功率下 EBPCB，BPC 和 EBPC 算法的能效优化性能

　　图 4-4 对不同基站距离下 EBPCB，BPC 和 EBPC 算法的系统误比特率性能进行了仿真。从图 4-4 中可以看出，BPC 算法的系统平均误比特率性能优于 EBPC 和 EBPCB 算法。这一结果证明了系统能效优化与误比特率性能之间的折中关系。对于 EBPCB 和 EBPC 算法而言，在基站距离小于 320 m 时，EBPC 算法的系统平均误比特率性能要优于 EBPCB 算法。而随着基站距离的增加，EBPCB 算法的系统平均误比特率性能要明显优于 EBPC 算法。另外值得注意的是，由于设定了系统误比特率约束条件，即约束条件 2，EBPCB 算法的系统平均误比特率始终低于−130 dB。另外，三种算法下的系统平均误比特率均随着基站距离的增加而升高。

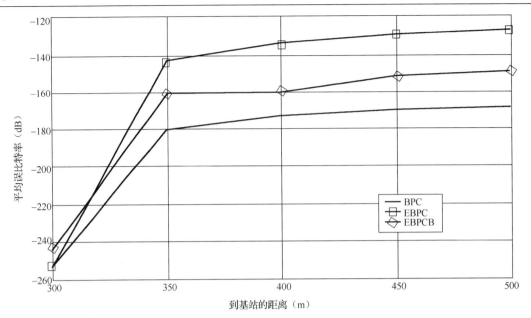

图 4-4　不同基站距离下 EBPCB，BPC 和 EBPC 算法的系统平均误比特率性能

图 4-5 对不同路径损耗因子下 EBPCB，BPC 和 EBPC 算法的系统误比特率性能进行了仿真。从图 4-5 中可以看出，BPC 算法的系统平均误比特率性能优于 EBPC 和 EBPCB 算法。这一结果证明了系统能效优化与误比特率性能之间的折中关系。对于 EBPCB 和 EBPC 算法而言，EBPCB 算法的系统平均误比特率性能要明显优于 EBPC 算法。另外值得注意的是，由于设定了系统误比特率约束条件，即约束条件 2，EBPCB 算法的系统平均误比特率始终低于–130 dB。另外，三种算法下的系统平均误比特率均随着路径损耗因子的增加呈上升的趋势。

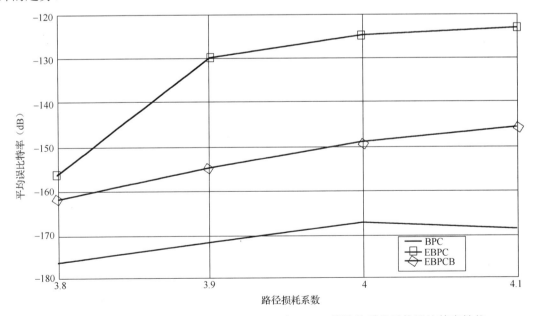

图 4-5　不同路径损耗因子下 EBPCB，BPC 和 EBPC 算法的系统平均误比特率性能

▌ 4.3　服务质量统计约束模型及通信系统有效容量

QoS 保障是下一代无线通信网络的关键问题之一。例如，在多媒体会议和比赛直播等实时服务中，QoS 保障主要针对于延迟。由于无线通信的移动性及环境变化导致数据率随时间随机变化，故无线网络中的 QoS 保障问题十分复杂。对无线通信中的 QoS 问题的研究主要分为两个步骤：对信道模型参数进行估计和从模型中提取 QoS 衡量制度。这两个步骤实施起来复杂度较高，并且在从模型中提取 QoS 衡量制度的过程中，由于各类近似假定，可能导致结果不准确。因此，在不稳定的无线通信环境中，使用确定的 QoS 约束条件存在着很多缺陷，它会导致网络利用率低及各种网络资源的浪费。因此，建立一种基于统计特性的 QoS 约束是十分有必要的，一方面是对各种 QoS 衡量制度（如数据率、延迟）的抽象更为方便，另一方面使得 QoS 衡量指标准确度更高。本节对 QoS 统计约束模型和基于QoS 统计约束指数的有效容量的推导过程进行了阐述，并对不同 QoS 统计约束指标下的系统有效容量性能进行了相关的仿真分析。

4.3.1　QoS 统计约束模型

由于无线信道容量随时间随机变化，故为了提供 QoS 保障，通常的做法是设定一个严格的容量下限。如对瑞利衰落信道而言，唯一可以定量保证的下限容量为零，这显然是既保守又无实际意义的。所以可将以往的确定下限容量 $\Psi(t)$ 转变为一个统计学的版本，用 $\{\Psi(t,\varepsilon)\}$ 表示。基于统计特性的约束条件 $\mathrm{SC}\{\Psi(t,\varepsilon)\}$ 可以表示为

$$\sup_t \Pr\{\tilde{S}(t) < \Psi(t)\} \leqslant \varepsilon \qquad (4\text{-}22)$$

其中，$\tilde{S}(t)$ 表示信道所提供的服务，ε 表示无线信道不能保障下限容量 $\Psi(t)$ 时的概率。

为了保障时变信道的 QoS，必须对信道的排队行为等特性进行研究，以基于统计特性的 QoS 约束条件来保障网络服务性能。若将 Q 定义为发送端数据恒定队列长度，q 为队列长度下限，则队列长度尾分布 θ 为

$$\lim_{q \to \infty} \frac{\log P(Q \geqslant q)}{q} = -\theta \qquad (4\text{-}23)$$

故由等式（4-23）可以得到缓存溢出概率为

$$P(Q \geqslant q_{\max}) \approx \mathrm{e}^{-\theta q_{\max}} \qquad (4\text{-}24)$$

其中，$q_{\max}$ 为 buffer 中队列长度上限。

假设信源处的 buffer 无限大，数据传输速率为常数 r，则有

$$\sup_t \Pr\{Q(t) \geqslant q_{\max}\} \approx \gamma(r)\mathrm{e}^{-\theta(r)q_{\max}} \qquad (4\text{-}25)$$

其中，$Q(t)$ 为 buffer 中的队列长度，则 $\gamma(r) = \Pr\{Q(t) \geqslant 0\}$ 为 buffer 非空的概率。

类似地，若将数据源的排队特性用延时予以表征，则有

$$\sup_t \Pr\{D(t) \geq D_{\max}\} \approx \gamma(r)\mathrm{e}^{-\theta(r)D_{\max}} \qquad (4\text{-}26)$$

其中，$D(t)$ 为信号时延，$D_{\max}$ 为信号时延上限，则 $\gamma(r) = \Pr\{D(t) \geq 0\}$ 为信号时延非零的概率。

由此可以看出，θ 值越大，对应着越严格的 QoS 约束条件，反之，对应的 QoS 约束越宽松。因此，可用统计约束参数 θ 表示的统计约束模型来对无线通信中的 QoS 约束条件进行衡量，方便地表征链路层的 QoS 指标，如超越延迟上界的概率、发送端 buffer 溢出率等。

4.3.2 通信系统有效容量

基于统计特性的 QoS 约束主要是针对网络数据传输中的排队行为进行分析，得出相关 QoS 指标（延迟、buffer 中的队列长度等）的统计特性，将其提炼为对应的统计参数，对网络性能提供保障。研究数据传输的排队行为，主要分为两个方面：基于流量的特性和基于服务的特性。基于流量的特性要求任一时刻信源产生的数据 $A(t)$ 不超过一个上限 $\Gamma(t)$，即 $A(t) \leq \Gamma(t)$。而基于服务的特性 $S(t)$ 要求任一时刻信道传输的数据不低于一个下限 $\Psi(t)$，即 $S(t) \leq \Psi(t)$。

考虑一个到达过程 $\{A(t), t \geq 0\}$，$A(t)$ 为时间段 [0,t) 内信源产生的数据量。将有效带宽[17]理论运用于这一过程，假设

$$\Lambda(u) = \lim_{t \to \infty} \frac{1}{t} \log E[\mathrm{e}^{uA(t)}] \qquad (4\text{-}27)$$

对所有 $u \geq 0$，其有效带宽函数为

$$\alpha(u) = \frac{\Lambda(u)}{u}, \qquad \forall u \geq 0 \qquad (4\text{-}28)$$

对于信道而言，观察到基于服务特性的统计约束条件 $\sup\limits_t \Pr\{\tilde{S}(t) < \Psi(t)\} \leq \varepsilon$ 与基于流量特性的统计约束条件 $\sup\limits_t \Pr\{Q(t) \geq q_{\max}\} \leq \varepsilon$ 具有对偶性，则可将有效带宽的理论运用于服务信道，推导出信道的有效容量，故参照信源统计参数的推导，同样假设

$$\Lambda^{(c)}(-u) = \lim_{t \to \infty} \frac{1}{t} \log E[\mathrm{e}^{-u\tilde{s}(t)}] \qquad (4\text{-}29)$$

对所有 $u \geq 0$ 成立，则此时参照有效带宽定义信道的有效容量为

$$\alpha^{(c)}(u) = \frac{-\Lambda^{(c)}(-u)}{u}, \qquad \forall u \geq 0 \qquad (4\text{-}30)$$

令 $\{R[i], i = 1, 2, 3, \cdots\}$ 为离散时间平稳随机服务过程，T 为帧长度，则 $S(t) \triangleq \sum_{i=1}^{t} R[i]$ 为时间累积下的服务过程。令

$$\Lambda_C(\theta) = \lim_{t \to \infty} \frac{1}{t} \log E\{\mathrm{e}^{\theta s[t]}\} \qquad (4\text{-}31)$$

则此时的系统有效容量可表示为 QoS 统计约束参数 θ 及信道条件的函数：

$$C_E(\mathrm{SNR}, \theta) = -\frac{\Lambda_C(-\theta)}{\theta} = -\lim_{t \to \infty} \frac{1}{\theta t} \log E\{\mathrm{e}^{-\theta s[t]}\} \qquad (4\text{-}32)$$

若 $R[i]$ 在一个帧长度内是常数，且在各帧之间独立变化时，有效容量可简化为

$$C_E(\text{SNR}, \theta) = -\frac{1}{\theta T} \log E\{e^{-\theta TR[i]}\} \tag{4-33}$$

当发送端无反馈的信道条件信息（CSI）时，瞬时服务速率为

$$R[i] = B \log_2(1 + \text{SNR}z[i]) \quad \text{bits/s} \tag{4-34}$$

其中，B 为系统带宽，$z[i]$ 为信道增益。

当发送端有反馈的信道条件信息（CSI）时，瞬时服务速率为

$$R[i] = B \log_2(1 + u_{\text{opt}}(\theta, z[i])z[i]) \quad \text{bits/s} \tag{4-35}$$

$u_{\text{opt}}(\theta, z[i])$ 为所采用功率自适应策略函数[17]

$$u_{\text{opt}}(\theta, z[i]) = \begin{cases} \dfrac{1}{\alpha^{\frac{1}{\beta+1}} z[i]^{\frac{\beta}{\beta+1}}} - \dfrac{1}{z[i]} & z[i] \geqslant \alpha \\ 0 & z[i] < \alpha \end{cases} \tag{4-36}$$

其中，β 为归一化的 QoS 指数，α 为信道平均功率限制条件的门限值。

4.3.3　有效容量性能仿真

下面分别对无线通信系统中有效容量随 QoS 统计约束条件变化的性能情况进行了仿真，并对仿真结果进行了数据分析。仿真中，参数设定如下：帧长度 $T_f = 1$ ms，信道带宽 $B = 1$ MHz。

从图 4-6 中可以看到，在 θ 值极小时，约束条件相当宽松，此时的有效容量接近于香农容量，随着 θ 值的增大，约束条件逐渐严格，可以看到有效容量在一定范围内（10^{-4} 至 10^{-1}）急剧降低，当 θ 增大到一定程度时，这种下降趋势变得相对平缓，此时有效容量维持在一个较低水平。

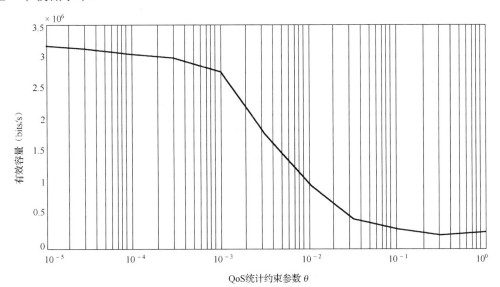

图 4-6　不同 QoS 统计约束参数 θ 下系统的有效容量

从图 4-7 中可以看出，在不同 SNR 水平下，有效容量随 θ 变化的趋势相同，都是在 θ 极小时，有效容量维持在一个较高水平，随后随着 θ 的增大急剧降低，当降低到一定程度时，有效容量的变化趋势减缓，其值维持在一个较低水平。并且信道信噪比 SNR 值越大，有效容量越大，这与直观上的判断结果相符。

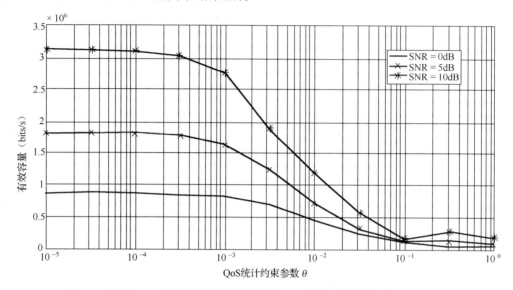

图 4-7　不同 SNR 水平下系统有效容量随 QoS 统计约束参数 θ 的变化情况

从图 4-8 中可以看出，随着 D_{max} 增大，有效容量越大，这是由于对延迟要求不高时，即 D_{max} 较大时，QoS 约束相对宽松，此时的 QoS 统计约束参数 θ 较小，因而有效容量相对较大，这与直观上的判断结果相符。

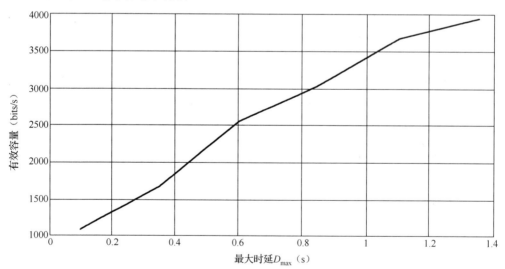

图 4-8　系统有效容量随最大时延要求 D_{max} 的变化情况

从图 4-9 中可以看出，不同 SNR 水平下，有效容量随最大延迟时间 D_{max} 的变化趋势相同。且在相同延迟约束条件下，随着信道 SNR 值的增大，有效容量越大。

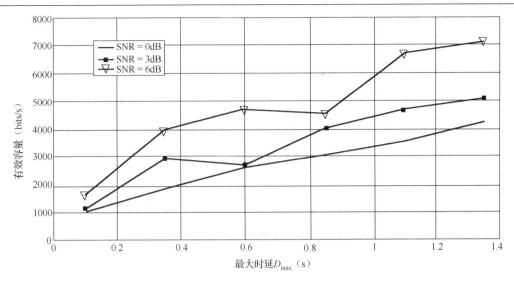

图 4-9　不同 SNR 水平下系统有效容量随最大时延要求 $D_{\max}$ 的变化情况

4.4　基于服务质量的 MIMO-OFDM 通信系统能效优化

本节针对多 MIMO-OFDM 场景，从系统能效优化的角度出发，提出一种基于有效容量的 MIMO-OFDM 系统能效优化模型，在 QoS 统计约束条件下，对 MIMO-OFDM 无线通信系统信道矩阵奇异值分解后所得空频子信道的统计特性进行研究，设计出一种 MIMO-OFDM 系统能效优化算法 EOPA（Energe-efficiency Optmized Power Allocation，EOPA），结合信道分组策略，对系统信道矩阵奇异值分解后所得的并行子信道进行分组，并对分组后的各组子信道分别进行功率优化分配，以实现 QoS 统计约束条件下 MIMO-OFDM 系统的能效优化。

4.4.1　系统模型

如图 4-10 所示，考虑一个拥有 $N_r \times N_t$ 天线阵列及 K 个正交子载波的 MIMO-OFDM 系统，N_t 为发送天线数，N_r 为接收天线数，系统带宽为 B。数据链路层通过数据帧进行数据传输，帧长度为 T_f。假设系统在每一帧内发送 S 个 OFDM 信号，则接收信号可表示为：

$$y_k[i] = H_k x_k[i] + n[i]$$

其中，$y_k[i]$ 和 $x_k[i]$ 分别为第 i（$i = 1,2,\cdots,S$）个 OFDM 信号在第 k（$k = 1,2,\cdots,K$）个正交子载波上的接收信号向量和发送信号向量，H_k 为第 k 个子载波上的频域信道矩阵，$n[i]$ 为加性高斯白噪声。令 $\mathbb{C}$ 表示复数空间，则 $y_k[i] \in \mathbb{C}^{N_r}$，$x_k[i] \in \mathbb{C}^{N_t}$，$H_k \in \mathbb{C}^{N_r \times N_t}$，$n[i] \in \mathbb{C}^{N_r}$。我们不失一般性地假设 $E\{n[i]n[i]^{\mathrm{H}}\} = I^{N_r \times N_r}$，其中，$E\{\}$ 表示数学期望。

假定离散时间信道是快衰落信道，帧长度 T_f 小于信道相干时间，信道增益在帧长度 T_f

内保持不变，在各帧之间独立变化。在每一帧内，通过奇异值分解将每个正交子载波上的 MIMO 信道分解为 N_m （ $N_m = \min(M_t, M_r)$ ）个并行的 SISO 信道，故对每个 OFDM 信号而言，在 K 个正交子载波上共可得到 $N_m K$ 个并行的空频子信道，数据流通过此 $N_m K$ 个子信道向接收端进行传输。本文假定在发送端能无延迟地获得接收端所反馈的良好信道条件信息（CSI），并对每个子信道的发送功率设定一个平均功率约束 $\overline{P}$ ，在此平均功率约束条件下，发送端各子信道根据接收端所反馈的 CSI 及系统的 QoS 需求来实施相应的功率控制策略，以实现系统的能效优化。

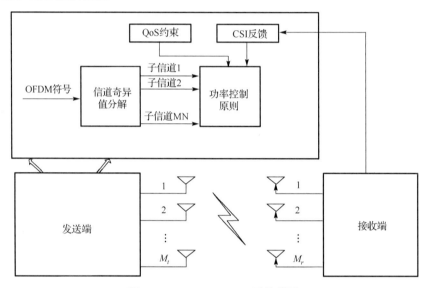

图 4-10   MIMO-OFDM 系统模型

4.4.2   基于有效容量的 MIMO-OFDM 系统能效模型

对 MIMO-OFDM 无线通信系统每个子载波上的信道矩阵 H_k （ $k = 1, 2, \cdots, K$ ）进行以下奇异值分解：

$$H_k = U_k \sqrt{\tilde{\Lambda}_k} V_k^{\mathrm{H}} \tag{4-37}$$

其中， $H_k \in \mathbb{C}^{N_r \times N_t}$ ， $U_k \in \mathbb{C}^{N_r \times N_r}$ 和 $V_k \in \mathbb{C}^{N_t \times N_t}$ 为酉矩阵。当 $N_r \geqslant N_t$ 时，分块矩阵 $\tilde{\Lambda}_k = [\Lambda_k, \mathbf{0}_{N_r, N_r - N_t}]$ ，当 $N_r < N_t$ 时， $\tilde{\Lambda}_k = [\Lambda_k, \mathbf{0}_{N_r, N_r - N_t}]^{\mathrm{T}}$ 。其中， $\Lambda_k = \mathrm{diag}(\lambda_{1,k}, \cdots, \lambda_{N_m, k})$ ，（ $\lambda_{n,k} \geqslant 0, \forall n = 1, \cdots, N_m, k = 1, \cdots, K$ ）。则 $\{\lambda_{n,k}\}_{n=1}^{N_m}$ 为第 k 个正交子载波上的 MIMO 子信道的信道增益。于是，通过奇异值分解，将每个正交子载波上的 MIMO 信道分解为 N_m 个并行的 SISO 信道，故对每个 OFDM 信号而言，其在 K 个正交子载波共可得 $N_m K$ 个并行的空频子信道。

传统的物理层信道模型可直接用来表征无线信号的幅度变化，它能够快速地对无线通信系统的物理层性能进行估计，如信号的误比特率、中断概率等。但是，对于一个通信链接而言，很难在物理层信道模型上为其转化相应地链路层 QoS 保障。因为这些复杂的 QoS 需求需要对通信链接的排队特性进行分析，而这些特性很难从物理层模型中得到。

　　针对这一问题，上一节中对有效容量的推导过程进行了阐述。将有效容量定义为有效带宽的对偶概念，用来表征一个指定的时变服务过程在一定的 QoS 指标下所能提供的最大到达速率，其中，QoS 指标用统计约束参数 θ 来表示，θ 值越大，对应的 QoS 约束越严格，反之，对应的 QoS 约束越宽松。在以往以提高通信系统能效为目标的资源分配问题的研究中，通常以系统的香农容量作为系统产出的衡量指标，香农容量描述的是一个高斯信道在传播信号持续时间无限和解码检测复杂度有限前提下的容量。但在任何实际的通信系统里，其通信网络所能提供的容量都要明显低于该公式提供的容量上限，在严格的 QoS 约束条件下更是如此。

　　MIMO-OFDM 系统信道通过奇异值分解后所得的 $N_m K$ 个并行的空频子信道进行数据传输，每个子信道都对应着一定的 QoS 要求，本文基于有效容量的概念，考虑信道数据传输的统计特性，将各子信道 QoS 指标用统计约束参数 θ 表示。在满足 QoS 保障的前提下，各子信道的数据传输率无法达到香农容量，故信道的实际容量用有效容量 $C_e(\theta)_{n,k}$（$n=1,2,\cdots,N_m, k=1,2,\cdots,K$）来表示。考虑到 MIMO-OFDM 系统数据传输对 QoS 的要求，本节用各子信道的有效容量之和来衡量系统的有效输出，用系统发送端的总发送功率作为系统的投入，对不同 QoS 约束指标下的系统能效性能进行研究，采用如下能效模型：

$$\eta_{EE} = \frac{\sum_{n=1}^{N_m}\sum_{k=1}^{K} C_e(\theta)_{n,k}}{E\{P_{\text{total}}\}} \tag{4-38}$$

其中，η_{EE} 为系统的能量效率，$E\{P_{\text{total}}\}$ 为系统总发送功率的期望，$C_e(\theta)_{n,k}$（$n=1,2,\cdots,N_m, k=1,2,\cdots,K$）为第 k 个正交子载波上个子信道 n 的有效容量：

$$C_e(\theta)_{n,k} = -\frac{1}{\theta}\log\left(\int_0^\infty e^{-\theta T_f B \log_2(1+\mu_{n,k}(\theta,h)h)} p_{\Gamma_{n,k}}(h)\mathrm{d}h\right) \tag{4-39}$$

其中，$p_{\Gamma_{n,k}}(h)$ 为第 k 个正交子载波上的 MIMO 子信道 n 的信道增益边缘概率密度函数，$\mu_{n,k}(\theta,h)$ 为第 k 个正交子载波上的 MIMO 子信道 n 所采取的功率分配策略，h 为子信道增益。

　　考虑对每个子信道的发送功率设定一个平均功率约束 $\overline{P}$，则每个子信道所采用的功率分配策略满足如下等式：

$$\overline{P} = \int_0^\infty \mu_{n,k}(\theta,h) p_{\Gamma_{n,k}}(h)\mathrm{d}h \quad (\forall n=1,2,\cdots,N_m, k=1,2,\cdots,K) \tag{4-40}$$

在平均功率约束条件 $\overline{P}$ 下，系统总发送功率的期望为

$$E\{P_{\text{total}}\} = \overline{P} \times N_m \times K \tag{4-41}$$

　　将式（4-39）和式（4-41）代入系统能效公式，可得基于有效容量的 MIMO-OFDM 无线通信系统能效模型如下：

$$\eta_{EE} = \frac{\sum_{n=1}^{N_m}\sum_{k=1}^{K} -\frac{1}{\theta}\log\left(\int_0^\infty e^{-\theta T_f B \log_2(1+\mu_{n,k}(\theta,h)h)} p_{\Gamma_{n,k}}(h)\mathrm{d}h\right)}{\overline{P} \times N_m \times K} \tag{4-42}$$

4.4.3 通信系统能效优化

本节中，MIMO-OFDM 系统的能效优化目标旨在一定的 QoS 统计约束条件和平均功率约束条件下，使得系统的能量效率最大化，故系统的能效优化问题可表示为

$$\eta_{\mathrm{opt}} = \max\left\{\frac{\displaystyle\sum_{n=1}^{N_m}\sum_{k=1}^{K} -\frac{1}{\theta}\log\left(\int_0^\infty \mathrm{e}^{-\theta T_f B\log_2(1+\mu_{n,k}(\theta,h)h)}p_{\Gamma_{n,k}}(h)\mathrm{d}h\right)}{\overline{P}\times N_m K}\right\} \tag{4-43}$$

$$= \max\left\{\frac{\displaystyle\sum_{n=1}^{N_m}\sum_{k=1}^{N} -\frac{1}{\theta}\log\left(\int_0^\infty \mathrm{e}^{-\theta T_f B\log_2(1+\mu_{n,k}(\theta,h)h)}p_{\Gamma_{n,k}}(h)\mathrm{d}h\right)}{\overline{P}\times N_m K}\right\} \tag{4-44}$$

s.t.:

$$\int_0^\infty \mu_{n,k}(\theta,h)p_{\Gamma_{n,k}}(h)\mathrm{d}h = \overline{P},\forall n=1,2,\cdots,N_m,k=1,2,\cdots,K \tag{4-45}$$

从以上优化问题中可以看出，系统的能效优化问题涉及到 $N_m N$ 个子信道的功率分配策略 $\mu_{n,k}(\theta,h)$ 的优化解问题。由上节可知，单链路功率分配的优化解为

$$\mu_{\mathrm{opt}}(\theta,h) = \begin{cases} \dfrac{1}{h_0^{\frac{1}{\beta_s+1}}h^{\frac{\beta_s}{\beta_s+1}}} - \dfrac{1}{h}, & h\geqslant h_0 \\[4mm] 0, & h < h_0 \end{cases} \tag{4-46}$$

其中，β_s 为归一化的 QoS 指数：$\beta_s = \theta T_f B/\log 2$。由式（4-46）可以看出，实施功率分配优化策略的关键在于确定功率分配门限值 h_0。由于对每个子信道均设定了平均功率约束条件，则各子信道的功率分配门限均满足如下积分方程：

$$\int_{h_{0n,k}}^\infty \left(\frac{1}{h_{0n,k}^{\frac{1}{\beta_s+1}}h^{\frac{\beta_s}{\beta_s+1}}} - \frac{1}{h}\right)p_{\Gamma_{n,k}}(h)\mathrm{d}h = \overline{P} \tag{4-47}$$

其中，$h_{0n,k}$ 为第 k 个正交子载波上的 MIMO 子信道 n 的功率分配门限值。

从式（4-44）可以看出，本节所提出的系统能量效率模型涉及到 $N_m K$ 个子信道信道增益的边缘概率密度函数 $p_{\Gamma_{n,k}}(h)$，它与信道矩阵的统计特性息息相关，本节通过研究各子载波上的信道矩阵统计特性，得出各子信道信道增益的边缘分布特性，以对系统的能效进行优化。

在 MIMO 通信系统中，信道增益的统计特性依赖于 Hermitian 矩阵 $\boldsymbol{HH}^{\mathrm{H}}$ 特征值的分布特性，其中 $\boldsymbol{H}$ 为信道矩阵。若 $\boldsymbol{H}$ 为复数矩阵，且其元素的实部和虚部分别满足正态分布 $N(0,1/2)$，矩阵 $\boldsymbol{W} = \boldsymbol{HH}^{\mathrm{H}}$ 被称为 central Wishart 矩阵，此时 $E\{\boldsymbol{H}\} = \boldsymbol{0}$ 且信道满足瑞利衰落。若 $E\{\boldsymbol{H}\} \neq \boldsymbol{0}$，矩阵 $\boldsymbol{W} = \boldsymbol{HH}^{\mathrm{H}}$ 被称为 noncentral Wishart 矩阵，此时信道满足莱斯衰落。

对于每个子载波而言，我们假设信道矩阵 $\boldsymbol{H}_k$ 为元素满足独立同分布的随机矩阵，其元素为零均值，单位方差的 CSCG（Circular Symmetric Complex Gaussian）变量，则此时收发天线间的信道为单位能量的瑞利信道。

令 $N_m = \min(N_t, N_r)$，$N_n = \max(N_t, N_r)$，设 $\tilde{W}$ 为一个 $N_m \times N_m$ 的 Hermitian 矩阵，且令：

$$\tilde{W} = \begin{cases} \boldsymbol{H}_k \boldsymbol{H}_k^{\mathrm{H}} & N_r < N_t \\ \boldsymbol{H}_k^{\mathrm{H}} \boldsymbol{H}_k & N_r \geq N_t \end{cases} \qquad (4\text{-}48)$$

则 $\tilde{W}$ 的排序特征值 $\lambda_1 \geq \cdots \geq \lambda_{N_m} \geq 0$ 的联合概率密度函数满足 Wishart 分布[24]：

$$p(\lambda_1, \lambda_2, \cdots, \lambda_{N_m}) = K_{N_m, N_n}^{-1} \mathrm{e}^{-\sum_{i=1}^{N_m} \lambda_i} \prod_{i=1}^{N_m} \lambda_i^{Q-M} \prod_{1 \leq i \leq j \leq N_m} (\lambda_i - \lambda_j)^2 \qquad (4\text{-}49)$$

其中，K_{N_m, N_n} 为归一化因子：

$$K_{N_m, N_n} = \prod_{i=1}^{N_m} (N_n - i)!(N_m - i)! \qquad (4\text{-}50)$$

由矩阵分解的知识可知，将信道矩阵 $\boldsymbol{H}_k$ 进行奇异值分解后，对角阵 $\boldsymbol{\varLambda}_k$ 中对角线上的元素 $\lambda_{1,k}, \cdots, \lambda_{N_m,k}$ 即为 $\boldsymbol{H}_k^{\mathrm{H}} \boldsymbol{H}_k$ 的特征值，将第 k 个正交子载波上的 MIMO 子信道的信道增益由大到小进行排序：$\forall 1 \leq i \leq j \leq N_m, \lambda_{i,k} \geq \lambda_{j,k}$，则排序后的子信道增益 $\lambda_1, \lambda_2, \cdots, \lambda_{N_m}$（$\lambda_1 \geq \lambda_2 \geq \cdots \geq \lambda_{N_m}$）满足矩阵 $\tilde{W}$ 排序特征值的联合概率密度函数 $p(\lambda_1, \lambda_2, \cdots, \lambda_{N_m})$。故对第 k 个正交子载波上排序后处于第 n（$1 \leq n \leq N_m$）个位置的 MIMO 子信道而言，其信道增益的边缘概率密度函数 $p_{\Gamma_{n,k}}(h)$ 为式（4-49）的 $N_m - 1$ 重积分：

$$p_{\Gamma_{n,k}}(h) = \underset{N_m - 1}{\int \cdots \int} p(\lambda_1, \lambda_2, \cdots, \lambda_{N_m}) \mathrm{d}\lambda_i \mathrm{d}\lambda_{i+1} \cdots \mathrm{d}\lambda_j \quad (1 \leq i < j \leq N_m \ \text{and} \ i \neq n, j \neq n) \quad (4\text{-}51)$$

由式（4-51）可以看出，分别对 K 个正交子载波上的 MIMO 子信道按信道增益进行由大到小排序后，处于同一位置 n 的子信道拥有相同的边缘概率密度函数。故我们考虑根据子信道信道增益的分布特性，将 K 个正交子载波上的子信道进行分组：

（1）将每个正交子载波上的信道增益按降序排列：$\lambda_{1,k} \geq \lambda_{2,k} \geq \cdots \geq \lambda_{N_m,k} \geq 0$（$k = 1, 2, \cdots, K$）

（2）将 K 个正交子载波上排序后处于同一位置的信道归为一组，即将 $\lambda_{n,1}, \lambda_{n,2}, \cdots, \lambda_{n,N}$（$1 \leq n \leq N_m$）归为一组。

这样将 $N_m K$ 个空频子信道进行信道组合后，就获得了 N_m 组子信道。由于同一组中的子信道拥有相同的边缘概率密度函数，设第 n 组子信道的边缘概率密度函数为 $p_{\Gamma_n}(h)$（$1 \leq n \leq N_m$）。例如，当 $N_t = 4$，$N_r = 4$ 时，可通过式（4-51）求得各组的边缘概率密度函数如下：

$$\begin{aligned}
p_{\Gamma_1}(h) = {} & -4\mathrm{e}^{-4h} - (1/36)\mathrm{e}^{-h}(144 - 432h + 648h^2 - 408h^3 + \\
& 126h^4 - 18h^5 + h^6) + (1/12)\mathrm{e}^{-3h}(144 - 144h + 72h^2 + 56h^3 + \\
& 46h^4 + 10h^5 + h^6) - (1/72)\mathrm{e}^{-2h}(864 - 1728h + 1728h^2 - 192h^3 + \\
& 96h^4 - 96h^5 + 32h^6 - 4h^7 + h^8)
\end{aligned} \qquad (4\text{-}52)$$

$$p_{\Gamma_2}(h) = 12e^{-4h} - (1/6)e^{-3h}(144 - 144h + 72h^2 + 56h^3 + 46h^4$$
$$+ 10h^5 + h^6) + (1/72)e^{-2h}(864 - 1728h + 1728h^2 - 192h^3 + 96h^4 \qquad (4\text{-}53)$$
$$- 96h^5 + 32h^6 - 4h^7 + h^8)$$

$$p_{\Gamma_3}(h) = -12e^{-4h} + (1/12)e^{-3h}(144 - 144h + 72h^2 + 56h^3 + 46h^4 + 10h^5 + h^6) \qquad (4\text{-}54)$$

$$p_{\Gamma_4}(h) = 4e^{-4h} \qquad (4\text{-}55)$$

对子信道增益的联合概率密度函数积分得到各组子信道增益的边缘概率密度函数后，便可根据各组子信道的边缘概率密度函数，对各组子信道分别进行有效容量的优化，将多链路有效容量的联合优化问题转化为了 N_m 组单链路有效容量的优化问题，使系统的能效优化问题得以大大简化。将式（4-51）代入式（4-47），得

$$\int_{h_{0n}}^{\infty} \left(\frac{1}{h_{0n}^{\frac{\beta_s}{\beta_s+1}} h^{\frac{\beta_s}{\beta_s+1}}} - \frac{1}{h} \right) \left(\underbrace{\int \cdots \int}_{N_m-1} p(\lambda_1, \lambda_2, \cdots, \lambda_{N_m}) \mathrm{d}\lambda_i \mathrm{d}\lambda_{i+1} \cdots \mathrm{d}\lambda_j \right) \mathrm{d}\lambda = \overline{P} \qquad (4\text{-}56)$$

$$(1 \leqslant i < j \leqslant N_m \text{ and } i \neq n, j \neq n)$$

其中，h_{0n} 为第 n 组子信道的功率分配门限值。通过式（4-56）这一积分方程求得各组子信道的功率分配门限值 h_{0n} 后，即可分别对每组子信道实施优化功率分配：

$$\mu_{\mathrm{opt\_n}}(\theta, h) = \begin{cases} \dfrac{1}{h_{0n}^{\frac{\beta_s}{\beta_s+1}} h^{\frac{\beta_s}{\beta_s+1}}} - \dfrac{1}{h}, & h \geqslant h_{0n} \\ 0, & h < h_{0n} \end{cases} \qquad (4\text{-}57)$$

其中，$\mu_{\mathrm{opt\_n}}(\theta, h)$ 为第 n 组子信道的功率分配优化解。这样，分别对 N_m 组子信道进行优化功率分配后，即可得到系统的能量效率优化解为

$$\eta_{\mathrm{opt}} = \frac{\sum_{n=1}^{N_m} -\dfrac{K}{\theta} \log\left(\int_0^{\infty} e^{-\theta T_f B \log_2(1 + \mu_{\mathrm{opt\_n}}(\theta, h)h)} p_{\Gamma_n}(h)\mathrm{d}h \right)}{\overline{P} \times N_m K} \qquad (4\text{-}58)$$

$$= -\frac{1}{\theta \overline{P} N_m} \sum_{n=1}^{N_m} \log\left(\int_0^{\infty} e^{-\theta T_f B \log_2(1 + \mu_{\mathrm{opt\_n}}(\theta, h)h)} p_{\Gamma_n}(h)\mathrm{d}h \right) \qquad (4\text{-}59)$$

4.4.4　算法设计

基于有效容量的 MIMO-OFDM 系统能效优化算法 EOPA 的主要思路是：将信道矩阵 $\boldsymbol{H}_k$ 进行奇异值分解后，得到 $N_m K$ 个并行的空频子信道。将每个子载波 k（$k = 1, 2, \cdots, K$）上的子信道按其信道增益的大小降序排列，将 K 个子载波上信道增益处于同一位置的子信道归为一组，这样即可得到 N_m 组子信道，每组中拥有 K 个子信道。由于同属于一组的各子信道拥有相同的边缘概率密度函数，则它们的功率分配优化解的门限值相同，这样即可

分别对 N_m 组子信道进行优化，求得各组的功率分配优化解的门限值 h_{0n}（$i=1,2,\cdots,N_m$），对各组的有效容量进行优化，从而使整个系统的能效最大化。

EOPA 算法的具体步骤如下：

Input: N_t，N_r，K，$\boldsymbol{H}_k$，$\overline{P}$，θ，B，T_f

Output: h_{0n}，η_{opt}

Initialization: Decompose the MIMO-OFDM channel matrix $\boldsymbol{H}_k$（$k=1,2,\cdots,K$）into $N_m K$（$N_m=\min(N_t,N_r)$）space–frequency subchannels through singular-value-decomposition（SVD）.

Begin: 1) Sort the spatial subchannel gains of each subcarrier in a decreasing order:

$$\lambda_{1,k} \geqslant \lambda_{2,k} \geqslant \cdots \geqslant \lambda_{M,k}(k=1,2,\cdots,K)$$

2) Assign $\lambda_{n,1},\lambda_{n,2},\cdots,\lambda_{n,K}$ from all the K subcarriers into the i th grouped channel set:

$$\text{Group\_n}=\{\lambda_{n,1},\lambda_{n,2},\cdots,\lambda_{n,K}\}(n=1,2,\cdots,N_m)$$

3) **for** $n=1:N_m$ **do**

Calculate the optimized power allocation threshold h_{0n} for Group_n according to the mean power constraint as follows:

$$\int_{h_{0n}}^{\infty}\left(\frac{1}{h_{0n}^{\frac{1}{\beta_s+1}}h^{\frac{\beta_s}{\beta_s+1}}}-\frac{1}{h}\right)p_{\Gamma n}(h)\mathrm{d}h=\overline{P}$$

Execute the optimized power allocation policy for Group_n :

$$\mu_{\text{opt\_n}}(\theta,h)=\begin{cases}\dfrac{1}{h_{0n}^{\frac{1}{\beta_s+1}}h^{\frac{\beta_s}{\beta_s+1}}}-\dfrac{1}{h}, & h\geqslant h_{0n}\\[4mm] 0, & h<h_{0n}\end{cases}$$

Calculate the optimized effective-capacity for Group_n :

$$C_e(\theta)_{\text{opt\_n}}=-\frac{K}{\theta}\log\left(\int_0^{\infty}\mathrm{e}^{-\theta T_f B\log_2(1+\mu_{\text{opt\_n}}(\theta,h)h)}p_{\Gamma n}(h)\mathrm{d}h\right)$$

end for

4) Calculate the optimized energy-efficiency for the MIMO-OFDM system:

$$\eta_{\text{opt}}=-\frac{1}{\theta\overline{P}N_m}\sum_{n=1}^{N_m}\log\left(\int_0^{\infty}\mathrm{e}^{-\theta T_f B\log_2(1+\mu_{\text{opt\_n}}(\theta,h)h)}p_{\Gamma_n}(h)\mathrm{d}h\right)$$

end Begin

4.4.5　仿真结果及分析

由 4.3 节可知，要对分组后的各组子信道分别进行功率优化分配，必须先求得各组子信道满足平均功率约束条件的功率分配门限值。这与各组子信道信道增益的边缘概率密度函数有关。下面对 $N_t = 2$，$N_r = 2$；$N_t = 3$，$N_r = 2$；$N_t = 4$，$N_r = 4$ 这三种情况下各组子信道功率分配门限值随各指标变化的相关性能情况进行仿真分析。

三种不同收发天线数的情况下，各组子信道功率分配的门限值随 QoS 统计约束参数 θ 的变化情况如下。仿真时，设定平均功率约束 $\overline{P} = 0.1$ W，帧长度 $T_f = 1$ ms，信道带宽 $B = 1$ MHz。

从图 4-11 的仿真结果中可以看出，在以上三种不同收发天线数下，各组子信道功率分配的门限值均随着 QoS 统计约束参数 θ 值的增大而降低。由 4-11(c)可以较为明显地看出，对于子信道信道增益较低的组别（即分组编号较大），其门限值随 θ 值变化的趋势较缓。

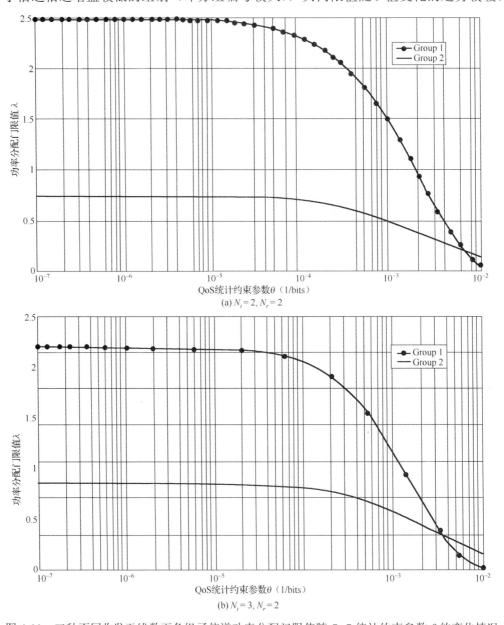

图 4-11　三种不同收发天线数下各组子信道功率分配门限值随 QoS 统计约束参数 θ 的变化情况

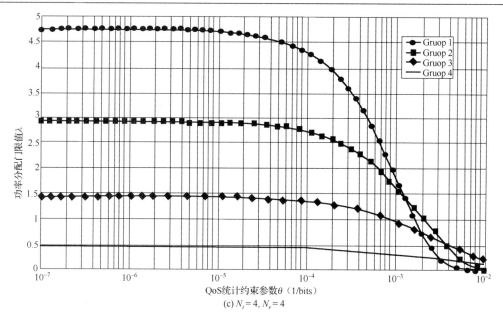

图 4-11（续）　三种不同收发天线数下各组子信道功率分配门限值随 QoS 统计约束参数 θ 的变化情况

三种不同收发天线数的情况下，各组子信道功率分配的门限值随平均功率约束条件 $\overline{P}$ 的变化情况如下。仿真时，设定 QoS 统计约束参数 $\theta = 0.001$/bits，帧长度 $T_f = 1$ ms，信道带宽 $B = 1$ MHz。

从图 4-12 的仿真结果中可以看出，在以上三种不同收发天线数下，各组子信道功率分配的门限值均随着平均功率约束值的增大而降低。由(c)可以较为明显地看出，对于子信道信道增益较低的组别（即分组编号较大），其门限值随平均功率约束值变化的趋势较缓。

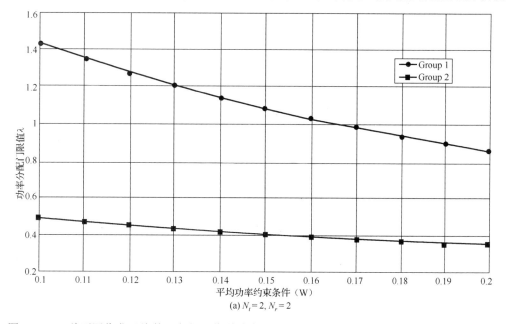

图 4-12　三种不同收发天线数下各组子信道功率分配门限值随平均功率约束条件 $\overline{P}$ 的变化情况

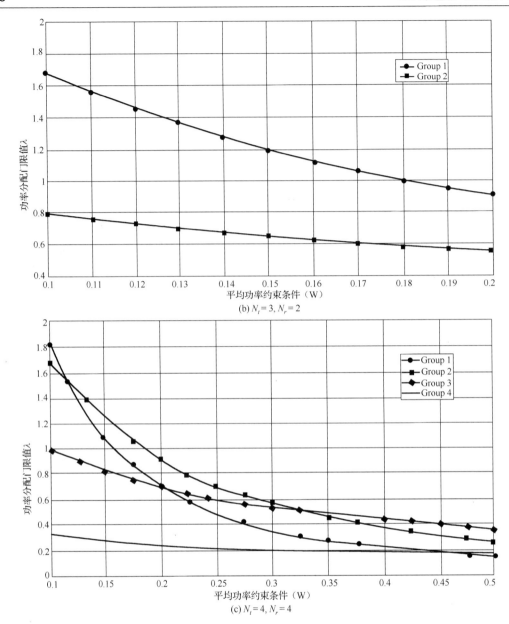

图 4-12（续）　三种不同收发天线数下各组子信道功率分配门限值随平均功率约束条件 $\overline{P}$ 的变化情况

　　下面对三种不同收发天下数下，各组有效容量随 QoS 统计约束参数 θ 的变化情况进行仿真分析。仿真时，设定平均功率约束 $\overline{P} = 0.1\ \text{W}$，帧长度 $T_f = 1\ \text{ms}$，信道带宽 $B = 1\ \text{MHz}$，子载波数 $N = 2$。

　　从图 4-13 的仿真结果中可以看出，在以上三种不同收发天线数下，各组子信道的有效容量均随着 QoS 统计约束参数 θ 值的增大而降低，这显示出系统的有效容量与 QoS 保障之间存在一种折中关系：系统的 QoS 要求越严格，则其有效容量越小。另外，从图中可以看出分组编号越大，其有效容量越小。这是由于各组子信道是按信道增益由大到小进行分组的，即分组编号越大，此组中子信道的信道增益越小，故其有效容量越小。从三张图的对比中可以发现，发送天线数越多，各组的有效容量之和越大，这也体现了 MIMO 技术的特征，即增加收发天线数可提高系统的容量。

下面就系统能效优化算法的相关性能进行仿真，我们将其与使用平均功率分配方案（Average Power Allocation，APA，即每条子信道按平均功率约束值 $\bar{P}$ 进行功率分配）时系统的能效性能进行对比。

当 $N_t = 4$，$N_r = 4$，$K = 10$，$\bar{P} = 0.1$ W 时，在系统能效优化算法 EOPA 和平均功率分配方案 APA 两种方案下的各组能量效率随 QoS 统计约束参数 θ 的变化情况如下。

从图 4-14 的仿真结果中可以看出，不同的 QoS 统计约束参数 θ 下，EOPA 方案下的各组能量效率均大于 APA 方案下的各组能量效率，并且在子信道信道质量较差时（即分组编号较大时），这种差别越明显。

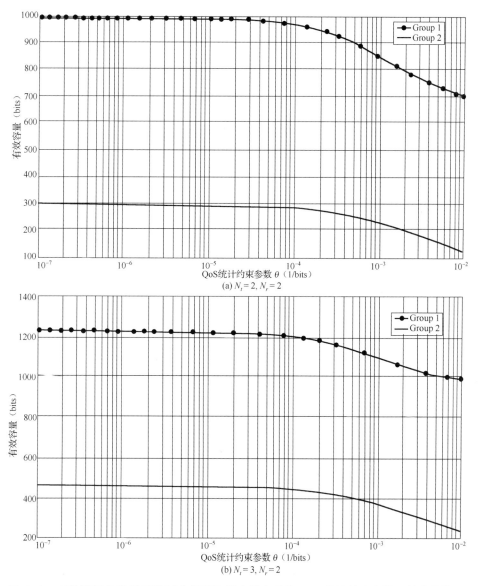

图 4-13　三种不同收发天线数下各组子信道有效容量随 QoS 统计约束参数 θ 的变化情况

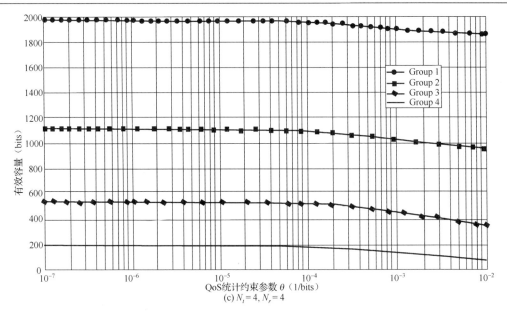

图 4-13（续）　三种不同收发天线数下各组子信道有效容量随 QoS 统计约束参数 θ 的变化情况

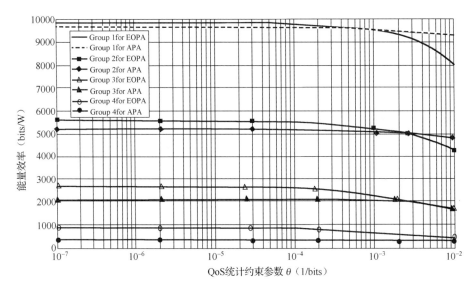

图 4-14　两种方案下的各组能量效率随 QoS 统计约束参数 θ 的变化情况

当 $N_t = 4$，$N_r = 4$，$K = 10$，$\theta = 0.001/\text{bits}$ 时，在系统能效优化算法 EOPA 和平均功率分配方案 APA 两种方案下的各组能量效率随平均功率约束的变化情况如下：从图 4-15 的仿真结果中可以看出，不同的平均功率约束下，有效容量优化功率分配方案下的各组能量效率均大于平均功率分配方案下的各组能量效率，并且在子信道信道质量较差时（即分组编号较大时），这种差别越明显。但对比图 4-4 可以看出，在不同的平均功率约束条件下，两种功率分配方案的能量效率的差别较小。

当 $K = 10$，$\overline{P} = 0.1\text{ W}$ 时，在 $N_t = 2$，$N_r = 2$，$N_t = 3$，$N_r = 2$，$N_t = 4$，$N_r = 4$ 三种不同收发天线数的情况下，系统总有效容量随 QoS 统计约束参数 θ 的变化情况如下：从图 4-16

的仿真结果中可以看出,在三种不同的收发天线数的情况下,系统的总有效容量均随着 QoS 统计约束参数 θ 的增大而降低,并且收发天线数越大,系统的总有效容量越大。

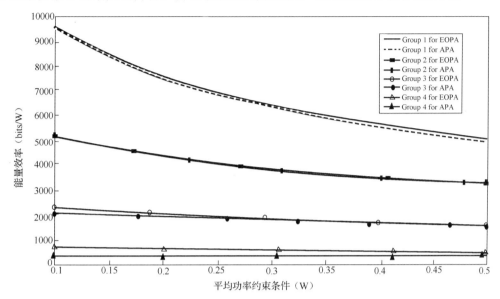

图 4-15 两种方案下的各组能量效率随平均功率约束条件 $\overline{P}$ 的变化情况

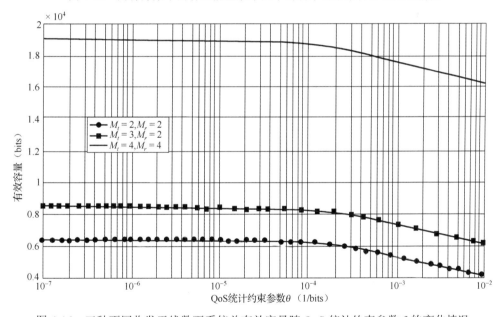

图 4-16 三种不同收发天线数下系统总有效容量随 QoS 统计约束参数 θ 的变化情况

当 $K = 10$,$\theta = 0.001/\text{bits}$ 时,在 $N_t = 2$,$N_r = 2$,$N_t = 3$,$N_r = 2$,$N_t = 4$,$N_r = 4$ 三种不同收发天线数的情况下,系统的总有效容量随平均功率约束条件 $\overline{P}$ 的变化情况如下:从图 4-17 的仿真结果中可以看出,在三种不同的收发天线数的情况下,系统的总有效容量均随平均功率约束条件 $\overline{P}$ 的增大而增大,这是由于 $\overline{P}$ 越大,系统投入的发送功率也就越大,因而在一定 QoS 约束指标下,系统相应的有效容量也就越大。

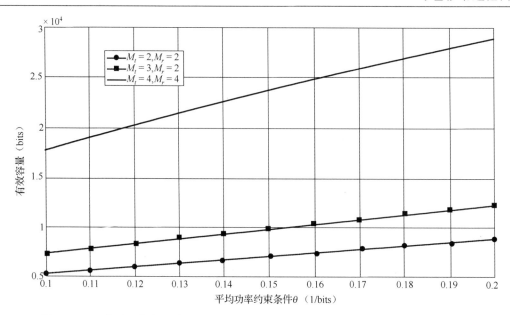

图 4-17　三种不同收发天线数下系统总有效容量随平均功率约束条件 $\overline{P}$ 的变化情况

当 $K = 10$，$\overline{P} = 0.1$ W 时，在 $N_t = 2$，$N_r = 2$，$N_t = 3$，$N_r = 2$，$N_t = 4$，$N_r = 4$ 三种不同收发天线数的情况下，系统的能量效率随 QoS 统计约束参数 θ 的变化情况如下：从图 4-18 的仿真结果中可以看出，在三种不同的收发天线数的情况下，系统的能量效率均随着 QoS 统计约束参数 θ 的增大而降低，并且收发天线数越大，系统的能量效率越大。这一仿真显示出系统有效容量和 QoS 保障之间的折中关系以及 MIMO 技术的优越性。

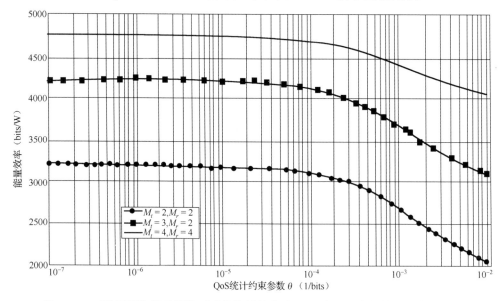

图 4-18　三种不同收发天线数下系统能量效率随 QoS 统计约束参数 θ 的变化情况

当 $K = 10$，$\theta = 0.001$/bits 时，在 $N_t = 2$，$N_r = 2$，$N_t = 3$，$N_r = 2$，$N_t = 4$，$N_r = 4$ 三种不同收发天线数的情况下，系统的能量效率随平均功率约束条件 $\overline{P}$ 的变化情况如下：从图 4-19

的仿真结果中可以看出，在三种不同的收发天线数的情况下，系统的能量效率均随着平均功率约束条件 $\overline{P}$ 的增大而降低，并且收发天线数越大，系统的能量效率越大。这是由于当平均功率约束条件增大时，系统的产出即有效容量的增长趋势要小于系统所投入的发送功率的增长趋势，故系统的能量效率是随之降低的。

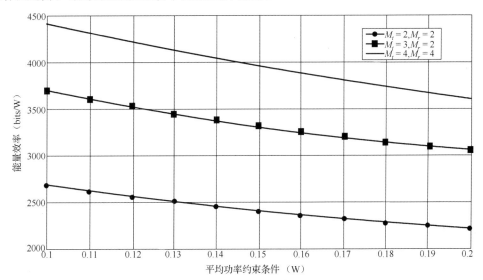

图 4-19 三种不同收发天线数下系统的能量效率随平均功率约束条件 $\overline{P}$ 的变化情况

下面对 $N_t = 4$，$N_r = 4$ 时系统的总有效容量和系统能效随平均功率约束条件 $\overline{P}$ 的变化情况进行仿真。仿真时，设定 QoS 统计约束参数 $\theta = 0.001/\text{bits}$，帧长度 $T_f = 1\ \text{ms}$，信道带宽 $B = 1\ \text{MHz}$，子载波数 $K = 10$。从图 20 的仿真结果中可以看出，系统的总有效容量随平均功率约束条件 $\overline{P}$ 的增大而增大，这是由于 $\overline{P}$ 越大，系统投入的发送功率也就越大，因而在一定 QoS 约束指标下，系统相应的有效容量也就越大。而系统的能量效率则随着平均功率约束条件 $\overline{P}$ 的增大而降低，这是由于当平均功率约束条件增大时，系统的产出即有效容量的增长趋势要小于系统所投入的发送功率的增长趋势，故系统的能量效率是随之降低的。

对于 $N_t = 2$，$N_r = 2$，$N_t = 3$，$N_r = 2$，$N_t = 4$，$N_r = 4$ 三种不同收发天线数的情况而言，在系统能效优化算法 EOPA 和平均功率分配方案 APA 两种方案下的系统能效随平均功率约束 $\overline{P}$ 的变化情况如下图所示。仿真时，设计 QoS 统计约束参数 $\theta = 0.001/\text{bits}$，帧长度 $T_f = 1\ \text{ms}$，信道带宽 $B = 1\ \text{MHz}$，子载波数 $K = 10$。从图 4-21 的仿真结果中可以看出，对于不同的平均功率约束而言，在三种不同收发天线数的情况下使用 EOPA 方案所获得系统能效均大于 APA 方案下的系统能效，在收发天线数较小时，这种差别更为明显。

对于 $N_t = 2$，$N_r = 2$，$N_t = 3$，$N_r = 2$，$N_t = 4$，$N_r = 4$ 三种不同收发天线数的情况而言，在系统能效优化算法 EOPA 和平均功率分配方案 APA 两种方案下的系统能效随 QoS 统计约束参数 θ 的变化情况如下图所示。仿真时，设定平均功率约束 $\overline{P} = 0.1\ \text{W}$，帧长度 $T_f = 1\ \text{ms}$，信道带宽 $B = 1\ \text{MHz}$，子载波数 $K = 10$。从图 4-22 的仿真结果中可以看出，对于不同的 QoS

统计约束参数 θ 而言，在三种不同收发天线数的情况下使用 EOPA 方案所获得系统能效均大于 APA 方案下的系统能效，并且在收发天线数较小时，这种差别更为明显。

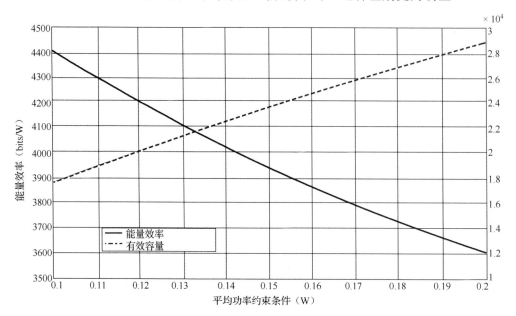

图 4-20 $N_t = 4$，$N_r = 4$ 时系统总有效容量和系统能效随平均功率约束条件 $\overline{P}$ 的变化情况

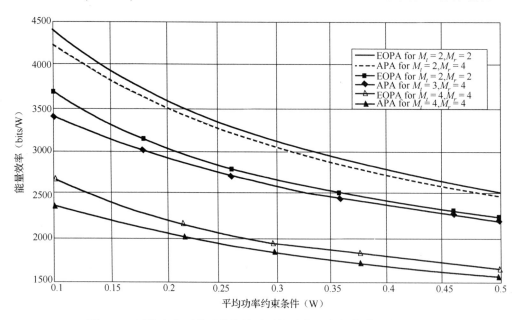

图 4-21   两种方案下的系统能效随平均功率约束条件 $\overline{P}$ 的变化情况

当 $K = 10$，$\overline{P} = 0.1$ W，$\theta = 10^{-6}$ /bits，$N_r = 2$，$T_f = 1$ ms，$B = 1$ MHz 时，系统的能量效率随发送天线数变化的情况如下：从图 4-23 中可以看出，系统的能量效率随着发送天线数的增加而增大，这是由于在系统输出一定的情况下，系统发送天线数的增大会导致系统有效容量的增大，故系统能量效率随之增大。

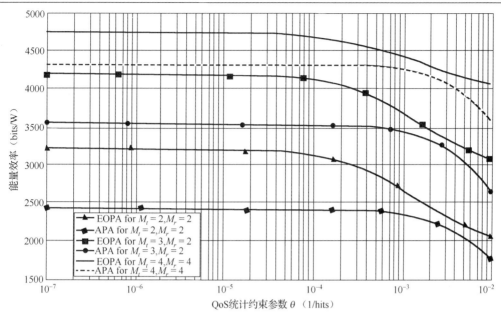

图 4-22　两种方案下的系统能效随 QoS 统计约束参数 θ 的变化情况

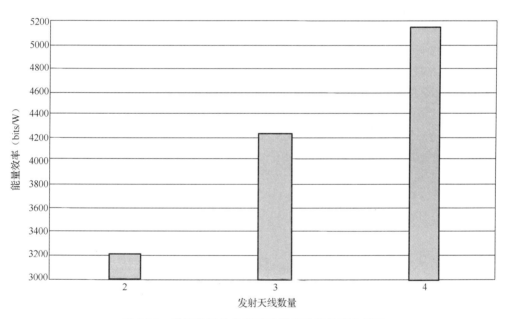

图 4-23　系统的能量效率随发送天线数的变化情况

4.5　本章小结

本章对 MIMO-OFDM 无线通信系统的能效建模进行研究,通过分析系统的容量输出和功率投入之间的比例关系,来衡量系统的能量效率。另外,针对无线通信系统中的 QoS 保障问题，本章对误比特率 QoS 约束条件下的 MIMO-OFDM 无线通信系统能效优化问题进行了研究，设计了一种 EEBPC 功率优化分配算法，实现了系统的能效优化。进一步地，本章针对 QoS 约束模型的复杂度和适用性问题进行了探讨，阐述了 QoS 统计约束模型和有效容量的推导过程，并基于有效容量对 MIMO-OFDM 无线通信系统进行了能效建模，准确地衡量了实际通信系统中不同 QoS 约束指标下系统的能效变化，并设计了一种 EOPA 功率优化分配算法，实现了 QoS 统计约束条件下的系统能效优化[35]。主要成果有以下几个方面：

（1）综合考虑路径损耗、对数-正态衰落和阴影衰落的影响，对 MIMO-OFDM 无线通信系统进行能效建模，通过分析系统的容量输出和功率投入来衡量系统的能量效率。同时，考虑到系统的 QoS 保障问题，提出了 MIMO-OFDM 无线通信系统的平均误比特率约束模型，对误比特率约束条件下的系统能效优化问题进行研究。

（2）推导出了误比特率约束条件下的功率分配门限值，在此基础上设计了一种双门限功率分配算法 EEBPC 对 MIMO-OFDM 无线通信系统进行功率优化分配，实现了误比特率约束条件下的 MIMO-OFDM 系统能效优化。并对 EEBPC 算法进行了仿真分析，验证了其能效优化性能和相应的能效增益。

（3）对无线通信系统中数据传输的排队特性进行分析，阐述了基于统计特性的 QoS 约束模型和有效容量的推导过程，并基于有效容量，对 MIMO-OFDM 无线通信系统进行能效建模，有效地衡量了在不同 QoS 约束指标下系统的实际能效。

（4）对 MIMO-OFDM 无线通信系统信道矩阵奇异值分解后所得子信道的统计特性进行研究，推导出了各子信道的边缘概率密度函数，并基于各子信道边缘概率密度函数特性，对子信道实施信道分组策略。设计了一种分组功率优化分配算法 EOPA，对分组后的各子信道分别进行功率优化分配，实现了 QoS 统计约束条件下的 MIMO-OFDM 无线通信系统能效优化。并对 EOPA 算法进行了仿真分析，验证了不同 QoS 约束指标下的系统能效优化性能。

▌ 4.6　参考文献

[1] Foschini G. J. and Miljanic Z. A simple distributed autonomous power control algorithm and its convergence, IEEE Transactions on Vehicular Technology, 1993, 42(4): 641-646.

[2] Lin Y. H. and Cruz R. L. Power control and scheduling for interfering links, in Proceedings of the 2004 IEEE Information Theory Workshop, pp. 288-291, San Antonio, Tex, USA, October 2004.

[3] Zander J. Performance of optimum transmitter power control in cellular radio systems. IEEE Transactions on Vehicular Technology, 1992, 41(1): 57-62.

[4] Yu W., Wonjong R., Boyd S., and Cioffi J. M. Iterative water-filling for Gaussian vector multiple-access channels. in Proc. IEEE Conf. Information Theory, Washington, DC, Jun. 2001, pp. 145-152.

[5] Gjendemsjo A., Øien G. E., and Holm H. Optimal power control for discrete-rate link adaptation schemes

with capacity-approaching coding. in Proc. IEEE Conf. Global Telecommunications Conference, St. Louis, MO, Nov. 2005, pp. 3498-3502.

[6] Gjendemsjo A., Øien G. E., and Orten P. Optimal discrete-level power control for adaptive coded modulation schemes with capacity approaching component codes. in Proc. IEEE Conf. International Conference on Communications, Istanbul, Turkey, Jun. 2006, pp. 5047-5052.

[7] Yang H. A road to future broadband wireless access: MIMOOFDM-based air interface. IEEE Communications Magazine, 2005, 43(2): 53-60.

[8] Gursoy M. C., Qiao D., Velipasalar S. Analysis of Energy Efficiency in Fading Channels under QoS Constraints. IEEE Trans. on Wireless Communications, 2009, 8(8): 4252-4263.

[9] Qiao D., Gursoy M. C., Velipasalar S. The Impact of QoS Constraints on the Energy Efficiency of Fixed-Rate Wireless Transmissions. IEEE Trans. on Wireless Communications, 2009, 8(12): 5957- 5969.

[10] Meshkati F., Poor H.V., Schwartz S.C. Energy Efficiency-Delay Tradeoffs in CDMA Networks: A Game-Theoretic Approach. IEEE Trans. On Information Theory, 2009, 55(7): 3220-3228.

[11] Chen C., Stark W. and Chen S. Energy-Bandwidth Efficiency Tradeoff in MIMO Multi-Hop Wireless Networks. IEEE Journal on Selected Areas in Communications, 2011, 29(8): 1537-1546.

[12] Heliot F., Imran M. A. and Tafazolli R. On the Energy Efficiency-Spectral Efficiency Trade-off over the MIMO Rayleigh Fading Channel. IEEE Trans. on Communications, 2012, 60(5): 1345-1356 .

[13] Bogucka H., Conti A. Degrees of Freedom for Energy Savings in Practical Adaptive Wireless Systems. IEEE Communications Magazine, 2011, 49(6): 38-45.

[14] Eamailpour A., Nasser N. Dynamic QoS-Based Bandwidth Allocation Framework for Broadband Wireless Networks. IEEE Trans. on Vehicular Technology, 2011, 60(6): 2690-2700.

[15] Niyato D., Hossain E. and Dong K. Jiont Admission Control and Antenna Assignment for Multiclass QoS in Spatial Multiplexing MIMO Wireless Networks. IEEE Trans. on Communications, 2010, 8(9): 4855-4865.

[16] Karray M. K. Analytical Evalution of QoS in the Downlink of OFDMA Wireless Cellular Networks Serving Streaming and Elastic Traffic. IEEE Trans. on Communications, 2010, 9(5): 1799-1807.

[17] Wu D., Negi R. Effective Capacity: A Wireless Link Model for Support of Quality of Service. IEEE Trans. on Wireless Communications, 2003, 2(4): 630-643.

[18] Tang J., Zhang X. Quality-of-Service Driven Power and Rate Adaptation over Wireless Links. IEEE Transactions on Wireless Communications, 2007, 6(8): 3058-3068.

[19] Tang J., Zhang X. Quality-of-Service Driven Power and Rate Adaptation for Multichannel Communications over Wireless Links. IEEE Transactions on Wireless Communications, 2007, 6(12): 4349-4360.

[20] Liang Y. C., Zhang R. and Cioffi J. M. Subchannel Grouping and Statistical Waterfilling for Vector Block-Fading Channels. IEEE Trans. on Communications, 2006, 54(6): 1131-1142.

[21] Gao Q., Zuo Y., Zhang J., Peng X. Improving Energy Efficiency in a Wireless Sensor Network by Combining Cooperative MIMO With Data Aggregation. IEEE Trans. on Vehicular Technology, 2010, 59(8): 3956-3965.

[22] Zanella A., Chiani M. and Win M. Z. MMSE Reception and Successive Interference Cancellation for MIMO Systems with High Spectral Efficiency. IEEE Trans. on Wireless Communications, 2005, 4(3): 1244-1253.

[23] Ordonez L. G., Palomar D. P., Zamora A. P. and Fonollosa J. R. Analytical BER Performance in Spatial Multiplexing MIMO Systems. IEEE Workshop on Signal Processing Advances in Wireless Communication(SPAWC), pp. 460-464, June 2005.

[24] Fisher R. A. Frequency Distribution of the Values of the Correlation Coefficient in Samples from an Indefinitely Large Population. Biometrika, 1915, 10: 507-521.

[25] Wishart J. The Generalized Product Moment Distribution in Samples from a Normal Multivariate Population. Biometrika, 1928, 20A: 32-52.

[26] Wishart J. Proofs of the Distribution Law of the Second Order Moment Statistics. Biometrika, 1948, 35: 55.

[27] Zanella A., Chiani M. and Win M. Z. A General Framework for the Distribution of the Eigenvalues of Wishart Matrices. IEEE International Conference on Communications (ICC), pp. 1271-1276, May 2008.

[28] Jin S., Gao X. and Matthew R. M. Ordered Eigenvalues of Complex Noncentral Wishart Matrices and Performance Analysis of SVD MIMO Systems. IEEE International Symposium on Information Theory, pp. 1564-1568, July 2006.

[29] Kang M., Alouini M. S. Largest Eigenvalue of Complex Wishart Matrices and Performance Analysis of MIMO MRC Systems. IEEE Journal on Selected Areas in Communications, 2003, 21(3): 418-426.

[30] Zanella A., Chiani M. and Win M. Z. Performance of MIMO MRC in Correlated Rayleigh Fading Environments. IEEE Veh. Tech. Conf. (VTC), Stockholm, Sweden 2005.

[31] McKay M. R., Grant A. J. and Collings I. B. Performance Analysis of MIMO-MRC in Double-correlated Rayleigh Environments. IEEE Trans. on Communications, 2007, 55(3):497-507.

[32] Kang M., Alouini M. S. A Comparative Study on the Performance of MIMO MRC Systems with and without Cochannel Interference. IEEE Trans. on Communications, 2004, 52(8): 1417-1425.

[33] Park C. S., Lee K. B. Statistical Transmit Antenna Subset Selection for Limited Feedback MIMO Systems. Asia-Pacific Conference on Communications (APCC), pp. 1-5, Aug. 2006.

[34] Ahmed M. H., Yanikomeroglu H. Throughput fairness and efficiency of link adaptation techniques in wireless networks. IET Journals, vol.3, no.7, pp.1227-1238, Jun.2009.

[35] Xiaohu Ge, Huang X., Wang Y., Chen M., Li Q., Han T. and Wang C.-X. Energy Efficiency Optimization for MIMO-OFDM Mobile Multimedia Communication Systems with QoS Constraints. IEEE Transactions on Vehicular Technology, 2014, 63(5): 2127-2138.

第 5 章
Chapter 5

5G 异构无线多网的能效协同优化

近年来，随着无线通信行业的迅速发展，无线通信网络正朝着网络多样化、高带宽、高频带、泛在化、协同化、重叠化以及应用综合化的方向发展，可以达到更有效、更灵活地满足人们不同通信业务的需求，各种成熟的无线接入技术正在被快速地部署在各种场景下。目前，在大多数热点区域都被多种制式的无线网络基站重叠覆盖。比如 LTE-A、LTE、3G、2G 制式的宏蜂窝基站，以及 WiFi、微小区、微微小区等低功耗基站。这些无线接入网络在网络容量、终端耗电、覆盖范围、传输速率和移动性支持方面的能力各有长短。而这些网络对不同业务的支持以及服务方面又存在着巨大的差异性和互补性。

▋ 5.1　绪论

随着无线通信技术研究的深入和无线通信需求的多样化发展，人们逐渐认识到，没有任何一种网络可以同时满足业务覆盖、业务类型、传输速率、业务成本方面的所有需求。与使用某种特定无线接入技术的单一网络相比，融合了多种接入技术的无线异构网络更能满足无线通信用户的不同需求[1][2]，因此异构无线网络融合将为大势所趋。无线世界研究论坛（Wireless World Research Forum，WWRF）提出了未来的无线通信发展前景，即多种制式的共存，支持多模终端移动并逐步演进成一个异构互联的融合网络。ITU-R 在 M.1645 中也阐述了未来无线通信系统的发展前景，未来系统是各种蜂窝系统、短距离无线接入系统及其他接入系统相互共存并形成共同部署的无缝融合系统（如图 5-1 所示）。

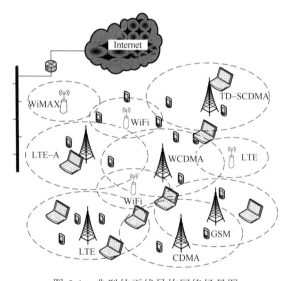

图 5-1　典型的无线异构网络场景图

随着移动互联网的发展，各种移动智能终端承载了越来越多的新应用与新业务，无线数据传输需求的规模迅猛增加，服务提供商承担着越来越重的运营压力。为了应对用户不断增长的数据传输需求，运营商不得不维持大量的基站运行并持续的建造新的基站来增加网络容量。以中国移动通信公司为例，在 2009 年，其 GSM 网络基站数量就已超过 40 万之多，每年消耗的能耗和占用的机房面积是一个巨大的数字。2007 年中国移动的运营耗电量为 80.9 亿度，2008 年用电总量增长到了 93.3 亿度，在 2009 年，用电总量更是达到了 110 亿度之多[3]，这相当于北京市一年的居民生活用电量[4]。由于新一代网络技术的成熟商用，运营商的用电量在今后的几年还会快速增长。预计到 2014 年底，中国将建成多达 100 万座 4G 基站[5]。对于运营商来说，能耗相关的支出占据了其近一半的运营成本[6]。

图 5-2 显示了语音时代和数据时代数据业务增长与运营商收入增长曲线的对比。可见，在移动宽带时代，数据增长和营业收入增长的差距越来越大。这就导致一方面，为了应对

指数速率增长的数据传输需求，运营商布设的大量基站会迅速提高运营商的运营成本与运营支出；另一方面，运营商的业务收入由于没有新的增长突破口，处于平缓稳定增长状态。这两方面原因最终会导致运营商的纯利润增逐渐放缓。为了解决运营支出与营业收入两者增长速度之间的差距，提高基站侧的能量效率，减少运营商的能耗支出是需要迫切解决的一个问题。LTE-A 标准中指出布设无线异构网络是缓解数据增长与能量消耗两者矛盾的一种有效的手段。近几年有许多研究者对如何利用无线异构网来提高网络运营商的能量效率做了分析。在理论与实际中，无线异构网都被证明是一种较低成本、高效能的解决方案[7]。

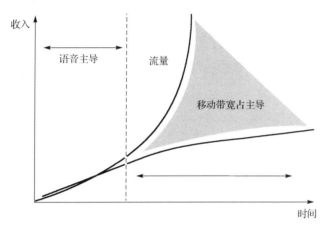

图 5-2　数据业务增长与运营商收入增长对比图

面向移动互联网时代海量移动数据对异构多网带来严峻挑战，如何在异构多网条件下，设计服务驱动的无线异构网络协同架构，根据用户主客观需求、业务分布特征、网络资源状态、服务能力的差异性和时变性制定智能协同策略，有着重要的意义，从而实现能量、频谱效率的提升。本章首先对新型无线协同架构进行介绍，其次分析典型的多网协同理论与策略，然后介绍无线资源虚拟化及软件定义无线网络两种异构多网协同的实现技术，最后给出对本章的小结。

▍5.2　异构无线多网能效协同优化架构

对于异构无线多网的协同架构，在 3GPP 标准化过程中有着激烈的争论，其中中国电信提出了两种架构[8]，即：

- 分布式架构：通过现有或增强的接口交换必要的信息，通过离散的协作算法实现多网协作；
- 集中式架构：通过协同中心来对信息进行全局式的多网协同。

分布式与集中式多网协同架构请参考图 5-3。

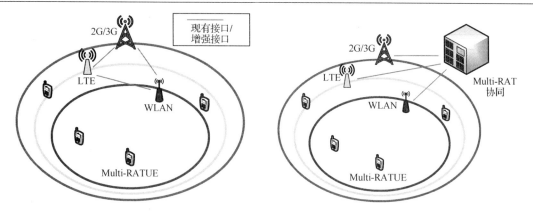

图 5-3   分布式与集中式多网协同架构

本节将结合现有 2G/3G/4G/WLAN 等多种无线通信标准，对能效优先的异构多网协同架构进行探讨。

1. 分布式协同架构

在分布式协同架构下，无线资源的管理不依赖于某一个特定管理实体，相应的功能分散于地位对等的无线资源管理实体中。分布式管理可以将系统的目标分配给每个分布式的无线资源管理实体，由它们分担管理和计算的功能，这样可以降低每个节点的计算复杂度，同时系统的可靠性也得到增加。

2. 集中式协同架构

在集中式协同架构下，每个无线接入技术都归一个集中的无线资源管理控制实体来管理，这个集中的控制实体能够获得所管理区域内的所有无线资源管理的流量、负荷以及阻塞状态等，能够起到对这些网络进行统一的管理，实现性能的最优化。但其缺点比较明显，即集中管理的网络太多时，将难以管理且效率低下。

3. 混合协同架构

集中分布式协同与集中式协同的优缺点，本节对于未来 2G/3G/4G/WLAN 等多种无线网络的共存场景，异构多网协同架构可以进行三个方面的重要改进（如图 5-4 中的椭圆所示）。

（1）基带虚拟化资源池：利用基带资源虚拟化技术将 2G、3G 和 4G 的基带硬件资源、软件和无线资源进行统一管理和使用，实现无线异构网络协同信号处理、动态干扰控制和资源效率优化，减少基带机房数量和降低能量消耗。

（2）核心网融合智能网关：将 2G、3G 和 LTE 各自核心网侧的网关整合成融合智能网关，采用智能协同策略的服务器根据用户主客观需求、动态业务分布、无线异构网络即时资源状态和服务能力等因素生成的资源适配和路由协同策略，实现 IP 地址的跨网统一分配和动态路由管理，支持海量移动数据的多网多连接通信和本地化传输，减少 IP 地址重分配、移动管理开销和核心网的承载负担。

（3）家庭融合智能网关：将 Femotecell、WiFi 等室内无线接入网关整合成家庭融合智能网关，同时支持经过运营商核心网和经过局域网/城域网这两种方式接入互联网，实现用户认证、鉴权和计费通道与海量数据业务通道相分离，从而显著缩短传输路径、提升用户体验和减少核心网承载负担。

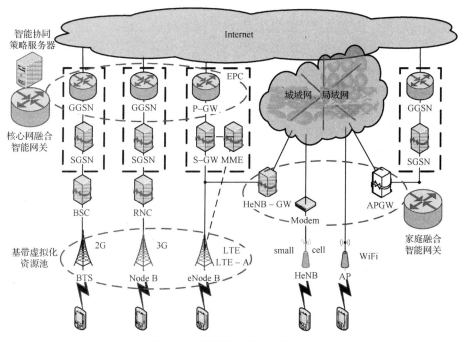

图 5-4　无线异构网络协同架构

　　在图 5-4 的架构下，既可以在家庭网关层面实现分布式的网络协同，也可以在核心网融合网关上实现集中式的控制，从而扩展异构协作的应用范围与有效性，最终提升异构多网协作的质量与效率。

5.3　异构多网网络与终端的联合能效优化

5.3.1　现有网络能效评估指标

　　为了了解到哪些技术方法会减少能量消耗，减少消耗的程度到底有多少，需要一个度量标准来进行规范，能量效率的理念只有在其能够被度量的情况下才会存在。能量效率指标为能量效率提供了量化的可视的度量信息，一般来说，度量标准被应用在三个目的：

　　（1）比较同一类的不同的组件或系统的能量消耗；

　　（2）为能量效率研发设定一个长期的目标；

　　（3）在一定的系统/网络配置下反映能量效率并能适应更多的能量效率配置方法。

　　由此可知能量效率指标为网络的节能程度提供了量化支持，在整个降低网络能耗的环节中提供了参考，具有重要的作用。

目前有很多研究者对无线异构网络的能量效率进行了分析研究并提出了各种各样的衡量指标。其中，最通用的能量效率指标为单位能量可以传输的比特信息量（bit/J）。这种衡量指标简单而又直观，但是这个指标没有体现网络性能以及用户体验等因素，因而不够全面。此外对于多种网络制式多重覆盖的无线异构网络，以 bit/J 衡量指标无线网络会造成各种网络相互孤立，造成资源浪费和能效低下。针对这一问题，Richter 提出了区域能量消耗（Area Power Consumption）的概念，其定义为小区消耗的电量除以小区所覆盖的面积，即单位面积内各种基站的总能耗[9]。

当需要同时考虑信息传输和总体能耗的情况时，Wang 和 Shen 引入了区域能量效率（Area Energy Efficiency）的指标，其单位为 bit/J/km^2，定义是在单位面积内每消耗单位能量所传输的信息量[10]。

上述两种指标将小区覆盖面积纳入到能量效率的分析中。Yong 用区域内的频谱效率除以平均能量来作为能量效率指标，此指标将频谱效率和能量效率相结合，获得了更全面的优化目标[10]。当考察节能方案的性能时，能量效率可以转换为一个相对指标，即将能量效率定义为系统其他性能指标不变时，采用此方案之前的系统总能耗与采用此方案后的系统总能耗之比[11]。

此外，从整个网络的业务层面来衡量能量效率的指标也被提出，这包括能耗指数（Energy Consumption Rating，ECR），即系统能耗与容量之比。平均每瓦特支持的用户数（Performance Indicator，PI），即小区内用户数与该小区基站总能耗之比[71]。

依据先前提出的这些指标，研究者们对如何通过无线异构网络规划来提高网络的能量效率也做了大量研究。Wang 通过仿真得出了通过引入微微小区进入宏小区，能量效率和吞吐率均可以得到提高的结论[10]。Soh 等发现利用微小区通常可以提高异构网络的能量效率，但是随着微小区的密度增加到某一门限值，能量效率的提升会趋于饱和[11]。Quek 等证明了存在达到最大异构网络效率的微微小区与宏小区的密度比[12]。Richter 发现在饱和负载的网络场景下，微小区对于增加网络能量效率的效果较小[9]。Josip 通过仿真的方法得到了异构网中的配置参数（临小区基站数，传输功率，小区间距离）与异构网络的单位区域能耗和单位区域单位比特所需能量的关系[13]。

此前的工作仍有一些因素没有考虑到。在能量指标方面，先前的能量效率指标虽然从不同侧重点考虑了网络的能量效率，但这些指标均忽略了终端侧的能量效率对整体网络能量效率的影响。实际上，终端侧的能量效率在整个网络中占据着很重要的位置，这既包括用户体验的原因也有环境影响的原因。

目前，一个主流的安卓系统或 iOS 操作系统的智能手机，其单次使用时间一般在两天以内。如果用户持续的浏览网页或者运行较大程序，手机电池电量会在几小时内耗尽，非常有限的使用时间严重影响了用户的使用体验。因此，运营商网络对终端耗电速度的影响也渐渐会成为此运营商是否受欢迎的一个重要因素。此外，由于巨大的智能终端使用量，智能终端的总能耗也是不可忽视的。在 2012 年，全球的智能手机用户就已经达到 60 亿个，其中包括超过 10 亿的智能手机用户，以及 50 亿的非智能手机用户[14]。通过估算，全球仅手机的年耗电量就达到了 50 亿千瓦时，因此终端能量效率对环境也产生了不可忽视的影响。综上所述，终端侧的能量效率应该成为整体网络能量效率的一个重要考量因素。一个能量高效的网络不应仅仅尽量减少基站侧的能量消耗，还应该努力提高终端侧的能量效率。

这是先前的能量效率指标都没有考虑到的问题。

在网络规划研究方面，由于能量效率指标的片面性，研究者都忽略了不同的网络基站布设对终端能量效率的影响。实际上，在布置新的低功耗基站时，终端的能量效率通常可以获得提高。这是由于以下两点原因：首先，当布设新的低功耗基站时，无线异构网的网络容量将会得到提升，因此终端在下行传输中，会在更短的时间内完成所需数据的下载，即减少了终端在高功率状态的工作时间。此外，随着低功耗基站的布设，有一部分终端距离其相关基站的距离会缩短，在上行传输中，终端的发射功率会降低，从而减少了上行传输的功耗。

5.3.2　网络与终端联合考虑的新能效评估指标

布设新基站一方面可以增加终端的能量效率，而另一方面，即使布设的是低功耗基站，其也会增加网络侧的能量消耗。因此，从能量消耗的角度来看，终端的能耗降低与基站侧的能耗降低是相互矛盾的，在整体的网络能效优化时，要综合考虑两方面的因素，使其获得最佳的折中。

据此，我们提出一种综合考虑终端侧与网络侧的能量效率指标。这个指标在新的基站规划时，既考虑到了布设新基站对网络侧能耗的增加，又考虑到了布设新基站后终端侧能耗的变化。此能量效率指标 Ψ 具体定义为当新基站布设后，与布设此基站前的网络相比，终端侧的能量节省 P_{save} 与经过加权后基站侧的能量消耗增加 P_{mi} 两者的差值。其中权重 β 是站在运营商的角度，自身运营能耗与用户终端能耗两者重要性的比值。由于用户终端的电量有限，并且极大地影响着用户的使用体验，我们认为用户终端的能量与网络侧的能量相比是更重要的，即运营商愿意花费更多自身的能耗支出来提高他们所服务用户的用户体验，β 应该小于 1。具体的，此能量效率指标可以表示为

$$\Psi = P_{save} - \beta \cdot P_{mi} \tag{5-1}$$

可以看出，Ψ 越大，那么架设此新基站所带来的益处就越明显。因此，此能量效率指标 Ψ 从能量效率的角度，为运营商在网络布设时提供了一个定量的评判标准。

实际上，我们所提出的能量效率指标与原有的能量效率指标是相吻合的。一般来说，如果系统在布设新的基站后，能量效率指标值 Ψ 较高，那么按照传统的能量效率指标来衡量，系统在布设此新的基站后与布设此基站前的网络相比，网络能量效率也是有所提高的。以广泛应用的能量效率指标为例[11]，此能量效率指标定义为

$$Eff = \frac{\text{区域频谱效率}}{\text{区域平均网络消耗}} \tag{5-2}$$

首先，高的频谱效率会减少终端的下载时间，从而降低终端的能耗，因此 P_{save} 随着区域频谱效率的增加而增加。此外，新基站的布设会增加 P_{mi}，必然会增加区域平均网络消耗。综上可以得知，新的能量效率指标与式（5-2）在通常情况下是正相关的。与式（5-2）相比，新的能量效率指标还受到了网络中其他方面因素的影响，例如，终端在不同小区内以及不同工作状态下的能量消耗。

5.3.3 宏微小区共存场景下的网络能效分析

本节将分析在宏小区内布设低功耗基站后，终端侧的能量变化与低功耗基站布设参数的关系，然后求得以获得最大的终端节能和最高的能效指标为目的的低功耗小区半径。

如图 5-5所示，与文献[15]类似，我们考虑一个宏基站与一个低功耗基站（即微基站或者微微基站）构成的无线异构网络。宏基站的覆盖区域为半径为 R 的圆，低功耗基站的覆盖区域为半径为 D 的圆。在异构网络中频带采用多载波资源分配策略（Multicarrier Resource Allocation Strategy）[16]，即整个频带被分为两个不重叠的部分，分别分配给宏基站和低功耗基站。假设在单位时间内，活跃的终端需要下载 S bit 的数据。我们进一步假设，每个活跃用户会分配到相同的宽带资源。终端由于利用不同的频带传输，不存在相互干扰。在接入策略方面，如果某终端处在低功耗基站的覆盖范围中，那么这个终端会选择低功耗基站为其服务。否则，该终端会接入到宏基站中。

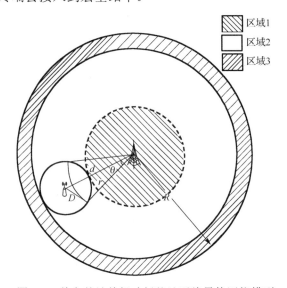

图 5-5 单宏基站单低功耗基站无线异构网络模型

我们考虑了两种低功耗基站的布设场景：微基站与微微基站。与文献[17]相似，由于两者布设的目的不同，我们主要通过用户的分布来区分这两种基站的应用场景。在负载比较大的网络中，为了缓解宏基站的压力，需要布设一个微基站来分流一部分用户。因此在宏小区-微小区的场景下，我们采用的整个网络的活跃用户分布模型为密度 λ 的均匀分布。宏基站与微基站的距离为 d 米。当存在热点区域时，在此热点区域架设一个微微基站可以有效的提高热点区域用户的网络性能。因此在宏小区—微微小区的场景下，宏小区内存在一个热点区域，此热点区域的中心距宏基站距离为 d 米。区域内活跃用户分为两类。一类用户为背景用户，其按照密度为 λ 的均匀分布处于整个宏小区内。另一类用户为热点区域用户，这些用户分布密度按照标准差为 γ 的二维正态分布分散在热点中心周围。其中热点区域用户占整体用户的 ϖ，背景用户占总用户的 $1-\varpi$。

本节采用的信道模型为标准的大尺度路损模型，其中路损因子为 σ，在参考距离 $r_0 = 1$

米时的路损常数为 L_0［其典型值为 $(1\pi/\nu)^2$，ν 为电磁波波长］[18]。噪声是方差为 γ^2 的加性高斯白噪声。因此对于一个距离其服务基站 x 米的终端来说，其接收功率信噪比为

$$\mathrm{SNR} = \frac{P_{tx}L_0 x^{-\sigma}}{\gamma^2} \tag{5-3}$$

这里，P_{tx} 是基站的发射功率。

我们假设每个终端在数据传输过程中传输速率遵循香农定理，即如果某个终端的带宽为 B_W，信噪比为 SNR，那么这个终端的传输速率为

$$\mathrm{Rate} = B_W \cdot \log_2(1 + \mathrm{SNR}) \tag{5-4}$$

由于不同终端的能量消耗相差巨大[114]。我们采用了一种通用的终端耗电模型，这种模型具体为

$$P_{\mathrm{ph}} = pP_i + (1-p)P_w \tag{5-5}$$

这里 P_i 是指在空闲状态下终端的功耗，P_w 是指在活动状态（下载时）的功耗，p 是指终端处于空闲状态的概率。

对于基站端的能量消耗，有研究指出，基站的能量消耗与它的负载几乎是相互独立的[19]。因此我们为三种基站设立的功耗为[20]

$$P_{\mathrm{ma}} = a_1 P_{t_{\mathrm{ma}}} + P_{m_{\mathrm{ma}}} \tag{5-6}$$
$$P_{\mathrm{mi}} = a_2 P_{t_{\mathrm{mi}}} + P_{m_{\mathrm{mi}}}$$

这里 a_1，a_2 是由基站射频功率放大器的性能决定的。$P_{t_{\mathrm{ma}}}$、$P_{t_{\mathrm{mi}}}$ 是各基站的发射功率。$P_{m_{\mathrm{ma}}}$、$P_{m_{\mathrm{mi}}}$ 是宏基站、微基站、微微基站中与射频功耗相独立的其他组件功耗，包括信号处理、制冷等功耗。

假设在宏微小区共存场景下，宏小区用户和微小区用户均以密度为 λ 均匀分布在小区中。首先分析在布设微小区前单宏小区的情况下终端的能量消耗，然后分析了布设微小区后终端的能耗，最后求出获得最大终端节能以及最高网络能量效率两种目标下的微小区最优半径。

5.3.3.1　单宏小区场景下的终端能量消耗

在仅仅有宏小区的场景下，所有用户均为宏小区用户，此时活跃用户数为 $M_a = \lambda \cdot \pi R^2$，因此每个用户所分配的带宽为 $B_{\mathrm{mauser}} = \dfrac{B_{\mathrm{ma}}}{M_a}$，这里 B_{ma} 是宏小区总的频带带宽。根据上一节的信道模型，如果要保证小区边缘用户最小信噪比为 SNR_R，宏基站所需要的发射功率为

$$P_{\mathrm{tma}} = \mathrm{SNR}_R \cdot \gamma^2 L_0^{-1} R^\sigma \tag{5-7}$$

从而，距宏基站 r 米的终端接收到的信噪比为

$$\mathrm{SNR}(r) = \frac{P_{\mathrm{tma}}L_0 r^{-\sigma}}{\gamma^2} = \mathrm{SNR}_R \times \left(\frac{R}{r}\right)^\sigma \tag{5-8}$$

在用户与宏基站距离的分布方面，由于是均匀密度分布，因此在距基站 r 米的范围内活跃用户的累积概率分布为

$$F_{\mathrm{ma}}(r) = \frac{r^2}{R^2} \quad r < R \tag{5-9}$$

从而可以得到距离基站 r 米活跃用户的 PDF（概率密度函数）为

$$p_{\mathrm{ma}}(r) = \frac{\mathrm{d}\dfrac{r^2}{R^2}}{\mathrm{d}r} = \frac{2r}{R^2} \quad r < R \tag{5-10}$$

在距基站 r 米处的终端完成下载任务所需要的时间为 $t_{\mathrm{ma}}(r) = \dfrac{S}{Ra_{\mathrm{ma}}(r)}$，这里 $Ra_{\mathrm{ma}}(r)$ 等于：

$$Ra_{\mathrm{ma}}(r) = B_{\mathrm{mauser}} \cdot \log_2(1 + \mathrm{SNR}_r(r)) = B_u \cdot \eta_r \tag{5-11}$$

其中，η_r 表示处于基站 r 米处的终端的频谱效率，即 $\eta_r = \log_2(1 + \mathrm{SNR}(r))$。

结合式（5-10）和式（5-11）宏小区内的所用终端的平均传输时间为

$$T_{\mathrm{ma}} = \int_0^R \frac{S}{Ra_{\mathrm{ma}}(r)} \cdot p_{\mathrm{ma}}(r)\mathrm{d}r = \int_0^R \frac{S}{B_{\mathrm{mauser}} \cdot \eta_r} \cdot \frac{2r}{R^2}\mathrm{d}r \tag{5-12}$$

最终可以得到所有活跃用户终端总的能耗为

$$P_{\mathrm{mauser}} = M_a[P_w \cdot T_{\mathrm{ma}} + P_i \cdot (1 - T_{\mathrm{ma}})] \tag{5-13}$$

5.3.3.2 宏微小区共存场景下的终端能量消耗

在宏小区—微小区场景下，由于活跃用户均匀分布，宏小区内活跃用户数为 $M_a' = \lambda\pi(R^2 - D^2)$，微小区活跃用户数为 $M_i = \lambda\pi D^2$。因此，宏小区用户和微小区用户分配的带宽分别为 $B_{\mathrm{mauser}}' = \dfrac{B_{ma}}{M_{a'}}$，$B_{\mathrm{mauser}} = \dfrac{B_{mi}}{M_i}$。这里，$B_{mi}$ 是微小区总的频带带宽。

若在微小区边缘用户的最低信噪比要求为 SNR_D，则所需的微小区传输功率为 $P_{\mathrm{tmi}} = \mathrm{SNR}_D \cdot \gamma^2 L_0^{-1} D^{\sigma}$

距离微基站 r' 米处的终端所接收信号的信噪比为

$$\mathrm{SNR}(r') = \frac{P_{\mathrm{tmi}} L_0 r'^{-\sigma}}{\gamma^2} = \mathrm{SNR}_D \cdot \left(\frac{D}{r'}\right)^{\sigma} \tag{5-14}$$

由于部分用户在布设微基站后，会从宏小区切换到微小区，因此宏小区用户距宏基站的密度分布会发生变化。当用户位于图 5-5 的区域 1 和区域 3 时，用户关于宏基站距离的 PDF 分别为

$$P\{r \mid MD\,\mathrm{is\,in\,Area\,1}\} = \frac{2r}{(d-D)^2} \tag{5-15}$$

$$P\{r \mid MD\,\mathrm{is\,in\,Area\,3}\} = \frac{2r}{R^2 - (d+D)^2} \tag{5-16}$$

在区域 2，对于距离宏基站 r 米的用户，有 $\dfrac{\arccos\left\{\dfrac{(d^2 + r^2 - D^2)}{2dr}\right\}}{\pi}$ 比例的用户会从宏小

区切换到微小区。因此，宏小区的区域 2 的用户关于距宏基站的距离为 r 的 PDF 为

$$P\{r \mid MD \text{ is in area } 2\} = \frac{\pi - \arccos\left\{\dfrac{(d^2 + r^2 - D^2)}{2d \cdot r}\right\}}{\pi} \times \frac{2r}{(d+D)^2 - (d-D)^2} \tag{5-17}$$

进一步的，如果从宏小区全体用户的角度来看，宏小区用户分布的概率密度关于距离宏基站的距离为 r 的 PDF 为

$$p'_{\text{ma}}(r) = \begin{cases} \dfrac{2r}{(R^2 - D^2)}, & r < d - D \text{ or } r > d + D \\[3mm] \dfrac{\pi - \arccos\left\{\dfrac{(d^2 + r^2 - D^2)}{2dr}\right\}}{\pi} \cdot \dfrac{2r}{(R^2 - D^2)} & d - D < r < d + D \end{cases} \tag{5-18}$$

与单独宏基站内用户的概率分布类似，处于微小区内的用户到微基站的距离为 r' 的 PDF 为

$$p_{\text{mi}}(r') = \frac{2r'}{D^2} \quad 0 < r' < D \tag{5-19}$$

由于宏小区与微小区用户的传输速率服从香农公式（5-4），两类用户的平均传输时长分别为

$$\begin{aligned} T'_{\text{ma}}(r) &= \int_0^R \frac{S}{R'_{\text{mauser}}(r)} \cdot p'_{\text{ma}}(r)\mathrm{d}r \\[2mm] T_{\text{mi}}(r') &= \int_0^D \frac{S}{R_{\text{mauser}}(r')} \cdot p_{\text{mi}}(r')\mathrm{d}r' \end{aligned} \tag{5-20}$$

因此，宏小区和微小区用户所消耗的能量和可以表示为

$$P'_{\text{user}} = M'_a[P_w \cdot T'_{\text{ma}} + P_i \cdot (1 - T'_{\text{ma}})] + M_i[P_w \cdot T_{\text{mi}} + P_i \cdot (1 - T_{\text{mi}})] \tag{5-21}$$

5.3.3.3　微基站布设后网络能效分析

在布设微小区后，终端能量消耗的变化值可由式（5-13）与式（5-21）的差求得，即

$$P_{\text{save}} = P_{\text{user}} - P'_{\text{user}} = \lambda \pi R^2 (P_w - P_i)\left[\int_0^R \frac{S}{\dfrac{B_{\text{ma}}}{\lambda \pi R^2} \cdot \eta_r} \cdot \frac{2r}{R^2}\mathrm{d}r\right] - \lambda \pi (R^2 - D^2)(P_w - P_i) \cdot$$

$$\left[\int_{d-D}^{d+D} \frac{S}{\dfrac{B_{\text{ma}}}{\lambda \pi (R^2 - D^2)} \eta_r} \cdot \frac{\pi - \arccos\left\{(d^2 + r^2 - D^2)/2dr\right\}}{2\pi} \cdot \frac{2r}{(R^2 - D^2)}\mathrm{d}r + \right.$$

$$\left. \int_0^{d-D} \frac{S}{\dfrac{B_{\text{ma}}}{\lambda \pi (R^2 - D^2)} \cdot \eta_r} \cdot \frac{2r}{(R^2 - D^2)}\mathrm{d}r + \int_{d+D}^R \frac{S}{\dfrac{B_{\text{ma}}}{\lambda \pi (R^2 - D^2)} \cdot \eta_r} \cdot \right.$$

$$\frac{2r}{(R^2-D^2)}\mathrm{d}r - \lambda\pi D^2(P_w - P_i)\cdot\int_0^D \frac{S}{\frac{B_{\mathrm{mi}}}{\lambda\pi D^2}\cdot\eta_{r'}}\cdot\frac{2r'}{D^2}\mathrm{d}r'\Bigg]$$

$$= \lambda^2\pi^2(R^2-D^2)(P_w - P_i)\cdot\int_{d-D}^{d+D}\frac{S}{B_{\mathrm{ma}}\cdot\eta_r}\cdot\frac{\arccos\{(d^2+r^2-D^2)/2dr\}}{\pi}\cdot 2r\mathrm{d}r +$$

$$\lambda^2\pi^2 D^2(P_w - P_i)\left[\int_0^R \frac{S}{B_{\mathrm{ma}}\cdot\eta_r}\cdot 2r\mathrm{d}r - \int_0^D \frac{S}{B_{\mathrm{mi}}\cdot\eta_{r'}}\cdot 2r'\mathrm{d}r'\right] \qquad (5\text{-}22)$$

在式（5-22）中，$\eta_{r'}$ 表示为当终端位于距微基站 r' 米的位置时此终端的频谱效率，即：
$$\eta_{r'} = \log_2(1 + \mathrm{SNR}(r'))$$

为了将式（5-22）变得更加易于分析，我们利用随机几何中的典型点（位置）的方法，提出了一种化简方法。具体来说，通过仿真，将整体的宏小区和微小区用户的平均传输速率用某一具体位置的用户传输速率来代替。首先定义 d_{equal} 为此点距其服务基站的距离，并定义 $\alpha = \dfrac{d_{\mathrm{equal}}}{R}$。通过仿真发现，正如图 5-6 所示，在不同的小区覆盖半径下，α 的值几乎不变，因此可以用一固定的 α 值来近似代替此典型用户所处的位置。

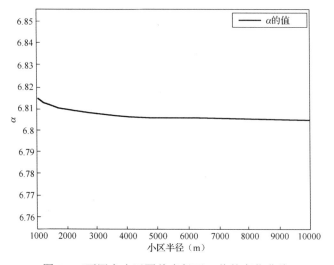

图 5-6　不同宏小区覆盖半径下 α 值的变化曲线

此外，我们通过仿真对整体的微小区用户在布设微小区前的平均速率，即他们在没有切换至微小区，被宏基站服务时的平均速率做了近似。此平均速率可以近似为距离宏基站 $(d+0.1D)$ 米的用户在被宏基站服务时的传输速率。因此，若定义 $\eta_{R\alpha} = \log_2(1+\mathrm{SNR}_R\cdot(\alpha)^{-\sigma})$，$\eta_{D\alpha} = \log_2(1+\mathrm{SNR}_D\cdot(\alpha)^{-\sigma})$，式（5-22）可以被近似为

$$P_{\mathrm{save}} \approx \lambda^2\pi^2 D^2 R^2(P_w - P_i)\cdot\frac{S}{B_{\mathrm{ma}}\cdot\eta_{R\alpha}} - \lambda^2\pi^2 D^4(P_w - P_i)\frac{S}{B_{\mathrm{mi}}\cdot\eta_{D\alpha}} + \lambda^2\pi^2 D^2(R^2-D^2)(P_w - P_i)\cdot$$

$$\frac{S}{B_{\mathrm{ma}}\cdot\log_2\left(1+SNR_R\cdot\left(\dfrac{d+0.1\cdot D}{R}\right)^{-\sigma}\right)}$$

$$= \lambda^2 \pi^2 (P_w - P_i) \left[\frac{D^2 R^2}{B_{\mathrm{ma}}} \cdot \frac{S}{\eta_{R\alpha}} - \frac{D^4}{B_{\mathrm{mi}}} \cdot \frac{S}{\eta_{D\alpha}} + \frac{D^2(R^2 - D^2)}{B_{\mathrm{ma}}} \cdot \frac{S}{\log_2 \left(1 + \mathrm{SNR}_R \cdot \left(\frac{d + 0.1 \cdot D}{R} \right)^{-\sigma} \right)} \right] \quad (5\text{-}23)$$

如果将 $\lambda^2 \pi^2 S (P_w - P_i)$ 标记为 K，$\dfrac{1}{\eta_{R\alpha}}$ 标记为 T_{Ma}，$\dfrac{1}{\log_2 \left(1 + \mathrm{SNR}_R \cdot \left(\dfrac{d + 0.1 \cdot D}{R} \right)^{-\sigma} \right)}$ 标记

为 T_d，$\dfrac{1}{\eta_{D\alpha}}$ 标记为 T_{Mi}，则终端的能量节省可以写为

$$P_{\mathrm{save}} = K \left[\frac{D^2 R^2}{B_{\mathrm{ma}}} \cdot T_{\mathrm{ma}} - \frac{D^4}{B_{\mathrm{mi}}} T_{\mathrm{mi}} + \frac{D^2(R^2 - D^2)}{B_{\mathrm{ma}}} \cdot T_d \right] \quad (5\text{-}24)$$

由式（5-23），可以得到一些在微基站布设时有指导性意义的结论：

● 终端侧的节能 P_{save} 与用户密度的平方，下载数据的大小以及工作和非工作状态时耗电量的差值呈线性增长的相关。

● 宏基站的能力越强（即 B_{ma} 越大），布设微基站所带来的益处越小。

● 微基站的能力越强（即 B_{mi} 越大），布设微基站能够带来更多的终端能量节省。

● 由式中的 T_d 可知，终端的节能 P_{save} 随着宏基站微基站距离的增加而增加。这种现象可以解释为在距宏基站较远的区域，用户的频谱效率较低，布设微基站后，可以更有效的提升此区域的频谱效率，从而使终端节省更多能量。

进一步的，可以对式（5-24）进行求导，即令 $\dfrac{\mathrm{d}P_{\mathrm{save}}}{\mathrm{d}D} = 0$，从而得到获得最大终端节能的最优微小区半径。

忽略 T_d 中的 $0.1D$，可以得到 D 的最优值为

$$D = \frac{R}{\sqrt{2}} \sqrt{\frac{T_{\mathrm{ma}} + T_d}{\frac{B_{\mathrm{ma}}}{B_{\mathrm{mi}}} T_{\mathrm{mi}} + T_d}} \quad (5\text{-}25)$$

通过上式，可以得出最优微小区半径和其他参数的关系为

● 微小区最优半径随着宏小区的半径增长而增长。

● 微小区最优半径与微基站和宏基站带宽的比值 $\left(\dfrac{B_{\mathrm{mi}}}{B_{\mathrm{ma}}} \right)$ 呈正相关。也就是说，性能更强的微基站应该覆盖更大的区域。

● 微基站离宏基站越远，其最佳覆盖面积越大。

由式（5-2）可得，能量效率指标 Ψ 可以表示如下：

$$\begin{aligned}
\Psi &= P_{\mathrm{save}} - \beta \cdot P_{\mathrm{mi}} \\
&= K \left[\frac{D^2 R^2}{B_{\mathrm{ma}}} \cdot T_{\mathrm{ma}} - \frac{D^4}{B_{\mathrm{mi}}} T_{\mathrm{mi}} + \frac{D^2(R^2 - D^2)}{B_{\mathrm{ma}}} \cdot T_d \right] - \\
&\quad D^{\sigma} (\beta \cdot a \cdot \mathrm{SNR}_D \cdot \gamma^2 L_0^{-1}) + \beta \cdot P_{m_{\mathrm{mi}}}
\end{aligned} \quad (5\text{-}26)$$

如果将 $\dfrac{a \cdot \text{SNR}_D \cdot \gamma^2}{KL_0}$ 由 ρ 表示，以最高能量效率指标为目标的微小区的最优半径可以通过求 $\dfrac{\mathrm{d}\Psi}{\mathrm{d}D} = 0$ 获得，即：

$$\dfrac{\mathrm{d}\left\{K\left[\dfrac{D^2 R^2}{B_{ma}} \cdot T_{ma} - \dfrac{D^4}{B_{mi}} T_{mi} + \dfrac{D^2(R^2 - D^2)}{B_{ma}} \cdot T_d\right]\right\}}{\mathrm{d}D} - \dfrac{\mathrm{d}\left\{K\beta \cdot \rho D^\sigma + \beta \cdot a \cdot P_{m_{mi}}\right\}}{\mathrm{d}D} = 0 \quad （5\text{-}27）$$

当 $\sigma = 2$ 时，最优的微小区半径可以表示为

$$D = \sqrt{\dfrac{R^2 B_{mi}(T_{ma} + T_d) - B_{ma} B_{mi} \beta \rho}{2(B_{ma} T_{mi} + B_{mi} T_d)}} \quad （5\text{-}28）$$

除了遵循以获得最大终端节能为目标的最优微小区半径相同规律外，还可看出基站侧的能量消耗的重要性 β 与最优微小区半径呈现负相关的关系。

5.3.3.4　仿真结果

图 5-7 展示了终端的能量节省随着不同的微小区半径以及宏基站与微基站的距离的关系。图中的圆圈为仿真结果，实线为式（5-24）得到的近似值。可以看出，通过近似推导得到的结果与仿真结果非常相近。图中还展示了随着两基站间距离的增加，在相同的微基站配置参数下，终端会得到更多的能量节省。这点与理论分析是吻合的。在本次的仿真参数下，终端最高的能量节省为 35 W，而整个网络所有终端的能耗为 860 W。布设微基站可以给总体用户带来约 4%的能量节省。对于微小区内部的用户，其能耗节省可达 18%。如果活跃用户需要下载更多的资源，微基站会带来更多的终端能量节省。

表 5-1　仿真参数

宏小区参数	
载波频率	2.0 GHz
带宽	20 MHz
路损模型	COST 231-Walfish-Ikegami Model
小区半径	5 km
最低 SNR 需求	10 dB
噪声	−160 dBm/Hz
低功耗小区参数	
载波频率	2.0 GHz
带宽	2 MHz
路损模型	COST 231-Walfish-Ikegami Model
最低 SNR 需求	10 dB
噪声	−150 dBm/Hz
用户参数	
活跃用户密度	每平方千米 10 个用户
工作状态功耗	1.2 W
休息状态能耗	0.6 W
数据包大小（S）	100 kbit

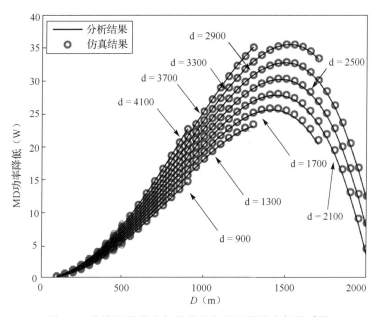

图 5-7 终端能量节省与微基站位置及覆盖半径关系图

图 5-8 展示了当宏基站与微基站相距 2500 m 时，获得终端最大能量节省的最优微基站半径。可以看到，由式（5-22）和式（5-24）得到的理论近似结果和仿真最优覆盖半径结果是非常接近的，这两个值之间的误差小于 1%。

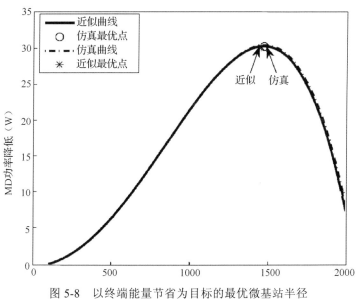

图 5-8 以终端能量节省为目标的最优微基站半径

图 5-9 展示了不同微基站位置以及微基站半径下，依据我们提出的能量效率指标，此网络的能量效率值。在仿真中，基站侧的能量消耗的权重 β 被设置为 0.5。如果能量效率值大于 0，我们可以认为，从能量效率的角度，布设此微基站是有益的。从图 5-7 中可以看出，当微基站与宏基站的距离小于 2100 m 时，由于微基站所处的区域在被宏基站服务

时频谱效率已经比较高，因此即使在最优的微小区半径下，此网络的能量效率值仍然小于0。在这种情况下，布设这个微基站单纯从能量效率的角度来看是不合适的。由上述分析可知，我们的能效指标从能量效率的角度为运营商判断架设一个新的基站是否合适提供了一个数值型的参考标准。

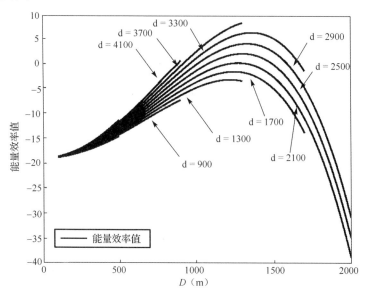

图 5-9   不同微基站位置及半径与 Ψ 的关系图

本节在异构网络的场景下研究了布设低功耗基站对终端能量消耗的影响。首先从两个方面解释了一个全面的能量效率除了应该考虑基站侧的能量消耗，还应该考虑终端侧的能量消耗的原因。由此，提出了一个更为全面的能量效率指标。此指标可以为运营商在架设新的基站时，对布设方案从能量效率的角度进行评价。在此指标下，分析了在宏小区内布设微基站与微微基站后终端侧的能耗变化情况以及整个网络的能量效率情况，并得到终端能耗与低功耗基站配置参数的关系。最后得到获得最大终端能量节省与最高能效指标的最优低功耗小区半径。

通过仿真可知，我们的分析与近似的结果是令人满意的，发现的关于提高终端及网络能量效率的规律也得到了验证。对于微小区内的终端，在我们所设定的网络参数下，其平均能量节省最高可以达到 8%。由此可以看出，架设低功耗基站是提高智能终端能量效率的一种有效手段。本节的研究为提高终端的能量效率提出了新的解决方案与分析思路。

5.4   无线网络虚拟化与软件定义无线网络

无线虚拟化与软件定义无线网络是实现异构无线网络能效协同的有效方法，本节将对无线虚拟化、软件定义无线网络进行介绍，见图 5-10。

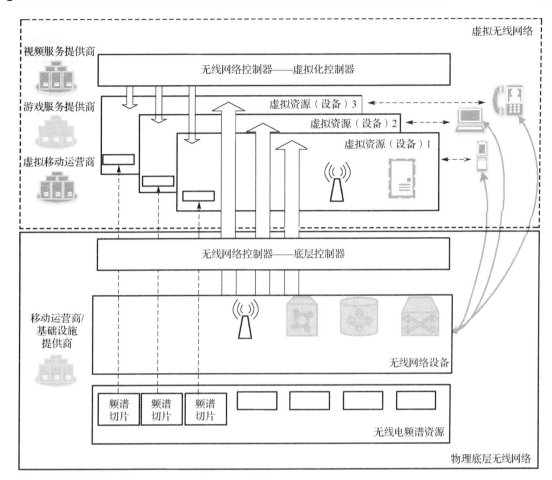

图 5-10　无线网络虚拟化框架

5.4.1　无线网络虚拟化

实现单个或多个供应商所拥有的物理基础设施对多个服务提供商共享，需要将物理无线基础设施和无线资源进行抽象，并且将很多虚拟资源隔离开，然后提供给不同的服务提供商。通常而言，无线网络虚拟化架构主要包括无线频谱资源、无线网络基础设施、无线虚拟资源以及无线虚拟化控制器。

5.4.1.1　无线频谱资源共享

无线电频谱资源是无线通信中最重要的资源之一。通常情况下，无线电频谱资源是指许可频谱或一些专门的免费频谱（例如，IEEE 802.11）。认知无线电[21]的出现，使无线电频谱扩展到从专用频谱到白色光谱的范围，这意味着所有者未使用的空闲频谱可以被其他人使用。

我们将无线频谱资源从无线网络虚拟化中独立出来讲，是因为在认知无线网络[22]、异构网络部署（例如毫微微小区和小小区）[23]和网络共享的实施[24]中，它与传统的方式有一些区别。认知无线电技术与固定的频谱接入方式相比，有更灵活的频谱使用情况，而异构网络改变蜂窝网络中使用的传统频率复用方式，网络共享引入了电信运营商之间的合作关系。粗略地说，网络资源共享包括频谱共享、基础设施共享和全网络共享。

频谱共享是指所有的运营商可以通过多种协议，使拥有频谱许可的运营商开放频谱，并最终促成运营商共用频谱。例如，运营商 A 和运营商 B 签署合同，与对方分享各自的频谱，使他们有更多的灵活频率调度和分集增益，可以提高网络的能量效率和容量。实际上，运营商间频谱共享已提出多年[24] [25]。然而，由于政策而不是技术和市场的原因，频谱共享不在当前蜂窝网络中普及。幸运的是，无线网络虚拟化正在促使频谱共享，以促进全面虚拟化，这意味着要把可用无线频谱作为一个整体资源考虑，虚拟化他们的接入媒介。

5.4.1.2　无线网络基础设施共享

无线网络基础设施是指整个无线物理底层网络，包括站点、基站、接入点、核心网网元（网关、交换机、路由器），传输网（回传 RAN 到 CN 之间的链路）。

移动网络运营商（Mobile Network Operator，MNO）的成本大部分来自基础设施。在现代无线网络中，一个单独的无线网络（包括 RAN、CN 和 TN）可以被一个 MNO 所有，或者被多个共享。然而，在特定的地理区域，MNO 或基础设施提供商（Infrastructure Provider，InP）之间的关系是竞争关系，这就意味着没有共享或者有限共享的存在。因此，所谓的虚拟化是的有限的基础设施内部虚拟化，意味着在一个单独的 MNO 或 InP 中虚拟化[26]。

显然，正如上面所讨论的，因为移动网络运营商需要吸引更多的用户并满足用户需求，移动网络运营商之间的合作与资源共享的各种要求已成为网络能量效率和利用率的一个新范例。网络共享指的是多个移动网络运营商共享彼此的物理网络。从商业角度看，网络共享可以被认为是一个协议，两个或更多的移动网络运营商集中他们的物理网络基础设施和无线资源并互相共享。从技术的角度来看，网络共享是对发射塔等基础设施的共享，以实现整个移动网络的共享[27]。从云的概念的角度，为了在无线网络中实现虚拟化，网络共享可以被认为是一个重要的步骤。同时，网络共享可以减少运营商显著[28]的 CAPEX 和 OPEX。在商用网络中，一些标准化组织（如 3GPP[29]）、供应商（例如，NEC[30]和诺基亚西门子通信公司[31]）和运营商（如中国移动[32]）对网络共享和推广已经完成了一些初步的方法。在英国，沃达丰和 O2 汇集他们的网络基础设施，开始网络共享。该网络共享的合作可以更好地覆盖移动用户和实现更少的桅杆建设[33]。上一节已引入一项称为频谱共享的网络共享方法。另外两种方法，即基础设施共享和全网络共享的讨论如下。

（1）基础设施共享：在这种情况下仅将基础设施共享。基础设施共享按网络连接分类分为两类：被动共享和主动共享。被动共享指的是运营商共享被动基础设施，如建筑场所和桅杆。

在文献[62]中，网络共享被称为多运营商 RAN 的架构（MORAN），提出了允许多个移动网络运营商共享的 RAN。同时，3GPP 提出了两种方案，来实现基础设施共享使用[35]。在方案 1 中，连接到共享 RAN 的移动网络运营商直接使用自己的专用许可的频谱服务各自的最终用户。方案 2 基于地理分割，意味着移动网络运营商（通常是两个以上）利用各自的无线接入网络覆盖全国各地，但共同提供网络覆盖整个国家，这种情况下可以使用自己的频谱（使用专用或公共 CNS）。

基于虚拟化的基础设施共享可以称为跨基础架构的虚拟化，这意味着无线网络虚拟化可以跨两种移动网络运营商（INPS）[26]。

（2）全网络共享：全网络的频谱共享和基础设施共享，意味着无线资源和网络基础设施能够被多个移动网络运营商共享。

在 3GPP 标准化过程中[29]，全网络共享支持两种独立的架构，即多运营商核心网（MOCN）和网关核心网（GWCN）。在 MOCN，共享的仅仅是包括无线资源的无线接入网本身。GWCN 中不仅允许 RAN，还允许 MSC 和 SGSN 的共享，这可以认为是共享核心网络的实体。文献[35]中给出了三种网络共享使用场景。场景 1 中，一些运营商被允许访问一个 RAN，它涵盖了一个由第三方（可能是除这些运营商外的其他运营商）覆盖的地理区域。场景 2 是全网络共享，即一个运营商共享其许可的频谱给其他运营商，或一组运营商收集他们的频谱组成频谱池。在这种场景下，该组中的所有运营商可以连接到无线网络控制器，之后连接到共享的 RAN，或相互组合形成一个共同的核心网，然后连接到共享的 RAN。在场景 3 中，多个 RAN 可以共享一个共同的核心网，其中的元件或节点可具有不同的功能，并且属于不同运营商的 RAN。部署这样的网络要求对用户、网络、需求以及安全进行综合考虑[35]。在文献[30]中，针对 LTE 移动网络，NEC 提供下在 3GPP 架构同时支持 MOCN 和 GWCN 的解决方案。

文献[36]对不同运营商间进行网络层共享时的性能指标，如容量、频谱和基站数等进行了比较，评估了不共享、容量共享（可认为是在漫游下共享[35]）和频谱共享下的性能，最后表明频谱的共享效果最好。

因此，全网共享给虚拟化提供了更多的便利和灵活性，可以形成通用的虚拟化，使虚拟化无处不在[26]。

5.4.1.3 无线虚拟资源

无线虚拟资源是把无线网络基础设施和频谱进行切片。理想地，一个单独的切片应该包括每个无线网络基础设施网元切出的虚拟实体的所有部分。换句话说，一个完整的切片是一个通用无线虚拟网络。

例如，一个 SP 从 MNO 请求一个无线资源片时，从核心网到空口的虚拟元素都应该都包含在内。然而，在现实中，这种理想的无线资源片可能并不总是必要的。具体地说，一些虚拟网络运营商可能有自己的核心网或全覆盖的无线网[29]，此时只需要对无线接入网切片。有些服务提供商只需要在一个特定地区或时间提供切片。一个更抽象的场景是，一些新兴的，OTT 服务商为保证最终用户的服务质量，与 MNO 签订合同并支付更多的资金，此时 MNO 必须分配一定数量的资源片[37]给这些 OTT 服务商。这些资源片可以由 OTT 服务商根据自己的需求定制。因此，根据不同的需求，无线虚拟资源虚拟化意味着不同级别的虚拟化。目前主要 4 个无线虚拟资源的级别。

（1）频谱级别的切片

频谱通过时分复用、空分复用或者叠加接入来进行切片，和动态频谱接入一样指定给 MVNO 或者 SP。此外，在无线网络虚拟化中，频谱虚拟化是链路虚拟化，强调的是链路中的数据承载而不是物理层技术。

（2）基础设施级别的切片

物理网元，如天线、基站、处理硬件和路由器被虚拟化来支持多运营商的共享。当多个本身只拥有频谱的 MVNO 或多个拥有有限覆盖的 MNO 想要从 InP 在特定区域租用基础设施和硬件，InP 必须将虚拟物理资源变成虚拟基础设施和虚拟机的切片。

（3）网络级别的切片

网络级别的切片是一个理想的情况。一个基站被虚拟成多个虚拟基站，然后无线资源（时隙、频谱和信令处理器）也被切片并分配给虚拟 BS。为了虚拟化核心网，CN 中的实体（如路由器和交换机）必须虚拟为虚拟机。特别地，在 3G 网络中，SGSN 和 GGSN 需要被虚拟化；在 4G 网络中，MME、SGW 和 PGW 需要被虚拟化。

（4）流级别的切片

流级别切片虚拟化的主要思想首先在 FlowVisor 中提出。在流级别虚拟化中，切片的定义可以不同，但是通常属于从 MNO 中请求虚拟化资源实体的流的集合。在这个架构下，属于一个或多个 MNO 的物理资源被虚拟化并分离出来成为虚拟资源分片。资源分片可以是基于带宽的，如数据速率，或者是基于资源的，如时间槽。典型的例子是，一个 MVNO 没有物理基础设施和频谱资源（但是有自己的用户）来提供给它的用户视频通话服务，这个 MVNO 可以基于给定的数据速率向实际运营物理网络的 MNO 请求一个特定的切片。这个场景除了频谱资源和其他资源以外，与基础设施级别的切片类似。

5.4.1.4　无线虚拟化控制器

无线虚拟化控制器用于实现 SP 可获取的虚拟切片的可定制能力、可管理能力和可编程能力。通过无线虚拟化控制器，控制平面从数据平面分离出来，并且 SP 可以在其自己的虚拟切片中定制虚拟资源。图 5-11 中无线虚拟控制器有两部分，底层控制器和虚拟控制器。底层控制器用于 MNO 或 InP 来虚拟化和管理底层物理设备。虚拟控制器用于 MVNO 和 SPs 来管理虚拟切片或虚拟网络。特别地，MNO 使用无线虚拟化控制器来生成虚拟化切片，并且嵌入虚拟切片在无线物理底层网络上，SP 使用它来定制它们自己的端到端服务，例如调度和转发。文献[38]给出了虚拟化网络中的网络管理的简单描述。自从 SDN 和 OpenFlow 被认为是网络管理中最有前景和有效的技术，在无线网络中采用 SDN。技术成为一个研究热点。

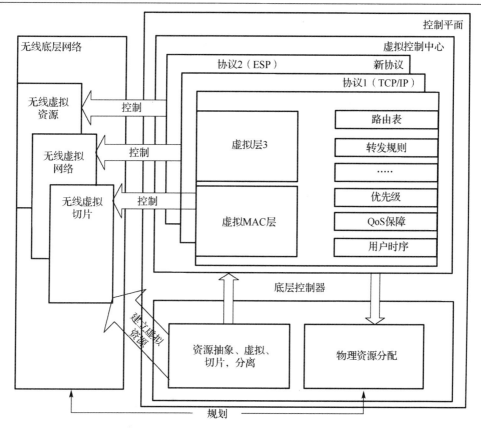

图 5-11　无线虚拟化控制器架构图

5.4.2　软件定义无线网络

5.4.2.1　概述

云服务、大数据、OTT（Over The Top）等急速的发展，给现有的网络带来新的挑战，这表现在移动互联设备数量和种类激增，移动业务的种类和带宽需求发生变化上。依托移动网络的业务的空前发展，网络业务和应用对网络动态需求、网络管理提出新的要求。传统因特网把控制逻辑和数据转发耦合在网络设备上，导致网络控制平面管理的复杂化，控制层的策略部署成本高，网络创新开发周期长。因此，为了克服现有网络的缺点，提出了软件定义网络，将控制平面和转发平面分离，网络设备的控制、流管理均采用可编程的控制。

软件定义网络对控制平面和数据转发平面的解耦，简化了网络节点，有效降低了网络构建和维护成本；标准化的可编程接口和集中化控制，能够灵活按需配置网络，缩短网络的配置周期，避免设备级的逐一人工配置；集中的控制器，能够提供整网的逻辑抽象，提供更细粒度和精确的网络控制，提高网络的可靠性和资源利用率。

5.4.2.2　SDN 体系结构和特点

软件定义网络（Software-defined Networking，SDN）是一种网络虚拟化（Network

Virtualization）技术，最早的概念由开放网络基金会（ONF）[39]提出，其核心思想是把网络设备的控制平面（Control Plane）和转发平面（Forwarding Plane）分离开，把传统网络架构拆分为应用层、控制层和转发层三层分离的架构[40]。整个网络被抽象为逻辑实体，控制功能被集中到控制器上，在层间通过标准化的、开放的可编程接口提供业务承载和管理配置。分离后的控制平面可以运行在外部控制器上。通过标准协议，利用标准化的控制接口，提供全网的逻辑拓扑，实现网络集中控制（Centralized Control）。

开放网络基金会的基于 OpenFlow 协议的 SDN 技术白皮书给出了 SDN 架构的逻辑视图，如图 5-12 所示，SDN 是应用层、控制层和基础设施层三层分离的架构。

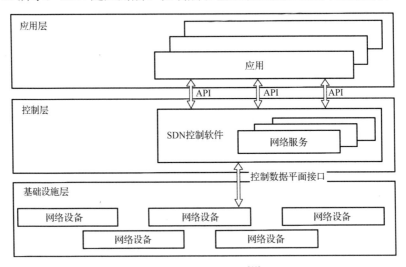

图 5-12　SDN 架构[40]

应用层：在 SDN 架构中，最上层为应用层，包括了各种不同的业务和网络应用。应用层根据网络不同的应用需求，调用与控制层相接的应用接口（API，北向接口），实现网络应用。利用北向接口，网络应用可以细粒度地对网络配置和管理，并在抽象的网络逻辑拓扑上进行操作，实现常见的网络服务和功能，包括路由、组播、安全、访问控制、带宽管理、流量工程、服务质量、处理器和存储优化、能源使用以及各种形式的策略管理。

控制层：由控制软件（网络操作系统）组成，主要负责维护网络拓扑及网络状态信息，实现不同业务特性的适配。利用控制数据平面接口（API，南向接口），控制层可以对底层网络设备的资源进行抽象，获取底层网络设备信息，生成全局的网络抽象视图，屏蔽基础设备差异性，并通过北向接口提供给上层应用。控制层通过南向接口，利用控制协议（如 OpenFlow，ForCES，NetConf）对基础设施层进行管理和控制。

基础设施层：由网络的底层转发设备构成，包含了特定的转发平面。在 SDN 中，网络设备只负责单纯的数据转发，降低了对网络设备硬件的要求。通过标准化的接口，能有效地屏蔽基础设备的差异性，实现快速的网络部署或者重配置，支持更快的网络应用和创新的实现。

控制转发分离使得控制开放化，控制平面和数据平面分离的 SDN 架构具有如下的特征：

- 支持第三方控制设备通过如 OpenFlow 等开放式的协议远程控制通用硬件的交换和路由功能。
- 控制平面集中化：提高路由管理灵活性，加快业务应用速度。
- 转发平面通用化：多种交换、路由功能共享通用硬件设备，屏蔽了转发平面的差异性，缩短网络部署、升级的周期。
- 控制接口可编程：通过软件编程方式，满足应用的定制需求，提供细粒度的网络管理，实现资源的灵活调度和配置，提高网络对新应用和创新的开放性。

集中化的控制平面和分布式的转发平面分离，给 SDN 网络架构带来了如下的优势：

（1）灵活网络部署

可编程的南向接口，屏蔽了转发设备的差异性，支持通过软件的更新即可实现网络功能的升级，无需如传统网络针对单个硬件设备逐一进行设备级（Device level）的配置。通过网络服务和应用程序的形式可直接部署实现网络配置，加速了网络部署进度。

（2）全局资源管理

通过 SDN 控制软件的集中化控制，单一的逻辑点获得全网视图和控制，允许在路径和转发基元（Forwarding Elements，FE）上实现复杂均衡，优化了全网的资源配置和调度。SDN 架构的集中控制也能有效克服传统的网络架构中分布式的信令交互协议收敛性问题，流量路径确定性更高，对于全网的资源优化将更加有效。可编程的北向接口，为应用层的应用提供细粒度资源承载，极大提高资源利用率。

（3）降低网络复杂度

SDN 架构使网络设备从封闭复杂变为开放简单，网络设备不再需要理解和处理成千上万的协议标准，极大地简化了底层网络设备的功能，有效降低了网络复杂度及网络构建成本。同时，由于网络的灵活按需配置，网络的配置周期变短，能有效的避免全网策略不一致性，大大提高网络的可靠度和安全性。

5.4.2.3　基于 OpenFlow 的 SDN 架构

开放网络基金会（ONF）于 2011 年 3 月在 Nick McKeown 教授等人的推动下成立，主要致力于推动 SDN 架构、技术的规范和发展工作。OpenFlow[39][40]技术概念最早由斯坦福大学的 Nick McKeown 教授提出，是斯坦福大学 Clean Slate 计划资助的一个开放式协议标准，后成为 GENI 计划的子项目。开放网络基金会有关 SDN 白皮书定义的基于控制和转发分离思想的 OpenFlow 架构（见图 5-13），是软件定义网络发展的源头。

OpenFlow 架构中，网络控制器（Controller）实现网络控制平面的功能，流表（Flow Table）的生成、维护、配置则由网络控制器来管理，并将转发表下发到转发设备。整个转发平面设备被抽象为多级流表驱动的转发模型，在分布式的网络设备上维护流表结构，数据分组按照流表进行转发。转发设备可以采用通用硬件或者软件实现，因此各种转发设备之间的处理能力可以有很大差别。

逻辑上集中化的网络控制器和分布式转发设备之间采用 OpenFlow 协议通信（图 5-14），网络的逻辑控制功能和高层策略可通过中央控制器灵活地进行动态管理和配置，可在不影响网络正常流量的情况下，在现有的网络中实现新型网络架构的部署[41]。

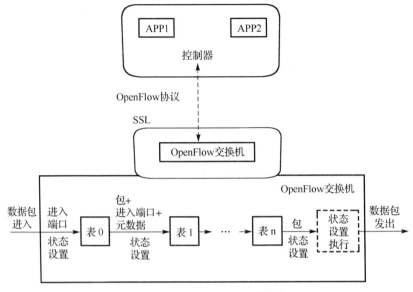

图 5-13   OpenFlow 架构[39][40]

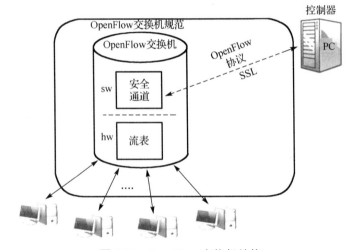

图 5-14   OpenFlow 交换机结构

5.4.2.4   SDWN 研究动态

近来，随着 SDN 研究热度上升，SDN 网络架构带来的优点得到越来越多的认同，基于 OpenFlow 的 SDN 实现在无线网络方面的扩展应用研究也成为一个重要的研究热点和方向：软件定义无线网络（Software-Defined Wireless Networks，SDWN）、软件定义移动网络（Software-Defined Mobile Networks，SDMN）、软件定义蜂窝网络（Software-Defined Cellular Networks，SDCN）成为 SDN 思想在无线蜂窝网络方面的应用。

软件定义无线网络是利用软件定义网络（Software-Defined Networks，SDN）的控制平面和转发平面分离的思想在无线网络方面的架构实现和应用扩展。

伴随移动互联网技术发展，未来网络业务呈现多样性、对基础资源能力提升的需求加剧，不同的网络业务需求，致使无线网络的发展面临如下的发展需求。

（1）开放性（Openness）

随着无线网络的发展，用户所处的环境被大量的无线网络覆盖（LTE，WiFi，WiMAX），这些无线网络具有可观的业务承载能力。但是由于这些网络的专属和封闭性，以及用户没有被特定服务提供商授权，使用户不能够接入到无线网络中，降低了用户的移动体验，同时也降低了网络利用效率[42]。因此，要求无线网络有足够的开放性，以去除运营商依赖性，提高网络共享[43]。

如图 5-15 中的用户，假设他只是 LTE 运营商的授权客户，那么在封闭的网络体系中，他一旦离开授权区域，或者进入其他运营商能提供覆盖的区域，将无法享受服务。但是如果无线网络开放性提高，支持在不同服务商间提供服务，那么用户的体验必然提高。如果网络有足够的开放性，身处各种无线网络覆盖的用户有更加灵活的接入选择，必将使得用户体验提升和无线资源利用率的提高。

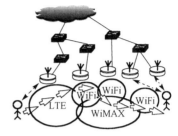

图 5-15　网络开放性需求场景[42]

对无线网络开放性需求也表现在现有的网络设施对新网络创新的封闭性。现有的蜂窝网络使用了越来越多的 IP 功能：IP 实现简单、标准化、能够体现全球 haunted 的链接。但是 IP 不适合未来移动因特网的需求[43]，因为不适合支持移动性和安全性，而且难于管理。固定的架构，给增加信道的容量和承载能力带来禁锢。所以在蜂窝无线网络中有必要采取新的架构，增加开放性，来支持灵活的业务承载和网络创新。

（2）虚拟化（Virtualization）[44-45]

云计算技术和移动互联网技术的发展，对网络基础架构层面提出了更高的要求。虚拟化的计算资源和存储资源最终都需要通过网络为用户所用。随着移动互联网技术的发展，移动网络承载业务多样性和服务需求持续增加。移动网络只有通过动态资源分配及调度，利用虚拟化技术将物理资源整合，提高资源利用率和服务可靠性；通过提供自服务能力，降低运维成本；通过有效的安全机制和可靠性机制，满足业务系统的安全需求。

（3）灵活性（Flexibility）

现有的移动网络中的网络结构架构设备复杂度高，部署难度大、成本高，耦合的控制和转发结构增加了业务承载时的网络交换成本。所以，在未来的无线网络中，需要增加网络的灵活性和设备的通用性。只有增加移动网络的灵活性，才能够减少网络交换成本，同时减少移动分组网管（Mobile Packet Gateway）扩展难度，实现更加灵活的蜂窝网络业务管理和网络的快速重配置。

SDWN 的相关研究工作主要大致可以分为 3 个方面：①SDN 在无线方面的扩展研究，关注的是基于软件定义网络（SDN）的思想，如何对无线网络中的设备设计和整个核心网络架构进行抽象，实现软件定义无线网络，主要给出架构和协议设计；②利用 SDWN 来解决现有的无线网络需求和存在的问题，关注方向是利用软件定义网络的思想来提高无线网络的性能，进而满足发展的需求；③软件定义无线网络的性能和成本分析。

具体的有关 SDWN 研究工作总结如下：

（1）SDN 在无线方面的扩展研究

文献[46]在分析 3GPP 的演进分组核心网（Evolved Packet Core，EPC）的基础上，给出了基于软件驱动的转发底层（Software-Driven Forwarding Substrate）软件定义移动网络的架构（见图 5-16）。同时，文章给出 SDMN 网络中各个组件的设计，包括移动流控制器（Mobile Flow Controller）等。SDWN 架构支持请求式（On-Demand）配置任何以后类型的网络来支持业务承载，而不需要手动配置移动网络终端或者设备。

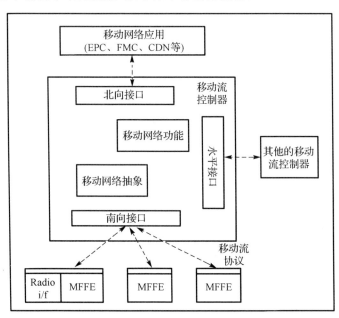

图 5-16　软件定义移动网络（SDMN）架构[46]

文献[46]也提出了请求式移动网络（On-Demand Mobile Network，ODMN）的原型，展示了 SDN 的控制平面和数据平面分离、集中控制的思想带来的优势。实验结果表明 Mobile Flow 层的应用，使得软件定义的移动网络（3G，4G，FMC 等）能够支持不同的服务，提供容量和性能需求。从运营商的角度看，SDMN 的思想能够在利用现有网络提供服务的同时提高竞争优势。然而，依旧存在一些技术挑战，比如 ODMN 的性能，可扩展性和资源配置管理的难度等。

文献[47]的研究工作同样也是 SDN 的思想在无线网络的扩展应用：EPC 利用了软件定义网络，把 EPC 的控制平面移动到数据中心（Data Center）。尽管在移动网络中已经考虑了软件定义，但是 OpenFlow 允许 IP 路由的控制平面和数据平面解耦，这样通过删除分布式的 IP 路由控制平面，使得网络配置和维护都得到简化。文献[47]中扩展了 OpenFow1.2 协议，应用在 EPC 中，把控制平面移到数据中心，给出了 3 种应用场景，对比传统的分布式 IP 路由控制有以下优势：减少错误路由配置；定向选择在线服务流（Flow）的路由；在采用 SDN 架构的核心演进网控制和云服务端（EPC Controller and Services Cloud），检测接入终端的感染性，并隔离终端、避免软件攻击（见图 5-17）等。

（2）SDWN 提高无线网络性能研究

文献[42]分析了未来无线网络开放性的发展需求，和 WiFi 集中的发展趋势，提出利用虚拟化技术的无线网络架构——OpenFlow Wireless，见图 5-18。

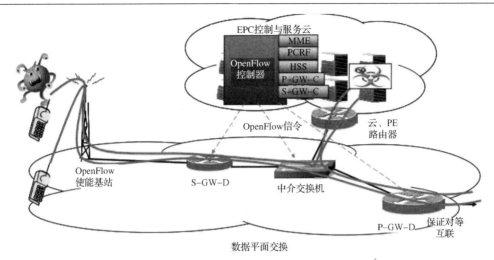

图 5-17　利用 SDN 架构的 EPC 隔离感染终端场景[47]

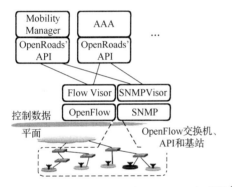

图 5-18　OpenFlow Wireless（OpenRoads）架构[23]

OpenFlow Wireless 利用 OpenFlow 协议通过开放的接口 API 和 Flow Visor 从数据平面分离控制平面，通过 Flow Visor 实现对底层硬件的控制，通过 SNM Visor 实现对底层硬件的配置。通用、开放的 API 屏蔽了底层硬件的差异性，增加网络配置和部署的灵活性。

急剧增加的智能手机用户和平板电脑，增加了蜂窝网络的业务承载需求。尽管在移动应用产生了巨大的创新，但是蜂窝网络依旧很脆弱（Brittle）。SDWN 能够简化网络管理，使得网络服务新应用成为可能。文献[48]分析了 SDWN 扩展性方面面临的问题：对大量用户的业务承载，平滑的移动性，细粒度测量和控制以及实时调整。并设计了蜂窝 SDN（Cellular SDN）的可编程控制平面，给出了针对蜂窝网络的 SDN 架构，对控制平面、网络交换机和基站做出设计改变，使得在不同无线网络、不同运营商网络间的交互操作成为可能。

（3）SDWN 性能和成本分析

世界范围内移动网络运营商投入大量的资金来升级到最新的无线网络标准以满足高速的数据业务需求。快速发展的移动网络标准，结果使得运营商减少了单用户的收益，增加了成本，所以能够减少建设成本和运营成本的机制显得尤为重要。使用通用的基础设施成为合理的选择，而软件定义无线网络能够克服以上困难。所以文献[43]对软件定义的移动网络和非软件定义的移动网络场景进行了成本对比，分析了基于软件定义网络的节约建设成本的因素。

文献[49]针对 WLAN 网络中视频业务需要的可靠高性能，提出了基于 SDN 架构的扩展方法来优化终端在 WLAN 间的切换（Handover）。软件定义无线网络集中化的控制能够合理地安排切换，合适地选择路由，满足了业务的实时性需求。

本节首先总结分析了软件定义网络调研相关的工作；然后给出 SDN 定义，详细介绍了其架构和特点，分析了 SDN 的应用优势；接着主要总结两方面工作：SDN 的标准化工作，SDN 商用推广情况；最后总结了软件定义无线网 SDWN 的相关研究工作。

因此，当前对 SDWN 的研究处于前期理论构建阶段，后期还需要大量的仿真及网络实验部署，以验证其对于大规模组网的支持能力。

5.5　本章小结

本章围绕能效优先的无线多网协同优化，首先对异构多网的协同架构进行了介绍与分析，之后结合现有研究多针对基站侧的能效分析与优化的现状，充分结合布设低功率基站对移动智能终端能量效率的影响，提出了一种新的能量效率指标，系统性地研究了布设低功率基站的位置，带宽以及覆盖半径等设计参数对移动智能终端侧的节能影响，获得了能效优先限制下的最佳小区半径，通过仿真可知，布设微基站可以给总体用户带来约 4%的能量节省，对于微小区内部的用户，其能耗节省可达 18%。紧随其后，本章介绍了实现异构协同的新技术，即无线网络虚拟化及软件定义网络架构，讲述从不同层面进行虚拟化的技术及 SDWN 的基本情况。

后期的研究主要包括在 SDWN 架构下对各种关键技术与理论的仿真与数值分析。

5.6　参考文献

[1]　N. Niebert, A. Sehieder, H. Abramowiez, et al. Ambient Networks: an architeeture for communication networks beyond 3G. IEEE Wireless Communieations, 2004(11): 14-22.

[2]　I. F. Akyildiz, S. Mohanty, X. Jiang. A ubiquitous mobile conununication architecture for next-generation heterogeneous wireless systems. IEEE Communication Magazine, 2005, 43(6): 329-336.

[3]　中移动将重点降低用电量 2010 年累计节约用电 80 亿度。[Online]. Available:http://www.cctime.com/html/2008-4-1/2008411532549078.htm

[4]　北京市统计局，国家统计局北京调查总队。2011 年北京统计年鉴。[Online]. Available: http://share.tjnj.net/navibook-0-N2011090106.html

[5]　2014 年底中国 4G 基站数量或增至 100 万座。[Online]. Available: http://www.chinairn.com/news/20140307/173802741.html

[6]　D. Lister. An operator's view on green radio. Keynote Speech, IEEE International Conference on Green Computing and Communications, 2009.

[7]　R. Q. Hu, Y. Qian, S. Kota, G. Giambene. Hetnets - a new paradigm for increasing cellular capacity and coverage. IEEE Wireless Communications, 2011: 8-9.

[8]　China Telecom, Consideration on Multi-RAT coordination schemes and issues, 3GPP TSG-RAN WG3

#83#R3-140039.

[9]　F. Richter, A. J. Fehske, G. P. Fettweis. Energy efficiency aspects of base station deployment strategies for cellular networks. Proceedings of IEEE Vehicular Technology Conference (VTC Fall), 2009: 1-5.

[10]　W. Wang, G. Shen. Energy efficiency of heterogeneous cellular network. Proceedings of IEEE Vehicular Technology Conference (VTC Fall), 2010：1-5.

[11]　Y. Soh, T. Quek. Energy efficient heterogeneous cellular networks. IEEE Journal ofSelected Areas in Communications, 2013, 31(5): 840-850.

[12]　T. Quek, W. C. Cheung, M. Kountouris. Energy efficiency analysis of two-tier heterogeneous networks. Proceedings of IEEE European Wireless Conference, Vienna, Austria, 2011: 1-5.

[13]　J. Lorincz, T. Matijevic. Energy-efficiency analyses of heterogeneous macro and microbase station sites. Computers & Electrical Engineering, 2013.

[14]　ITU 2012 executive summary, Measuring the Information Society. [Online]. Available: http://www.itu.int/dms pub/itu-d/opb/ind/D-IND-ICTOI-2012-SUMPDF-E.pdf.

[15]　S. Lee, K. Kim, K. Hong, D. Griffith, Y. H. Kim, N. Golmie. A probabilistic call admission control algorithm for WLAN in heterogeneous wireless environment. IEEE Transactions on Wireless Communications, 2009, 8(4): 1672-1676.

[16]　A. Damnjanovic, J. Montojo, Y.Wei, T. Ji, T. Luo, M. Vajapeyam, T. Yoo, O. Song, D. Malladi. A survey on 3gpp heterogeneous networks, IEEE Wireless Communication, 2011, 18(3): 10-21.

[17]　H. Takanashi, S. S. Rappaport. Dynamic base station selection for personal communication systems with distributed control schemes. Proceedings of IEEE Vehicular Technology Conference(VTC Fall), 1997: 1787-1791.

[18]　H. S. Jo, Y. J. Sang, P. Xia, J. G. Andrews. Heterogeneous cellular networks with flexible cell association: A comprehensive downlink SINR analysis. IEEE ransactions on Wireless Communications, 2012, 11(10): 3484-3495.

[19]　A. Corliano, M. Hufschmid. Energieverbrauch der mobilen kommunikation. Bundesamt fur Energie, Ittigen, Switzerland, Tech. Rep., in German, Feb. 2008.

[20]　ETSI, Environmental Engineering (EE): Principles for mobile network level energy efficiency. Nov. 2012. [Online]. Available: http://www.etsi.org/deliver/etsi　tr/103100　103199/103117/01.01.01　60/tr 103117v010101p.pdf

[21]　J. Mitola and G. Maguire. Cognitive radio: making software radios more personal: *IEEE Personal Comm.*, 1999, 6(4):13-18.

[22]　S. Haykin. Cognitive radio: brain-empowered wireless communications：*IEEE J. Sel. Areas Commun.*, 2005, 23(2): 201-220.

[23]　D. Knisely, T. Yoshizawa, and F. Favichia. Standardization of femtocells in 3GPP: *IEEE Commun. Mag.*, 2009, 47(9): 68-75.

[24]　G. Middleton, K. Hooli, A. Tolli, and J. Lilleberg. Inter-operator spectrum sharing in a broadband cellular network: in *Proc. IEEE 9th Int'l Symp. Spread Spectrum Techniques & Applications*, 2006: 376-380.

[25]　H. Kamal, M. Coupechoux, and P. Godlewski. Inter-operator spectrum sharing for cellular networks using

game theory: in *Proc. IEEE Symp. Personal, Indoor & Mobile Radio Commun. (PIMRC)*, 2009: 425-429.

[26] X. Wang, P. Krishnamurthy, and D. Tipper. Wireless network virtual¬ization: in Proc. Int'l Conf. on Computing, Networking and Commun. (ICNC), San Diego, CA, Jan. 2013.

[27] D.-E. Meddour, T. Rasheed, and Y. Gourhant. On the role of infrastructure sharing for mobile network operators in emerging markets: *Computer Net.*, 2011, 55(7): 1576-1591.

[28] M. Hoffmann and M. Staufer. Network virtualization for future mobile networks: General architecture and applications: in *Proc. IEEE Int. Conf. Commun. (ICC)*, Kyoto, Jun. 2011.

[29] 3GPP. Technical Specifi cation Group Services and System Aspects; Network Sharing;Architecture and functional description: 3rd Generation Partnership Project (3GPP), TS 23.251 V11.5.0, Mar. 2013. [Online]. Available: http://www.3gpp.org/ftp/Specs/htmlinfo/23251.htm

[30] NEC Corporation. RAN sharing -NEC's approach towards active radio access network sharing: NEC Corporation, Tech. Rep., 2013.

[31] N. S. Networks. Nsn nw sharing moran and mocn for 3G: Report, 2013.

[32] C. Mobile. C-RAN: the road towards green RAN: Report, 2011.

[33] V. UK. (2012) Better coverage. fewer masts. your complete guide to our network joint venture! [Online]. Available: http://blog.vodafone.co.uk/2012/11/20/better-coverage-fewermasts-your-complete-guide-to-our-network-joint-venture/

[34] A. Kearney. (2012) The rise of the tower business. [Online]. Available: http://www.atkearney.com

[35] 3GPP. Technical Specification Group Services and System Aspects; Service aspects and requirements for network sharing: 3rd Generation Partnership Project (3GPP), TR 22.951 V11.0.0, Sep. 2013. [Online]. Available: http://www.3gpp.org/ftp/specs/html-INFO/22951.htm

[36] J. Panchal, R. Yates, and M. Buddhikot. Mobile network resource sharing options: Performance comparisons: *IEEE Trans. Wireless Commun.*, 2013:1-13,.

[37] R. Kokku, R. Mahindra, H. Zhang, and S. Rangarajan. Nvs: a substrate for virtualizing wireless resources in cellular networks: IEEE/ACM Trans. Netw., 2012, 20(5):1333-1346.

[38] R. P. Esteves, L. Z. Granville, and R. Boutaba. On the management of virtual networks: IEEE Commun. Mag., 2013, 51(7).

[39] ONF Market Education Committee. Software-Defined Networking: The New Norm for Networks[J]. ONF White Paper. Palo Alto, US: Open Networking Foundation, 2012.

[40] McKeown N, Anderson T, Balakrishnan H, et al. OpenFlow: enabling innovation in campus networks[J]. ACM SIGCOMM Computer Communication Review, 2008, 38(2): 69-74.

[41] Zuo Qing-Yun, et al. Research on OpenFlow-Based SDN Technologies[J]. Journal of Software, 2013,24(5):1078-1097.(in Chinese).

[42] Yap K K, Sherwood R, Kobayashi M, et al. Blueprint for introducing innovation into wireless mobile networks[C]//Proceedings of the second ACM SIGCOMM workshop on Virtualized infrastructure systems and architectures. ACM, 2010: 25-32.

[43] Naudts B, Kind M, Westphal F J, et al. Techno-economic analysis of software defined networking as

architecture for the virtualization of a mobile network[C]. Software Defined Networking, 2012 European Workshop on. IEEE, 2012: 67-72.

[44] Costa-Perez X, Swetina J, Guo T, et al. Radio access network virtualization for future mobile carrier networks[J]. Communications Magazine, IEEE, 2013, 51(7).

[45] Costa-Pérez X, Festag A, Kolbe H J, et al. Latest trends in telecommunication standards[J]. ACM SIGCOMM Computer Communication Review, 2013, 43(1): 64-71.

[46] Pentikousis K, Wang Y, Hu W. Mobileflow: Toward software-defined mobile networks [J]. Communications Magazine, IEEE, 2013, 51(7).

[47] Kempf J, Johansson B, Pettersson S, et al. Moving the mobile evolved packet core to the cloud[C]//Wireless and Mobile Computing, Networking and Communications (WiMob), 2012 IEEE 8th International Conference on. IEEE, 2012: 784-791.

[48] Li L E, Mao Z M, Rexford J. Toward software-defined cellular networks[C]//Software Defined Networking (EWSDN), 2012 European Workshop on. IEEE, 2012: 7-12.

应用篇

第6章
Chapter 6

基于用户体验质量的客户端设计

随着 4G 业务在全球持续开展，各通信厂商已开始研究下一代的 5G 技术。由于国际电信联盟尚未定义 5G 标准，因而业界采用的技术五花八门，但是各厂商对 5G 系统共同的目标是，为未来十年无所不在的下一代通信基础建设提供新颖的无线架构、技术与标准。未来 5G 应用特性包含超高速网络、支持大规模用户同时接收、以用户为中心的移动覆盖、超实时的可靠连接，以及无所不在的物物相联。预计到 2020 年，将有约 20%的大型移动通信服务商与无线网络服务商开始测试或选择性部署 5G 服务，而且网络将更为安全可靠，完全没有停机时间[1]。这种稳定的网络服务，使得用户逐渐放弃使用离线方式观赏影片，而采用在线的方式观赏影片甚至是电视节目，这也间接地促进许多实时网络电视技术的崛起。在移动通信技术上也从 3G、4G 进而延伸到现在的 5G 网络，5G 技术将不会是以单一技术为主的发展模式，而是以未来应用需求为出发点，将现有技术整合并提升。例如，针对企业与消费者推出的移动高画质及超高画质影音服务，就是为了确保每个用户都能成功获取多媒体数据，享受在线实时影音服务。

本章针对用户对影片的两项编码因素进行满意度调查，设计出能在相同 5G 网络带宽下为用户提供更佳的影片质量与播放顺畅度的自适应串流机制，即不以客观因素决定影片质量，而是通过主观感受认定哪些因素更能提升用户满意度。在系统实现上采用动态自适应串流的 MPEG-DASH 标准为技术核心，利用安卓系统的多媒体框架，将该技术在嵌入式开发版上进行验证。

6.1　绪　论

随着 YouTube、Netflix、土豆网等在线影音网站的兴起，人们逐渐放弃离线模式观赏影片，转而使用网络在线的方式观赏影片甚至是电视节目。在硬件设备上，从使用桌面计算机逐渐转变成使用手持设备来观看。这种趋势也产生了许多值得思考的问题，比如，如何使用适当的网络协议发送影音内容[1]，如何有效减少影片延迟时间[2-4]，如何选择合适的影音封装格式，如何在无线网络实现无缝式传输[5]，如何在影音节点达到流量负载的平衡[6]，如何实时地将多媒体资源进行编解码从而供大量用户使用[7][8]，等等。

目前所使用的多媒体影音串流技术大致可分为如下两种形式[9]，

- 推播式串流：最具代表性的就是实时串流协议（Real Time Streaming Protocol，RTSP），这种方式通过服务器端主动推送串流内容，使用者只需连接至所推送的网址便能够观赏实时影音，通常应用于网络直播节目上。

- 请求式串流：如渐进式超文本传输串流协议（Progressive HTTP Streaming）、实时消息传送协议（Real Time Messaging Protocol，RTMP）等串流协议，由客户端向服务器端请求多媒体内容进行串流播放，服务器端只需提供基于 TCP/IP 协议传送封包的功能即可完成串流任务。这样做主要的好处是，所有的多媒体数据都能保证被客户端接收，这种方式也被知名影音网站 YouTube 所采用。

而为了让用户拥有较好的观赏质量，衍生出自适应串流（Adaptive Streaming）技术[10]。所谓的自适应串流是指客户端可以依据当前的网络状况或硬件计算能力，动态选择符合带宽需求的影音进行串流。然而，这种机制下所串流出来的影片质量或流畅度并不能使每个使用者都拥有最好的体验。在相同的网络条件下，选择有效的影像编译码参数能使用户得到相当的满意度且能够减少网络资源的浪费。鉴于此，本章针对由 MPEG 组织所提出的 MPEG 动态自适应 HTTP 串流协议（MPEG Dynamic Adaptive Streaming over HTTP，DASH），利用其应用上的弹性调节机制，设计基于用户体验质量的多媒体串流方法，并结合低计算复杂度的缓冲带宽预测机制配合使用，提升用户在手持设备上的观赏体验，并减少不必要的带宽浪费。而系统验证的客户端设备则以 TI PandaBoard ES 开发板为基础，移植 Google 公司的安卓版本 Jelly Bean 操作系统，以验证在安卓操作系统上增加 MPEG-DASH 串流机制与本文提出的自适应串流机制后的效果。

6.2　相关标准与研究

6.2.1　渐进式超文本串流

早期通过 HTTP 作为多媒体串流媒介属于渐进式方法，即像传统网页浏览器显示图片的做法那样，从头到尾顺序下载并播放。这种渐进式多媒体串流有几个缺点：在影片完全下载完毕前用户无法进行播放，影像串流的质量完全依赖多媒体文件的选择，无法及时根据网络状况改变下载的内容，使用这种串流方式的多媒体文件很轻易被复制及存储，其保护知识产权的安全机制是比较薄弱的。

由于这些重大缺陷，许多公司也提出了一些解决方案，其中以 Adobe 公司提出的实时消息传送协议（Real Time Messaging Protocol，RTMP）最为成功且被广泛采用。实时消息传送协议是属于链接导向的传输协议，会在服务器端与客户端建立会话（Session），两端都维护会话的状态，在无状态记录的 HTTP 传输上架构一层额外的框架进行状态记录，借此控制数据的传输[11]，其架构如图 6-1 所示。

由图 6-1 可以看出，在服务器端需要额外架设 Flash Media Server，此举必定增加架设服务器时的困难度以及相应的额外成本；在客户端也必须使用 Adobe Flash Player 才能进行观看与控制多媒体串流。对于如今数目逐渐增加的手持式设备，大部分并不支持 Adobe Flash，因此这些问题重新抛回给 HTTP 串流，进而发展出许多 HTTP 串流的解决方案，尝试改善渐进式多媒体串流的缺陷并增加比实时消息传送协议更具弹性的架构，因此出现了如自适应 HTTP 串流协议等的相关技术。

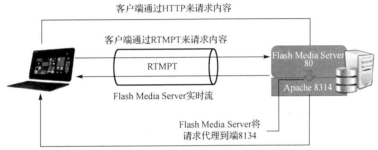

图 6-1　实时消息传送协议架构图

6.2.2　自适应 HTTP 串流

新的 HTTP 串流技术都有一个共同的特点，那就是在串流的同时能够根据当前的带宽信息自适应地调整影片编码率，大大改进渐进式串流的缺点，这也就是将新一代的 HTTP 串流技术称为自适应 HTTP 串流的原因。在这些技术中，将多媒体切成固定时间长度的片段，也称为段（segment）或块（chunk），这些小片段通常是 2～10 秒的视频或音频内容，根据不同比特率（bit rate）编码而成。之后将这些多媒体内容与放置位置记录在一份描述文件中，在串流时根据带宽状态与这份清单内容进行自适应调整和选取不同比特率的文件。自适应 HTTP 串流基本架构如图 6-2 所示。

现今，业界里有三种被广泛应用与实现的自适应 HTTP 串流解决方案，分别是 Adobe HTTP 动态串流（Adobe HTTP Dynamic Streaming，HDS）、Microsoft HTTP 平滑串流（Microsoft HTTP Smooth Streaming，HSS）、Apple HTTP 实时串流（Apple HTTP Live Streaming，HLS）。这些技术在实现上各有不同，包括多媒体封装格式、影音编译码器和动态自适应调整方法等。这三种串流方案的比较如表 6-1。

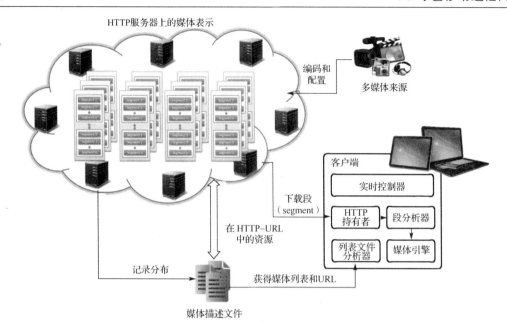

图 6-2   自适应 HTTP 串流基本架构图

表 6-1   Adaptive HTTP 串流比较表

	服务器	动态自适应	Cutting	格式	编译码器
HDS	HTTP	CPU 利用率	时间码（time-code）	MP4	V: H.264, VP6 A: AAC, MP3
HSS	HTTP 或 RTSP	块的下载时间 （chunk download times） 缓冲区饱和度 （buffer fullness） 帧的渲染速率 （rendered frame rates）等	时间码（time-code）	MP4	V: H.264, VC1 A: AAC, WMA
HLS	HTTP	缓冲区状态 （buffer status）	段 （segment）	M2TS	V: H.264 A: AAC, MP3, AC-3

接下来将对各方案做较详细的说明。首先 Adobe 公司开发的 HTTP Dynamic Streaming 是 RTMP 的替代方案，HDS 允许任何安装了 Adobe Flash 或 Air 的设备通过 HTTP 并依据客户端的 CPU 情况进行自适应串流。与 RTMP 最大的不同在于，服务器端并不需要依赖 Flash Media Server。Adobe 也开发出兼容 Apache Web Server 的模块，这无疑能够减少构建时的花费。由于现在市场中大部分的个人计算机或笔记本电脑都支持 Adobe Flash Player，这也让 HDS 成为一个很好的选择。不过，在如今人手一部智能手机的时代却并不太适用，因为大部分的手机操作系统并不支持 Adobe Flash Player，这也让 HDS 在实际应用中受到很大的限制。

Microsoft Smooth Streaming 在系统设置上需要使用微软公司所开发的 IIS Web Server 进行部署并使用 Silverlight Player 进行串流播放。播放器会检测客户端的网络带宽、CPU 状况、影片渲染速率等信息，凭借这些信息转换不同编码率的影片并提供无缝转换的串流。由于这项解决方案支持较多的影音编码格式并提供多种且用户定制化的自适应调整机制，常被使用在大型的串流频道。例如，NBC（National Broadcast Company）公司用来转播奥林匹克运动会，Netflix 公司提供的部分电视节目也使用此项技术。值得一提的是，iOS 3.0 之后的操作系统也支持此项技术，只是在视频的编码上须使用 H.264 的编码格式。

　　HTTP Live Streaming 是一种基于 HTTP 通信协议所发展的媒体串流协议。此协议最早由苹果公司制定，并且将其实现在公司相关产品的平台上，如 iPod、iPhone 所使用的操作系统 iOS。此串流协议主要是用于实时串流或是预先编码过后的媒体串流，与前面两者不同的是提供了 AES-128 网络封包加密技术，从而使媒体信息提供者可以有效保护自己的网络。不仅 iOS 设备支持 HLS，安卓在 3.0 之后的版本中也增加对此项技术的支持。在两大手持设备的操作系统都支持的情况下，HLS 成为最广为人知的自适应 HTTP 串流（Adaptive HTTP Streaming）技术。本节将深入研究整个 HTTP Live Streaming 的运行过程。

　　HLS 在串流的初始阶段，客户端会从服务器端得到一份 M3U8 播放列表，此播放列表基于早期的 M3U 音频列表文件修改而成，用来描述服务器端的媒体串流信息，如比特率、媒体片段时间长度、当前串流片段、媒体片段加密协议等信息。一份简易的 M3U8 播放列表如图 6-3 所示。

```
#EXTM3U
#EXT-X-TARGETDURATION:10
#EXTINF:10,
http://192.168.11.1/segment 1.ts
#EXTINF:10,
http://sample.com/segment 2.ts
#EXTINF:10,
http://sample.com/segment 3.ts
#ENDLIST
```

图 6-3　M3U8 播放列表范例

　　HLS 播放器根据 M3U8 播放列表所提供的信息，下载合适的媒体片段进行播放。在串流播放期间，网络带宽发生变化也能够快速地切换并下载最适合当前环境状况的多媒体片段，并能连接上一个片段的播放信息，如此一来可以减少由于画面停滞进行缓冲的状况，从而提高用户观赏影片的质量与体验。在 HTTP Live Streaming 规范[12]中，对 M3U8 中所使用的各种标签（Tag）做了详细的描述，包括标签的使用时机和内容格式，其中较为重要的标签如表 6-2 所示。

表 6-2　HTTP Live Streaming 标签表

标 签 名 称	描　　述
EXT-X-TARGETDURATION	定义播放列表中的最大媒体片段的播放时间
EXT-X-MEDIA-SEQUENCE	指示起始媒体片段所对应的序列号码
EXT-X-KEY	定义媒体片段的加密方式
EXT-X-PROGRAM-DATE-TIME	定义下一个媒体片段开始的时间信息
EXT-X-ALLOW-CACHE	定义是否允许播放器做临时文件动作
EXT-X-ENDLIST	标示播放列表的结尾
EXT-X-STREAM-INF	定义另一个播放列表的信息，如带宽信息、所使用的编码器、分辨率等
EXT-X-DISCONTINUITY	标示某一媒体片段具有和其他媒体片段不连续的特征，包含文件格式、编码参数、编码顺序、时间戳等
EXT-X-VERSION	标示目前播放列表所使用的版本

HTTP Live Streaming 的运行架构图如图 6-4 所示。首先，多媒体的提供者必须先将影像编码封装成 MPEG-2 TS（Transport Stream）媒体格式，其中，视频的压缩格式是 H.264，音频则可为 AAC 或 MP3。接着再由多媒体分割工具（Media Segmenter）把 MPEG-2 TS 分割成小片段，最后将这些多媒体片段放置在网页服务器上，并提供 M3U8 播放列表来描述当前的媒体信息。在传输方面，HTTP Live Streaming 也兼容分布式内容网络（Content Distributed Network，CDN），这意味着观看同一串流时能从不同的服务器进行多媒体片段的下载。结合 CDN 技术在多使用者的情况下能够针对服务器与客户端的网络情况做出负载平衡与容错机制[13][14]，客户端整体上能得到更好的观赏质量与体验。

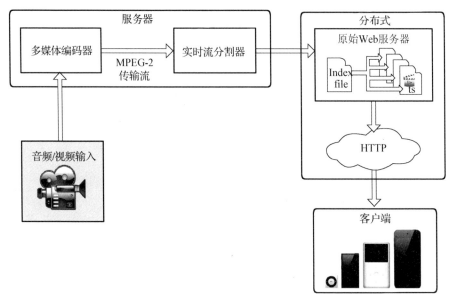

图 6-4　HTTP Live Streaming 的运行架构图

对于客户端播放器的运行流程可简化为下列几个步骤：

① 从服务器端读取播放列表的 M3U8 文件并确认文件以标签#EXTM3U 作为开头。若列表已包含标签#EXT-X-MEDIA-SEQUENCE，则以其标签所定的序列号码作为媒体片段的起始播放片段。

② 下载并播放起始片段，当遇到媒体片段带有# EXT-X-DISCONTINUITY 标签时，必须重置解析器和译码器。

③ 若播放列表不包含标签#EXT-X-ENDLIST，则必须周期性地向服务器更新列表信息。若播放列表保持不变，则以 1 个媒体片段时间、1.5 个媒体片段时间、3 个媒体片段时间的顺序作为更新的周期。

④ 决定下一个被下载媒体片段。若此时播放列表包含标签#EXT-X-MEDIA-SEQUENCE，则下载播放列表中最小序列号码大于此标签所定的序列号码对应的媒体片段；若无此标签，则以播放列表所定的顺序依次下载媒体片段。

⑤ 解密媒体片段。若媒体片段描述带有#EXT-X-KEY 标签，则从此标签所提供的密钥所在 URL 获取解密所需信息；若无此标签，则不需做此步骤。

服务器端的运行流程如下列步骤所示：

① 将串流文件分割为时间长度相近的媒体片段，替每一个媒体片段创立 URL 供客户端播放器读取下载，并建立播放列表。若有文件加密需求，则可选择标签#EXT-X-KEY 使用 AES-128 加密协议，并额外提供密钥的来源位置。

② 若串流为实时串流，则播放列表必须使用#EXT-X-MEDIA-SEQUENCE 标签标示时间距离最近的媒体片段；若串流结束，则以#EXT-X-ENDLIST 标签告知客户端播放器串流结尾的信息。

③ 当服务器端具有不同分辨率、比特率、编码格式等不同属性的串流时，可选择以标签#EXT-X-STREAM-INF 标示是否提供不同属性的串流，并单独以另一播放列表描述目前服务器提供哪些属性的串流。

6.2.3　MPEG-DASH

在发展自适应 HTTP 串流时，业界的各种解决方案在实现上不尽相同，但在架构上都有共同的原则与方向，这也导致了将这些技术统一标准化的声浪出现，即基于 HTTP 的动态自适应串流（Dynamic Adaptive Streaming over HTTP，DASH）。在 2010 年 4 月 MPEG 组织针对 MPEG 多媒体使用基于 HTTP 通信协议的串流征求提案，于 2011 年 1 月提出了 MPEG-DASH 的草案，在 2011 年 11 月 MPEG-DASH 正式成为国际标准，在 2012 年 4 月与 2013 年 7 月分别公布了第一和第二版的标准内容[15][16]。

DASH 是基于 3GPP 组织的 HTTP 自适应串流（Adaptive HTTP Streaming，AHS）规范进行制定的。针对媒体列表提出一个基于可扩展标记语言（Extensible Markup Language，XML）格式的媒体呈现方式描述文件（Media Presentation Description，MPD）；媒体片段的切割方式则是采用基于 ISO 基本介质文件格式（Base Media File Format，BMFF）的媒体格式，在切割方式上也额外加入了由 Open IPTV Forum（OIPF）组织提出的基于 MPEG-2 Transport Stream（M2TS）的片段封装格式[17]。MPEG-DASH 只针对上述两项内容进行规范，并不是提出整套系统，也不是一项通信协议，而只将较具争议的两项内容做出定义。这让系统在整体实现上具有很大的弹性，包括不限制影音的编码格式、自适应机制等，从而让更多的厂商与开发者投入到 MPEG-DASH 的研发与实现中。

MPEG-DASH 对 MPD 所制定的格式与规范如图 6-5 所示。在一个媒体表示（Media Presentation）中可以包含多个时间连续但不重叠的区段（Period），每个区段的影音编码形态可以不相同，区段的产生主要是穿插广告或是重制服务器位置，所以一般视频点播（Video on Demand，VoD）的串流都只有一个区段。在区段中可以包含多个适应集合（Adaptation Set），这是用来区分媒体内容的集合，如视频、音频或字幕等。这也意味着 MPEG-DASH 具有将影音分离并进行异地储存的功能。

而适应集合中包含多层的表示（Representation），此标签是针对媒体的内容做出区分与记录的一个层级。举例来说，视频在编码时可以指定分辨率、比特率、编译码器种类等，这层正是记录多媒体相关信息的地方，也就是在自适应串流时当成调整依据的一个层级。

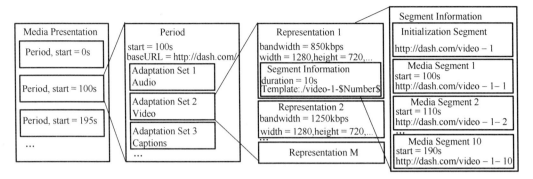

图 6-5　DASH 的阶层数据模型

最后的一个阶层是记录媒体的片段信息（Segment Information），包含片段长度、初始片段、触发时间，以及最重要的片段所在 URL 和文件名等信息。图 6-6 正是一个实际产生 MPEG-DASH 多媒体数据的 MPD 文件，此多媒体来源是将影音结合在一起进行片段切割所产生的 MPD 文件，在表示层（Representation）记录着包含在片段中的声音信息[18]。

```
<?xml version="1.0"?>
<MPD xmlns="urn:mpeg:dash:schema:mpd:2011" minBufferTime="PT1.500000S" type="static"
     mediaPresentationDuration="PT0H3M21.63S" profiles="urn:mpeg:dash:profile:full:2011">
<ProgramInformation moreInformationURL="http://192.168.11.1/test/">
 <Title>test/qq.mpd generated by GPAC</Title>
</ProgramInformation>
<BaseURL>http://192.168.11.1/test/</BaseURL>
<Period id="" duration="PT0H3M21.63S">
 <AdaptationSet segmentAlignment="true" maxWidth="720" maxHeight="480"
                maxFrameRate="29970/1000" par="3:2">
  <ContentComponent id="1" contentType="video" lang="eng"/>
  <ContentComponent id="2" contentType="audio" lang="eng"/>
  <Representation id="1" mimeType="video/mp4" codecs="avc1.42001e,mp4a.40.2"
                  width="720" height="480" frameRate="29970/1000" sar="1:1"
                  audioSamplingRate="48000" startWithSAP="0" bandwidth="1914692">
   <AudioChannelConfiguration schemeIdUri="urn:mpeg:dash:23003:3:audio_channel_configuration:2011"
                              value="2"/>
   <SegmentList timescale="1000" duration="5013">
    <Initialization sourceURL="qq_init.mp4"/>
    <SegmentURL media="qq_1.m4s"/>
    <SegmentURL media="qq_2.m4s"/>
                          .
                          .
                          .
    <SegmentURL media="qq_41.m4s"/>
   </SegmentList>
  </Representation>
 </AdaptationSet>
</Period>
</MPD>
```

图 6-6　MPD 文件内容

▌ 6.3　基于用户体验质量的动态自适应串流机制

大多数自适应串流机制依据带宽的变化挑选最佳或相对应的比特率媒体片段进行串流播放，单独运用此调整机制对使用者的观赏舒适度进行改善并不能获得较好的效果。鉴于此，本节通过研究影响使用者观赏满意度的两项因素，即分辨率因素和量化参数因素，提出一种基于用户体验质量的动态自适应串流机制。目标是针对网络状况做出动态调整，在调整中尽量降低使用者的观赏不适感，既能让用户感受到影片的质量没有过大的变化，又能有效地对带宽做出自适应串流。

根据本节的实验设计与测试结果，发现用户不论在分辨率因素还是量化参数因素上都有一个区间，该区间上这两个因素所得的分数趋于平缓，即在这些分数上用户无法轻易分辨影片的差异性，认为这些编码参数对于影片的质量影响很小。不过，这些参数调整却深深影响着编码后影片的比特率与文件大小，这也关系到串流时所需要的网络带宽。

依据上述原因提出的串流机制是在质量许可下进行媒体片段的预载动作，将对用户而言质量较好的媒体片段下载至本地端做预存，此模式称为缓冲预存模式（Buffering Mode）。而质量好的定义是以趋于平缓的两个分数相加当作门限值，这也意味着在这分数之上的影片质量变化对用户而言不是很剧烈。若网络状况允许，媒体片段质量低于门限值则放弃预存的动作，并根据网络预测的情况，调校并挑选出最适合当时带宽的片段进行实时串流，此模式称为实时串流模式。

此机制的播放流程与状态如图 6-7 所示。在播放器启动后会进行初始化，此阶段将解析 MPD 文档，并将解析所得的分辨率与量化参数的分数值进行比较，找出此播放列表中可进行预载的最低等级的媒体信息，此等级称为基础等级（Basic Level）。在系统实现上将6.5.1 节中所统计出的数据以表格的形式建立数据库，供系统查询分数。随后系统将进入预载阶段，预载基础等级的片段时长为 5 秒，预载的缓冲大小上限是 30 秒的播放时间。所以在初始化阶段系统将决定缓存的大小，大小可由公式（6-1）得到，其中，D_{seg} 指一个媒体片段的播放时间。预载媒体片段结束后进入播放状态，而播放时有两种动态串流的模式即缓冲预存模式与实时串流模式。

$$B_{max} = \frac{30\,s}{D_{seg}} \tag{6-1}$$

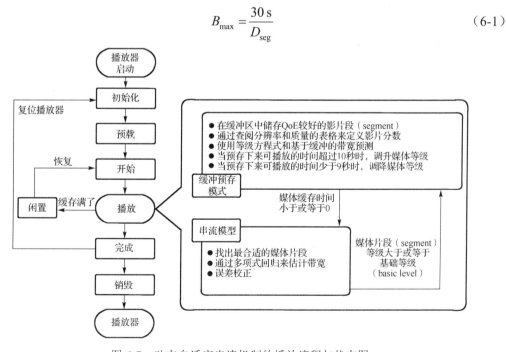

图 6-7 动态自适应串流机制的播放流程与状态图

6.3.1 缓冲预存模式

此模式目的是将质量较好的媒体片段预先下载至本机端的缓冲区中，让使用者能在一段时间内不随网络带宽波动而接收到质量较好的内容。由于系统设计有 5 秒的预载时间，所以在播放器开始播放时进入此模式。在此模式下有两种动态调整策略，一种是在预存影片的播放时间长度大于 10 秒的前提下将质量等级提升的调升策略（Scale Up），另一种是以影片长度小于 9 秒为前提的调降策略（Scale Down）。为了在此模式下有效地评估网络状况并适时地调整预缓存的媒体片段质量，本节提出了基于缓冲的带宽预测与等级方程式搭配使用的方法，从而实现了在缓冲预存下的动态自适应调整策略。以下将详细介绍此模式的设计方式与实现。

● 缓冲带宽预测方法的设计与实现

基于缓冲的带宽预测方法是根据记录存放在缓冲区中的影片播放长度，观察其变化情况而设计的带宽预测方式。值得注意的是，缓冲区中的影片长度只会剧烈增加而不会快速下降。因为缓冲区的消耗取决于播放器播放影片的速度，带宽好时下载速度增加会造成片段的存放快速累积；带宽差时只是没办法将片段下载下来并不影响消耗速度。因此，此方法主要是在检测到网络状况大幅度上升时使用。方法设计与实现是每秒记录一次下载完成的片段个数，以连续 5 组数据乘以片段的播放长度，并通过最小平方法计算得到斜率 m，若斜率大于零表示缓冲区的播放时间有增加的趋势。用最小平方法求斜率的公式（6-2）的推导如图 6-8 所示，x 指第几组资料，$\overline{y}$ 则是该组资料中的片段个数。

$$m = \frac{\overline{xy} + \overline{x} \cdot \overline{y}}{\overline{x^2} + \overline{x}^2} \tag{6-2}$$

为了有效评估增加趋势，本节采样计算连续三次斜率大于零的值，并将其平均，计算出连续 7 组数据的变化趋势并进行带宽预测。由此方法可知，当平均斜率乘上片段时间 0.5 时，即表示累积影片的长度与时间正在呈现正相关增长。当累积缓冲时间成倍增长时即表示下载速度是目前片段所需带宽的两倍，由此预测出带宽的提升幅度。由表 6-3 可知运用此方法可以得到带宽的提升幅度。

$$y = f(x) = mx + b$$

$$E = \sum_{i=1}^{n} [y_i - (mx_i + b)]^2$$

$$\frac{\partial E}{\partial b} = 0 = \sum_{i=1}^{n} [-2y_i + 2b + 2mx_i] - ①$$

$$\frac{\partial E}{\partial m} = 0 = \sum_{i=1}^{n} [-2y_i x_i + 2bx_i + 2mx_i^2] - ②$$

$$① \to b = \frac{\sum_{i=1}^{n} x_i y_i - m\sum_{i=1}^{n} x_i^2}{\sum_{i=1}^{n} x_i} - ③$$

$$\to \sum_{i=1}^{n} y_i = \frac{n\sum_{i=1}^{n} x_i y_i - mn\sum_{i=1}^{n} x_i^2}{\sum_{i=1}^{n} x_i} + m\sum_{i=1}^{n} x_i$$

$$\to m = \frac{n\sum_{i=1}^{n} x_i y_i - \sum_{i=1}^{n} x_i \sum_{i=1}^{n} y_i}{n\sum_{i=1}^{n} x_i^2 - (\sum_{i=1}^{n} x_i)^2}$$

$$m = \frac{\overline{xy} + \overline{x} \cdot \overline{y}}{\overline{x^2} + \overline{x}^2}$$

图 6-8　最小平方法求斜率的推导过程

表 6-3　平均斜率与带宽提升对照表

平 均 斜 率	带宽增加趋势
0.5	2 倍
1.0	4 倍
1.5	6 倍
2.0	8 倍

● 调升策略

调升策略是，当使用缓冲带宽预测方法检测到带宽趋向越来越好时选择下载质量更好的媒体片段。此策略执行的前提是预存下来可播放的时间超过 10 秒，这样的设计是为了防止调升后突然又遇到带宽下降的情况发生，避免调升后立刻遇到将缓存的多媒体片段消耗完毕的情况。而调升的策略如表 6-4 所示，将预测的结果进行相应的等级调升。至于等级的定义，则将在等级方程式中做更详尽的说明。

表 6-4 是在播放后进入缓冲预存的调升策略。为预防在预载阶段下载暴增导致将预载上限挤满的情况发生，在此模式中同时提供了初始化时使用的调升策略，主要是依据第几秒超过 10 秒的播放预存所制定的，对照表如表 6-5 所示。

表 6-4　播放状态调升策略对照表

斜率（m_s）	等 级 调 升
$0.5 \leqslant m_s < 1.0$	1
$1.0 \leqslant m_s < 1.5$	2
$1.5 \leqslant m_s < 2.0$	3
$m_s \geqslant 2.0$	4

表 6-5　初始化阶段调升策略对照表

时　间	等 级 调 升
第 1 秒	4
第 2 秒	3
第 3 秒	2
第 4 秒	1

● 调降策略

调降策略是当带宽不佳且无法达到下载与消耗平衡时所使用的策略。为了持续给使用者提供基础等级以上的观赏质量，将等级向下修正使得缓存的模式持续维持，尽可能不进入实时串流模式。由于缓冲带宽预测方法无法检测到带宽下降的幅度，此策略使用的调降方式与调升时所用的方法不同。该方式将记录下来的 5 组数据乘上媒体播放长度，也就是将缓存的影片播放时间进行平均，当平均的缓冲时间低于门限值时便调降下载的媒体等级，调降方式如表 6-6 所示。当进入状况 2 与状况 3 时，系统将额外记录每秒下载的字节数，为进入实时串流模式做准备，调降的前提是斜率小于零。

表 6-6　调降策略对照表

条　　件	Mean of T_{buf}（T_{avg}）	等 级 调 降
条件 1	$7 < T_{avg} \leqslant 9$	1
条件 2	$3 < T_{avg} \leqslant 7$	2
条件 3	$0 \leqslant T_{avg} \leqslant 3$	使用基础等级

调升或调降策略执行后，5 秒内将进入空闲模式不做任何调整动作。当然，记录的工作是不会停止的，同样以每秒记录一次的频率记录缓存被占用的个数或者下载量。

● 等级方程式

等级方程式的目的是计算 MPD 中记录的其他表示（Representation）与当前串流下载的等级差异。差异性是指比特率的不一样，因为下载时比特率决定下载的速度。在本节中所探讨的影响因素是分辨率与量化参数，根据 6.5.1 节所提到的公式（6-11）和公式（6-12），将两公式结合后可计算出当前比特率的差距（Gap），t 是指欲切换的表示，c 是指当前正在下载串流的表示。

$$G_t = 2^{-\left(\frac{Q_t - Q_c}{6}\right)} \times \frac{W_t}{W_c} \times \frac{H_t}{H_c}, \quad t:\text{Target}, \quad c:\text{Current} \qquad (6\text{-}3)$$

G_t 指两个表示的比特率差距的倍数，根据调升及调降策略中的等级差异与缓冲带宽预测所推算出的带宽提升趋势，本节定义公式（6-4）为等级方程，将 G_t 带入此由单位阶跃函数所构成的方程式中求出两个表示之间的等级差距，并提供给调升或调降策略使用。

$$\text{Level} = u(G_t - 8) + u(G_t - 6) + u(G_t - 4) +$$
$$u(G_t - 2) + u\left(G_t - \frac{1}{2}\right) + u\left(G_t - \frac{1}{4}\right) - 2 \qquad (6\text{-}4)$$

由等级方程式所计算出的值是介于 -2 到 4 之间的整数，由上述公式（6-3）和公式（6-4）所算出的等级差异有可能相等，意思是有可能存在与当前正在串流下载的媒体片段等级差异同等的多个表示。若由调升或调降机制决定采用何种等级后将额外计算出最符合经济效益的选择，即在第三节所建立的分数表中将该表示所得的分数累加再比上 G_t，比值较高是指使用较低带宽可获得更好的质量。在公式（6-5）中，S_q 是该表示的量化参数所得的分数，S_r 则是由分辨率所得的分数，C/P 表示最符合经济效益的选择值。

$$C/P = \frac{S_q + S_r}{G_t} \qquad (6\text{-}5)$$

上述四个部分——缓冲带宽预测方法、调升策略、调降策略、等级方程式——组成了缓冲预存模式的动态串流机制，系统的缓冲预存模式串流机制的流程图如图 6-9 所示。

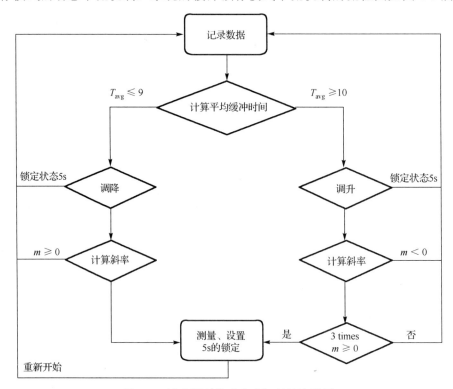

图 6-9　缓冲预存模式串流机制的流程图

6.3.2 实时串流模式

此模式是针对网络状况极糟时所设计的串流模式。由于系统默认预载 5 秒的媒体片段后便会进入缓冲预存模式,当预存模式下播放器将暂存于本地端的媒体片段消耗殆尽后,即缓存中没有任何片段时,系统将切换串流模式进入实时串流模式而放弃预存,因为此时的带宽已负荷不了继续下载好质量的影片给使用者观看。

当从缓冲预存模式进入实时串流模式时会立即中断正在下载的工作,进入前一节所提到的调降状态,记录每秒下载量并进行多项式回归,此处将 5 组历史信息进行二维多项式回归,计算出下一秒的预测带宽。而此模式将根据计算出的带宽配合公式(6-6)至公式(6-9)找出最合适的媒体片段进行下载。多项式回归的定义如下,其中 ε 为误差常数。

$$y = a_0 + a_1 x + a_2 x^2 + a_3 x^3 + \cdots + a_m x^m + \varepsilon \tag{6-6}$$

$$y_i = a_0 + a_1 x_i + a_2 x_i^2 + a_3 x_i^3 + \cdots + a_m x_i^m + \varepsilon_i \tag{6-7}$$

$$\begin{bmatrix} y_1 \\ \vdots \\ y_n \end{bmatrix} = \begin{bmatrix} 1 & \cdots & x_1^m \\ \vdots & \ddots & \vdots \\ 1 & \cdots & x_n^m \end{bmatrix} \begin{bmatrix} a_0 \\ \vdots \\ a_m \end{bmatrix} + \begin{bmatrix} \varepsilon_1 \\ \vdots \\ \varepsilon_n \end{bmatrix} \tag{6-8}$$

$$\vec{a} = (X^{\mathrm{T}} X)^{-1} X^{\mathrm{T}} \vec{y} \tag{6-9}$$

根据上述公式所推导出的多项式回归曲线,可以进一步将数据推广到多维的分布。因此可以使用矩阵的形式来表示多维度的多项式曲线分布,最后以向量形式简化此结果得到公式(6-9)。从收集而来的数据推得一条二维多项式的回归曲线,运用此回归曲线进行下一时间点的预测,如图 6-10 所示。为求出 B_n 的值,利用前五组数据 $B_{n-5} \sim B_{n-1}$ 求出回归曲线,将 B_n 的 x 坐标(时间)代入即可得预测的 B_n 值。图中圆滑曲线是由搜集所得的数据计算出的最佳二维多项式回归曲线,折线为真实测得的带宽所连结而成的折线图,B_n 的值是将 x 用 6 代入所得的值。

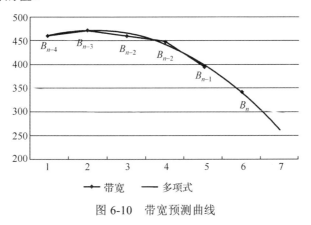

图 6-10 带宽预测曲线

由上述方法所求出的 B_n 是由数学模型计算所得的值,并非实际情况,因此在模型使用上将进行第二次的误差校正。根据回归式所推算出的 B_n 与实际下一秒所测得的真实带宽 R,将两者代入公式(6-10),得到修正过后的新值 B_{nc}。最后将 B_{nc} 带入下一轮的回归式计算中,由此能对回归预测曲线进行误差修正,做到更准确的预测。此外,由回归式推得的数值有可能是负值，不过真实网络情况并不会出现负的带宽，此时把前 5 组数据与预测出的结果进行平均，将该平均值当成最后预测的数值。

$$B_{nc} = \frac{B_n + R}{2} \tag{6-10}$$

6.3.3　动态自适应串流决策

本节提出的基于用户体验质量的动态自适应串流机制是运用 6.3.1 节和 6.3.2 节的两种模式搭配进行的。系统初始化后默认进入缓冲预存模式，当预存媒体片段的个数归零的瞬间，系统随即跳转进入实时串流模式。而在缓冲预存模式中的状况二与状况三开始记录每秒钟的下载字节数，为进入实时串流模式时进行多项式回归的计算提供数据。

由缓冲预存模式进入串流模式时，原先正在下载的任务会被直接舍弃，取而代之的是下载最接近由多项式回归所计算出带宽的多媒体片段。直至连续下载基础等级媒体片段的总播放时间与下载时间的比例大于 1，也就是有余力进行缓存时，本系统的决策机制将转换模式至缓冲预存模式。如果回归缓冲预存模式，那么将如同系统初始化阶段那样进行决策调整，也就是使用调升决策中的初始化阶段策略。本节所提出的动态自适应串流的决策切换机制如图 6-11 所示。

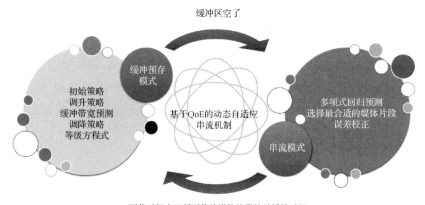

图 6-11　动态自适应串流模式的决策切换图

6.4　系统设计与实现

6.4.1　软硬件平台介绍

6.4.1.1　TI PandaBoard ES 硬件平台

PandaBoard ES 是德州仪器（Texas Instruments，TI）以 OMAP4460 处理器为基础所开发的一款高性能、低成本开发板[20]。针对目前市面上的智能手机和移动设备，此开发板让开发人员能够做各种层面的仿真和优化，并支持大量的接口设备和接口，如蓝牙模块、Wi-Fi模块、SD Card、USB OTG 接口、RS-232 传输接口和 HDMI 高分辨率画面传输接口等。其硬件架构组成包含两颗 ARM Cortex-A9 核心、2D/3D SGX540 图形加速器和两颗 Cortex-M3微处理器，并搭配 1GB DDR2 RAM 等，如图 6-12 所示。这是一个整合性极佳的开发板，也因此吸引了诸多开放原始代码的开发人员，他们纷纷在开发板上做各种移植和应用，目前已知可以运行的操作系统有安卓、Ubuntu、MeeGo 和 Angstrom 等。

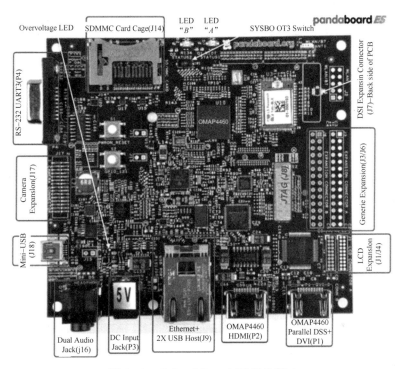

图 6-12　TI PandaBoard ES 开发版

Google 开发的安卓原始代码已包含对 PandaBoard 硬件平台的支持，并将编译、移植和运行等技术都纳入其中，开发者可在原始代码目录下的 hardware 文件夹中找到相关信息。此外 TI 在 PandaBoard 平台中也设计了一套多媒体处理架构，称为 Ducati 子系统。该子系统通过两颗 Cortex-M3 来辅助主要核心处理各种多媒体数据的编译码的高阶操作系统（High-Level Operating System，HLOS），能有效地提高处理性能和速度，Ducati 的架构如图 6-13 所示。

由图 6-12 可知，在 Ducati 子系统中主要以两个 ARM Cortex-M3 来控制 IVA-HD 子系统和 ISS 子系统，而处理器所扮演的角色又分为 Sys M3 和 App M3。Sys M3 用来将由 HLOS所下达的指令有效地分配给 App M3 进行处理，而在 App M3 上则运行多媒体的编码或译码程序，并在需要时调用 IVA-HD 子系统和 ISS 子系统来协助处理。在完成应用程序后，App M3 可直接向 HLOS 报告，不必再通过 Sys M3 进行传递。

为有效地简化多媒体数据处理的复杂度，TI 将 OpenMAX 开放式多媒体标准[21]整合进Ducati 子系统，让所有多媒体处理程序能按照统一的接口进行处理。和以往在高阶操作系统中实现 OpenMAX 框架不同的是，Ducati 子系统的 OpenMAX 框架是运行在高阶操作系统外的子系统。也就是说，PandaBoard 上的 OpenMAX 框架是一个独立的子系统，这种设计专门用来处理多媒体数据，因此又称为分布式 OpenMAXTM 集成层框架（Distributed OpenMAXTM Integration Layer framework，DOMX），其运行的机制如图 6-14 所示。

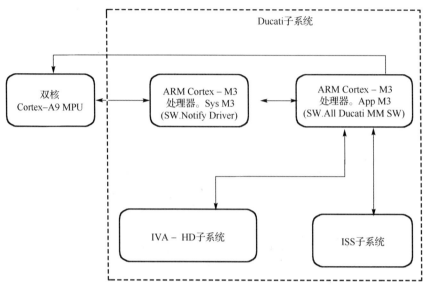

图 6-13　Ducati 子系统

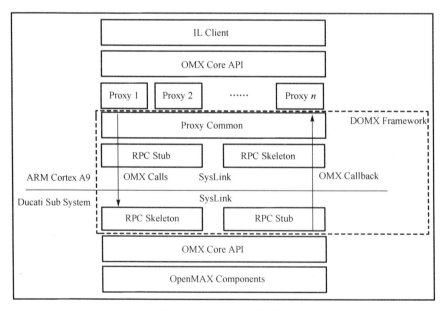

图 6-14　DOMX 运行机制

　　图 6-14 说明了 DOMX 框架在 HLOS 与 Ducati 子系统之间的沟通机制。在 HLOS 端可凭借实现 OpenMAX Proxy 作为调用 OpenMAX 组件的代理，当应用程序需要用到 Ducati 子系统时，会由图中的 IL Client 这个统一接口使用 DOMX 框架，进行多媒体编译码的程

序。OpenMAX Proxy 此时使用 Stub-Skeleton 的程序间沟通机制与远程的 Ducati 子系统进行信息交换，Ducati 子系统将收到的信息解析后，建立对应的 OpenMAX 组件开始处理需求，并同样使用 Stub-Skeleton 机制报告结果给 OpenMAX Proxy。这样设计的好处是除了可以充分运用 PandaBoard 上的硬件资源外，在程序开发上也能有统一的接口和标准，从而大幅减少处理多媒体数据所耗费的资源。

6.4.1.2　安卓系统介绍

安卓最早在 2003 年由 Andy Rubin 所创立的公司（安卓公司）进行研究开发，Google 公司在 2005 年收购了该公司以及安卓操作系统，并在 2007 年正式推出此智能手持设备的系统平台。由于其有 Apache 免费开源许可证，获得了世界上许多软硬件厂商的青睐，并纷纷投入到安卓开发及整合的行列中。随后，Google 公司与其他合作厂商所组成的开放手持设备联盟（Open Handset Alliance）不断地改良安卓系统，将其推广到平板电脑和其他嵌入式领域中。截至 2014 年 5 月[22]，使用安卓操作系统的设备已达到 10 亿台之多，是目前世界上最畅销的智能手持设备操作系统，其中安卓各版本信息见表 6-7。

表 6-7　安卓版本信息表

安卓版本	发布日期	API 等级	分布
1.5 Cupcake	2009 年 4 月	3	0.0%
1.6 Donut	2009 年 9 月	4	0.0%
2.0/2.1 Éclair	2009 年 10 月	7	0.0%
2.2 Froyo	2010 年 5 月	8	1.0%
2.3 Gingerbread	2010 年 12 月	9～10	16.2%
3.x Honeycomb	2011 年 2 月	11～13	0.1%
4.0 Ice Cream Sandwich	2011 年 10 月	14～15	13.4%
4.1/4.2/4.3 Jelly Bean	2012 年 7 月	16～18	60.8%
4.4 KitKat	2012 年 9 月	19	8.5%

随着安卓版本不断演进，功能也愈加丰富，从单纯的手机功能不断地向各领域延伸，如社交网络、多媒体串流、家电通信、3D 绘图等，使得安卓系统逐渐伸入到生活中的每个角落，Google 甚至在 2011 年的 Google I/O 大会上提出了安卓 @ Home 的概念[23]。其中最具讨论性的非安卓 TV 莫属，当然各式各样的安卓设备陆续被开发出来，Google 也希望能借着安卓的多样性来增加更多的生活应用，甚至取代家庭中的各种电器，让生活周围充满着安卓。综观安卓，其主要特色如下：

- 使用 Dalvik Virtual Machine 对上层的应用程序做优化编译。
- 基于 OpenGL ES 2.0 实现 2D/3D 的绘图能力。
- 使用轻量化的 SQLite 作为数据库的管理框架。
- 基于 Webkit 引擎的网页浏览器与组件，并整合 Chrome's V8 JavaScript 引擎。
- 支持各种常见的多媒体格式（如 MPEG4、H.264、VP8、MP3、AAC、AMR、JPG 和 PNG 等）。
- 支援 Adobe Flash Player。

- 除了 GSM 通话模块外，也支持 3G、LTE、WiFi、NFC 和蓝牙等通信模块。
- 支持多任务（Multitasking）。
- 相机、GPS、电子罗盘、三轴加速器和地磁计等常见的传感器硬件支持。
- 含仿真器、除错工具、性能测试及多元的 IDE 开发环境。

而安卓 4.4（KitKat）版本的操作系统和以往版本的不同主要体现在：

- 增强 25%的语音识别能力，并强化语音助理与搜索的能力。
- 新增蓝牙 MAP，使安卓设备能与具有蓝牙传输协议的车辆交换信息。
- 支持 AirPrint 无线打印技术。
- 搭载新一代安卓虚拟机（Virtual Machine），提升应用程序的执行效率。
- NFC 支付架构的导入并整合 Google Wallet。
- 支持 Chromecast，可将 Netflix、YouTube、Hulu Plus 和 Google Play 的内容投射到电视屏幕上播放。
- Screen Recording Utility 的加入支持屏幕录像。

6.4.1.3 安卓系统架构

系统的软件堆栈架构如图 6-15 所示，其底层由 Linux Kernel 建构而成，对下负责和各种硬件设备沟通并掌管系统资源管理，对上则提供硬件控制接口。此外还包括硬件抽象层、函数库、Dalvik Virtual Machine、应用程序及其框架。

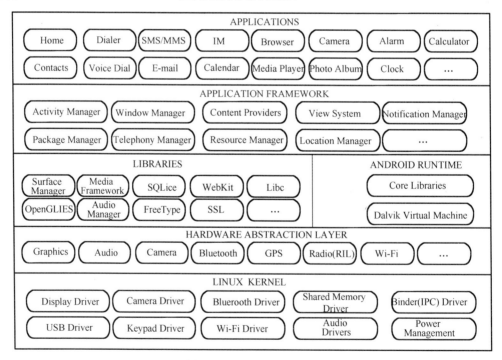

图 6-15　安卓系统架构图

- 应用程序及其框架

这两层包含了安卓提供的各种与用户互动的功能，一般是用户直接操作到的部分。例如，浏览器、拨打电话、拍照录像、游戏和安卓 PlayStore 等应用程序。这些应用程序存在于安卓系统软件堆栈的最上层，主要是通过应用程序框架及函数库与底层的 Linux Kernel 沟通实现。安卓应用程序主要由 Java 编写而成，和以往 Java 程序不同的是，Google 在安卓系统中采用了自己开发的 Dalvik 虚拟机（Virtual Machine）以解读上层应用程序的行为并存取对应的硬件资源。此外，Google 也架设了安卓 Developer 网站，让安卓应用程序的开发人员可以方便地在网站上查询各类 API 及其使用方法等信息。

● 函数库

安卓的函数库是由 C/C++所组成，负责提供各种不同功能的程序函数库，包含基本的嵌入式系统 I/O 存取接口、多媒体框架、网页存取系统和数据库等。此外，函数库还提供 OpenGL、Open ES、WebKit，以及屏幕渲染等常见的函数库，甚至有第三方团体也整合了 ffmpeg 影音编解码函数库和 tcpdump 网络带宽侦测函数库等。这些额外的函数库让安卓有能力深入到各种领域的嵌入式系统中，提供更为多元的服务。

● 安卓 Runtime

安卓应用程序使用 Java 语言进行开发，为此安卓也开发了 Dalvik 虚拟机用以执行应用程序。与 JVM 不同的是，每个应用程序拥有独自的虚拟机进行单独作业，并且分配适当的资源给各应用程序。其流程为：应用程序以 dex 文件的方式进入 Dalvik 虚拟机，经过解读后再呼叫对应的函数库以执行所需的功能。Dalvik 虚拟机与传统执行 Java 应用程序的 JVM 另一项不同之处在于，JVM 使用的是堆叠式（Stack-based）程序译码方式，而 Dalvik 虚拟机则是采用注册式（Registered-based）模式[24]，而其最大的好处是系统能将指令相关的变量存放在缓存器中，以提升存取的速度。

● 硬件抽象层

硬件抽象层（Hardware Abstraction Layer，HAL），将安卓分为用户空间（User Space）及内核空间（Kernel Space）两层。HAL 为一抽象的概念，应用程序可以无须知道硬件的运行行为，单纯凭借函数库提供的函数接口来控制硬件。这样设计的好处是，开发者可以在此层设计和底层 Linux 内核的沟通方式或硬件的操作方式，同时也能够有效地保护硬设备厂商自行开发的函数库不被随意公开。硬件抽象层增加了安卓的可移植性，也使应用程序开发商不需要去关注各设备的硬件规格甚至是修改程序代码，平台商也只需要将自己的硬件设备接好即可。

在不常见的硬件设备支持上安卓也提供给开发者使用 Java 本地接口（Java Native Interface，JNI）进行开发，使得对于安卓的使用更加全面且不局限于原生系统的操作。

● Linux 内核（Linux Kernel）

安卓系统核心为 Linux 内核，并采用开放原始代码策略提供给各家厂商做修改。与 iPhone 的 iOS、Windows Mobile 的 Windows 系统相比，安卓的优势在于以往的嵌入式 Linux 系统的功能可以轻易地整合至安卓系统中，这是安卓系统之所以不断延伸至机顶盒、网络电视及影音播放器等家庭数字产品的原因。多元且广泛地触及大部分的嵌入式产品，不但能提供影像整合、音乐、网络、数字内容等服务，还能进一步成为未来数字家庭嵌入式平台的开发新标准。

● 安卓应用程序生命周期

用户使用智能手机，往往不只执行单一的应用程序，而是多个应用程序并行运行，从而增进使用者的便利性。但是这种机制却有个重大缺陷，即每多执行一个应用程序，就会多消耗系统内存。而手机里的内存是相当有限的，当同时执行的程序过多，或是关闭的程序没有正确释放掉内存，系统执行速度将会越来越慢，容易导致"死机"。安卓针对应用程序引入了一个新的机制，即生命周期（Life Cycle），应用程序（Activity）的执行状态会因为用户的操作或系统的资源变化而有所不同，安卓操作系统中的每个应用程序都是一个进程。而安卓系统中的 Dalvik 虚拟机会维护每一个应用程序的历史堆栈记录，并按照系统的内存状况与应用程序的使用状态来管理系统资源的使用。相应地，也导入垃圾回收机制，当内存不足以支撑整体系统运行时，会将处于终止状态或停止过久的应用程序强制终结，借此释放内存维持系统正常运行。

应用程序除负责运行程序流程和操作接口组件之外，也提供给开发者控制程序生命周期的触发函数，方便开发者在每一阶段做相应的资源存取或释放。如图 6-16 所示，有 onCreate()、onStart()、onResume()、onPause()、onStop()、onRestart()和 onDestroy()等函数。安卓对应用程序使用堆栈式管理，主要有四种状态：活动中、暂停、停止与终结。

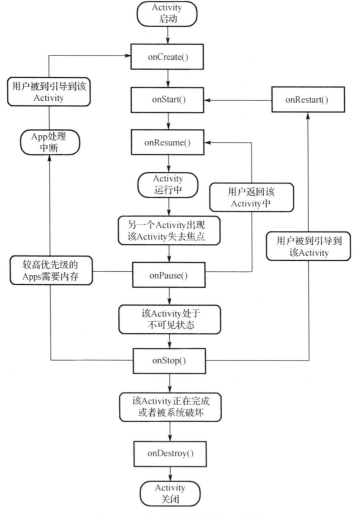

图 6-16　安卓应用程序生命周期

- Active（活动中）

当应用程序一被启动或因为某种事件让应用程序在前台运行，此时的状态即为活动，而其他的应用程序则处在暂停、停止或终结状态。

- Paused（暂停）

当应用程序因为使用者操作而失去了主要焦点时，如被缩小或移动等，此应用程序就会进入暂停状态，但此时应用程序仍然保有其类别的成员变量和内存资源，除非系统内存严重不足，否则应用程序所持有的资源不会被释放。

- Stopped（停止）

当应用程序完全被其他应用程序所覆盖时，也就是使用者无法和此应用程序互动，则会进入停止状态，此时应用程序仍然保有其类别的成员变量和内存资源，不过此状态被系统回收资源的优先权比暂停状态要高。

- Dead（终结）

当应用程序因为系统内存不足被释放资源，或因为程序呼叫 finish()时，就会进入终结状态，若还有对此应用程序互动的需求，则必须重新要求配置内存空间和其他所需资源。

6.4.1.4 安卓多媒体框架

根据安卓官方网站所述，目前安卓 4.4 多媒体框架所支持的影音串流协议有 RTSP（RTP、SDP）、HTTP/HTTPS Progressive Streaming、HTTP/HTTPS Live Streaming 等[25]，其中 HTTP Live Streaming 串流协议是在安卓 3.0 之后才获得支持，并采用第三版草案作为实现的依据。目前安卓操作系统各种格式编码和译码能力如表 6-8 所示。

表 6-8 安卓多媒体格式支持表

类 型	格式/编译码器	编码器	解码器	格 式
音频	AAC LC/LTP	√	√	3GPP、MPEG-4、ADTS、MPEG-TS
	HE-AACv1(AAC+)	√	√	
	HE-AACv2 (enhanced AAC+)		√	
	AAC ELD (enhanced low delay AAC)	√	√	
	AMR-NB	√	√	3GPP
	AMR-WB	√	√	3GPP
	FLAC		√	FLAC
	MP3		√	MP3
	MIDI		√	Type0、Type1、RTTTL/RTX、OTA、iMelody
	Vorbis		√	Ogg、Matroska
	PCM/WAVE	√	√	WAVE
图像	JPEG	√	√	JPEG
	GIF		√	GIF
	PNG	√	√	PNG
	BMP		√	BMP
	WEBP	√	√	WebP
视频	H.263	√	√	3GPP、MPEG-4
	H.264/AVC	√	√	3GPP、MPEG-4、MPEG-TS
	MPEG-4 SP		√	3GPP
	VP8	√	√	WebM、Matroska

其中，WebP 和 WebM 格式是到了安卓 4.0 才有正式的支持，这两种格式都是为了未来 HTML5 的发展所使用的网络图片和网络影片格式，由 Google 公司、Opera、Mozilla 等 40 多家厂商开发而成。而 WebM 所使用的影像编码格式 VP8 与以往的 H.264 编码格式相比，具有不需支付授权费的优点，然而在编码质量上，VP8 在数年前需要以约 2 倍的数据量才能达到和原先 H.264 相同的质量[26]，因此这项编码技术仍然在不断的改进之中。时至今日，VP8 的质量在相同条件下并不输 H.264 甚至略胜一筹。此外，VP8 在编码效率上优于 H.264 许多，从而让它在今日这个串流遍布的时代里占有一席之地。因此安卓在 4.3 版本过后加入了对 VP8 的编码支持，使手持式设备在录像时具有更多的编码选择性。

安卓系统在刚推出时，采用 PacketVideo Corporation 公司所开发的 OpenCORE 作为其多媒体框架[27]。OpenCORE 在处理多媒体的编译码方面已有多年经验，主要提供嵌入式设备影音处理的相关函数库，包含网络串流、操作系统抽象层、各种常见的多媒体封装格式解析，以及影音渲染等，是一个具有完整架构并具备模块化特性的多媒体框架。在早期的安卓操作系统中，考虑到让开发者能够将自带的编译码器嵌入到 OpenCORE 框架中，OpenCORE 也一并实现了 OpenMAX 多媒体接口标准，其架构如图 6-17 所示。

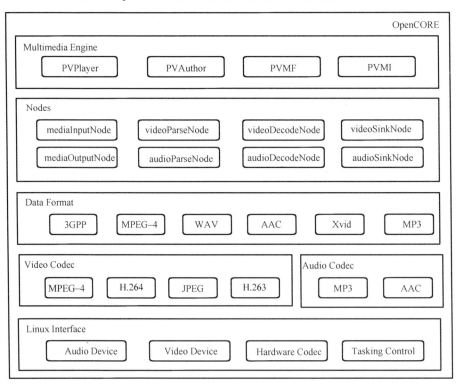

图 6-17　OpenCORE 多媒体框架

然而，即便 OpenCORE 具备多媒体格式的可扩充性，但在实现上也因为其框架运行方式复杂导致此特性不易展现出来，其处理多媒体文件的过程示意图如图 6-18 所示[28]。

因为 OpenCORE 的运行流程较复杂，于是 Google 公司在安卓 2.2 （Froyo）版本中，加入了全新的 Stagefright 多媒体框架，让开发者可以自由选择是使用 OpenCORE 或 Stagefright 作为安卓默认的多媒体框架，在安卓 2.3 中则正式取代 OpenCORE 而延用至今。

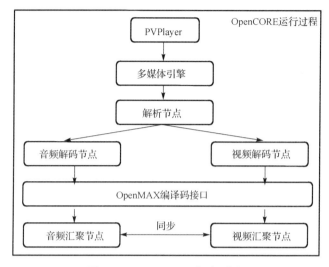

图 6-18　OpenCORE 运行过程

Stagefright 是在吸收了许多开发者意见后所诞生的多媒体框架，因此在此框架中处处可发现其轻量化却不失扩充性的特性，并保留了原先 OpenCORE 中的各种功能，如网络串流、多媒体格式编译码、影音渲染等，其在安卓 2.3 中的架构如图 6-19 所示[29]。

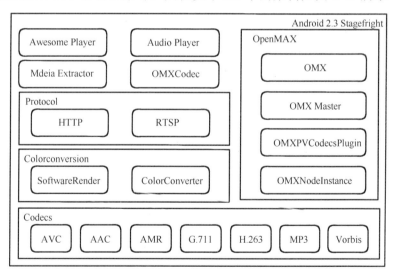

图 6-19　安卓 2.3 Stagefright 多媒体框架

Stagefright 多媒体框架主要运行模块有 Awesome Player、Media Extractor、Audio Player、OMXCodec。Awesome Player 统管了整个框架的运行流程，包含处理和转换上层所提供的媒体播放器（Media Player）接口、决定影像的编译码时机、协调影音同步播放和原始数据（Raw Data）格式转换等。在实现上，Awesome Player 以时间事件队列（Timed Event Queue）作为事件触发的依据，通过此设计来决定执行的时间与事件；Audio Player 专门负责处理音频的编译码和控制音频播放，当然在输出进行影音同步时仍受 Awesome Player 调控；Media Extractor 用来解析多媒体封装格式，将视频和音频分离，并把解析的压缩格式作为后续配置编译码器的依据；OMXCodec 负责替输入的多媒体文件寻找合适的编译码器。除此之外，为了让 Stagefright 多媒体框架能够兼容过去 OpenCORE 时期各家厂商所开发的 OpenMAX 编译码器，在实现上 Stagefright 使用了 OMXPVCodecsPlugin 类别作为统一的加载接口，不过却也因为这项功能模块导致了 Stagefright 原生的编译码器和 OpenMAX 组件接口不一致的情况。因此在安卓 4.0 操作系统中，为了使开发者容易实现和理解如何将一编译码器嵌入到多媒体框架中，Stagefright 将原先的编译码器重新统一以 OpenMAX 组件加以封装，并以动态加载 OpenMAX 组件函数库的方式实现，由编译码器的名称来决定是否加载第三方的 OpenMAX 组件，其框架在安卓 4.0 的示意图如图 6-20 所示。

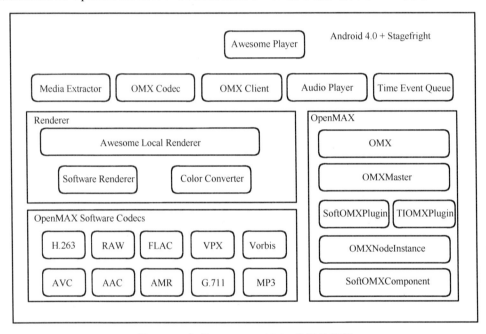

图 6-20　安卓 4.0+ Stagefright 多媒体框架

由图 6-20 可知，开发者只需提供以 OpenMAX 组件封装过后的编译码器所产生的函数库便可轻易地把 Stagefright 中的 OpenMAX 组件替换成自有的组件。而安卓 4.0 的 Stagefright 将原先 RTSP 和 HTTP 实时串流协议分离出来，交由 NuPlayer 框架处理，而 HTTP 渐进式串流仍由 Stagefright 接管处理。

NuPlayer 多媒体框架在安卓 3.1 版本时从 Stagefright 框架中独立出来，专门负责网络多媒体串流的播放，包含了 RTSP 通信协议及 HTTP Live Streaming 串流协议。由于安卓 3.x 的版本并没有开放给开发者，直到安卓 4.0 版本推出后，开发者们才得以窥探 NuPlayer 的整体架构与运行流程，至今安卓 4.4.x 版本依旧仅支持上述两种网络串流协议。值得一提的是，HTTP 渐进式串流并未被放入 NuPlayer 的多媒体框架中，仍由 Stagefright 负责串流与播放。NuPlayer 的架构如图 6-21 所示。

NuPlayer 继承了 Stagefright 轻量化的设计理念，在实现和维护上都有很大的弹性，因

此许多 Stagefright 中的类模块都被 NuPlayer 重复使用。例如，用来寻找 OpenMAX 译码器
（Codec）的 OMXCodec、用来解析 TS 封装格式的 ATSParser，以及各种多媒体格式的译码
器等，所以安卓只将 NuPlayer 主程序的程序代码独立出来与 Stagefright 做区分。在安卓 4.1
版本之后，可在 frameworks/av/media/libmediaplayerservice/nuplayer 文件夹中找到 NuPlayer
的实现内容，其余相关的程序代码可在 frameworks/av/media/libstagefright 文件夹中获得。为
了整合与 HTTP 实时串流架构非常相似的 MPEG-DASH，本节撰写了一个安卓多媒体播放器
的范例程序来追踪 HTTP 实时串流的运行流程。多媒体播放器的范例程序如图 6-22 所示。

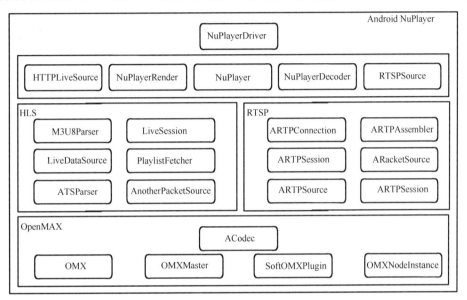

图 6-21　安卓 NuPlayer 多媒体框架

```
MediaPlayer mediaPlayer = new MediaPlayer();
mediaPlayer.setDataSource(http://192.168.11.233/test.m3u8");
mediaPlayer.prepareAsync();
```

图 6-22　安卓多媒体播放器的范例程序

通过上述程序代码所建立的媒体播放器（Media Player）对象，应用程序开发者可对多
媒体进行开始、暂停、快进、倒退、停止和结束等各种播放操作，并通知下层多媒体框架进
行各类事件的发生。在 setDataSource 被呼叫的同时，多媒体框架也会分析所传入的文件来
源。以一份服务器端的 M3U8 播放列表为例，在 Media Player Factory 类别中会侦测到文件
URL 以 http 或以 https 开头，并包含 m3u8 字符串结尾，此时便宣告使用 NuPlayer 进行串流
播放，随后新建 NuPlayerDriver 作为 Media Player 和 NuPlayer 框架的接口，如图 6-23 所示。

决定由 NuPlayer 来处理多媒体后，NuPlayer 将上层媒体播放器（Media Player）传下
来的 M3U8 URL 交给 HTTP 实时源（HTTP Live Source），以便之后和服务器进行联机。随
着上层 MediaPlayer.start()函数被调用，NuPlayer 用 Message/Handler 机制将 kWhatStart 信
息发送出去，借此通知 HTTP 实时源（HTTP Live Source）开始进行联机，并实体化 NuPlayer
渲染器（Renderer）来将之后译码的内容渲染到屏幕上，如图 6-24 所示。

```
class NuPlayerFactory : public MediaPlayerFactory::IFactory {
public:
    virtual float scoreFactory(const sp<IMediaPlayer>& client,
                               const char* url,
                               float curScore) {
        static const float kOurScore = 0.8;
        if (kOurScore <= curScore)
            return 0.0;
        if (!strncasecmp("http://", url, 7)
                || !strncasecmp("https://", url, 8)) {
            size_t len = strlen(url);
            if (len >= 5 && !strcasecmp(".m3u8", &url[len - 5])) {
                return kOurScore;
            }
            if (strstr(url,"m3u8")) {
                return kOurScore;
            }
        }

        if (!strncasecmp("rtsp://", url, 7)) {
            return kOurScore;
        }
        return 0.0;
    }
    virtual float scoreFactory(const sp<IMediaPlayer>& client,
                               const sp<IStreamSource> &source,
                               float curScore) {
        return 1.0;
    }
    virtual sp<MediaPlayerBase> createPlayer() {
        return new NuPlayerDriver;
    }
};
```

图 6-23   创立 NuPlayer 的程序

```
case kWhatStart:
{
        ALOGV("kWhatStart");
        mSource->start();
        mRenderer = new Renderer(
            mAudioSink,
            new AMessage(kWhatRendererNotify, id()));
        looper()->registerHandler(mRenderer);
        postScanSources();
        break;
}
```

图 6-24   NuPlayer 启动 HLS 的程序

在 HTTPLiveSource::start() 函数中，会建立和服务器的联机，将播放列表下载至本地端，并分析播放列表中的内容，记录目前提供哪些影片比特率，其中分析的内容包含各种标签和媒体片段 URL 等信息。分析完之后通过 postMonitorQueue() 函数开始下载第一个媒体片段，准备下载媒体片段之前会先进入 onDownloadNext() 函数。若播放列表提供了多种影片比特率，此函数会先评估先前下载播放列表所花费的时间，并计算出目前与服务器联机的可用带宽，再根据计算出来的带宽数值筛选播放列表中不大于此带宽的影片比特率，下载适合的播放列表。接着便根据目前已下载的媒体片段，下载下一个媒体片段，等到下载完毕时呼叫 postMonitorQueue()函数紧接着下一个媒体片段的下载。

另一方面，NuPlayer 会每秒查看是否已有媒体片段下载至本地端等待译码，若本地端已存在正在等待被译码的媒体片段，则 NuPlayer 实体化 ACodec，并分析此媒体片段的内容，如图 6-25 所示。

```
void NuPlayer::Decoder::configure(const sp<AMessage> &format) {
    CHECK(mCodec == NULL);
    sp<AMessage> notifyMsg =
        new AMessage(kWhatCodecNotify, id());
    mCodec = new ACodec;
    mCodec->setNotificationMessage(notifyMsg);
    mCodec->initiateSetup(format);
}
```

图 6-25　NuPlayer 实体化 ACodec 的程序

ACodec 被实体化后，便开始作为编译码器的代理人，它是 OpenMAX 与上层框架的沟通桥梁，并接手编译码器各种状态的处理和管理。ACodec 首先会通过 OMXCodec 类别寻找适合的译码器，并且配置对应的 OMX 组件。在通知 OMX 组件进入空闲（Idle）状态进行初始化后，ACodec 自己则进入 LoadedToIdleState 状态等候 OMX 组件初始化完成，并开始配置 OMX 组件输入（Input）和输出（Output）接口所需缓存（Buffer）的数量和大小。直到 OMX 组件回传了已进入空闲（Idle）状态的信息，ACodec 才通知 OMX 组件进入执行（Executing）状态，而自己本身则进入 IdleToExecutingState 状态等候 OMX 组件设置完毕，如图 6-26 与图 6-27 所示。

```
bool ACodec::LoadedToIdleState::onOMXEvent(OMX_EVENTTYPE event,
        OMX_U32 data1, OMX_U32 data2) {
    switch (event) {
        case OMX_EventCmdComplete:
        {
            CHECK_EQ(data1, (OMX_U32)OMX_CommandStateSet);
            CHECK_EQ(data2, (OMX_U32)OMX_StateIdle);
            CHECK_EQ(mCodec->mOMX->sendCommand(
                    mCodec->mNode, OMX_CommandStateSet, OMX_StateExecuting),
                        (status_t)OK);
            mCodec->changeState(mCodec->mIdleToExecutingState);
            return true;
        }
    }
}
```

图 6-26　OMX 组件回传状态转移的信息

一旦 OMX 组件进入到执行（Executing）状态后，ACodec 就会跟着进入 mExecutingState。此时 ACodec 将 FILL_THIS_BUFFER 事件发布，由 NuPlayer Decoder 接收到事件后，把先

前已滤掉 MPEG2-TS 标头的 H.264 Buffer 内存位置放入此信息中作为回复。ACodec 接收
到回复后会触发 onInputBufferFilled 函数，通过此函数通知 OMX 组件进行译码动作。另一
方面，当 OMX 组件收到即将被译码的缓存时会再以 EMPTY_BUFFER_DONE 信息通知
CodecObserver。CodecObserver 接收到 OMX 组件回传的信息后，再将信息转交给 ACodec
让其继续提取下一个 H.264 Buffer 给 OMX 组件。而当 OMX 组件译码完毕时，也会以
FILL_BUFFER_DONE 信息通知 CodecObserver，再由 NuPlayer 渲染器（Renderer）进行
时间同步，并将译码后的缓存渲染至屏幕上，如图 6-28 所示。

```
bool ACodec::IdleToExecutingState::onOMXEvent(
    OMX_EVENTTYPE event, OMX_U32 data1, OMX_U32 data2) {
  switch (event) {
  case OMX_EventCmdComplete: {
    CHECK_EQ(data1, (OMX_U32)OMX_CommandStateSet);
    CHECK_EQ(data2, (OMX_U32)OMX_StateExecuting);
    mCodec->changeState(mCodec->mExecutingState);
    return true;
  }}}
```

图 6-27　ACodec 进入 mExecutingState

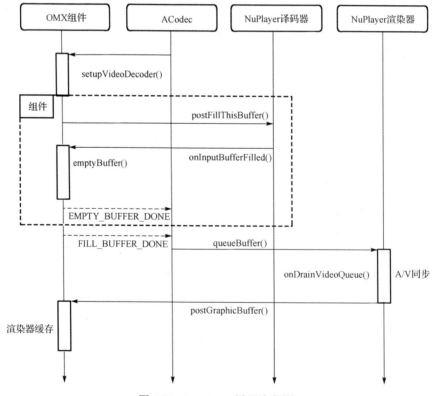

图 6-28　NuPlayer 译码流程图

MPEG-DASH 的标准规范只对服务的提供端进行定义，即对串流时所需要用的媒体片

段的封装格式及媒体描述文件做规范，在使用者端的实现中并没有标准可循，这也是为了让开发者有更多的空间去实现 HTTP 自适应串流。实现上，bitmovin 公司的开源函数库libdash 完整地实现了 MPEG-DASH 所规范的内容[30]。该函数库是一个面向对象实现的插件，包含 MPD 的解析器和 HTTP 模块，HTTP 模块负责处理由自适应逻辑器所发出的 HTTP下载请求。

为了使 libdash 更具扩充性，使其容易嵌入或移植到各开发者的多媒体播放器中，libdash 也提供了许多接口，让其他模块能够存取 MPD 信息以及控制 HTTP 下载模块。其架构如图 6-29 所示，其中阴影部分为 MPEG-DASH 所规范的部分，另外阴影部分为动态自适应串流控制（DASH Streaming Control）和媒体播放器（Media Player）。libdash 不在规范内，只是在客户端实现上需要遵守服务器端的内容才能进一步完成串流。

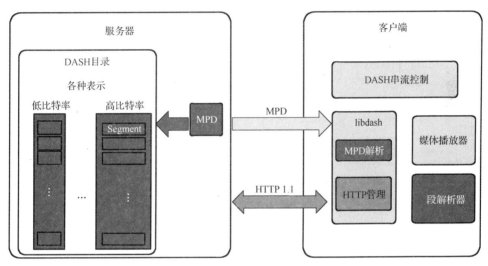

图 6-29　MPEG-DASH 架构与 libdash 函数库

由图 6-29 可知，libdash 仅提供核心下载部分，关于自适应调整方法与多媒体的播放均不在其范畴内。本节在实现上就是将 libdash 函数库整合进安卓的多媒体框架中，并使用安卓内建的多媒体播放器进行串流播放。因为动态自适应调整机制部分是自行设计的，因此我们在实现调整机制时也将其一并整合进 libdash 函数库中，让安卓可以通过原生的媒体播放器（Media Player）呼叫播放 MPEG-DASH 的串流。下面将更深入地了解 libdash 的内容实现并和安卓中的 HTTP 实时串流（HTTP Live Streaming）进行比较。

在 bitmovin 公司开发的 libdash 中，其原始代码包含一个由 Qt 编写而成的窗口接口播放程序，能在一般的 Windows 系统上播放串流 MPEG-DASH。我们将通过此播放程序来深入了解 DASH 的整体运行流程，并将其核心 libdash 做更为透彻的剖析，而其整个播放器的架构如图 6-30 所示。

图 6-30 的 Managers 即图 6-29 中的 DASH 串流控制的角色，掌管着整个串流的进行，包含加载自适应调整机制，通过 libdash 所提供的接口控制下载媒体片段，调控译码程序使得用户能顺利地观看到多媒体内容。播放器的译码功能使用 libav，此部分包含了封装格式的解析，也就是说图中的媒体引擎（Media Engine）部分就是段解析器（Segment

Parser）加上媒体播放器（Media Player）。至于核心部分 libdash，因为包含了 MPD 的解析器与 HTTP 的下载功能，bitmovin 在实现上使用了常见的第三方函数库来辅助完成该功能，如解析 XML 的 libxml2 用以解析 MPD、下载媒体片段方面则使用支持多种文件传输协议的 libcurl。

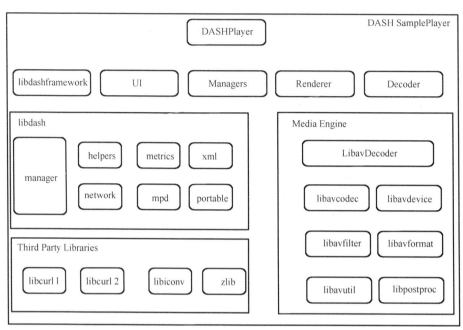

图 6-30　DASH 范例播放器架构

通过编译与执行此范例播放程序可以追踪 DASH 客户端的运行流程，图 6-31 为成功编译后在 Windows 7 中运行的画面。改播放流程尚须先对 MPD 文件进行下载解析，即程序中的 Download MPD 在解析完后会将 MPD 中的信息列在播放器右侧以提供选择。影像与声音的表示（Representation）选项呈现在右侧的下拉式菜单中，在播放前还可以选择串流的质量。

此范例程序与实现 MPEG-DASH 的插件 VLC 相比，播放起来顺畅很多，不过在实现上有两项值得注意的内容。此播放器有部分没有实现动态自适应调整串流内容的机制，也就是说在开始播放后多媒体的质量是固定的，并不会根据网络状态做出调整，但 libdash 依旧有提供接口来衔接各开发者想要实现的自适应串流算法；另一项不足的地方是影音同步上并没有做校正，只将视频与音频使用两条执行程序分别播放，并未参考时间戳来协调播放，通常是声音的播放速度快于影像。

根据实现范例的程序与追踪播放运行的情况，将 MPEG-DASH 客户端的运行流程整理出时序图，如图 6-32 所示。在系统初始化后先将 MPD 文件做解析，把表示（Representation）的信息交由控制器（Controller）管理，此时控制器将加载自适应串流的相关机制进行后续的播放动作。根据 MPD 文件先将初始的媒体片段下载下来并交由段解析器解析多媒体信息，初始片段中并不包含多媒体内容仅记录编译码的相关信息，然后开始下载多媒体片段并译码播放。

图 6-31　DASH 范例播放程序

在一个区段（Period）间并不会改变封装格式，所以解析初始片段的工作只会进行一次，只有在重置播放器或是变更区段（Period）时，才会重新呼叫段解析器进行解析。多媒体片段下载后存放至缓存（Buffer）中，媒体引擎（Media Engine）去要求缓存（Buffer）进行下一个段（Segment）的译码播放，故在图 6-32 中没有看到段（Segment）的流向。

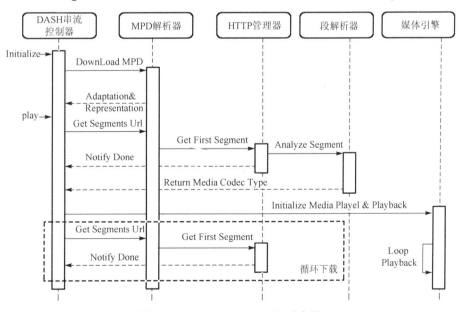

图 6-32　MPEG-DASH 运行时序图

此处可发现与 HTTP 实时串流机制几乎是一样的，最大的不同是段解析器。因为 HTTP

实时串流只采用 MPEG Transport Stream 的封装格式，所以不需要有这项功能，而 MPEG-DASH 包含了 MPEG-TS 及 ISOBMFF 的 MP4 封装格式，故在译码媒体片段前需对其封装格式进行解析。

6.4.2　系统架构与实现流程

本节的目标是实现一套基于用户体验质量与 MPEG-DASH 规范的自适应串流系统，并在安卓平台上验证。此系统能在串流过程中，依据缓冲区的变化情况动态地调整与下载不同质量的媒体片段，质量上的差异来自分辨率与量化参数。在实现系统上，因为安卓本身不支持 MPEG-DASH 的串流机制，所以需要将 DASH 相关的函数库与安卓的 NuPlayer 多媒体框架进行整合，其架构如图 6-33 所示。

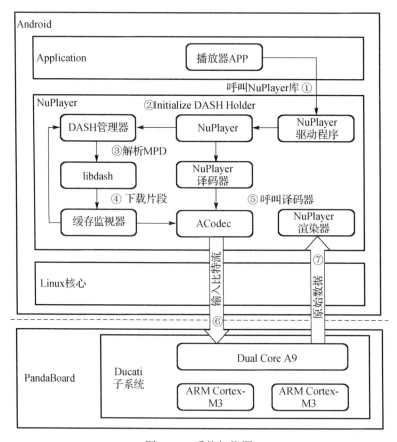

图 6-33　系统架构图

由于 MPEG-DASH 的架构与 HTTP 实时串流架构非常相近，在整合与流程设计上可参考 HTTP 实时串流在 NuPlayer 中的实现，并运用许多现存于安卓多媒体框架内的组件。缓存监视器（Buffer Monitor）监控储存的媒体片段缓存，并将缓存的变化情况回传给 DASHManager 当作调整的参考依据。至于 DASHManager，它是自适应调整串流的核心所在，它需要根据回传的信息，估算网络情况并选择最合适的片段内容进行下载。下载后的片段将由 ACodec 进行译码，然后系统呼叫 PandaBoard 中的 Ducati 子系统进行译码，最后由 NuPlayer 渲染器（Renderer）将画面渲染到屏幕上。

在调整机制上，需要依据使用者对影片的两项质量因素的反馈内容进行调校，因此本节对影片的用户体验质量因素进行研究与分析。我们设计实验并请测试者反馈观看影片时体验的满意度，然后将这些数据归纳出一般情况下校正的分数与门限值。后续的系统实现将依据这项实验所得的数据进行带宽评估从而选择最合适的媒体片段。

6.4.3　开发环境

本节在实现环境上分成三个部分，一部分是进行用户体验质量实验时数据收集的数据库；另一部分是作为 MPEG-DASH 串流节点的服务器，而作为 MPEG-DASH 串流的终端设备的客户端则是运行安卓 4.2.2 版本的嵌入式开发板 PandaBoard ES；最后一个部分是编写安卓 APP 的环境设置。不论是搜集用户体验质量数据或是呈现系统实现，均以 APP 的方式进行。以下将对这三个部分做详细说明。

1．服务器端开发环境

服务器端所扮演的角色有两项，即数据库系统与 MPEG-DASH 的串流服务器。本节在服务器的操作系统上采用 Ubuntu 12.04 64bit LTS 版本，在此系统上建立的数据库使用 MySQL 5.5 储存数据并搭配 Tomcat 7 使用 Servlet 架设链接数据库的后台网站，供实验测试者上传存储实验数据。安装上述两者套件的指令如图 6-34 所示。

```
$ sudo apt-get install tomcat7 mysql-server
$ wget http://dev.mysql.com/get/Downloads/Connector-J/mysql-connector-
  java-5.1.31.tar.gz
$ tar -zxvf  mysql-connector-java-5.1.31.tar.gz
$ cp mysql-connector-java-5.1.31.jar  /var/lib/tomcat7/webapps/{your
  app}/WEB-INF/lib/
```

图 6-34　安装数据库系统套件

因为后台系统需要链接数据库，所以额外下载了 MySQL 的 Connector/J，这是官方的 Java 数据库连接（Java Database Connectivity，JDBC）驱动程序。这个 jar 文件需要放在后台网站的应用程序文件夹中，路径是/var/lib/tomcat7/webapps/{your web app}/WEB-INF/lib/。本节在搜集数据上针对 MySQL 建立了新的用户与数据库（Database），相关指令如图 6-35 所示。

在被当作 MPEG-DASH 的串流服务器时，除了需要架设 Apache Web Server 外，针对影片的编译码与切割媒体片段都需额外安装一些套件，如 ffmpeg、libx264、faac、faad 等，指令如图 6-36。

在安装完上述的相关套件后，则可以进行编译。由 GPAC 所提供的工具中包含了切割 MPEG-DASH 媒体片段的工具 MP4Box，图 6-37 为下载 GPAC 原始代码与编译的流程。

```
## New Database User
$ mysql -u root -p
  mysql> create user 'uploader'@'localhost' identified by 'passwords';
  mysql> GRANT ALL PRIVILEGES ON *.* TO 'uploader'@'localhost';
  mysql> FLUSH PRIVILEGES;
  mysql> exit;

## Create DB
$ mysql -u uploader -p
  mysql> create database scoredb;
  mysql> use scoredb;
```

图 6-35   MySQL 设定

```
$ sudo apt-get install apache2 ffmpeg mplayer build-essential libfaad-dev libfaac-dev lame
libx264-dev makepkg-config g++ zlib1g-dev libfreetype6-dev libjpeg62-dev libpng12-dev libopenjpeg-dev
libmad0-dev libfaad-dev libogg-dev libvorbis-dev libtheora-dev liba52-0.7.4-dev libavcodec-dev
libavformat-dev libavutil-dev libswscale-dev libxv-dev x11proto-video-dev libgl1-mesa-dev
x11proto-gl-dev linux-sound-base libxvidcore-dev libssl-dev libjack-dev libasound2-dev libpulse-dev
libsdl1.2-dev dvb-apps libavcodec-extra-53 libavdevice-dev libmozjs185-dev
```

图 6-36   安装 MPEG-DASH 服务器所需套件的指令

```
$ sudo apt-get install subversion
$ svn co svn://svn.code.sf.net/p/gpac/code/trunk/gpac gpac
$ cd gpac
$ ./configure
$ make
$ sudo make install
```

图 6-37   编译与安装 GPAC 工具

在这些步骤完成后服务器即可使用 MP4Box 指令进行切割多媒体的工作，MP4Box 也将产生相对应的 MPD 文件。MP4Box 可以将 MP4 文件切割成 DASH 定义中的 ISOBMFF 封装格式，同时也支持 MPEG-TS 封装格式，甚至是将 HTTP 实时串流所使用的 M3U8 文件直接转成 MPD 格式[31]。基本指令格式如图 6-38 所示，详细的参数使用方式或是其他用法可参考 GPAC 官方网站。

```
$ MP4Box -dash <dashDuration> -rap -segment-name <segName> <Input.mp4>
$ MP4Box -dash <dashDuration> -segment-name <segName> <Input.ts>
$ MP4Box -mpd <MPD Name> [http://...]<Input.m3u8>
```

图 6-38   MP4Box 转换 DASH 相关指令

图 6-38 中的<dashDuration>是指每个段（segment）大约会被切成指定的时间长度，单位是微秒（millisecond）。rap 参数是强制将段（segment）都切割成可存取点，也就是每个片段都可以独立译码，在输入来源上 TS 的封装格式不适用 rap 参数。最后的一项指令则是将 M3U8 文件转成 MPD 的指令。

2. 客户端开发环境

在客户端开发环境设置中使用到交叉编译的方式，不论是系统核心或是执行程序，通过一般的 x86 计算机编译给不同于 x86 架构的核心设备时所使用到的方式就是交叉编译。本节中为了让 ARM 架构的 PandaBoard ES 能运行安卓系统，需下载交叉编译套件 bootloader、kernel 及安卓的文件系统。因此在一般 x86 计算机上必须先下载安卓原始代码以及相关编译套件[32]，安装指令如图 6-39 所示。

```
$ sudo apt-get install libgl1-mesa-dri:i386
$ sudo apt-get install libglapi-mesa:i386
$ sudo apt-get install git gnupg flex bison gperf build-essential \
  zip curl libc6-dev libncurses5-dev:i386 x11proto-core-dev \
  libx11-dev:i386 libreadline6-dev:i386 libgl1-mesa-glx:i386 \
  libgl1-mesa-dev g++-multilib mingw32 tofrodos \
  python-markdown libxml2-utils xsltproc zlib1g-dev:i386
$ sudo ln -s /usr/lib/i386-linux-gnu/mesa/libGL.so.1 /usr/lib/i386-linux-gnu/libGL.so
$ sudo apt-get install python-software-properties
$ sudo add-apt-repository ppa:webupd8team/java
$ sudo apt-get update
$ sudo apt-get install oracle-java6-installer
$ git clone https://android.googlesource.com/platform/prebuilt
$ export PATH=/home/wii/mmn_workspace/tools/prebuilt/linux-x86/toolchain/
  arm-eabi-4.4.3/bin:$PATH
$ export ARCH=arm
```

图 6-39　安装安卓编译环境所需套件的指令

有了这些相关套件后，便可对 xloader、uboot、kernel 及安卓操作系统进行开发和编译。接着先下载各原始代码，指令如图 6-40 所示。

```
$ git clone git://git.omapzoom.org/repo/x-loader.git
$ git clone git://git.omapzoom.org/repo/u-boot.git
$ git clone https://android.googlesource.com/kernel/omap.git kernel
$ cd kernel
$ git checkout -b android-omap-panda-3.0 origin/android-omap-panda-3.0
$ mkdir ~/bin
$ PATH=~/bin:$PATH
$ curl https://storage.googleapis.com/git-repo-downloads/repo > ~/bin/repo
$ mkdir {ANDROID_ROOT}
$ cd {ANDROID_ROOT}
$ repo init -u https://android.googlesource.com/platform/manifest -b android-4.2.2_r1
$ repo sync
$ wget https://dl.google.com/dl/android/aosp/imgtec-panda-20120807-c4e99e89.tgz
$ tar zxvf imgtec-panda-20120807-c4e99e89.tgz
$ ./extract-imgtec-panda.sh
$ cd {ANDROID_ROOT}/build/
$ wget http://sola-dolphin-1.net/data/Panda/0001-panda-jb4.2_build.patch
$ git apply 0001-panda-jb4.2_build.patch
$ cd {ANDROID_ROOT}/device/ti/panda/
$ wget http://sola-dolphin-1.net/data/Panda/0001-panda-jb4.2_device-ti-panda.patch
$ git apply 0001-panda-jb4.2_device-ti-panda.patch
$ cd{ANDROID_ROOT}/hardware/ti/omap4xxx/
$ wget http://sola-dolphin-1.net/data/Panda/0001-panda-jb4.2_hardware-ti-omap4xxx.patch
$ git apply 0001-panda-jb4.2_hardware-ti-omap4xxx.patch
$ cd {ANDROID_ROOT}/hardware/ti/wpan/
$ wget http://sola-dolphin-1.net/data/Panda/0001-panda-jb4.2_hardware-ti-wpan.patch
$ git apply 0001-panda-jb4.2_hardware-ti-wpan.patch
```

图 6-40　下载原始代码

在编译安卓之前先修改 kernel 的原始代码，使其能够在 chipsee 公司的 LCD 扩充板上显示画面。修改的内容是对两个文件增加相关的程序代码，而这两个文件的所在路径和名称分别是 {KERNEL}/drivers/video/omap2/displays/panel-generic-dpi.c 和 {KERNEL}/arch/arm/mach-omap2/board-omap4panda.c。增加的部分如图 6-41 所示。

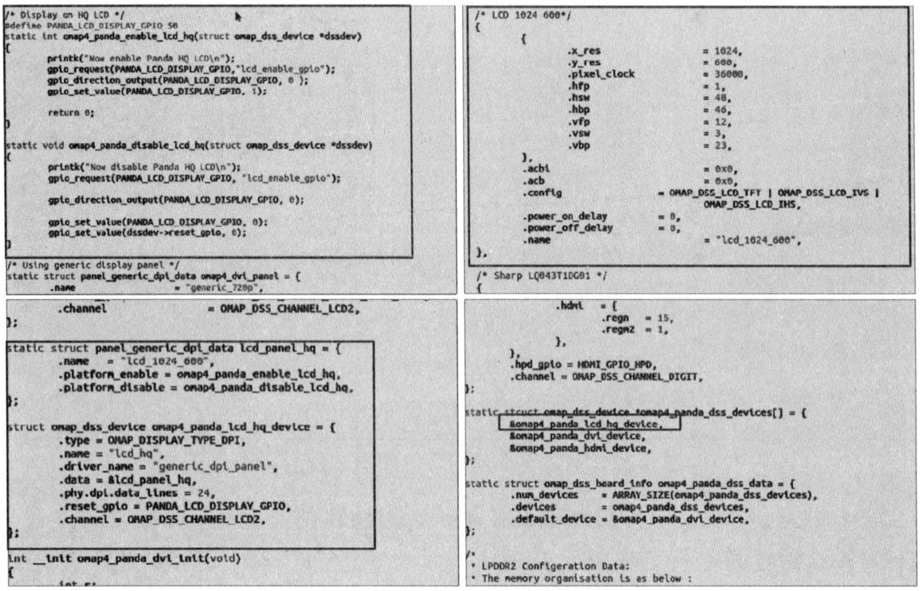

图 6-41   kernel 修改

在完成修改后根据图 6-42 的步骤进行 xloader、uboot 和 kernel 的编译，并将编译出的映像文件丢到安卓的程序代码中，方便后续编译安卓时可以使用 kernel 及刻录 SDCard。

```
$ cd x-loader
$ git checkout -b omap4_dev origin/omap4_dev
$ make omap4430panda_config
$ make ift
$ cp -a MLO {ANDROID_ROOT}/device/ti/panda/xloader.bin
$ cd u-boot
$ git checkout -b omap4_dev origin/omap4_dev
$ make omap4430panda_config
$ make -j4
$ cp -a u-boot.bin {ANDROID_ROOT}/device/ti/panda/bootloader.bin
$ cd kernel
$ make panda_defconfig
$ make -j4
$ cp -a arch/arm/boot/zImage {ANDROID_ROOT}/device/ti/panda/kernel
```

图 6-42   编译 xloader、uboot、kernel

将已经编好的 xloader、uboot 和 kernel 映像文件代替原先在安卓原始代码中的文件后，即可进行 Android 的编译，步骤如图 6-43 所示。当程序结束后会在{ANDROID_ROOT}/out/target/product/panda/中找到 boot.img 和 system.img，这两个正是安卓操作系统的映像文件。接着通过下列脚本将这两个映像文件刻录到 SD 卡上即可开启安卓。

```sh
#!/bin/sh
if [ $# -lt 2 ]; then
    echo "example usage: $0 /dev/sdc \$ANDROID_ROOT"
    exit 1
fi

DRIVE=$1
ANDROID_ROOT_DIR=$2

sudo umount ${DRIVE}*

sudo dd if=/dev/zero of=$DRIVE bs=1 count=1024
sudo sync
sudo parted $DRIVE mklabel gpt
sudo parted $DRIVE mkpart boot fat32 1MB 9MB
sudo parted $DRIVE mkpart system ext4 9MB 521MB
sudo parted $DRIVE mkpart cache ext4 521MB 1033MB
sudo parted $DRIVE mkpart userdata ext4 1033MB 2033MB
sudo parted $DRIVE mkpart media fat32 2033MB 3033MB
sudo sync

sudo mkfs.ext4 ${DRIVE}2 -L system
sudo mkfs.ext4 ${DRIVE}3 -L cache
sudo mkfs.ext4 ${DRIVE}4 -L userdata
sudo mkfs.vfat -F 32 ${DRIVE}5 -n media
sudo sync

sudo dd if=${ANDROID_ROOT_DIR}/device/ti/panda/xloader.bin of=$DRIVE bs=131072 seek=1
sudo sync
sudo dd if=${ANDROID_ROOT_DIR}/device/ti/panda/bootloader.bin of=$DRIVE bs=262144 seek=1
sudo sync
sudo dd if=${ANDROID_ROOT_DIR}/out/target/product/panda/boot.img of=${DRIVE}1
sudo sync
${ANDROID_ROOT_DIR}/out/host/linux-x86/bin/simg2img ${ANDROID_ROOT_DIR}/out/
    target/product/panda/system.img ${ANDROID_ROOT_DIR}/out/target/
    product/panda/system.ext4.img
sudo dd if=${ANDROID_ROOT_DIR}/out/target/product/panda/system.ext4.img of=${DRIVE}2
sudo sync
sudo e2label ${DRIVE}2 system
sudo sync
```

图 6-43　刻录 SD 卡的脚本程序

安插好 SD 卡随后接上电源即可开机，成功运行安卓后可接上鼠标、键盘进行控制。PandaBoard 成功开机的画面如图 6-44 所示。

图 6-44　安卓开机画面

6.4.4　安卓应用程序开发环境

在本节中，不论是做用户体验质量因素的调查或是呈现最后系统实现的效果，均需使用安卓的应用程序，在此将对安卓应用程序开发环境进行介绍。本节在开发上使用 Google 公司在 2013 年的 Google I/O 大会中推出的 Android Studio IDE （Integrated Development Environment）进行开发。它是以 IntelliJ IDEA 程序编辑器为基础所开发出来的工具，与之前所使用的 ADT Bundle（Eclipse with the ADT Plugin）相比，Android Studio 编写程序相对快速。此外，对于让开发者头疼的接口设计问题，在 Studio 中加入了多设备预览的功能，并导入模板的概念，让开发者在接口设计上有不一样的体验。

目前 Android Studio 还处于发展阶段，现行版本是 0.6.0，大部分功能运行上都不会有问题，只是习惯于使用 Eclipse 开发的人员在转换上或许没有那么好适应，毕竟系统导入了许多不一样的元素。最大的差别是没办法像 Eclipse 一样将许多项目一次性开在同一个窗口之中。Android Studio 的开发环境如图 6-45 所示。

图 6-45　Android Studio 开发环境

6.4.5　移植 MPEG-DASH 至安卓多媒体框架

由于原生的安卓并不支持 MPEG-DASH 串流协议，市面上有几款支持 MPEG-DASH 串流的安卓应用程序，实现上均依赖开发商在应用程序上做整合。大部分安卓应用程序均使用各自的软件译码进行串流播放，性能往往不佳，但能脱离安卓限制的编解码格式。本节将 MPEG-DASH 的核心部分整合进安卓的 NuPlayer 多媒体框架之中，让应用程序能够直接调用媒体播放器（Media Player）进行 MPD 的解析与串流。NuPlayer 继承了跟 Stagefright 一样轻量化的设计，将所有的功能模块化，并能够重复使用。本节也将许多原生的对象重复使用，使 MPEG-DASH 能做到最轻量化的移植，并将其模块化。移植后的 NuPlayer 类别关系如图 6-46 所示。本节在多媒体的格式上仅整合了 MPEG-TS 的封装格式，在验证与实现中并未采用规范中的 ISOBMFF 格式。故在类别关系图中不难发现与图 6-29 的差异是在段解析器的部分，因为预先设定的封装格式只有一种，所以不再需要此模块。增加区块 MPEG-DASH Process 的类别呼叫方式与 HTTP 实时串流机制如出一辙，只在 MPD 的分析方式与下载片段的方法上有所出入。MPD 是依赖于 XML 架构的描述文件，在移植上还需要使用到安卓的 libxml2 函数库，这部分只需在 Android.mk 中导入编译时所需函数库的描述即可。在下载片段部分，虽说与 HTTP 实时串流机制一样都是通过 HTTP 的链接路径下载，但 libdash 在实现上采用了第三方函数库 libcurl 进行搭配，此部分需要额外的工作，即移植 libcurl 至安卓。移植方法可参照 libcurl 官方文件的说明[36]，是将下载下来的原始代码放到{ANDROID_ROOT_DIR}/external/curl 之中，并把{CURL_SOURCE}/packages/ Android/ Android.mk 放到 curl 的目录下，最后仅需通过 mm 指令进行编译生成动态函数库 libcurl.so 即可。

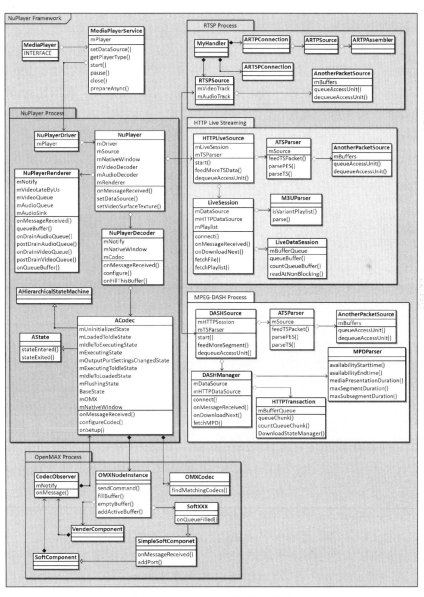

图 6-46　NuPlayer 类别关系图

█ 6.5   系统结果分析

6.5.1   测试环境

本节实测环境主要以 TI PandaBoard ES 开发板为主,将安卓 Jelly Bean 4.2.2 移植至该平台并完成与 MPEG-DASH 串流机制的整合,同时实现本节提出的基于用户体验质量的动态自适应串流与缓冲预测模型。本节主要探讨使用者对影片观赏满意度的提升情况,但由于实现中无法使市面上出售的手持设备支持本节所提出的架构,因此在网络状况测试上使用 PandaBoard 平台进行 MPEG-DASH 的串流截取,并将其信息做详细记录。通过此份记录文件将各时间点所得到的媒体片段信息还原并组合成一部影片,利用组合成的影片对使用者进行观看影片满意度的调查。

进行系统测试的影片为 Big Buck Bunny,其原始影片信息如表 6-9 所示。在环境设置中,本节将此影片编码成 5 种分辨率和 4 种量化参数共 20 种不同组合的影片,如表 6-10 所示。表格内左侧为影片所测得的分数总和,而右侧是所需的带宽信息。值得注意的是,黄色格子的编码影片在本系统上是不会进行串流的,这是因为在相同要求的网络条件下会选择分数较高的影片进行串流。在切割媒体片段的选择上使用 MPEG-TS 的封装格式,并以 1 秒作为一个媒体片段的播放长度。

表 6-9   测试影片信息

视　　频	分　辨　率	比特率（kbps）	内　容　类　型	持　续　时　间	FPS
Big Buck Bunny	1920×1080	746496	Cartoon	478 秒	30

表 6-10   测试影片编码表

	1920×1080		1280×720		960×540		852×480		640×360	
23	25.07	7853.03	24.69	3491.78	21.89	1934.49	16.77	1572.34	13.07	879.51
29	23.08	3925.62	22.7	1744.11	19.9	982.63	14.78	781.92	11.08	445.78
35	19.7	1974.23	19.32	872.69	16.42	490.82	11.4	388.65	7.7	218.14
41	12.8	984.49	12.42	438.62	9.62	245.41	4.5	195.13	0.8	109.58

表 6-10 中分辨率 1280×720 量化参数是 35 的编码影片是本节中的基础等级影片,在此分数之上的影片串流将采用缓冲预存模式的动态串流决策。针对表 6-10 所有的编码格式,图 6-47 为不同的编码格式在本系统的缓冲预存模式中切换的状态图,实线部分是调升的状态转换,虚线则是调降的状态转换。

为了测试系统在不同 5G 网络环境下的串流机制,本节使用 Linux 上的频宽限速工具 wonder shaper 来控制服务器端 5G 网络适配器的流量,并设计三类不同的 5G 网络场景,分别测试这些场景下串流的情况。

● 带宽稳定的 5G 网络场景

对于本系统而言，5G 网络带宽稳定有两种情况。一种是带宽高于在基础等级下串流影片所需的带宽，这种场景下系统将保持在缓冲预存模式下进行串流，即将质量好的影片进行预存；另一种则是带宽低于在基础等级下串流影片所需的带宽，此时系统将进入实时串流模式对 5G 网络状况进行及时评估并相应地调整串流内容。在测试上高带宽使用 2048 kbps，低带宽则使用 512 kbps，场景如图 6-48 所示。

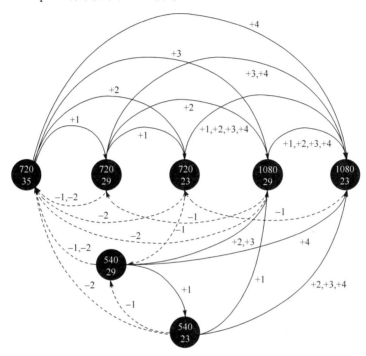

图 6-47　缓冲预存模式的动态调整状态图

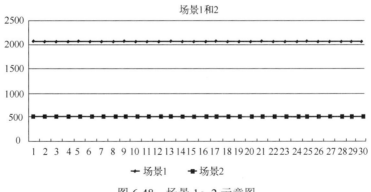

图 6-48　场景 1～2 示意图

● 先降后升的 5G 网络场景

先降后升的场景如图 6-49 所示，5G 网络限制每 10 秒左右切换一次带宽。本节测试中采用三种不一样的带宽组合进行切换并观察这些场景下本系统所选择串流的情况，其中场景 5 是为了特别探讨两种模式切换所设计的 5G 网络场景。

● 先升后降的 5G 网络场景

最后一类 5G 网络场景是先升后降，此部分只探讨带宽均在基础等级以上的调整方式。分别是由 2048 kbps 调升至 4096 kbps，以及连续调降 4 倍带宽至 1024 kbps，场景示意图如图 6-49 所示。

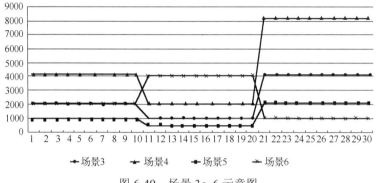

图 6-49　场景 3～6 示意图

在决策机制方面，本节将探讨上述几种 5G 网络场景下所接收到的媒体片段信息与决策的变化情况，最后比较在本节提出的机制下所串流的影片与原生安卓系统中 HTTP 实时串流机制所串流的影片的观赏满意度。在用户观赏影片的体验上，视频质量对用户的观感是最为直接的，相关的指标如峰值信噪比（Peak signal-to-noise ratio，PSNR）最广为人知。在许多针对使用者体验的研究上采用 PSNR 与平均意见分数（Mean Opinion Score，MOS）进行分析，PSNR 与 MOS 的转换对照如表 6-11 所示[33]。

表 6-11　PSNR 与 MOS 对照表

PSNR（dB）	MOS	质　　量	损　　失
> 37	5	极好	感觉不到
31～36.9	4	好	可以感觉到，但不影响
25～30.9	3	一般	有点影响
20～24.9	2	差	影响
< 19.9	1	极差	非常影响

不过，PSNR 的参考因素较为复杂且对于使用者而言并不直观。因此，本节对两项在影像编码上且直接影响影像质量的因素进行分析与研究，并利用所得结果来选择最适合用户观看的影片质量。这两个因素分别是影片的分辨率与编码时的量化参数。在影像编码上采用开源的 ffmpeg 进行，因为本节并不探讨编译码器的种类与影像配置（Profile）的差异，实现上均采用 x264 的编译码器与高配置（High Profile），并用 MPEG-4 格式封装，以每秒 30 张画面的更新率进行播放。而实验所使用到的影片均来自 Xiph Community，影片的相关信息如表 6-12 所示。

表 6-12　原始影片信息表

原始视频	名　　称	比特率（kbps）	内 容 类 型	分辨率（像素×像素）	长度（帧）
1	Ducks Take Off	746496	轻微移动	1920×1080	500
2	Park Joy	746496	快速移动	1920×1080	500
3	Sunflower	746496	轻微移动	1920×1080	500
4	Tractor	746496	快速移动	1920×1080	690

　　实验中设计一个安卓应用程序，并将此 APP 在 Google Play 中上架，广泛收集使用者对两项因素的满意度。实验内容为连续观看两部影片，前者为实验对照组，后者为实验组。依据用户主观认定后者的影片质量较前者好或差，实验设计评分范围为–1～10 分，–1 表示后者较前者差，0 分为没差别，1 至 10 为使用者主观认定的差异性。这样的评分方式与实验流程中说明对照组为定义上质量较差的影片相一致。实验分别比较分辨率与量化参数，共有四种组合方式，分别是快速移动与缓慢移动两种情况在分辨率与量化参数上的不同。一组中包含所有的分辨率和量化参数的影片，受测者会随机接受两种组合的测试。应用程序的运行流程与执行界面如图 6-50 与图 6-51 所示。应用程序开始时会检查设备内是否已经下载完测试用的影片，接着播放影片并调查满意度。一开始会连播两个影片，第一部影片是实验对照组，第二部是实验组。播放完毕后会出现如图 6-51 的说明页，此页可以选择回放对照组与实验组，或是直接进行评分。评分后播放第三部影片，此时代表刚才播放的第二个影片成为第三部影片的对照组，依此类推，直到没有任何实验组影片时，应用程序会邀请测试者上传该问卷。

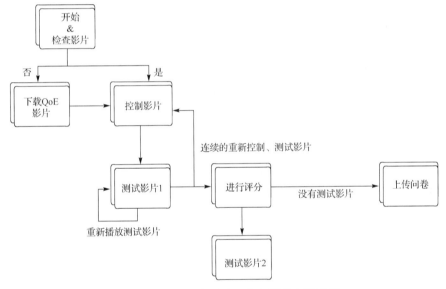

图 6-50　用户体验质量调查应用程序流程图

图 6-51　问卷应用程序界面

1．分辨率因素

本节在对分辨率因素的调查中，手持式设备被设置为常见的屏幕分辨率比例即 16：9，并使用常见的分辨率如 Full HD（High-Definition）和 HD 等进行分析。分辨率种类如表 6-13 所示。

表 6-13　分辨率比较表

清　晰　度	分辨率(像素×像素)
Full HD(1080p)	1920×1080
HD(720p)	1280×720
qHD(540p)	960×540
FWVGA(480p)	852×480
nHD(360p)	640×360

在编码上分辨率的长与宽差异会直接影响编码后影片的比特率，其关系如公式（6-11）所示。比特率会跟着长宽的乘积呈现倍数关系，因为比特率关系到 5G 网络串流的选择。而本节串流机制将参考此部分，并选择 C/P 值最高的。

$$\frac{\text{Bitrate}_1}{\text{Bitrate}_2} = \frac{W_1}{W_2} \times \frac{H_1}{H_2}$$ （6-11）

由实验搜集获得到 50 组数据，将各个差异性分数取平均值。由于实验方式是比较质量提升所得的差异性，因此本节将各区间以累加的方式整理成如图 6-52 所示的折线图。由此图可看出曲线在分辨率 1280×720 的地方开始趋缓，这也意味着大多数测试者不易比较出 720 p 与 1080 p 之间的差异，认为两者画质相近甚至 720 p 较 1080 p 要好。

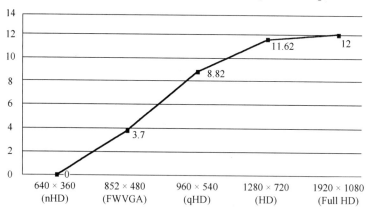

图 6-52　用户体验质量分辨率因子分数累加图

2．量化参数因素

由[34]可知，当 H.264 影片编码的量化参数（Quantization Parameter，QP）值每增加 6 个单位时，其比特率会变为原先的一半，其公式如式（6-12）所示。ffmpeg 编码器的量化参数范围是 0～51，其中默认值为 23，数字越小表示质量越好，且量化参数介于 18 到 28

之间为人类眼睛无法分辨失真率的范围[35]。在实验设计上取量化参数 11~47，以 23 为基准往左或往右加减 3 个单位，编码出不同量化参数的影片进行满意度调查，一共划分了 13 种不一样的量化参数影片。

$$\lg \frac{\text{Bitrate}_1}{\text{Bitrate}_2} = -\left(\frac{Q_1 - Q_2}{6}\right) \times \lg 2 \qquad (6\text{-}12)$$

此部分实验流程与分辨率因素的内容相同，一样搜集获得 50 组测试数据，并使用分数累加的方式整理成如图 6-53 所示的折线图。图中有两个区间的分数变化不大，分别是 11~20 与 41~47。由这项实验可知量化参数设定在这两个区间时，质量上分别是太好或太糟的情况，进而造成测试者不易比较出其差异性。此外在剩余区间中发现量化参数在 35 之后较为平缓，因此将此分数作为后续系统实现的门限值。

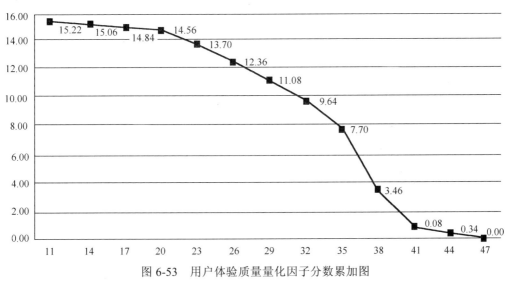

图 6-53 用户体验质量量化因子分数累加图

6.5.2 串流设备决策机制分析

本节主要将前一节提到的 6 种 5G 网络场景分别进行测试。图 6-54 为场景 1 的串流情况，绿色线为服务器端限制的带宽 2048 kbps，红色线则是用户端获得的 5G 网络带宽，而下方的直方图则是预存在本地端的媒体片段的个数。每一个媒体片段有一秒的播放时间，图中总共获取 66 秒，扣去 5 秒的初始化时间，真正可播放的影片长度是 73 秒。在这期间由于动态调整机制，每一秒的质量分布如图 6-55 所示。

图 6-56 为场景 2 的测试结果，绿色线为 512 kbps 的带宽限制，蓝色线为真实测得的 5G 网络带宽信息，而红色线为实时串流模式下使用二维多项式回归所预测的结果。由于前 5 秒初始化阶段预设为缓冲预存模式，所以回归计算是在第 5 秒时执行并计算预测第 6 秒的带宽。本系统在设计上是以区间范围决定下载的质量。由此可知，回归计算所决定的质量在第 6、9、10、14、21、26、30 秒时是误判的，也就是在此时间内无法完整的下载一个媒体片段，造成了画面的遗失，其掉帧率如表 6-14 所示。

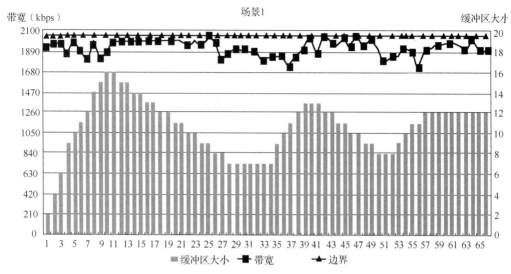

图 6-54　场景 1 下载媒体片段场景

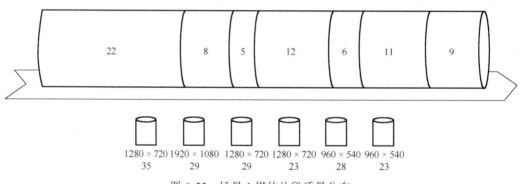

图 6-55　场景 1 媒体片段质量分布

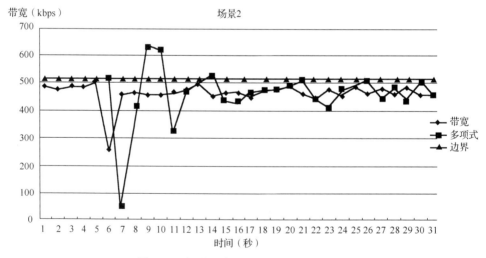

图 6-56　场景 2 中 5G 网络带宽使用场景

由图 6-56 可知，每个片段的比特率并不尽相同。根据预测的结果所选择的质量为分辨率 1280×720 量化参数为 41 的影片，需要使用的带宽是 438.62 kbps，由图可知每个段大约在 430 kbps 至 480 kbps 之间波动。

表 6-14　场景 2 带宽使用率和掉帧率（Frame Drop Rate）	
带宽使用率	0.900656428
掉帧率	0.034771651

5G 网络带宽变化方式中，先降后升的形态在本节三种不同场景下的测试结果分别如图 6-57、图 6-58 和图 6-59 所示。三种场景中预存在缓存中的片段个数，其变化趋势是很相近的，只是在调升调降等级上的落差不同，从而直接影响到预存下来的个数变化。

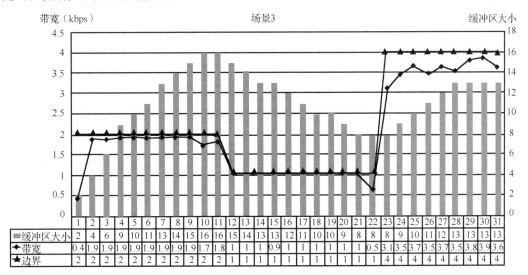

图 6-57　场景 3 下载媒体片段场景

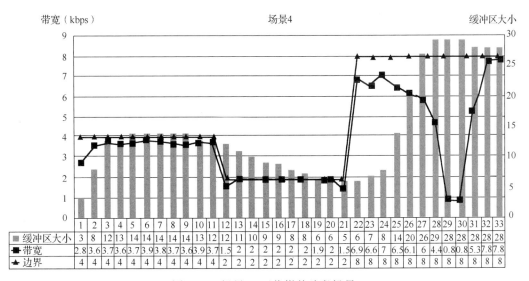

图 6-58　场景 4 下载媒体片段场景

场景 3 与 4 相比，最大的不同有两点。第一是初始化阶段的调升动作，由于场景 4 的初始带宽是下载媒体片段所需的 4 至 5 倍，所以在第 3 秒时就调升了两个等级。与之相比，场景 3 在第 13 秒才做调升的动作，在后续调教上花费较少的时间即可达到下载与消耗的平衡。另一点不同是在场景 4 中，10 到 20 秒间连续调降了三个等级，在调整后的 5 秒内带宽又急剧地拉高 4 倍，造成缓存快速增长至上限，从而进入空闲状态不再下载片段。这才使图 6-58 中 28 到 30 秒之间的带宽使用率大幅下降。

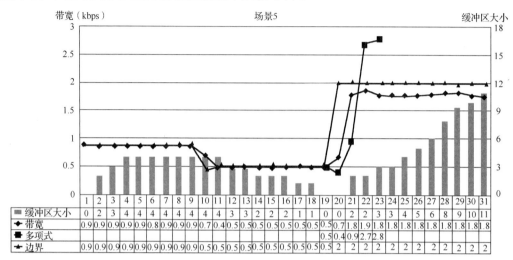

图 6-59　场景 5 下载媒体片段场景

场景 5 也是先降后升的场景，其初始化阶段带宽与下载时所需的带宽大小差不多。在第 5 秒开始播放后其预存的缓存量一直很少，随后当带宽下降时，消耗掉所有预存的片段后短暂地进入实时串流模式，即图中第 19 秒至 23 秒的情况。在第 24 秒时又回归至缓冲预存模式，此处可发现即使缓存中已有一些暂存下来的片段，但仍还不会切换回缓冲预存模式。这个设计是为了防止带宽又突然剧烈下降导致两个模式频繁切换造成所有媒体片段都不能完整下载的情况发生。

最后一种场景是先升后降的情况，其下载情况如图 6-60 所示。由于第 8 秒累计的 5 组缓存信息的平均值只有 10 秒，故在第 10 秒时调升两个等级。而调升后刚好与后来调整的带宽近乎达到下载播放平衡，由图可看出第 10 至 20 秒之间的缓存几乎是没有变化的。

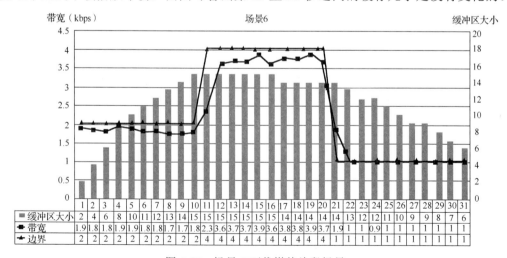

图 6-60　场景 6 下载媒体片段场景

6.5.3　使用者观赏体验分析

用户体验质量（Quality of Experience，QoE）是一种评测方法，通常是对整体系统进行用户的满意度调查，而一般常使用的是服务质量（Quality of Service，QoS）。用户体验质量与服务质量相关但又有些不同，服务质量主要针对的是可测量的硬件和软件，并对这两项进行指标上的评比，借此提升与改进整体服务质量。与之相比，用户体验质量在于呈现使用者的主观与客观因素的满意度。用户体验质量的评判机制可以被应用在与使用者相关的商业活动或者服务中，在信息科技与消费性电子领域也经常把用户体验质量作为一项评估指标。由图 6-61 可看出服务质量与用户体验质量之间的主要差异性。

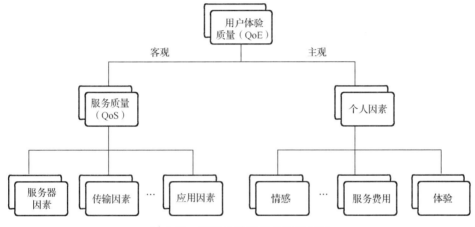

图 6-61　用户体验质量的参考指标

用户体验质量大多由市场调查或是问卷方式搜集消费者的使用体验与评价，并根据几项关键指标进行评估，如可靠度、隐私、安全性、花费、性能与效率等。这些评比存在关键的环境因素，如硬设备与应用场景，这些都会对整体评分造成影响。举例来说，光针对视频用户的体验质量测试就有许多应用场景可以探讨，如视频会议、现场直播节目或是 VoD 串流。各应用场景不同，其相对应的需求也不同，对于用户体验质量的探讨就更是广泛。

针对 DASH 这项技术许多专家也提出了改善使用者体验的一些方法，特别是制定规范的组织 3GPP 和 MPEG 对 HTTP 自适应串流这项技术都在其说明书中规定了用户体验质量的指标。在 3GPP 的 HAS 规范中提供了触发用户体验质量的测量机制，针对客户端的通信协议方式与多媒体格式的传递进行了评定，并回传至 5G 网络的服务器中，这在客户端上可以自由选择。

在 3GPP 所制定的 HAS 规范 TS 26.247 中定义了一些用户体验质量的指标，下面列出 7 大项指标及其内容[19]。

● HTTP 请求与响应交易（HTTP Request & Response Transactions）

这项指标需记录由客户端发出的 HTTP 请求（HTTP Request）与其相呼应的 HTTP 响应（HTTP Response）。每个 DASH 的用户需测量并回传多项与 HTTP 相关的内容。例如，HTTP 请求的种类、请求响应时间、HTTP 的响应代码、TCP 联机标识符等。在请求的种类上主要是区分 MPD 列表、初始化片段和一般的包含多媒体内容的片段。在 HTTP 的请求响应交易中也有可能获得其他特殊性能指标。例如，记录 MPD 列表、初始媒体片段、或是多媒体片段的时间长度。

- 表示切换事件（Representation Switch Events）

此项指标用来回传表示（Representation）的切换事件。这个切换事件信号传递给播放器，从而切换到由自适应机制调整出来的表示（Representation）。这部分客户端需要测量与回传的是新表示（Representation）辨识码、要求切换内容的反应时间，以及从接收到新表示（Representation）媒体片段到播放完第一个新媒体片段的时间。

- 平均吞吐率（Average Throughput）

在测量期间客户端记录所有由 HTTP 响应所接收到的内容的字节数、活动时间、测量的区间长度等。其中，活动时间的定义是指在测量开始后最少有一个 HTTP GET 请求尚未完成到没有任何请求的时间区段。当然，在非活动时间的状态下也需要额外记录下来并回传，如暂停播放或暂停下载媒体片段等。

- 初始播放延迟（Initial Playout Delay）

这一项指标从字面上来看会以为是在测量从使用者按下播放到出现画面或声音之间的延迟时间，事实上并非如此。因为按下播放按钮后还牵扯到寻获 MPD 及下载媒体片段等 5G 网络存取的时间延迟，甚至还有解析 MPD 列表与分析多媒体格式的运行时间。所以，此项指标真正所测量的其实是要求播放第一个多媒体内容片段（非初始片段）到从缓存获得内容的时间。

- 缓存等级（Buffer Level）

基本上这项指标适用于测量与回传剩余的播放时间，也就是说检测在缓存中的媒体片段的数量及其播放长度，将所有时间加起来就是剩余的多媒体长度。由于这些多媒体已经通过 5G 网络传输且暂存到缓存之中，若往后 5G 网络中断，这些缓存下来的媒体片段仍然可以顺利播放完毕。而要选择哪些片段适合暂存下来，就由开发者自行决定，这点也是本节将进行深入探讨的内容。

- 播放列表（Play List）

播放列表记录的是用户与播放器的互动频率及其时间周期。举例来说，当用户与设备互动使用暂停播放、继续播放和切换媒体时，DASH 设备需记录当前播放的表示（Representation）辨识码、该媒体播放了多长时间、多媒体的播放速度，以及中断连续播放的原因等。常见的原因有要求切换表示（Representation）、区段（Period）中止或是重新缓冲等。

- MPD 信息（MPD Information）

这项指标主要是要回传用户所选取的多媒体内容给用户体验质量服务器。其中包含编码率、分辨率、质量等级，以及跟多媒体编译码相关的信息。这样以来服务器就不需要根据每个使用者的情况来直接存取 MPD 文件，同时也不会因此降低服务器的性能。

在这些指标内容的传递上 3GPP 组织也对其格式做出了规范，用户体验质量的回传报告是以 XML 文件的格式来传递信息。客户端设备通过 HTTP POST 的请求，将用 XML 格式封装起来的诠释数据（metadata）发送给用户体验质量服务器。其规范标签与架构如表 6-15 及图 6-62。

表 6-15　用户体验质量报告策略语义信息

元　　素	Use 属性值	描　　述
@apn	Optional	定义必须传送的存取节点（access point))
@format	Optional	定义回传的格式，一是压缩回复（gzip），二是未压缩回复（uncompressed）
@samplepercentage	Optional	客户端需要回传用户体验质量指标给服务器的比率。设备使用随机变量产生器结合给定的比率去找出客户端是否需要回传
@reportingserver	Mandatory	定义接收回传报告的用户体验质量服务器地址
@reportinginterval	Optional	指定回传时间，若定义 reportinginterval = n 则表示每 n 秒回传一次用户体验质量报告，没订此项性质的话，则在播放完串流后回传一次

```xml
<?xml version="1.0" encoding="UTF-8"?>
<xs:schema targetNamespace="urn:3GPP:ns:PSS:AdaptiveHTTPStreaming:2009:qm"
           attributeFormDefault="unqualified"
           elementFormDefault="qualified"
           xmlns:xs="http://www.w3.org/2001/XMLSchema"
           xmlns:xlink="http://www.w3.org/1999/xlink"
           xmlns:urn:3GPP:ns:PSS:AdaptiveHTTPStreaming:2009:qm">

  <xs:annotation>
    <xs:appinfo>3GPP DASH Quality Reporting</xs:appinfo>
    <xs:documentation xml:lang="en">
        This Schema defines the quality reporting scheme information for 3GPP DASH.
    </xs:documentation>
  </xs:annotation>

  <xs:element name="ThreeGPQualityReporting" type="SimpleQualityReportingType"/>

  <xs:complexType name="SimpleQualityReportingType">
    <xs:attribute name="apn" type="xs:string" use="optional"/>
    <xs:attribute name="format" type="FormatType" use="optional"/>
    <xs:attribute name="samplePercentage" type="xs:double" use="optional"/>
    <xs:attribute name="reportingServer" type="xs:anyURI" use="required"/>
    <xs:attribute name="reportingInterval" type="xs:unsignedInt" use="optional"/>
  </xs:complexType>

  <xs:simpleType name="FormatType">
    <xs:restriction base="xs:string">
        <xs:enumeration value="uncompressed" />
        <xs:enumeration value="gzip" />
    </xs:restriction>
  </xs:simpleType>

</xs:schema>
```

图 6-62　用户体验质量报告策略语义信息

由于一般的智能手持设备并不支持 MPEG-DASH 串流，在观赏者体验的分析中，将各 5G 网络场景下串流的情况作详细记录并通过串联方式还原串流的内容，让这些场景下所产生的影片在手持设备上播放，并让 20 位测试者进行评分。评分方式以 MOS 的评分方法进行，主要针对两项体验进行调查，分别是影片的画质与流畅度。流畅度方面依据两个因素作为评分参考，包括串流过程中停下来等待下载的时间与影片的跳跃性，即画面的遗失情况。

图 6-63 为用户体验质量的 MOS 分数比较图。从图中可看出当 5G 网络状况变化较剧烈时，本节所提出的串流机制明显比安卓原生的 HTTP 实时串流机制效果好。不过，当 5G 网络处于低稳定时，HTTP 实时串流机制所得到的质量是略优于本节所提出的串流机制。这是由于本节在实时串流中所采用的串流方式对于带宽的敏感度较高，相对地在带宽预测上的失误率也会造成质量的不稳定。

在串流播放的流畅度上，两者的比较如图 6-64 所示。可以看出，在平稳的 5G 网络环境下原生安卓采用的 HTTP 实时串流机制是比较好的，这是因为在平稳的 5G 网络环境下 HTTP 实时串流机制可以将播放质量保持在同一比特率上。而本系统默认的质量是基础等级，当稳定的 5G 网络环境优于基础等级时系统会调整质量，故造成质量的不一致，不过比分上不会差距太大。这是由于在基础等级以上的影片大部分是感官无法明显辨别出的，这些质量跳动对用户的感受是很微小的甚至是感受不出来的。

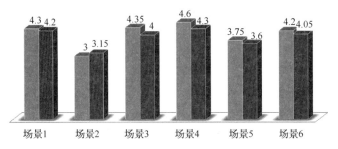

图 6-63　质量 MOS 分数比较图

当 5G 网络变化较大时，本系统在流畅度上明显优于 HTTP 实时串流机制，这是因为 HTTP 实时串流机制对于带宽的敏感度较低，无法跟上 5G 网络的快速变化并做出适当的调整，从而造成延迟播放甚至是跳跃性播放。与之相比，本节提出的缓存方式与预测方法能有效地解决由于带宽剧烈变化所造成的不顺利播放的问题。

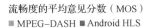

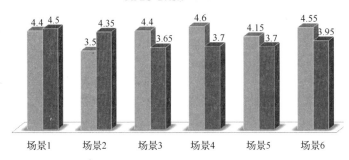

图 6-64　流畅度 MOS 分数比较图

■ 6.6　结论与未来展望

本章提出了基于用户体验质量机制和缓冲带宽预测的串流方法，并在安卓平台上实现了 MPEG-DASH 串流。通过调查影片的用户体验质量满意度，设计了一种能动态调整的自适应串流机制，能及时根据缓冲预存的媒体片段的变化做出调整，选择最符合用户体验质量的影片进行串流。客户端方面则将安卓操作系统移植到 PandaBoard ES 开发版，将其作为系统验证的平台，并修改安卓的多媒体框架使其能够支持 MPEG-DASH 串流协议。最后，对本章提出的自适应串流机制与决策模型进行实现与校正，并设计多种 5G 网络场景与原生安卓的 HTTP 实时串流机制进行满意度的比较。

　　实验结果显示，在变化较为剧烈的 5G 网络环境下用户所观赏到的影片质量与流畅度都比安卓 HTTP 实时串流机制优异。在流畅度上可大幅提升近 20%，大大修正了 HTTP 实时串流机制对于带宽变化不敏感的问题。

　　未来仍有几个方向可以继续探讨。一是可以实时根据每个使用者的喜好将信息反馈给用户体验质量服务器，实时调整编解码参数与串流的选择。二是结合分布式内容网络（Content Distribution Network）与软件定义网络（Software-Defined Networking）对多用户串流的 5G 网络分配问题进行调校，进而提升使用者的观赏体验，获得更好的影片质量与观看舒适度。

▌6.7　参考文献

[1]　W.-H. Chin, Z. Fan and R. Haines, "Emerging Technologies and Research Challenges for 5G Wireless Networks," IEEE Wireless Communications, Vol. 21, No. 2, April 2014, pp. 106-112.

[2]　V. Swaminathan, and S. Wei, "Low latency live video streaming using HTTP chunked encoding," in Proc. of IEEE 13th International Workshop on Multimedia Signal Processing, pp. 1-6, Oct 2011.

[3]　A. Goel, C. Krasic, and J. Walpole, "Low-latency adaptive streaming over TCP," ACM Trans. Multimedia Computing Commun. and Applications, vol. 4, no. 3, Aug. 2008, article 20.

[4]　P.Frossard, J. C. de Martin, and M Reha Civanlar, "Media Streaming With Network Diversity," Proceedings of the IEEE, vol. 96, no. 1, Jan. 2008.

[5]　H. S. Lee, H. Y. Youn, and H. D. Jung, "Packet control mechanism for seamless multimedia streaming service in wireless network," in Proc. of ICACT 2006 Advanced Communication Technology, vol. 3, pp. 1833-1838, Feb. 2006.

[6]　J. Guo, and L. N. Bhuyan, "Load Balancing in a Cluster-Based Web Server for Multimedia Applications," IEEE Trans. Parallel and Distributed Systems, vol. 17, no. 11, pp. 1321-1334, Nov. 2006.

[7]　A. Mahmood, T. Jinnah, Y. Asfia, and G. A. Shah, "A hybrid adaptive compression scheme for Multimedia Streaming over wireless networks," in Proc. of ICET 2008. 4th International Emerging Technologies, pp. 187-192, Oct. 2008.

[8]　S. Y. Wu, and C. E. He, "服务质量-Aware Dynamic Adaptation for Cooperative Media Streaming in Mobile Environments," IEEE Trans. Parallel and Distributed Systems, vol. 22, no. 3, pp. 439-450, Mar. 2011.

[9]　A. Begen, T. Akgul, and M. Baugher, "Watching Video over the Web: Part 1: Streaming Protocols," IEEE Internet Computing, vol. 15, no. 2, pp. 54-63, Mar.-Apr 2011.

[10]　"The Next Big Thing in Video: Adaptive Bitrate Streaming," http://pro.gigaom.com/2009/06/how-to-deliver-as-much-video-as-users-can-take/, retrieved on June 2014.

[11]　"Real-Time Messaging Protocol (RTMP) specification," http://www.adobe.com/devnet/rtmp.html, retrieved on June 2014.

[12] R. Pantos, "HTTP Live Streaming," Internet Engineering Task Force (IETF), Internet-Draft Version 8 (draft-pantos-http-live-streaming-08), Mar. 2012.

[13] H. Liu, Y. Wang, Y. R. Yang, A. Tian, and H. Wang,"Optimizing Cost and Performance for Content Multihoming," In Proc. SIGCOMM, 2012.

[14] X. Liu, F. Dobrian, H. Milner, J. Jiang, V. Sekar, I. Stoica, H. Zhang,"A Case for a Coordinated Internet Video Control Plane," In SIGCOMM, 2012.

[15] "MPEG-DASH,"http://mpeg.chiariglione.org/standards/mpeg-dash, retrieved on June 2014.

[16] "For Promotion of MPEG-DASH," http://dashif.org/, retrieved on June 2014.

[17] "Dynamic Adaptive Streaming over HTTP – Design Principles and Standards," http://www.w3.org/2010/11/web-and-tv/papers/webtv2_submission 64.pdf, retrived on June 2014.

[18] "ISO_IEC_23009-3_Dynamic adaptive streaming over HTTP (DASH) — Part 3 Implementation guidelines," http://mpeg.chiariglione.org/standards/mpcg-dash/implementation-guidelines/n14353-text-isoiec-pdtr-230 09-3-2nd-edition-dash, retrived on June 2014.

[19] "3GPP TS 26.247," http://www.qtc.jp/3GPP/Specs/26247-a10.pdf, retrieved on June 2014.

[20] "PandaBoard," http://pandaboard.org/, retrieved on June 2014.

[21] Khronos, "OpenMAX – The Standard for Media Library Portability," http://www.khronos.org/openmax/, retrieved on June 2014.

[22] "Dashboards | Android Developers," https://developer.android.com/about/dashboards/index.html?utm_source= ausdroid.net, retrived on June 2014.

[23] "Google unveils Android@Home," http://www.zdnetasia.com/videos/google-unveils-androidhome-62300298.htm, retrieved on June 2014.

[24] Y. Shi, K. Casey, M. A. Ertl, D. Gregg, "Virtual machine showdown: Stack versus registers," ACM Transactions on Architecture and Code Optimization, vol. 4, no. 4, article 2, Jan. 2008.

[25] "Supported Media Formats | Android Developers," http://developer.android.com/guide/appendix/media-formats.html, retrieved on June 2014.

[26] D. Vatolin, D. Kulikov, A. Parshin, M. Arsaev, and A. Voronov, "MPEG-4 AVC/H.264 Video Codecs Comparison,"
http://www.compression.ru/video/codec_comparison/h264_2011/mpeg-4_avc_h264_video_codecs_compa rison.pdf, retrieved on June 2014.

[27] PacketVideo, "PacketVideo – powering interactive media experiences for mobile and consumer electronics service providers," retrieved on June 2014.

[28] J. Z. Chen, "Design and Integration of DVB-T Playback into Android OpenCORE on Heterogeneous Multicore Platform," Taiwan: NCKU, July 2010.

[29] C. Y. Liu, "Android Stagefright Performance Enhancement and Dynamic Streaming Adjustment Mechanism on Heterogeneous Multicore Platform," Taiwan: NCKU, July 2011.

[30] Christopher Mueller, Stefan Lederer, Joerg Poecher, and Christian Timmerer, "DEMO PAPER: LIBDASH - AN OPEN SOURCE SOFTWARE LIBRARY FOR THE MPEG-DASH STANDARD", Multimedia and Expo Workshops (ICMEW), 2013 IEEE International Conference on, pp. 1-2, July 2013.

[31] "DASH Streaming Support | GPAC," http://gpac.wp.mines-telecom.fr/2012/02/01/dash-support/, retrived on June 2014.

[32] "Initializing a Build Environment | Android Developers," http://source.android.com/source/initializing.html, retrived on June 2014.

[33] Klaue J., Tathke B., Wolisz A, "Evalvid – a framework for video transmission and quality evaluation," Proc. 13th Int. Conf. on Modelling Techniques and Tools for Computer Performance Evaluation, Urbana, IL, USA, 2003, pp. 255–272.

[34] Q. Tang, H. Mansour, P. Nasiopoulos, and R. Ward, "Bit-rate estimation for bit-rate reduction H.264/AVC video transcoding in wireless networks," in Proc. of ISWPC 2008 3rd International Symposium on Wireless Pervasive Computing, pp. 464-467, May 2008.

[35] "x264 Encoding Guide–FFmpeg," https://trac.ffmpeg.org/wiki/x264EncodingGuide, retrieved on June 2014 .

[36] "curl and libcurl – Haxx," http://curl.haxx.se/, retrived on June 2014.

第 7 章
Chapter 7

▶ # 基于能效增益的安卓平台设计

最新的网络技术研究报告指出，未来的移动网络带宽将在 10 年内增长 1000 倍，到 2020 年，全球联网设备的数量将会增至 500 亿台。目前，5G 在网络标准、技术规格和发展进程等方面尚无明确规范，然而相关国际组织和厂商都以 2020 年为目标，开始规划 5G 技术应用的商业模式。就联网设备而言，越来越多的设备采用安卓操作系统，该系统开放的特性为嵌入式开发者提供了更大的空间。多媒体格式和内容与日俱增，这使得对影像译码的性能有更高的需求，同时也产生了许多值得思考的议题研究来顺应这种趋势。例如，如何使用适当的网络协议发送影音内容、如何有效减少影片延迟时间、如何选择适合的影音封装格式、如何在无线网络实现无缝式串流、如何在影音串流节点达到工作负载的平衡，以及如何实时地转换编码多媒体影音给大量用户，等等。为了使用户拥有较好的观赏质量，衍生出了自适应串流技术。所谓自适应串流，即客户端可以依据当前的网络状况或硬件运算能力，动态选择符合当前情况和条件的影音内容进行串流。然而，在这种机制下串流出来的影片质量或流畅度并不能使每个用户都有最佳的体验效果。因为调校是仅针对设备限制和客观因素进行的，在相同的网络条件下，未必能有效地抉择出提升用户观赏满意度且不浪费网络资源的多媒体内容。

▌7.1 绪论

5G 技术在这一两年迅速成为全球关注的焦点,各国政府已开始大力推动相关发展政策。同时,主要科技大厂商也积极布局 5G 演进技术与技术专利,其中毫米波、软件定义网络和极密集网络更是业界的研发重点[1]。从运营商或用户的角度来看,未来的 5G 技术研究中,除了要有较高的传输速率之外,还有其他的需求。例如,电池的低能耗、较低的中断机率、更好的覆盖,以及可在小区边缘进行高速率传输等特性[2]。预计 2020 年的移动网络必须具有目前网络 1000 倍以上的数据处理能力,才能完整地支持来自各种智能手持装置及物联网设备的需求[3]。例如,在 5G 网络环境中,下载一部容量 800 MB 的电影只要 1 秒。在通信带宽获得大幅提升的情况下,如何让移动终端设备性能也跟上网络存取的速度,在 5G 移动通信时代成为不可或缺的关键技术。就当前的移动终端设备而言,如智能手机、掌上游戏机甚至数码相机等,图像处理都是相当重要的功能。为此,某些特定产品的硬件架构也开始采用 DSP 处理器,这是由于 DSP 具有抗干扰强、体积小、成本低、速度快等特性[4],非常适合用来协助处理具有高度数学运算的多媒体影像编译码。日新月异的多媒体编码技术和越来越高的影片分辨率,使得计算量的需求与日俱增,这也非常考验此类硬件平台的性能。就目前最常见的 H.264 格式而言,其编解码的复杂度及运算量比 MPEG-2 高了许多。为了有效解决此问题,必须有更强大的硬件架构来处理这些大量的运算。但因为物理条件与成本方面的限制,厂商也不再一味追求高频率,而开始以多核心并行处理的方式,来提升影像编译码的能力。在软件方面,Google 于 2007 年提出了 Android 操作系统,并且开放其源代码,该项目的公布,对于智能掌上设备市场的发展,无疑投下了一颗震撼弹。过去许多掌上设备开发者采用封闭开发方式,其开发的过程常常受限于开发商的支持。因此,有越来越多智能手机采用 Android 为操作系统,使得相关的发展越来越热门,而 Android 在手机市场的占有率也随着这股热潮而不断攀升。过去,Android 针对多媒体所开发的多媒体框架以 OpenCore 为主,而其底层的实现则是由 OpenMAX 所开发出的跨平台多媒体接口为标准。虽然 OpenCore 吸收了 OpenMAX 架构完整的优势,但由于其结构过于庞大、复杂,提高了开发与维护的困难度。因此,Google 于 2010 年 12 月公布的 Android 2.3 Gingerbread 正式将多媒体框架统一制定为 Stagefright,完全取代过去 OpenCORE 的多媒体框架,更显出 Stagefright 在未来 Android 框架中的重要性。本章以 PAC Duo SoC 异质多核心平台为基础,将 Android 2.3 Gingerbread 进行移植,增加多媒体框架 Stagefright 通过 Dual DSP 进行 MP4 译码的能力,并实现串流机制。串流的过程中该机制会针对网络带宽、硬件和当前运算能力三方面予以评估,自动评判在该网络环境与运算能力的限制下所能支持的最佳分辨率与最佳比特率,并在播放过程中进行动态调整,以获得最适当的播放质量。

7.2 H.264 视频编译码标准

7.2.1 H.264 标准介绍

H.264/MPEG-4Part10，或称高级视频编码（Advanced Video Coding，AVC），是一套国际性的视频压缩标准，由 ITU-T 的视频编码专家组（Video Coding Experts Group，VCEG）和 ISO/IEC 的活动图像编码专家组（Moving Picture Experts Group，MPEG）共同组成的联合视频组（Joint Video Team，JVT）制定[5][6]。发展 H.264 的主要目的是提供一套适合网络传输、可调整计算复杂度的、降低错误率特性的视频压缩算法，相较于先前提出的 MPEG2、H.263 等标准，有更好的压缩比。

H.264 在第一版的标准中，根据使用的编码工具可分为三种类型的配置，分别为基础配置（Baseline Profile）、主要配置（Main Profile）、扩展配置（Extended Profile），每一种配置定义的使用功能不尽相同，如图 7-1 所示。基础配置主要是用于视频会议及手持设备上一些低比特率应用，其运算复杂度较低。主要配置用于交织（Interlace）影片编码，适用于广播视频应用，且容易整合 MPEG2 传输流，并传送 H.264 比特流。扩展配置因为有较高抗差错方式的编码，适用于多媒体串流 IP-TV、MOD 等。一般 H.264 根据编译码性能又分为 5 种等级，分法主要是依据每秒传输的速率、影片格式、编码速度。例如，等级一的规格为每秒 15 张画面的传输速度，大小为 QCIF（176×144），编码速度为 15FPS（Frame per Second），主要是用于分辨率较低的手机画面。目前已经规范到针对未来更高的视频规格 Level 5.1。

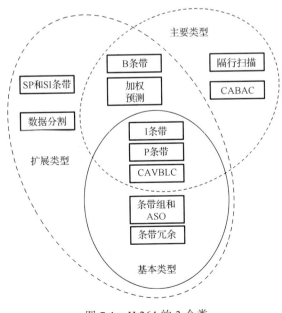

图 7-1 H.264 的 3 个类

这里使用的译码器配置为基础配置，以下简单介绍一些名词做。

- 宏块（MacroBlocks，MB）：由 16×16 的样本区域所组成的编码数据，有 I 宏块和 P 宏块两种格式。
- 条带（Slices）：影片中的每一张画面都包含一个以上的条带，条带内则包含一个以上的宏块，在基础配置中使用了 I（Intra）条带及 P（Predicted）条带。I 条带只包含 I 宏块，所有的预测都由同一个条带的编码数据进行处理。P 条带则可能同时包含了 I 宏块和 P 宏块，其中 P 宏块需要参考图像进行预测。
- CAVLC：全名为基于上下文的自适应变长编码（Context Adaptive Variable Length Coding），该编码是根据代码的出现概率采用不同长度的码字进行编码，可以有更好的压缩比。
- ASO：全名为任意条带顺序（Arbitrary Slice Order），可让同一个帧内的条带以任意的顺序进行译码。
- 条带组（Slice Groups）：由一个以上的条带组成，每一个条带组可采用不同的压缩参数。
- 冗余条带（Redundant Slices）：当传输发生问题时可用来进行错误部分的修补工作。

图 7-2 为 H.264 译码器的各个基本元素。开始由网络抽象层（Network Abstract Layer，NAL）收到比特流，并进行熵解码（Entropy Decode，ED）和重排序（Reorder）的动作。接着是反量化（Inverse Quantization，IQ）及反变换（Inverse Transformation，IT）的操作。最后根据预测的模式进行帧内预测（Intra-Prediction）或帧间预测（Inter-Prediction），若为帧间预测，还需要用到参考图像的数据来进行处理。

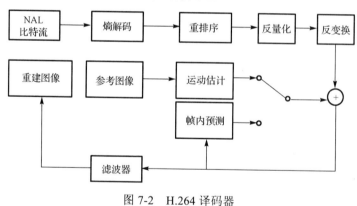

图 7-2　H.264 译码器

7.2.2　H.264 双核心并行解码机制

针对一些复杂度高且运算量大的影音译码，目前众多方案都是采用 DSP 芯片来进行处理的。但与一般市面上常见的单颗 DSP 平台相比，PAC Duo 平台内含有两颗 PAC DSP，因此需要一套适合的并行译码算法。理想的 Dual DSP 并行处理可以加倍提升系统处理性能，但在进行画面译码时，往往存在数据相依的问题。以 H.264 在进行译码处理时为例，其画面可分为 I 帧、P 帧和 B 帧，其中 P 帧会参考 I 帧的画面数据进行译码，而 B 帧则会参考 I 帧与 P 帧的画面数据。如果没有良好的并行处理则会发生数据碰撞，如图7-3所示。对两张有相依关系的画面进行译码时，即使两张画面同时进行译码，另一张画面也需要等到参考译码完毕后才能进行译码动作。因此，如何有效地运用并行处理以降低运算等待时间也是许多人所探讨的目标。目前并行式译码主要分为两种导向，分别为功能分离与数据分离，其详细描述如下。

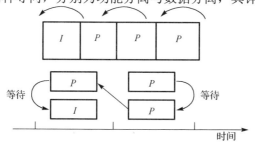

图7-3　数据碰撞示意图

● 功能分离（Function Partition）

一个标准H.264译码流程可大致分为以下几个过程：熵译码、反量化与反变换（IQ/IT）、预测像素补偿（Predictive Pixel Compensation，PPC）和去块效应滤波器（Deblocking Filter，DF）。而如图7-4所示，功能分离是将整个译码过程区分为各个独立的模块，其主要目的是以平衡处理的思想来配置各个处理器所需要的模块，使每个处理器都能够平均地承担处理量，从而加快处理速度。该机制的优点在于可以简单且大量地消除数据相依的情况，缺点则是其模块的划分受限于处理器的数量。

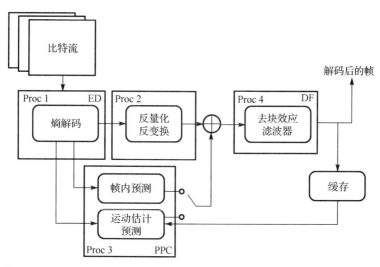

图7-4　功能分离

● 数据分离（Data Partition）

在数据分离中则是将译码数据切割成小部分，再交给不同的处理器进行运算，每个处理器进行相同的数据运算流程。在处理不同的数据单位时，根据其切割范围主要可以分为GOP（Group of Pictures）级、帧级（Frame Level）、条带级（Slice Level）和宏级（Macroblock Level），下面详述各自的特点。

- GOP 级[7]

将一段影片区段以每个 GOP 作为区间分段,将每段 GOP 分配给各个处理器进行译码。由于每段 GOP 都可以独立进行译码动作,因此该方式可以使译码速度与处理器数量保持线性增长的关系,但运用此技术需要相当大的内存空间来储存译码后 GOP 片段。

- 帧级

此并行译码方式是将每一个画面分配给各自的处理器进行运算,其中需要通过预解析排列运算或竞争式算法来处理画面分配的问题,主要是找出两张没有数据相依的画面进行同时运算。Flierletal[8]提出了一种 B 帧并行译码方式,其主要适用于先前的编码方式。B 帧是不被其他画面所参考的,因此不会有数据相依的问题发生,可先将 B 帧解析完成后分配给不同的处理器进行译码。但对于 H.264 编码而言,B 帧是可以成为其他参考画面的,故不适用于此。

- 条带级[9]

条带在 H.264 中是一种最小独立译码单位,是指单个条带就可以独立运行译码动作,因此类似于 GOP 级方法中将不同条带分配给不同处理器进行译码。此并行方式对照 GOP 级的方法,更有利于内存的运用,而且不需要经过额外的解析排列动作。但其主要的缺点则是条带的划分可从宏块到一个完整的帧,这对于内存的使用以及平衡性来说还是无法达到的平衡。虽然 Roitzschetal[10]提出了 Slice-Balancing 算法,通过此算法可改善部分缺点,但此部分是针对编码端的,对译码端则无法适用。

- 宏级

一个帧由许多宏块组成,将一个画面的每个宏块分配给不同的处理器作运算处理。该方案具有最好的可扩展性与平衡性,然而此方案也面临着许多问题,其中一个便是数据相依的问题。如图 7-5 所示,在 H.264 译码时,每个宏块都必须参考其邻近的宏块来进行运算。宏级并行译码的主要思想也是同时找出两个没数据相依的宏块进行译码以加快译码速度。Toletal[11]提出了梯形排序法来解决数据相依的问题,通过此排序法虽然可以加快译码速度,但梯型排序法受限于处理器的数量,所以处理较高分辨率的画面时,此算法需要相当复杂的运算和众多处理器才能完成。Jikeetal[12]则提出了另一种算法,通过把 Parse,Render 和 Filter 作为排序的动作,在找出各宏块间相依的关系后再进行排序。Azevedoetal[13]提出了一种 3D-Wave 的方式,结合了帧级与宏级的特点,通过跨帧寻找可解码的宏块区块,从而解决了可扩展性与数据相依性的问题。但此算法适用于超多核的算法,对于现有的技术而言仍有相当大的难度。

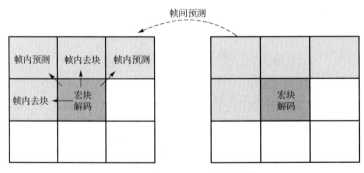

图 7-5　宏块数据相依发生的情形

7.3　安卓多媒体系统架构

本节的目标在于实现一套针对 MP4 影音格式的动态调整的串流机制，并将该机制整合进 Stagefright 多媒体框架中。通过该机制运作，可以在影片的播放过程中，针对硬件平台的运算能力、处理器负荷程度与 5G 网络环境这三个主要条件进行判断，并在播放过程中进行动态调整，以达到最好的播放质量。其主要系统架构如图 7-6 所示。

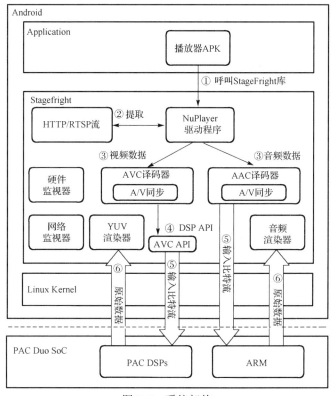

图 7-6　系统架构

根据 Android 2.3 Gingerbread 的设计架构，当应用程序接收到播放命令时，会将播放的路径传递给 Stagefright 多媒体框架，并根据该路径判断来源是否为网络串流或本地文件。若来源为网络串流，则根据串流的协议取得多媒体数据，并将内容传递给 Stagefright 框架内的Awesome Player。接下来则是进行声音与影像的分离，并交由各自的译码器进行译码，这部分也包含了一个影音同步的机制，分别存在于负责声音与影像译码与播放的高级视频编码（AVC）的译码器与高级音频编码（AAC）的译码器内。其中，H.264 的译码交由硬件的 DSP进行处理，因此通过整合过后的 DSP 应用程序编程接口，将准备进行译码的数据搬移至 DSP的内存上，最后通过 YUV 渲染器（YUV Render）来协助影片的播放。而为了有效监控硬件环境、处理器运算能力与网络环境信息，本节在 Stagefright 架构内新增了硬件与网络两个监视式系统。硬件监控系统的主要功能有两个，分别是筛选合适的文件与监控播放过程中的硬件负荷量；而网络监控的部分，则是周期性地针对网络带宽进行评估。借助这两个子系统，可以通过较好的选择方式把最适当的多媒体内容提供给观赏者。

7.4 能效增益与动态串流机制

7.4.1 影音同步机制设计

Stagefright 一开始就已在内部建立了一个影音同步机制，但该机制必须将译码过后的影像以及播放信息放在原始框架里的媒体缓存（Media Buffer）数据结构中，以便于显示合成系统（Surface Flinger）能在正确的时间进行输出或在延迟时将该张画面略过，并快速追上当前的理想播放时间，进而达到影音同步的效果。但若通过 YUV 渲染器进行输出，为了不再增加处理器的负担，并不会将译码过后的数据从 DSP 的内存中搬移到开发板的内存上，也不会在进行大小的调整与 RGB565 的格式转换。因此，译码过后的内容将不会存放在媒体缓存，这样可以提升译码与播放的效率。更进一步地说，显示合成系统在 YUV 渲染器被启用后，会自动停止其运作，同时将播放权限转移至 YUV 渲染器。而原始的同步机制由 Awesome Player 主导，并将欲调整的时间包装成一个事件，加入负责处理影像显示的 onVideo Event 事件中。但这样的做法无法控制 YUV 渲染器的播放。因此为了达到影音同步的目的，针对负责处理声音与影像译码的 AVC 译码器与 Audio 译码器加入了影音同步的机制，并进一步将显示时间的信息传送至 YUV 渲染器，并由 YUV 渲染器对影像的显示进行控制来完成影音同步的工作。其流程如图 7-7 所示。

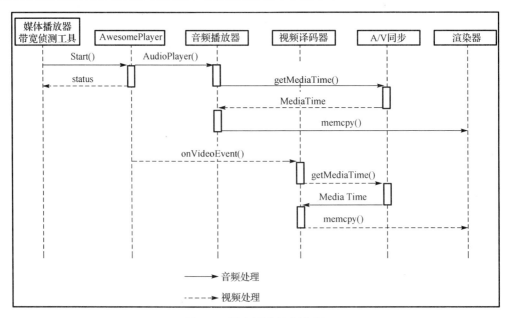

图 7-7 影音同步机制实现

当媒体播放器（Media Player）下达播放的指令后，会通过 Awesome Player 进行声音与影像播放的管控。而声音的部分会先被启动，通过 fillbuffer 函数将提取工具（Extractor）中取得的数据传送给译码器，并进行译码。当声音数据译码完毕后，通过 A/V 同步（A/V Sync）的机制取得媒体时间（Media Time），而该时间是一个单纯的定时器，其启动的时机为第一次成功译码声音之后也就是将要播放的瞬间。这个时间所代表意义为理想的播放时间，它会一直随着系统的定时器不断增加，并作为提供声音与影像显示的参考，使得每组声音与影像数据都能在标准的时间进行输出。

对于图 7-7 而言，该图为一个声音封包与影像封包自读取到播放的流程。其中，Awesome Player 会先新增一个负责处理音频译码的线程，此后便将声音的播放交由音频播放器（Audio Player）管理。为了使每一组解码过后的声音都能够按时播出，音频播放器会通过 A/V 同步取得媒体时间并与目前该组声音数据的目标时间（Audio Target Time）进行比较。若为延迟状态则迅速播出，若为提前状态则推迟播放时间，之后再进行下一次的译码。

影像部分的作法与之相似，首先 Awesome Player 会通过 onVideo Event 事件进行译码时机的控制，但实现上则是让 onVideo Event 事件在全速的状况下（即不经过任何延迟）进行译码。这是由于原本的 onVideo Event 事件也必须同时负责影音同步的机制，因此 Awesome Player 会将延迟或译码等动作封装为一个事件，并加入 onVideo Event 事件中，以便控制播放与译码的流程，进一步达到同步。若使用新增的同步机制，会将原始的同步机制移除，因此 onVideo Event 事件只需负责控制译码的时机，影音同步则交由 A/V 同步机制处理。当负责解码的 Video 译码器（若为 MP4 则为 AVC 译码器）译码完毕后，同样会通过 A/V 同步机制取得媒体时间，并于适当的时机播出。

整体而言，这样的同步机制不再以声音为主，而是共同使用一个定时器并将声音开始的瞬间作为起始。之后则根据每一组多媒体数据的内容，与此定时器进行比较，根据比较的结果调整播出时机。换句话说，每一组数据的内容都经过该机制的管控，这样的好处是，无论多媒体的内容来源是否稳定，只要有标准的播放时间，该机制都能将每一次的播出进行时间上的控制，以确保同步的效果。

7.4.2　网络带宽分析

为了有效侦测网络带宽的质量，在系统架构中的 Stagefright 框架下中新增了一个网络监视器（Network Monitor），其内部主要的架构包含一个监听器（Listener）、一个带宽侦测工具（iPerf）以及一个事件记录器（Recoder），如图 7-8 所示。其主要的工作目标在于适时地向上层应用程序提供网络带宽信息，但并不负责做任何决策。同时，该监控程序不会自动提醒应用程序来获取侦测结果，而是将结果存入可被应用程序读取的记录文件中，为必要的决策提供使用。这样的设计方式，是为了减少不断的轮询（Polling），以避免消耗大量的系统资源。

根据图 7-8 可看出，监听器为整个网络监视器的核心。当收到来自 APK 所下达的侦测指令时，监听器会呼叫带宽侦测工具进行网络侦测，并将侦测结果交由记录器储存于记录文件中，以便上层应用程序存取。由于带宽侦测工具在侦测过程中会耗费大量的带宽与硬件运算资源，会影响播放的质量。因此在设计时，应尽可能避免频繁的呼叫带宽侦测工具功能，以免影响串流的传输与译码的性能。

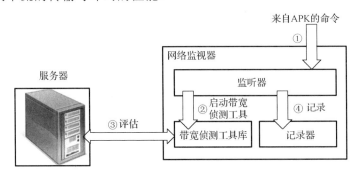

图 7-8   网络监视器运作流程

在启用带宽侦测工具之前，在硬件平台与服务器端都必须预先安装带宽侦测工具。其中服务器部分通过 apt-get 指令进行安装后即可启动，而位于 PAC Duo SoC 上的带宽侦测工具必须通过交叉式编译，以便顺利地在硬件 PAC Duo SoC 上执行。本节所使用的带宽侦测工具版本为 2.0.4，而交叉编译的具体做法如图 7-9 所示。

图 7-9   带宽侦测工具交叉编译

7.4.3   实时硬件运算能力分析

在一个串流环境中，以不改动任何硬件条件环境下，主要有两个性能指标会影响译码的效率，分别为网络的传输速率和硬件的运算能力。而数据的访问速度也受限于网络速率，当每秒的数据传输量小于每秒的解码量时，无论译码速度如何快速，由于数据量的不足，都无法进行译码，这时候就会产生延迟。

而另一个较重要的指标则为硬件的实时运算能力，这里所指的硬件运算能力并非只有处理器的运算能力，而是指处理器在解码的过程中所表现的性能。更进一步地说，即为一组 NAL 封包，从读取完毕到显示的过程所花费的时间。由于多媒体的来源可能是网络的实时串流，因此在缓冲至最小译码单位之前，是无法进行译码的。而一旦达到译码的最低需求时，便会开始启动译码的流程，而这时候搬移数据的过程，取决于主处理器的速度和译码的过程。对 PAC Duo SoC 而言，则取决于 DSP 运算的速度，当译码完毕后，则必须在适当的时机播出。然而事实上，在某些情况下由于 ARM 处理器过于繁忙，因而延误了搬移数据至

DSP 的时机，这时候即便 DSP 顺利的把即将译码的内容处理完毕了，也很可能已错过了播放时机。

另一种情况则是即将译码的内容由于分辨率过高或比特率过高等因素，而导致 DSP 进行的译码时间过长导致延误输出，该种情况的出现则属于硬件的译码速度与多媒体的质量差距过高所致。虽然可将部分内容先进行译码并保存，事后即使译码速度无法达到该影片每秒的帧数（Frame Per Second，FPS），也能够稍加缓冲。但这样的做法在影片较大或存在实时串流时仍无法有效地避免延迟，原因是缓冲区的大小仍有所限制，当解码过后的缓存容量被用尽时，仍会造成严重的延迟。

而硬件监视器（Hardware Monitor）的主要工作任务是观察译码至播出的时间。以 PAC Duo SoC 为例，该段时间主要包含三项重要的工作。首先为 ARM 处理器将准备译码的数据搬移至 DSP 的内存中，接着 DSP 进行解码，最后则通过 ARM 再将译码过后的内容搬移至 YUV 渲染器进行输出。当该段处理时间过长时，会导致输出的时间无法跟上预订的播放时间，若无法实时地改善，则会导致每秒可播放的平均帧数下降，从而造成播放上的延迟。而该延迟时间也是一个关键的性能指标，硬件监视器会不断的对该数值进行监控，当该数值超过某一个临界值时，则会将这个现象建立成一个事件，并储存于记录文件中。同样，该监视器并不会自动决策适合的分辨率或比特率，而是交由上层的应用程序来判断，其主要的组件包含一个定时器、记录器以及用来判断该数值是否造成延迟的监听器，如图 7-10 所示。

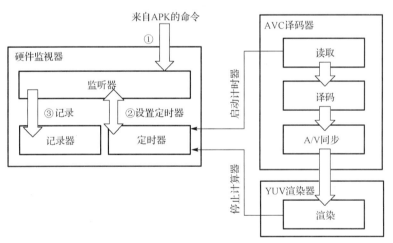

图 7 10　硬件监视器运作流程

与网络频宽监控较为不同的是，硬件监视器内的监听器会针对定时器所得到的结果加以判断。而判断的依据，则是以一段特定时间内的延迟超过了最大可容忍的解码时间。而该时间必须满足条件式（7-3），这样才能证实目前硬件处理的能力足以应付译码流程。其中 T_D 为译码所花费的时间，T_R 则为显示时 YUV 渲染器所需要的时间，这二个数值之和不可大于一帧影像在播放时的周期，即每秒 30 帧的倒数：

$$T_D : 解码时间(ms) \tag{7-1}$$

$$T_R : 渲染时间(ms) \tag{7-2}$$

$$T_D + T_R \leqslant 33333.33 \text{ ms} \qquad\qquad (7\text{-}3)$$

上述公式是对单帧影像而言,不得超过最小的播放周期 33 333.33 微秒。但在实际的译码过程中,由于不同的数据内容与系统状况等因素,所以无论分辨率如何,都有可能出现解码时间 T_D 大于 33 333.33 微秒的尖峰状况。如图 7-11 与图 7-12 所示。

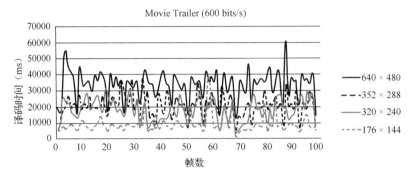

图 7-11　Movie Trailer 解码时间

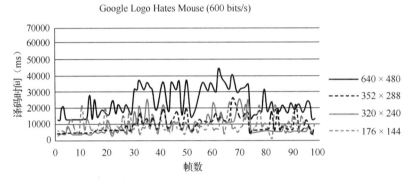

图 7-12　Google Logo Hates Mouse 解码时间

图 7-11 与图 7-12 分别为两部影片解码过程中前 100 帧的译码时间,两部影片的影像比特率皆为 600 bits/s,而测试的范围包含了各种分辨率下每一帧所需的解码时间。根据测试的结果发现,即使在低分辨率下,单次的译码时间仍无法作为一个衡量实时运算能力的指标。这是因为解码的过程本身也是一个动态的运算过程,其解码的时间根据影片内容的不同和数据量的差异会动态的改变。通常情况下,内容较复杂的编码所需的时间会较长。但是瞬间的译码时间延迟却可以通过之后较快的译码速度加以修复或赶上。在图 7-11 中,约在第 59 帧处,即使最低的分辨率仍会出现约 40000 微秒的解码时间。很明显该时间已超过单帧影像的播放周期,即 33333.33 微秒,但除此之外其解码过程仍相当顺利,整体上并不会对每秒平均播放的帧数或影音同步造成太大影响。

然而可以确定的是,当译码的速度跟不上播放的速度时,会造成画面延迟。若延迟的现象不断持续,累积的时间就会越来越长,影像就会无法追上译码较快的声音。这个临界值的决定,会根据使用者对影片质量的要求而有所不同。在本节的实现中,以 1 秒为其临界值,即当影片的译码速度无法低于 33333.33 微秒,且持续累积时间长达 1 秒以上,并且导致播放延迟且声音影像无法同步。这个临界值就定义为硬件译码延误。判断法则的伪码如图 7-13 所示。

```
    int64_t i64 Start_Decode_ Stamp;
                        //Timestamp before start decoding.
    int64_t i64End_ Decode_ Stamp;
                        //Timestamp after finishing decoding.
    int64_t i64 Count;        //Sum of delay time
    int Frame;                //Number of frames count


//Main Loop for Decoding
while(!End_Of_Stream || !End_Of_File)
{
     i64    Start_Decode_Stamp=StartCount();
                        //Start Counting Before Reading
     Fetch_Decode_Render();
     i64End_Decode_Stamp=Stop  Count();
                        //Stop Counting After Rendering
//Hardware Delay Idenfication
if( i64End_ Decode_ Stamp - i64Start_
     Decode_Stamp>33333.33){ iFrame++;
i64Count+= i64End_Decode_Stamp - i64Start_ Decode_Stamp;
     if(i64Delay_  Count>=1000000)
     HardwareDelay( iFrame, i64 Count);
}else{
     if( i64Count>0){
     i64 Count=0;
     iFrame=0 ;
}else{
     iFrame++;
     i64 Count+= 33333.33 - i64End_Decode_Stamp + i64 Start_Decode_Stamp;
     }
   }
}
```

图 7-13　延迟机制判断

根据该机制的设计，必须在译码延迟时间累积超过 1 秒后，才能被定义为延迟。一旦发生该现象，便会将延迟的时间与延迟的帧数予以记录，使得上层应用程序得以通过这些数据进行判断，并以较合适的分辨率与比特率进行播放。

7.4.4　RTSP 与 HTTP 网络串流

根据 Android 官方所公布的资料，到 Android 2.3 Gingerbread 为止，已支持的串流协议为实时串流协议（RTSP）与超文本传输协议（HTTP）两种。由于这二种通信协议在传输与串流上的行为有明显的差异，为了使这两种协议都能正确地配合调整机制，在实现上必须有额外的考虑，并对协议做部分修正。

● 实时串流协议（Real Time Streaming Protocol，RTSP）

RTSP 的串流为一个实时的串流，该串流机制会将影片分段，并实时地送至客户端进行译码并播放。影响较剧烈的是，在不改动服务器设置的情况下，用户端无法通过任何方式指定服务器重新播放。这就好比电视转播，节目的内容一旦经过网络发布，便不会再重放，除非电视台回放，或使用家中的录像设备预录节目。就调整机制的角度而言，此类实时串流在切换的过程中，不必经过快转的步骤。举例来说，部分服务器对同一个影像进行实时串流时，会提供数种不同比特率的串流，这是由于客户端的网络环境有所差异，根据不同的网络环境选择较为合适的做法。但若所选择的比特率太高，而网络带宽又无法负荷时，就会造成延迟。这时候用户即使切换到另一个 RTSP 串流来源，仍会从上一次结束的时间继续播放，而不会重新开始。示意图如图 7-14 所示。

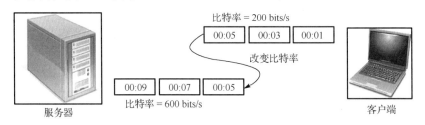

图 7-14   RTSP 串流的比特率切换

从图 7-14 中可看出，客户端自播放后的第 5 分钟起从 200 bits/s 切换为 600 bits/s。由于服务器所提供的串流为实时串流，在客户端切换来源后，便会自动从第 5 分钟后的内容进行播放。很明显地，这样的情况适用于服务器针对同一个多媒体文件提供多个串流来源，有可能是不同的分辨率或不同的比特率等等。同时由于 RTSP 的特性，在动态串流调整机制进行调整的过程，可以直接切换至理想的串流来源，而不必担心切换之后必须重头播放的问题。

● 超文本传输协议（Hypertext Transfer Protocol，HTTP）

HTTP 协议的传输会包含文件的文件头，同时将该多媒体文件分成数个数据包传送至客户端，可确保文件的完整性。在进行 HTTP 的传输过程中，客户端会与服务器端进行数次确认，以确保每一段数据都能顺利的到达。许多 Apache 服务器提供的文件都是以 HTTP 的方式，通过与该来源的连接，可将整个文件通过网络进行存取。而 HTTP 的优点就是服务器端能够提供非常多样化的内容，而不必额外开起任何负责实时串流的程序，仅需确保 Apache 服务器正确运作，且确保多媒体文件的访问权限。通过计算机收看 Youtube 影片就是一种使用 HTTP 的方式，当使用者希望收看较佳的分辨率或较好质量的影片时，其切换方式如图 7-15 所示。

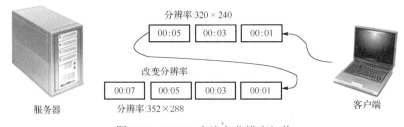

图 7-15   HTTP 串流之分辨率切换

根据图 7-15，当客户端观看至第 5 分钟时，如果想将分辨率从 320×240 切换到 352×288，那么为了确保文件的完整性，HTTP 会从头开始发送 352×288 分辨率的多媒体内容。这时候客户端就必须重新接收新的多媒体文件并从头开始播放，这样的做法势必会造成时间上的浪费，因此如何有效地使客户端能够延续之前的播放就成为一个重要的议题。事实上该问题也出现在本地文件的播放中，试想当一个本地文件播放至第 5 分钟时，若想进行分辨率或比特率的变化，就会重新开始一个新的播放程序，并从头开始播放。为了有效解决该问题，在 HTTP 的情况下若想进行来源的切换，会事先记录当前的播放时间，并在成功切换串流来源后，直接从上一次的播放记录中继续播放。在机制的设计上来看，当发生动态调整时，对 RTSP 而言实时串流没有时间上的考虑，而 HTTP 或本地文件的动态切换会导致重新播放。因此必须记录当前的播放时间，并在调整来源后快速移动到上次播放的纪录点。

7.4.5　动态串流调整机制决策

为了妥善利用网络带宽分析与硬件实时运算能力分析所得到的结果，必须建立一个客观且良好的决策机制。在决策的过程中，将严谨地遵守以下的准则，这些准则依照优先级排列如下：

（1）不能选择高过网络带宽的比特率。

（2）采取较保守的方式决定比特率。

（3）在不影响流畅程度的条件下，选择最佳的分辨率。

（4）尽可能在一次调整中完成顺畅播放的目标。

由于网络环境直接反映了数据传输的速率，当网络质量较差时，会直接影响播放的性能，且在传输速率不足时便无法在标准时间内将数据进行译码。对于网络串流而言，虽然 Stagefright 在设计上会将收到的数据放入缓冲区保存，从而尽可能将由于网络状态不稳定所造成的影响降到最低，但如果网络带宽不足，仍无法顺利地实时播放，如图 7-16 所示。

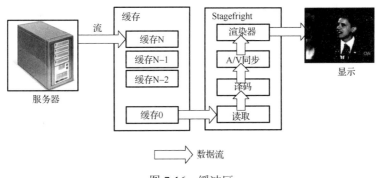

图 7-16　缓冲区

若存在短暂的网络带宽不稳定的情况，会使得缓冲区内的数据变少，但若数据量仍符合译码的最小单位，则能够持续地进行译码并播放。反之，若网络不稳定的状况较为严重，由于没有足够的数据进行译码，就会导致播放的性能受到影响。因此在执行串流的来源决策时，必须将网络带宽的状况作为主要考虑对象，且比特率的选择也应采取较保守的方式。例如，通过带宽侦测工具所检测得到的网络带宽为 600 bits/s，则应选择 400 bits/s 而非 600 bits/s，这是由于检测所得到的值为一个大致的参考范围，而网络环境则是动态持续改变的，因此应采取较保守的方式进行选择。而对于分辨率的选择，在可达到影音同步的前提下，则较优先选择高分辨率。当发生延迟时，则根据硬件监视器所判断的结果，即累积的延迟时间（T_D）、延迟的帧数（F_D）与每秒理想播放帧数（F_I），可推算出这些延迟影像所耗费的总处理时间（T_{DR}）。该总处理时间（T_{DR}）表示在延迟发生之前，某一段性能最低的时间区段。若该时段所包含的帧数越低，则代表播放质量越差，其计算方式如下：

$$T_D = \text{i64Count} \times 10^{-6}(\text{s}) \tag{7-4}$$

$$F_D = \text{iFrame(frame)}, F_I = 30(\text{frame/s}) \tag{7-5}$$

$$T_{DR} = \sum_{n=1}^{F_D}(T_{Dn} + T_{Rn}) = \frac{F_D}{F_I} + T_D \tag{7-6}$$

上述的 T_{DR} 代表了在延迟发生的过程中每一帧影像所花费的译码与播放时间的总合，也就总处理时间。而理想处理帧数为每秒 30 帧，因此可推得最大的可容忍处理时间（T_I），并可求得理想性能倍数（P_I），也就是期望提升的性能倍数，如式（7-7）和式（7-8）：

$$T_I = \frac{F_D}{F_I} \tag{7-7}$$

$$P_I = \frac{T_{DR}}{T_I} = \frac{F_D + T_D \times F_I}{F_D} = 1 + F_I \times \frac{T_D}{F_D} \tag{7-8}$$

而在决策机制中，理想性能倍数（P_I）为一个关键性的指标。其意义为，当 P_I 值大于 1 时，表示在理想状况下，至少需要将播放性能提升 P_I 倍，影片才能在不影音同步的情况下播出。而当 P_I 值小于 1 时则表示可尝试负荷量高于目前 P_I 倍的多媒体来源。而为了取得在各种不同分辨率与比特率下的译码效率比值，在实际中以数种不同形式的影片进行测试。而根据实际的测试结果发现，在各种不同影片下所测得的性能系数（Performance Coefficient）都非常相似，如图 7-17 所示。

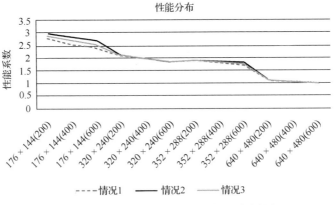

图 7-17   各种不同分辨率与比特率之播放性能比

根据表 7-1 的测试结果，可得知各种不同分辨率与比特率在译码与播放上的性能比值，该数值越高则代表系统在播放过程中仍可负担的工作越多，其中以分辨率为 640×480，比特率为 600 bits/s 为基本值 1，并与其它的影片进行比较。举例来说，播放一个分辨率为

176×144 且比特率为 200 bits/s 的性能，大约是分辨率为 640×480 且比特率为 600 bits/s 的 2.8 倍。在系统决策的过程中，已将该测试结果作为决策机制中的重要判断指标，如表 7-1 所示。其中，该表同时也包含了同步的测试结果，根据实际测试，分辨率若高过 640×480 以上，则无法达成同步。

表 7-1 各种分辨率与比特率之性能比较

分　辨　率	比　特　率	性　能　系　数	A/V 同步
176×144	200	2.87	V
	400	2.68	V
	600	2.53	V
320×240	200	2.08	V
	400	1.95	V
	600	1.85	V
352×288	200	1.88	V
	400	1.81	V
	600	1.77	V
640×480	200	1.08	
	400	1.04	
	600	1	

举例来说，以一个延迟时间（DC）为 1 秒，连续延迟播出的帧数（DF）为 590 帧的延迟事件，可以得到该 590 帧的总处理时间为 20.67 秒。然而，正常情况下的理想处理时间（T_I）为 19.67 秒，因此理想性能倍数（P_I）为 1.05。假设目前的分辨率为 352×288，比特率为 600 bits/s，且网络环境为 300 bits/s，根据表 7-1 的数据判断，则必须选择性能系数大于 1.86（1.77×1.05）的影片。虽然 320×240 分辨率下且比特率为 400 bits/s 的影片来源性能系数为 1.95，明显符合性能上的考虑，但由于网络带宽的限制，因此根据网络优先的筛选规则，仍旧必须选择性能系数为 2.08 分辨率为 320×240 且比特率为 200 bits/s 的影片作为来源才能保证流畅播放。另一种情况发生在 P_I 值小于 1 时，考虑网络环境为 500 bits/s，一个延迟时间（DC）为 −0.6 秒，且持续帧数（DF）为 100 帧的情况。得到该段时间中总处理时间为 2.73 秒，理想处理时间为 3.33 秒，因此理想性能倍数（P_I）为 0.72，这样的情况表示系统仍有能力负荷更佳的分辨率与比特率。假设目前播放的格式为 320×240 且比特率为 200 bits/s 的情况，则必须选择性能系数大于 1.50（2.08×0.72）的多媒体来源。虽然 352×288 且比特率为 600 bits/s 的多媒体来源达到性能上的条件，但由于网络环境受限于 500 bits/s，因此最适当的来源为 352×288 且比特率为 400 bits/s 的多媒体文件。整体决策流程如图 7-18 所示。

在启动决策机制时，会先通过网络监视器衡量目前的网络状况，并记录在决策条件中。之后启动硬件监视器，计算出理想性能倍数，最后进行多媒体文件来源的选择，这里的选择也包含了网络的环境条件。一旦判断结果为不需要进行转换，则会结束决策机制，否则将会重新选择多媒体来源，并继续播放。换句话说，在决策机制中，网络的环境条件是第一个考虑因素，其次则是根据理想性能系数的大小，决定提升或降低当前播放质量。而理想性能系数则是在译码与播放过程中获得，可以直接反应出硬件在处理该译码流程与播放流程时所花费的时间过长或仍有额外能力负荷更高的性能需求。最终在决定多媒体来源时，则根据该数值以及过去实测所得到的数值，提供给使用者一个推荐的文件来源。因此该决策同时包含了网络带宽、影音同步以及高分辨率三项目标，尽可能妥善运用硬件设备上的资源。

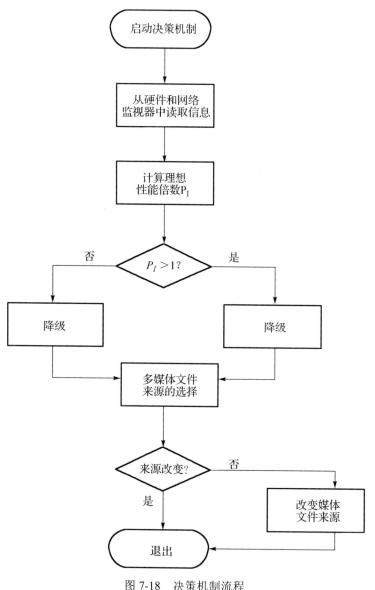

图 7-18　决策机制流程

硬件负荷的计算会通过相关数据予以辅助，但实际运用中仍可能遇到不属于支持范围内的比特率。这时候由于参考数据的缺乏，则无法直接判断出最理想的多媒体来源。也因此在决策原则上，会尽可能根据已知的数据进行选择，尽可能减少调整次数。更进一步说，若比特率不是上述三种之一，决策系统会先以表格内所包含的比特率为主要考虑范围，以避免参考数据不足而导致失误，达到尽可能减少调整次数的目标。值得一提的是，决策系统仍保留了让用户自行决定是否切换的权利，这是为了让使用者自行决定当前的播放状况是否可接受。部分情况下也许使用者宁愿以较差的播放性能观赏较高质量的多媒体内容，这可能是为了节省带宽，希望以较低比特率的方式收看串流内容。因此在决策系统上，仍将保留最终的决定权给予使用者，并由使用者在应用程中决定发起决策的时机。

7.5 系统架构与实现流程

7.5.1 编译环境

由于 PAC Duo SoC 是以 ARM 为主要架构的硬件平台，因此无法适用一般 x86 的编译程序，无论是核心的编译或是应用程序移植（如带宽侦测工具等），都必须以交叉式编译（Cross-Compiler）进行编译，才能够使编译出来的程序顺利运行于 PAC Duo SoC 之上。而在 PAC Duo SoC 所附的平台支持套件（Board Support Package，BSP）中，也包含了 Linux 核心，以及交叉编译所需使用到的编译程序 arm-s007q3。因此在使用前，仅需对环境变量予以设定，并能够进行交叉编译的工作，设定方法如下：

$$\text{\$exportPATH=\$\{arm-s007q3\_PATH\}/bin:\$PATH}$$

${arm-s007q3_PATH}为交叉编译程序的路径，根据解压缩位置的不同会有所差异。

同时，为了成功编译 Android，必须先安装 Java JDK（Java Development Kit）。根据 Android 官方的建议，以 JDK5 或 JDK6 的版本编译较佳，在 Ubuntu 平台上，可借由 apt-get 指令直接进行 sun-java5-jdk 的安装。我们采用版本为 2.6.27 的 Linux 核心，为了使 Android 能够成功运行，较关键的部分如表 7-2：

表 7-2　核心配置

配　　置	描　　述
CONFIG_INPUT_EVDEV	取得使用者输入
CONFIG_WAKELOCK	与电源控制以及事件接口相关
CONFIG_RTC_CLASS	提供电源管理 RTC 功能
CONFIG_ASHMEM	提供内存共享功能
CONFIG_AEABI	提供 Android 函数库与 Linux 核心沟通
CONFIG_LOW_MEMORY_KILLER	提供内存过少时使用
CONFIG_FONT_8x8 CONFIG_FONT_8x16	开机所使用的字型
CONFIG_BINDER	提供 AndroidProcess 通过 IPC 机制沟通
CONFIG_HOTPLUG	提供 uevent 来建立 device node

除此之外，针对多媒体影音部分，例如双缓冲区（Double-Buffing）以及声音输出的驱动程序等，必须进行额外修正，才能使 Android 进行正常的声音与影像输出。完成 Linux 核心的修正与建立好编译环境后，便可直接进入核心文件夹下，以 make 指令进行编译，

结果如图 7-19 所示。所产生的 zImage 必须经由 mkimage 工具进行转换，产生能够在硬件平台上执行的 uImage 映像档。

图 7-19　编译 Linux 核心

平台支持套件内所提供的 Android 版本是 2.1 的 Éclair。而本节主要以 Stagefright 多媒体框架为主体，为了使 Android 2.3 Gingerbread 能够运行于 PAC Duo SoC 平台上，必须重新下载原始码并进行编译，具体做法如下：

首先可访问 http://android.git.kernel.org/?p=platform/manifest.git;a=summary 得到目前可提供下载的最新 Android 版本，使用 git 套件进行下载。本节所选用的版本为 2.3-r2，具体的下载方式如下：

```
$repoinit-ugit://android.git.kernel.org/platform/manifest.git-bandroid-cts-2.3_r2
$reposync
```

另外也可以根据版本代号进行下载，以 Gingerbread 为例：

```
$repoinit-ugit://android.git.kernel.org/platform/manifest.git-bGingerbread
$reposync
```

下载完成后可直接进行 Android 编译。根据所使用的计算机环境不同，可能需要对相关设定稍做调整，建议以 64 位的处理器进行编译，具体方法如图 7-20 所示。

```
$cd${Android_Source_PATH}
$make-j4
```

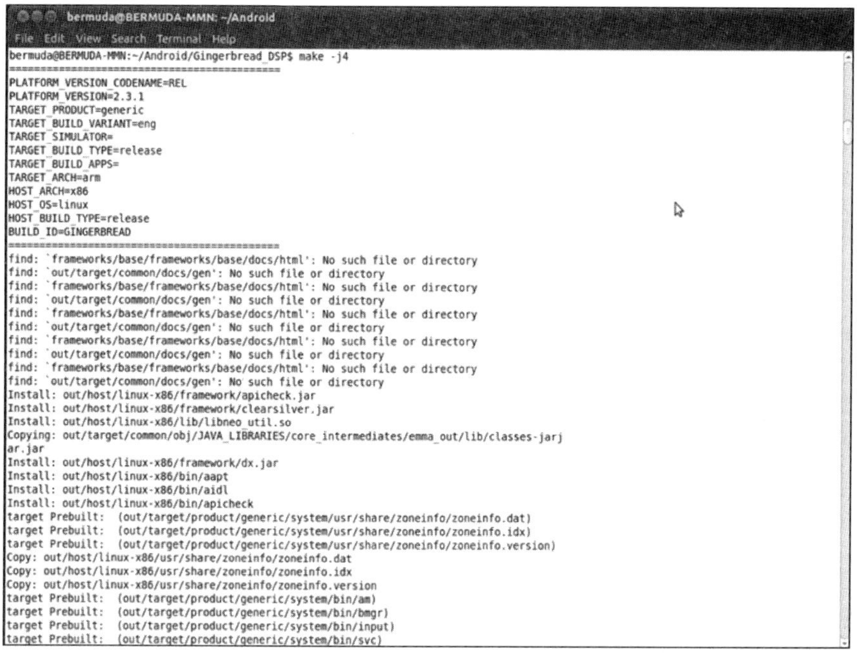

图 7-20　编译 Android

编译完成后，需把编译好的内容搬移至另一个文件夹，以便于管理与使用。需要将复制的内容放在以下路径：

```
${Gingerbread}/out/target/product/generic/root/
${Gingerbread}/out/target/product/generic/system/
```

将位于这些文件夹下的内容独立复制后，必须对位于根目录底下的 init.rc 进行修正。init.rc 是一个负责初始化 Android 系统的脚本,里面定义了许多初始化的设定与预计被启动的相关程序，而具体所需修正的部分如下：

新增以下内容至 init.rc：

```
symlink/dev/snd/dsp/dev/eac
chmod0777/dev/snd/dsp
chmod0777/dev/mem
mountyaffs2mtd@data/datanosuidnodev
```

并将以下内容删除：

```
mountyaffs2mtd@system/system
mountyaffs2mtd@system/systemroremount
mountyaffs2mtd@userdata/datanosuidnodev
mountyaffs2mtd@cache/cachenosuidnodev
mountrootfsrootfs/roremount
```

另外，根据使用上的需要，可选择用 root 或一般使用者进行登入。在开发过程中，以 root 使用者登入较为方便，修正内容如下：

```
usershell 或 userroot
```

另外如果想将经过编译与修正后的 Linux 核心与 Android 系统在 PAC Duo SoC 上运行，可选择通过 Bootloader 将核心映像档与文件系统刻录至 PAC Duo SoC 上的非挥发性（Non-Volatile）装置中（即 Flash Memory）。但在开发过程中，由于会频繁地修正 Linux 核心与 Android 系统，因此建议通过简单文件传输协议（Trivial File Transfer Protocol，TFTP）来加载 Linux 核心至平台的 SDRAM 上，并通过网络文件系统（Network File System，NFS）来加载文件系统，以减少不必要的非挥发性装置读写。

● TFTP 载入 Linux 核心映像

TFTP 可视为一个简单的文件传输协议（File Transfer Protocol，FTP），该协议通过 UDP 的方式进行文件传输。由于没有列出文件清单与用户认证的功能，大多被用在内部局域网中，来提供简单快速的文件传输。在 TFTP 服务器部分，以 Ubuntu 为例，必须先安装 TFTPD 套件，并对分享的文件夹、权限、boot 以及最低可重复连接时间等等进行设置，最后重新启动 TFTP 服务。如下：

```
$nano/etc/inetd.conf
$sudo/etc/init.d/openbsd-inetdrestart
```

而在 PAC Duo SoC 的部分，通过 bootloader 的相关指令，可以将核心映像搬移至硬件平台的内存，并指定开机时由特定的内存位置读取核心内容，做法如图 7-21 所示。

```
boot>setenvserverip${SERVER_IP}
boot>tftpboot0x30000000${uImage}
boot>bootm 0x30000000 或者也可更新核心映射至 Flash:
boot>erase 0x10100000 0x104fffff
boot>cp 0x30000000 0x10100000 $(filesize)
```

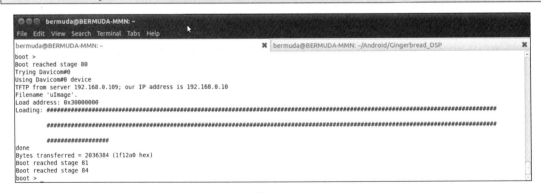

图 7-21　使用 TFTP 开机

● NFS 载入 Android 文件系统

NFS 提供给开发者一个快速便利的方式，可以使嵌入式系统通过网络来存取文件系统。而另一端的文件系统服务器，以 Ubuntu 为例，需安装 nfs-common 与 nfs-kernel-server 套件，并设定可存取的 IP 范围、文件路径以及权限等等，然后重新启动该服务。而 bootloader 也必须设定 NFS 服务器 IP 与需要挂载的文件路径。

做法如图 7-22 和图 7-23 所示。

```
#nano/etc/exports
#/etc/init.d/nfs-kernel-serverrestart
```

```
●●●        bermuda@BERMUDA-MMN: ~

File  Edit  View  Search  Terminal  Help
usb 1-1: Product: ISP1520
usb 1-1: Manufacturer: Philips Semiconductors
usbcore: registered new interface driver usbhid
usbhid: v2.6:USB HID core driver
Advanced Linux Sound Architecture Driver Version 1.0.17.
ALSA device list:
  #0: Dummy 1
TCP cubic registered
NET: Registered protocol family 17
RPC: Registered udp transport module.
RPC: Registered tcp transport module.
ieee80211: 802.11 data/management/control stack, git-1.1.13
ieee80211: Copyright (C) 2004-2005 Intel Corporation <jketreno@linux.intel.com>
IP-Config: Guessing netmask 255.255.255.0
IP-Config: Complete:
     device=eth0, addr=192.168.0.100, mask=255.255.255.0, gw=255.255.255.255,
     host=192.168.0.100, domain=, nis-domain=(none),
     bootserver=255.255.255.255, rootserver=192.168.0.109, rootpath=
Looking up port of RPC 100003/2 on 192.168.0.109
dmfe: Link link OK 40
dmfe: Change Speed to 100Mhz full duplex
Looking up port of RPC 100005/1 on 192.168.0.109
VFS: Mounted root (nfs filesystem).
Freeing init memory: 108K
Warning: unable to open an initial console.
init: cannot open '/initlogo.rle'
init: cannot find '/system/etc/install-recovery.sh', disabling 'flash_recovery'
sh: can't access tty; job control turned off
# warning: `rild' uses 32-bit capabilities (legacy support in use)
```

图 7-22　使用 NFS 加载文件系统

图 7-23　Android2.3 Gingerbread on PAC Duo SoC 运行示意图

7.5.2　基于 H.264 并行解码的双核心安卓平台

由于 Stagefright 继承了 OpenCore 在多媒体译码上模块化的特性，能对译码的各个功能予以区分。但因架构上仍存在部分差异，因此在整合过程中，需将各个独立功能作额外修正。该版本实现了在 OpenCore 上以单核心解码的机制，并按照 OpenCore 软件译码流程将各个独立的功能分别以 DSP 译码的方式进行取代，即将原本以 ARM 译码的部分替换成 DSP 解码。这部分的主要架构包含了 DSP 初始化、SPS、PPS、slice 解码、flushbuffer，以及最后的清除动作，详细的呼叫顺序（Call Sequence）如图 7-24 所示。

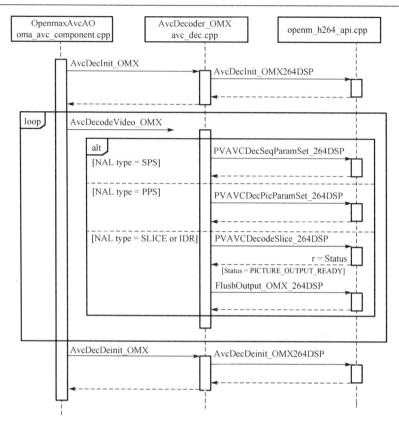

图 7-24 AVC 的组件序列表（Component Sequence Diagram）

各函数说明如下：

● AvcDecInit_OMX264DSP

将 DSPH.264decoderbinary 搬移到 AXISRAM，将 DSP0 的内存（memory）及输入缓存（input buffer）跟输出缓存（output buffer）进行映射（mapping）后开始初始化。初始化的内容包括：

> 设定 data memory addressing mode 为 notinterleaved
> 设定 data memory access priority 为 PACDSP>DMA>BIU>CFU
> 设定 DSP0baseaddress 为 0xb0000000
> 设定 PSCU（Program Sequence Control Unit）的 start address 为 0x21001000
> 设定 prefetchline 为 0
> 设定 instruction memory space 的大小为 32 KB
> 设定 instruction memory 的模式为 cache
> 设定 flush cache 为 high

● PVAVCDecSeqParamSet_264DSP

将数据的比特流搬移到 DDR2，并启动 codec 进行 SPS 的译码。

● PVAVCDecPicParamSet_264DSP

将数据的比特流搬移到 DDR2，并启动 codec 进行 PPS 的译码。

● PVAVCDecodeSlice_264DSP

将数据的比特流搬移到 DDR2，并启动 codec 进行 slice 的译码。

● FlushOutput_OMX_264DSP

将完成译码的数据的比特流搬移到 ARM 端。

● AvcDecDeinit_OMX264DSP

unmappingDSP0 的内存及输入缓存跟输出缓存。

然而，这部分的函数接口在新的 Stagefright 框架下却有明显的差异，具体函数内容如图 7-25 所示。

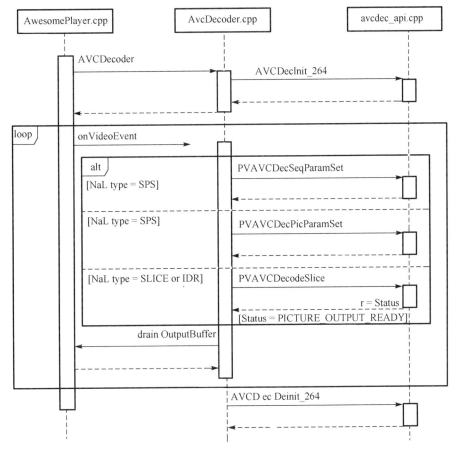

图 7-25 Stagefright 框架下的 AVC 的组件序列表

● PVAVCAnnexBGetNALUnit

根据 H.264/AVCAnnexB 进行位串流解析。

● PVAVCDecGetNALType

该函数负责取得位串流内的 NAL 型态，以便于呼叫相对应的函数作后续处理（例如该位串流为 SPS、PPS 或 Slice 等型态，则进行相对应译码）。

● PVAVCDecSeqParamSet

负责处理 SPS 译码与初始化相关参数，并根据帧队列（Frame List）协助配置内存。

● PVAVCDecGetSeqInfo

提供最近一次 SPS 译码后，得到的位字段（Bit Fields）与维度（Dimension）等信息。若没有 SPS 解码出现，则回传失败。

● PVAVCDecPicParamSet

负责进行 PPS 译码，并协助相关参数的初始化。

● PVAVCDecSEI

负责进行补充增强信息（Supplemental Enhancement Information，SEI）型态的译码，该位串流内通常包含一些影片的相关信息，例如影片简介、版权宣告等等。

● PVAVCDecodeSlice

进行 Slice 译码。

● PVAVCDecGetOutput

根据指定的帧顺序号（Frame Number）检查其可存取性，同时也提供了该张影像的相关播放信息，应用层亦可根据实际需要重新指定播放顺序。

● PVAVCDecReset

重新设置负责处理 H.264 解码的 AVC Handler。

● PVAVCCleanUpDecoder

清除 AVC Handler 的内容。

● CBAVCDec_GetData

该函数为一个返回函数（Callback Function），在完成阶段性任务后会被重新调用，并负责取得下一阶段需要进行处理的位串流。

根据上述对两种不同多媒体框架的描述，可发现其设计的方式仍有部分相似之处。即负责处理 SPS、PPS、Slice 译码的三个函数，以及过去在 OpenCore 中所使用的 FlushOutput_OMX_264DSP 函数，虽然在新的 Stagefright 框架中未被定义在 H.264 译码的应用程序编程接口中，但仍以 drainOutputBuffer 的形式存在。总而言之，若想将 DualDSPH.264 译码的功能整合到 Stagefright 框架中，可对框架内原有的函数接口新增有关 DSP 译码或初始化的部分，如表 7-3 所示。

表 7-3 Stagefright 与 OpenCore 函数比较

OpenCore 接口	Stagefright 接口
AvcDecInit_OMX264DSP	AVCDecInit_264
PVAVCDecSeqParamSet_264DSP	PVAVCDecSeqParamSet
PVAVCDecPicParamSet_264DSP	PVAVCDecPicParamSet
PVAVCDecodeSlice_264DSP	PVAVCDecodeSlice
FlushOutput_OMX_264DSP	drainOutputBuffer
AvcDecDeinit_OMX264DSP	AVCDecDeinit_264

此外，过去在 OpenCore 中负责处理译码的 H264_Decoder 数据结构，在新的 Stagefright 框架下也必须被添加到 AVC Handle 的数据结构中，较重要的部分如下图 7-26 所示。对 avcdec_dspapi 修正过后的 Stagefright 架构如图 7-27 所示。

```
        unsigned char *vDSP0_BASE_ADDR;
        unsigned char *vDSP1_BASE_ADDR;
        unsigned char *vBitStream_BASE_ADDR;
        unsigned char *vYUV_Buffer_BASE_ADDR;
        int device_pointer;
        int picture_width;
        int picture_height;
        unsigned char frame_cropping_flag;
        unsigned char frame_crop_left_offset;
        unsigned char frame_crop_right_offset;
        unsigned char frame_crop_top_offset;
        unsigned char frame_crop_bottom_offset;
        unsigned char frame_mbs_only_flag;
        signed int FrameCount;
```

图 7-26 VC Handle 中新增的数据结构

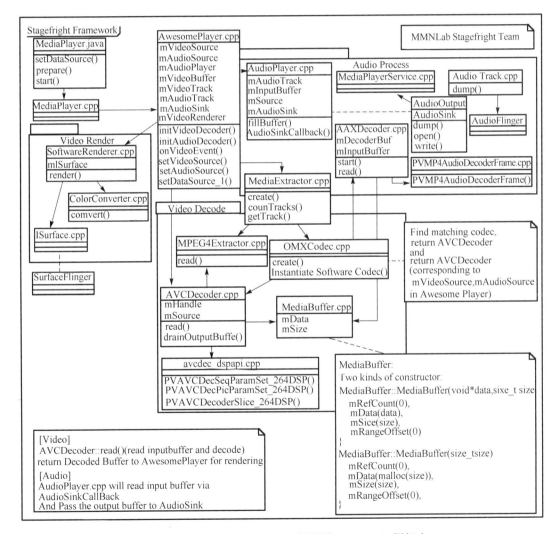

图 7-27 整合 Dual DSP H.264 解码至 Stagefright 框架中

在图 7-26 中，用新添加的 avcdec_dspapi 取代原本的 avcdec_api。为了保留 Stagefright 的完整性，实现中并未将 avcdec_api 删除，而是以新增的方式新增 DSP 译码的应用程序编程接口，并在 AVCDecoder 函数中将译码的接口切换成 DSP 译码的接口。这样的好处是使系统仍保有 ARM 的解码能力，可以提高译码的弹性。原始的 OpenCore 接口的实现，如前所述是以单核 DSP 为主，为了将 DualDSP 译码进行整合，则必须修改所选用的译码器的译码流程与方式。

并行译码机制可分为功能分离与数据分离两种。虽然数据分离在译码过程中所表现的性能较为优异，但若实现在 PAC Duo SoC 平台上，则必须通过 ARM 处理器提供额外的运算，以便将奇数和偶数张影像进行数据分离。另外，由于数据分离可能会有两个 DSP 同时将两张影像译码好的可能，因此 ARM 处理器必须花费额外的时间进行数据搬移，并妥善保存译码过后的影像数据。原因是在影音同步的机制下，每一张译码好的影像都有其标准的输出时间，在该时间尚未到达时，这些译码过后的数据都必须通过 ARM 处理器搬移至内存中保存，并将下一次需要进行译码的数据搬移至 DSP 的内存中。但译码过后的数据体积庞大，且 ARM 处理器也肩负着声音的译码与播放，在影音同步机制的限制下会大大增加 ARM 处理器的负担，同时也会拖累 DSP 的译码性能，从而导致无法同步。因此在译码器的选择上，本节选择以功能分离进行实现。

在表 7-3 提到的 6 个函数中，由于 SPS 与 PPS 的译码都是 DSP0 处理器负责的，因此不需要特别针对并行译码的部分进行修改，可直接延用 OpenCore 架构来实现。而其他 4 个函数都必须予以修正。

- AvcDecInit_OMX 264DSP

新增 DSP1 的支援，将 DSP1H.264decoderbinary 搬移到 AXISRAM0x21010000 的位置，接着，将 DSP1 的内存起始位置 0xd0000000 进行映射并完成 vDSP1_BASE_ADDR 的设定，然后开始初始化。初始化的内容包括：

- ➢ 设定 DSP1datamemoryaddressingmode 为 notinterleaved
- ➢ 设定 DSP1datamemoryaccesspriority 为 PACDSP>DMA>BIU>CFU
- ➢ 设定 DSP1baseaddress 为 0xd0000000
- ➢ 设定 DSP1PSCU（ProgramSequenceControlUnit）的 startaddress 为 0x21010000
- ➢ 设定 DSP1prefetchline 为 0
- ➢ 设定 DSP1instructionmemoryspace 的大小为 32 KB
- ➢ 设定 DSP1instructionmemory 的模式为 cache
- ➢ 设定 DSP1flushcache 为 high
- ➢ 将 DSP1referenceframe 的地址设为 0x38000000

- PVAVCDecodeSlice

将数据的比特流搬移到 DDR2，并启动两颗 DSP 进行条带译码。在检查是否完成译码轮询的循环后，加上对 DSP1 状态的检查。

- drainOutputBuffer

将译码好的数据从 DSP 内存中取出，并根据同步机制决定播放时机。

- AVCDecDeinit_OMX 264DSP

清空 DSP0 和 DSP1 的内存、输入缓存和输出缓存。

根据 Android 的原始设计，其显示的格式为 RGB565。但由于译码过后的格式为 YUV420，无法直接显示到 PAC Duo SoC 上，所以必须通过 Stagefright 框架下的颜色转换器（Color Converter）进行格式转换与大小的调整后，才能够正常地显示在 LCD 屏幕上。根据实际的测试，一个 NAL 封包通过 Dual DSPH.264 译码的周期，以及在各个功能上所耗费的时间比例，如图 7-28 所示，其中以格式转换所占的比例 62% 为最高。

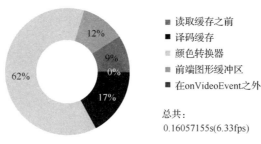

图 7-28　媒体缓存生命周期

因此，无论 DSP 进行译码的速度再如何快速，也只能节省 70% 以内的时间，却也无法避免经过格式转换与影像显示的过程。而这两个部分所占的比例约为 74%（62%+12%），已经远大于整个解码过程所耗费时间的一半。换句话说，如果希望能够增加 Stagefright 整体的播放性能，除了有效地缩短 DSP 译码所耗费的时间以外，负责传递数据给 DSP 的 ARM 处理器也扮演着重要的角色。而为了有效解决延迟严重的问题，本节在实现上新增了一个 YUV 的渲染器，使得 Android 能够支持 YUV420 输出影像。

可播放的分辨率种类由于多媒体的分辨率种类而相当多样化。但有时硬件平台无法支持该分辨率时，就必须通过 YUV 渲染器将不符合的分辨率种类适度排除。实现中，对 PAC Duo SoC 而言，根据合理的使用范围，以及 LCD 的驱动程序的支持，可将数种分辨率实现于 YUV 渲染器上。当译码器译码后发现无法支持该分辨率时，则回传错误给 Awesome Player，并显示错误信息。详细分辨率规格如表 7-4 所示。

表 7-4　YUV 分辨率规格

分辨率	176×144	320×240	352×288	400×300	640×480	800×480
长宽比	1.22	1.33	1.22	1.33	1.33	1.67
比例		√		√		√

增加 Android 多媒体播放对于 YUV 格式的支持

为使 YUV 格式能够顺利播放，必须通过控制 LCD 的驱动程序，来调整其相关参数设置，其中最重要的参数是分辨率的数值。然而，分辨率必须在 SPS 译码之后才能取得，因此最佳的调整时机是在第一次 SPS 译码完成之后，也就是在第一张画面显示之前进行分辨率的设定。调整的方法如图 7-29 所示。

在成功调整屏幕分辨率与模式后，便能将译码完成的数据搬移至 LCD 内存中，以便于顺利显示译码过后的内容。采用这样的做法是为了有效节省 YUV 与 RGB 格式转换所耗费的时间，且对于不同的分辨率能将其顺利地显示在屏幕上，这样可以大大减少缓冲区的生命周期，进一步达到提升性能效的目的。而显示的方式可分为两类，分别为经过放大和保持原始比例。LCD 控制器内建了数种可支持全屏幕放大的分辨率，如表 7-4 所示。但若该分辨率无法支持全屏幕放大时，则必须以原始大小输出。

```
struct pacfb_lcd_control lcd_control;
//Open Frame Buffer Device
avcHandle->FRAMEBUFFER_DEVICE=open("/dev/graphics/fb0",O_RDWR);
//Parameter Setting
lcd_control.mode = PACFB_LCD_MODE_ HWSCALING; lcd_control.control = PACFB_
         LCD_800_480_to_800_480;
//Double Buffering
iOffset=800 *480 *3 /2;
//Set Configuration by IO Control Command
ioctl(    avcHandle->FRAMEBUFFER_DEVICE,
PACFB_IOCLCD_ CONTROLSET, &lcd_control);
//Get Configuration by IO Control Command
ioctl(    avcHandle->FRAMEBUFFER_DEVICE,
PACFB_IOCLCD_ CONTROLGET, &lcd_control);
//Get LCD Offset for Posting
avcHandle->PAC_ FB_OFFSET = lcd_control.fb_offset;
//Get Memory Mapping Address
avcHandle->FRAME_BUFFER_ ADD=( unsigned char*) mmap( NULL,(800 *480 *4+iOffset),
         PROT_READ|PROT_WRITE,
MAP_SHARED,avcHandle->FRAMEBUFFER_     DEVICE,0);
```

图 7-29　切换 LCD 为 YUV420 模式

以图 7-30 为例，该图为一个以 YUV420 表示的 4×6 图形区块，前 24 个字节为 YUV 数据中的 Y（明亮度），之后紧接着 6 个字节的 U（色度）以及 6 个字节的 V（彩度）。其中，Y01、Y02、Y07 与 Y08 的色度与彩度，分别由 U01 与 V01 表示。换句话说，一个分辨率为 800×480 的影像数据，其正确的内容应包含 364000（800×480 字节）的明亮度数据、91000（800×480÷4 字节）的色度与彩度数据。

Y01	Y02	Y03	Y04	Y05	Y06
Y07	Y08	Y09	Y10	Y11	Y12
Y13	Y14	Y15	Y16	Y17	Y18
Y19	Y20	Y21	Y22	Y23	Y24
U01	U02	U03	U04	U05	U06
V01	V02	V03	V04	V05	V06

比特流

Y01	Y02	Y03	...	Y24	U01	U02	...	U06	V01	V02	...	V06

图 7-30　YUV420 格式

因此，若希望在该画面中显示左上角 4 个点，则必须将 Y01、Y02、Y07、Y08、U01 与 V01 的数据填补完整。然而，实际上由于连续位串流的排列有所不同，在数据排列上是根据 Y、U、V 的顺序进行封装的。因此在填写了 Y01 与 Y02 后，必须跳过 4 字节才能进行 Y07 与 Y08 的写入，U01 与 V01 也是同样的道理。以 PAC Duo SoC 为例，其标准分辨率为 800×480，若要将影像正确地显示在 LCD 上，做法如图 7-31 所示。

```
${WIDTH}=The width of image
${HEIGHT}=The height of image FULL=800 *480
FRAME_ SIZE=${WIDTH}*${HEIGHT}
//Cramming all Y data
for(iHelp=0;iHelp<${HEIGHT};iHelp++)
memcpy(${DESTENATION}+800 *iHelp,${YUV_ SOURCE}+
${WIDTH}*iHelp,${WIDTH});
//Cramming all U data
for(iHelp=0;iHelp<(${HEIGHT}/2);iHelp++)
memcpy(${DESTENATION}+FULL+400 *iHelp,${YUV_DATA_ AD}+ FRAME_ SIZE+${WIDTH}/2
        *iHelp,${WIDTH}/2 );
//Cramming all V data
for(iHelp=0;iHelp<(${HEIGHT}/2);iHelp++)
memcpy(${DESTENATION}+FULL+FULL/4+400 *iHelp,${YUV_DATA_ AD}+ FRAME_
        SIZE+FRAME_ SIZE/4+${WIDTH}/2 *iHelp,${WIDTH}/2);
```

图 7-31　YUV 渲染器显示方式

综上，通过驱动程序的设定，可将 LCD 的显示由 RGB565 格式调整为 YUV420 格式，并将译码过后的影像显示在 LCD 屏幕上。但若缺乏一套良好的机制与完善的播放流程，很容易造成系统不稳定的现象。原因是启动该模式后，实际上 RGB565 的画面仍然存在，但画面上的 RGB 数据与 Android 的框架控制会消失，如图 7-32 所示。

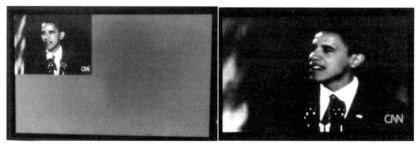

图 7-32　YUV 原始比例显示与全屏幕显示

为了有效地改善此问题，在播放的机制上必须有一个完善的播放流程使 YUV 渲染器与 Android 系统能有更高的整合性，并能够快速地进行显示模式的转换。设计方式如图 7-33 所示。

当负责处理译码的 AVC 译码器开始进行数据的读取时，会先判断读取是否成功。若因数据损毁或已播放完毕等因素造成无法正确读取时，会强制转换为 RGB565 的模式，顺利读取后，再进行译码。若译码失败也会强制转换回 RGB565 模式，而一旦切换回 RGB565 模式，便会关闭负责接收触碰指令的输入事件监听器（Input Event Listener）。该监听器负责监听播放过程中用户对屏幕的触碰事件，以便在播放过程中处理来自使用者的输入控制。当译码成功后，若是 SPS 格式，由于该译码信息会包含该影像的分辨率，因此根据分析后的内容推测是否为已支持的分辨率。若无法支持时，则强制结束播放。反之，若该解析可被支持时，则进行分辨率的调整，并切换至 YUV420 模式，最后进行输出。在一般非 SPS 译码的情况下，则是直接进行输出，而不经过分辨率设定与 YUV 模式调整。值得注意的是，一旦启动 YUV 之后，必须同时启动输入事件监听器（Input Event Listener）。这是为了避免发生在 YUV 播放的过程中用户无法通过触碰屏幕控制 Android 的问题。当该程序启动后，便会不断地等待使用者的触碰事件，一旦检测到有触碰事件，则将触碰的信号送至事件处理器（Event Handler）中，并根据使用者的触碰事件做相应处理，以便使用者进行下一步的控制。

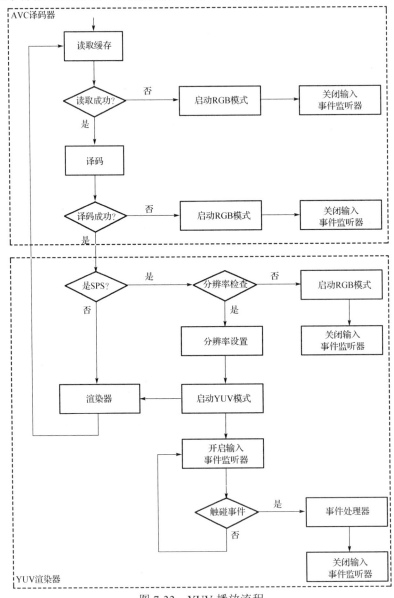

图 7-33　YUV 播放流程

原始的 Stagefright 已内建了一个影音同步的机制。但该机制必须将译码过后的影像以及播放信息放在原始框架所设定的媒体缓存数据结构中，以便显示合成系统能在正确的时间进行输出或在延迟时将该张画面略过，并快速追上目前理想的播放时间，进而达到影音同步的效果。但若通过 YUV 渲染器进行输出时，为了不再增加处理器的负担，并不会将译码过后的数据从 DSP 的内存中搬移至开发板的内存中，也不再进行大小的调整与 RGB565 格式的转换。因此，译码过后的内容将不会存放在媒体缓存中，以便提升译码与播放的效率。更进一步说，显示合成系统在 YUV 渲染器被启用后，会自动停止运行，同时将播放权限转移至 YUV 渲染器。而原始的同步机制，则是由 Awesome Player 主导，并将欲调整的时间包装成一个事件，加入负责处理影像显示的 onVideo Event 队列中。但这样的做法，并不能控制 YUV 渲染器的播放。因此为了达到影音同步的目的，实现中针对负责处理声音与影像译码的 AVC 译码器与 Audio 译码器（Audio Decoder）加入了影音同步的机制，并进一步将显示时间信息传送至 YUV 渲染器，再由 YUV 渲染器对影像的显示进行控制，完成影音同步的工作。其流程如图 7-34 所示。

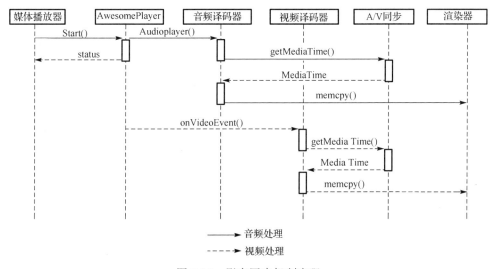

图 7-34　影音同步机制实现

当媒体播放器下达播放的指令后，会通过 Awesome Player 进行声音与影像播放的管理控制，而声音的部分会先被启动，并通过 fillbuffer 函数将提取器所取得的数据传送给译码器，并进行译码。当声音数据译码完毕后，再通过 A/V 同步获得媒体时间。该时间为一个单纯的定时器，其启动的时机为第一次成功的声音译码后，即将要播放的瞬间。这个时间所代表的意义为理想的播放时间，并会忠实地随着系统的定时器不断增加，提供给声音与影像显示作为参考，使得每组声音与影像数据都能在标准的时间进行输出。

以图 7-34 为例，该图为一个声音封包与影像封包自读取到播放的流程。其中，Awesome Player 会先新增一个负责处理音频译码的线程，此后便将声音的播放交由音频播放器管理。为了使每一组解码过后的声音都能够如实播出，音频播放器会通过 A/V 同步取得媒体时间并与目前该组声音数据的目标时间进行比较。若已延迟，则迅速播出，若仍过早，则推迟播放的时间，之后再进行下一次的译码。影像部分的做法相似，首先 Awesome Player 会通过 onVideo Event 事件进行译码时机的控制，在实现上则是让 onVideo Event 事件在全速的状况下（即不经过任何延迟）进行译码。这是由于原本的 onVideo Event 事件也必须同时负

责影音同步，因此 Awesome Player 会将需要的延迟或译码等动作封装为一个事件，并加入
onVideo Event 事件中，以便让控制播放与译码的流程进一步达到同步。在使用新增的同步
机制时，会将原始的同步机制移除。因此 onVideo Event 事件只需负责控制译码的时机，而
影音同步则交由 A/V 同步机制处理。当负责解码的视频译码器（Video Decoder）（若为
MP4 则为 AVC 译码器）译码完毕后，同样会通过 A/V 同步机制取得媒体时间，并在适当
的时候播出。整体而言，这样的同步机制不再以声音为主，而是共同使用一个定时器，并
将声音开始的瞬间作为起始。之后则根据每一组多媒体数据的内容，与此定时器比较后，
再根据比较的结果调整播出的时机。换句话说，每一组数据的内容都要经过该机制的管控。
这样做的好处是，无论多媒体的内容来源是否稳定，只要有标准的播放时间，该机制就能
控制每一次的播出时间，以确保达到同步的效果。

7.5.3　安卓应用程序包设计

Android 上应用程序 APK（Application Package）的开发已经整合至 Eclipse IDE（Integrated
Development Environment）。在 Eclipse 上安装 SDK 后，便能够提供实时语法检查、自动补齐
和图形化接口等功能。除此之外，Eclipse 还具有 Android 仿真器的功能以及管理虚拟设备、
管理 SD 卡和连接仿真器控制面板等功能，而且可以提供一个快速开发的环境。在设计 APK
界面方面，也提供图形化工具来设计外观。Eclipse 的开发环境如图 7-35 所示，左方为项目管
理面板；中间面板为程序撰写区，也可进行面板配置；右方面板可显示概要（outline）。

图 7-35　Eclipse 开发环境

而在 Android 官方提供的 SDK 中，也包含了一个可以模拟 Android 执行效果的虚拟设备，
并可选择不同的 Android 版本进行模拟测试。由于实现的平台使用的是 Android Gingerbread，
因此在测试上也以该版本为主，如图 7-36 所示。

Android APK 的文件结构则如图 7-37 所示。其中，AndroidManifest.xml 包含了 APK

的名字、版本、权限、API 级最低的需求，以及所需的函数库等信息。Res 内则包含了 APK 用到的资源文件，如图片、版面布局、字符串等。两者通过 aapt 工具会自动生成 id 并产生 R.java，提供给应用程序使用。aidl 则提供进程间通信（Internet Process Connection，IPC）的机制，让 Android 的应用程序之间可以相互沟通。在应用程序的编写方面，采用 Java 语言。经由 javac 编译后会产生对应的 class 档，接着再由 dx 工具转换成 Dalvik 的执行档，最后由 apkbuilder 打包成为 Android APK。

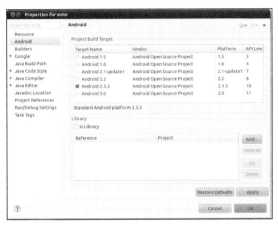

图 7-36　Android 虚拟设备设定

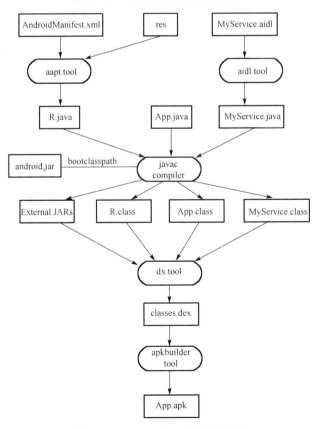

图 7-37　Android APK 建立流程

在 Android 中，应用程序与用户的互动可看成一个活动（Activity）。而应用程序的生命周期管理由 Android 框架执行，应用程序无法直接控制，只能定义生命周期处于各种状态时所对应的行为。有关 Android 应用程序的生命周期见图 7-38。

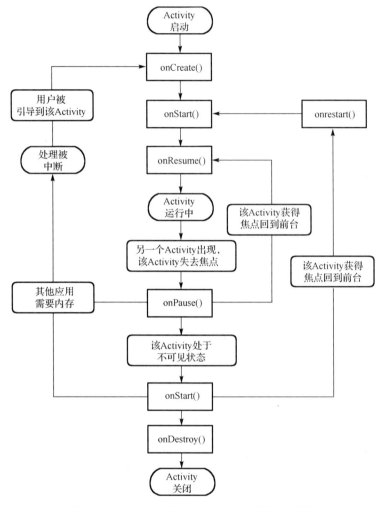

图 7-38　Android 活动（Activity）的生命周期

本节在设计 APK 的使用户界面上，以 6 个功能为主。这几个功能含盖了播放、调整、设定、来源选择等，可用来调整或控制整个播放器，如图 7-39 所示。

APK 的主要目的是与底层的 Android 框架进行沟通。以多媒体播放功能而言，主要是与 Android 框架下的 Stagefright 多媒体合作，并协调整个播放的过程。本节主要设计了 6 大功能：

- Play：启动 Stagefright 进行播放。
- Status：针对网络与硬件运算能力进行评估，选择适当的多媒体来源后自动进行播放。
- Full Screen：全屏幕模式。
- Local：选择本地文件（即储存于文件系统中的文件）。
- Server：选择 RTSP 或 HTTP 的方式进行串流播放。

● Exit：结束播放与离开。

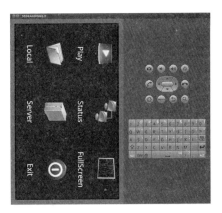

图 7-39　APK 用户界面

文件来源主要分为本地文件和串流。当选择来源为网络串流时，服务器端会主动提供一份文件清单，里面包含了影片的文件名、分辨率以及比特率三种信息。本地文件也会按照上述三种属性分类，以便在进行调整机制时能够快速切换。Status 为整个调整机制的核心，当用户按下该按键时，系统自动进行网络与硬件性能的评估分析，并自动从上次的播放时间开始进行播放。播放功能则可用来控制播放的开始与暂停。最后是用来启动全屏幕模式的 Full Screen，可在播放过程中任意进行切换。

在架构上，除了既有的 Stagefright 架构之外。APK 在运作的过程中，仍会使用到部分非原生架构的组件。例如，在架构中所新增的网络监视器、硬件监视器以及全屏幕监视器。这部分功能在 Android 上也必须被授予适当的沟通方式，即以 Java 原生程序接口（Java Native Interface，JNI）的形式建立系统共享函数库，用来接收用户界面按钮单击后传递过来的命令，并将该命令送到 Linux 核心来进行处理。这是为了让用户界面能够通过 JNI 使用 C 语言的函数库，而这部分的功能主要以 C 语言来完成。如图 7-40 所示，网络监视器、硬件监视器与 LCD 设置，都会通过 JNI 进行呼叫。

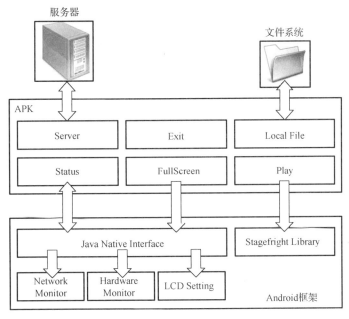

图 7-40　APK 架构

以 Status 的功能为例。当用户触发该按键后，系统会通过框架取得硬件监视器与网络监视器所测得的数据，并回传给 APK 应用程序，再由 APK 所分析的结果来决定是否需要进行调整。若有需要则重新设置来源，并启动播放（Play）的功能。这些繁复的步骤显示出 JNI 与底层函数库连接的重要性。这是由于网络监视器以及全屏幕等功能，都会用到非 Android 系统所提供的函数库。为了使 Java 程序能够使用 C 语言函数库，则必须通过 JNI。这样的做法，使得 Android 在架构上也变得更加灵活。

7.6　系统实现结果

7.6.1　测试环境与实现分析

本节实测的环境主要以 PAC Duo SoC 为主，并以 2.6.29 Linux 核心为基础进行修正。将 Android Gingerbread 移植到该平台上，同时也完成了基于功能分离的 Dual DSPH.264 解码与 Stagefright 的整合，并实现了一个 YUV 的渲染器和一个影音同步机制，从而进一步提升了 Stagefright 的性能。实现成果如图 7-41 所示。

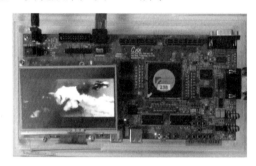

图 7-41　实现成果

事实上动态串流调整机制与性能和影音同步有相当大的关联。原因是实时的多媒体串流必须同时满足性能与影音同步的需求，否则在播放过程中容易产生延迟，导致播放质量下降。调整过程中，为有效减少调整的次数，必须参考各种不同类型、不同分辨率以及不同比特率的影片在译码时的性能表现。因此在决策机制中，必须通过上述性能表现进行预测，并选取适当的影片。在决策的同时，也要考虑到网络带宽的限制，这样才能够选择出最适当的影片。这种机制属于较主动的选择，而非被动地等待延迟事件发生后才进行切换。影音同步机制在性能上的限制，就是数种不同分辨率与比特率格式的影片都必须大于每秒 30 帧。这是因为大多数影片的平均帧数为 30 帧，平均每秒的解码能力必须大于等于该平均值，一旦有所延迟就容易导致影像无法与声音同步。举例来说，若每秒的平均播放帧数为 20 帧，那么连续播放 3 秒之后，影像就会落后声音约 1 秒。更进一步地说，影音同步机制必须凭借有效的译码机制与硬件运算能力，而动态串流调整机制则必须要求每秒播放约 30 帧，而且在达到影音同步的要求下，动态串流调整机制才能够被完整地实现。为了有效地检测影音同步与性能增益的效果，实测中以两种不同来源的多媒体档案进行测试，如表 7-5 所示。其中 Movie Trailer 的内容是较为复杂的电影预告片，另一个则是简单的 Google 功能简介。由于使用的译码器是以 Baseline Level4 为主，因此在进行转档时必须要额外留意。影像部分每秒平均帧数都是 29.97 帧，声音的部份采用 LC-AAC 的格式，取样频率为 48 kHz。

表 7-5　多媒体档案相关信息

		Movie Trailer	Google Logo Hates Mouse
视频	持续时间	90.0 s	31.5 s
	格式	MPEG-4	MPEG-4
	帧速率	29.97FPS	29.97FPS
音频	视频配置	Baseline@L4.0	Baseline@L4.0
	帧速率	29.97FPS	29.97FPS
	采样速率	48000 Hz	48000 Hz
	信道	2	2

需要进一步探讨的是，使用同一个影片来源也会因为不同的分辨率和比特率造成系统的负荷不一样。为了使实验结果的数据更为客观，在以下的实验中，所有测试的样本将会被分为 12 种情况来讨论。分别包含 4 种不同的分辨率，以及 3 种不同的比特率。

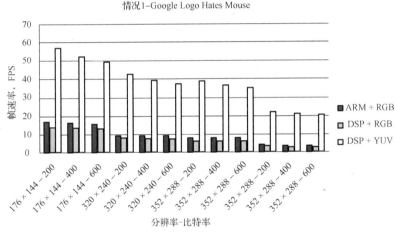

图 7-42　Google Logo Hates Mouse 性能测试结果

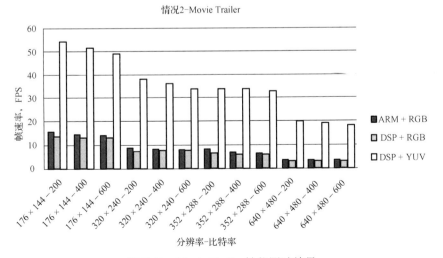

图 7-43　Movie Trailer 性能测试结果

7.6.2 能效增益分析

性能分析最重要的指标是每秒的平均帧数,在测试时已将影音同步的机制去除,并将实际播放的帧数除以实际播放的时间。根据测试结果发现,若以 DSP 配合 YUV 渲染器的方式进行译码与播放,可以提升播放性能约 3～6 倍。若仅仅使用 ARM 处理器取代 DSP 的译码功能,事实上并不会提升播放的性能,反而每秒会减少 0～2 帧的性能。这是由于 ARM 与 DSP 在译码上机制的不同而造成的。由于 ARM 会以轮询的方式对 DSP 的状态进行监控,并且在 DSP 译码过程中必须通过 ARM 处理器进行数据搬移,这部分包含译码前以及译码后的数据。而且译码后的数据是数据量较大的原始数据(Raw Data),因此会导致译码的流程较为繁复。此外,在译码时间上 DSP 的译码速度并不能弥补在这些程序上所消耗的时间。因此以 DSP 配合 RGB 渲染器的测试结果,会比 ARM 配合 RGB 渲染器的方式稍显逊色。细节如图 7-44 所示。

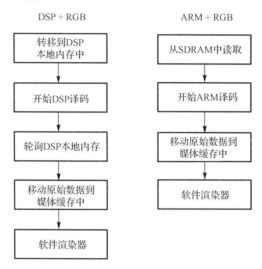

图 7-44 以 RGB 为渲染器的 ARM 与 DSP 译码流程

虽然以 DSP 的方式译码并没有带来性能上的增益,却可以减轻 ARM 处理器进行译码时的负担。这是由于 ARM 处理器在对 DSP 轮询时,依旧可以持续进行音频译码,而不必同时执行复杂的影像译码工作。这对 ARM 处理器的性能负荷相对较小,因此通过 DSP 辅助 ARM 进行译码是一个必要的过程。这样的做法使得 ARM 处理器能有较大的弹性空间,也使得 Android 的运行更为流畅。

7.6.3 影音同步机制分析

影音同步实际测试后的结果如下图 7-45 与图 7-46 所示。其中原始影像丢弃百分比为原始同步机制中的影像丢弃百分比,当该值为 100%时表示影像全部被丢弃。

上述实验的测试环境是在使用 YUV 渲染器的模式下进行测试的,因此比较组与对照组的差异仅仅是同步机制的不同,而执行硬件译码和播放的程序是完全相同的。根据实际测试的结果发现，经过修正过后的同步机制明显可以维持每秒 30 帧的显示频率。而 Stagefright 内建的同步机制由于使用丢弃影像来弥补延迟的时间，因此会发生丢弃影像的现象，这样的做法会使整体的播放效果降低。尤其是比特率越高发生丢弃的现象越明显。举例而言，在分辨率为 352×288 且比特率为 600 bits/s 的 Movie Trailer 测试中，有超过四分之一的影像是不会被播放的。在实际播放时也会发现影片有停顿的现象，且播放质量明显较差，而新的同步机制是在不丢弃任何一帧的限制下仍然维持平均每秒 30 帧的效果。

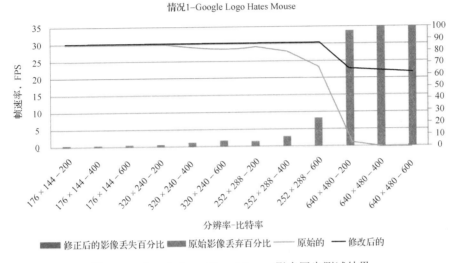

图 7-45　Google Logo Hates Mouse 影音同步测试结果

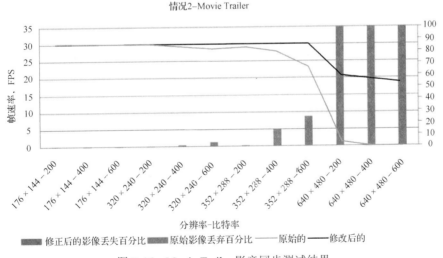

图 7-46　Movie Trailer 影音同步测试结果

根据实验结果可发现，可容许的影音同步的分辨率极限大约在 352×288 附近。若尝试再往上提升，则会因无法达到每秒播放 30 帧的条件，而使得同步机制无法顺利地进行。需额外注意的是，在性能分析中，每秒平均播放的帧数只能作为影音同步机制的一个基本要求。实际上能否达到同步，仍必须取决于译码的速度与播放速度。这是由于该数值在播放过程中会不断地变动，具体来说就是一个每秒平均播放帧数为 31 的多媒体文件，实际上也有可能发生无法同步的现象。能不能达到影音同步是由解码影片的复杂程度而定的。越复杂的内容所需的解码时间也就越长，然而一部影片的内容也有可能存在着部分复杂，部分简单的情况。若影像较复杂的部分集中在前半段，那么后半段的解码则较为顺利，影音同步机制也会自动修复播放时机。但若较复杂的部分集中在后半段，那么在后半段播放时，可能会发生延迟的现象，这样的情况可能会发生在一个每秒平均帧数大于 30 帧的多媒体文件的性能测试中。原因是每秒的平均帧数在该文件中分布并不均匀，导致部分时间可实现影音同步，而部分时间则无法实现同步。值得注意的是，Movie Trailer 在分辨率为 640×480 时，若使用过去的同步机制进行播放，会连一张影像都无法正常播出。因为实际上每一帧影像都是在译码完成后且在播出之前，决定是否必须采取丢弃的方式进行时间上的弥补。但如果一开始的差异太大，则无论怎么丢弃都无法弥补时间，这就会产生没有画面的现象，而这也是一开始 Stagefright 在未经过任何修正的情况下播放相应影片所产生的现象。同时，这也是新同步机制采取不丢弃任何一帧影像的原因。因为该帧的影像事实上已经译码完毕了，若将该帧的影像丢弃则等同于牺牲该帧的影像译码时间，同时也容易造成画面的不流畅。所以应该尽可能快速地完成该帧的影像播放，并进行下一组数据的译码。

7.6.4　动态串流调整机制分析

动态串流调整机制的测试方式，主要考虑在以下几种状况中，由于网络环境的不同决策机制是否能决定合适的多媒体影音来源。在此测试环境中，为了达到良好的测试效果，系统不会执行 Android 与该播放器程序以外的任何程序。而网络的限制方式则是通过 Wonder Shaper 对服务器与客户端之间的网络带宽进行限制，带宽值会随着网络状况而有所浮动，且仅仅是一个大致的数值而非绝对不变的。因此在决策时会采取保守的态度，优先考虑低于限速的比特率。测试结果如表 7-6 与表 7-7 所示。

表 7-6　实例 1-Google Logo Hates Mouse 的动态串流调整机制实测

实例 1-Google Logo Hates Mouse			
网络限制			
初始情况	300 bits/s	500 bits/s	700 bits/s
176×144-200	352×288-200	352×288-400	352×288-600
176×144-400	352×288-200	352×288-400	352×288-600
176×144-600	352×288-200	352×288-400	352×288-600
320×240-200	352×288-200	352×288-400	352×288-600
320×240-400	352×288-200	352×288-400	352×288-600
320×240-600	352×288-200	352×288-400	352×288-600
352×288-200	352×288-200	352×288-400	352×288-600
352×288-400	352×288-200	352×288-400	352×288-600
352×288-600	352×288-200	352×288-400	352×288-600
640×480-200	352×288-200	352×288-400	352×288-600
640×480-400	352×288-200	352×288-400	352×288-600
640×480-600	352×288-200	352×288-400	352×288-600

表 7-7　实例 2-Movie Trailer 的动态串流调整机制实测

实例 2-Movie Trailer			
网络限制			
初始情况	300 bits/s	500 bits/s	700 bits/s
176×144-200	352×288-200	352×288-400	352×288-600
176×144-400	352×288-200	352×288-400	352×288-600
176×144-600	352×288-200	352×288-400	352×288-600
320×240-200	352×288-200	352×288-400	352×288-600
320×240-400	352×288-200	352×288-400	352×288-600
320×240-600	352×288-200	352×288-400	352×288-600
352×288-200	352×288-200	352×288-400	352×288-600
352×288-400	352×288-200	352×288-400	352×288-600
352×288-600	320×240-200	320×240-400	320×240-600
640×480-200	320×240-200	320×240-400	320×240-600
640×480-400	320×240-200	320×240-400	320×240-600
640×480-600	320×240-200	320×240-400	320×240-600

值得注意的是在表 7-7 中，部分测试结果显示，当某些性能接近影音同步的边界时，会导致决策机制保守地选择较低阶的分辨率与比特率。例如在表 7-7 中，一个 640×480 且比特率为 600 bits/s 的多媒体文件，经过调整机制决策后的结果为 320×240 且比特率为 600 bits/s。这是因为该影片的内容较为复杂，在上述性能分析测试中，该影片所要消耗的系统运算能力已被验证较高。因此，决策的结果是以降低分辨率的方式进行播放，以达到影音同步的效果。

7.7　结论与未来展望

本章以 PAC Duo SoC 为硬件测试平台，进行了 Android 2.3 Gingerbread 的移植。同时也将基于功能分离的 Dual DSPH.264 译码整合至 Stagefright 多媒体框架内，并通过 YUV 渲染器与 DualDSP 译码配合的方式对其性能进行了改善。实际效果显示译码性能提升了约 3～6 倍。针对多媒体播放的重要需求，即影像与声音的同步，本章中也设计了一个新的影音同步机制，该机制能在不丢弃任何影像的限制条件下，维持每秒平均播放 30 帧的性能。

为了进一步提升播放的质量，本章提出了一套动态串流调整机制。该机制支持 Android 2.3 Gingerbread 所能支持的两种串流协议（亦即 HTTP 与 RTSP 协议），并能够在播放过程中，根据硬件条件限制、硬件运算能力以及网络带宽限制等三个因素进行决策。说明用户在观赏多媒体档案时，动态切换不同的分辨率与比特率，并在切换后继续切换前的播放，可以达到动态切换的效果。

Android Stagefright 是 Android 2.3 正式取代过去的 OpenCore 后默认的多媒体框架，该框架仍有许多可扩展之处。例如，更多的多媒体格式支持，更多的串流协议的支持等。未来可以进行更进一步的尝试，将 MPEG2 格式的 DualDSP 解码整合在该框架内，来达到实时播放数字电视（DVB-T）的能力。

7.8　参考文献

[1]　W.H. Chin, Z. Fan and R. Haines, "Emerging Technologies and Research Challenges for 5G Wireless Networks," IEEE Wireless Communications, Vol. 21, No. 2, April 2014, pp. 106-112.

[2]　X. Wang, M. Chen, T. Taleb, A. Ksentini and V. Leung, "Cache in The Air: Exploiting Content Caching and Delivery Techniques for 5g Systems," IEEE Communications Magazine, Vol. 52, No. 2, February 2014, pp. 131-139.

[3]　T.S. Rappaport et al., "Millimeter Wave Mobile Communications for 5G Cellular: It Will Work!," IEEE Access, Vol. 1, No. 1, May 2013, pp. 335–49.

[4]　"DSP",http://en.wikipedia.org/wiki/Digital_signal_processing,retrievedonJuly2011.

[5]　ITRI,"EMDMA Controller User Manual", 2008.

[6]　"What is Android?", http://developer.android.com/guide/basics/what-is-android.html, retrievedon July 2011.

[7]　"PVMF Media Clock Guide, ver1.", http://www.netmite.com/android/mydroid/1.6/external/opencore/doc/pvmf_media_clock_guide.pdf, retrievedon July 2011.

[8]　T.Wiegand, G.J.Sullivan, G.Bjøntegaard, A.Luthra,"Overview of the H.264/AVC video coding standard",IEEE Trans.on Circuits and Systems for Video Technology,vol.13,no.7,pp.560-576,July2003.

[9]　A.Bilas, J.Fritts, J.Singh, "Real time parallel MPEG-2 decodingin software", Proceedings of the 11th International Symposiumon Parallel Processing, pp.197-203, April1997.

[10]　M.Flierl, B.Girod,"Generalized B Pictures and the Draft H.264/AVC Video Compression Standard", IEEE Trans.on Circuits and Systems for Video Technology, vol.13, no.7, pp.587-597, 2003.

[11]　A.Rodriguez, A.Gonzalez, M.P.Malumbres, "Hierarchical parallelization of anh.264/avcvideoencoder", Proceedings of International Symposiumon Parallel Computing in Electrical Engineering, pp.363-368, September, 2006.

[12]　Z.Zhao, P.Liang,"Data partition for wavefront parallelization of H.264 video encoder",Proceedings of IEEE International Symposiumon Circuits and Systems, pp.2669-2672, May 2006.

[13]　M.Roitzsch,"Slice-Balancing H.264 Video Encoding for Improved Scalability of Multicore Decoding", Proceedings of the 7th ACM and IEEE international conferenceon Embedded software,pp.269-278, September 2006.